教育部高等学校电工电子基础课程教学指导分委员会推荐教材

# 单片微型计算机原理及接口技术 第3版

○ 主　编　陈桂友
○ 副主编　牟　伟
○ 参　编　柴　锦　刘忠国　王冠凌　高正中　孙　兴

中国教育出版传媒集团

高等教育出版社·北京

内容简介

本书是教育部高等学校自动化类专业教学指导委员会立项的"工程应用型自动化专业课程体系与教材建设"项目的成果，同时也是教育部高等学校电工电子基础课程教学指导分委员会推荐教材。本书从介绍微型计算机的基本结构和工作原理入手，介绍了单片微型计算机（单片机）的构成、各个模块的结构原理和工作过程、应用设计。在单片机程序开发方面，从介绍汇编语言开始，到使用 C 语言进行单片机程序的开发，内容选择了目前实际工程中常用的新技术、新器件，力图达到学以致用的根本目的。

全书共分 12 章，第 1 章简要介绍微型计算机的发展历史及应用；第 2 章介绍微型计算机的基础知识；第 3 章介绍计算机系统模型机的结构及工作过程，并介绍基于 8051 内核的 STC8H8K64U 单片机的结构及典型系统构成；第 4 章介绍单片机的指令系统及汇编语言程序设计；第 5 章介绍单片机的 C 语言程序（简称 C51 程序）的语法、C51 程序框架以及 C51 程序设计与调试，介绍单片机 C 语言与汇编语言的对应关系；第 6 章介绍中断的概念和单片机的中断系统；第 7 章介绍定时器/计数器的结构原理及应用设计；第 8 章介绍数据通信技术；第 9 章介绍模拟量模块；第 10 章介绍脉冲宽度调制（PWM）模块；第 11 章介绍 DMA 控制器；第 12 章介绍单片机应用系统的设计实例，从硬件和软件两个方面介绍应用系统的设计。每章都有配套的习题，所举例程均经调试通过，很多程序来自科研和实际工程应用系统。为了便于学习，提供了与教材配套的综合教学实验平台，该平台提供了 20 余种实验供学生选用学习，也为善于思考、乐于动手实践的学生提供了自学实验手段。本书为新形态教材，全书内容一体化设计，通过扫描二维码及访问本书配套网站，可获取部分例题的源程序代码和教学视频，方便读者自学。

本书深入浅出、层次分明、实例丰富、通俗易懂、突出实用、可操作性强，特别适合作为普通高等学校自动化类、计算机类、电子信息类、电气类及机械类相关专业的教学用书，还可作为高职高专以及培训班的教材使用。同时，也可作为从事单片机应用领域的工程技术人员的参考书。

**图书在版编目（CIP）数据**

单片微型计算机原理及接口技术／陈桂友主编.
3 版. --北京：高等教育出版社，2025.2. --ISBN
978-7-04-063315-3

Ⅰ．TP368.1

中国国家版本馆 CIP 数据核字第 2024PJ6147 号

Danpian Weixing Jisuanji Yuanli ji Jiekou Jishu

| | | | | | | | | |
|---|---|---|---|---|---|---|---|---|
| 策划编辑 | 高云峰 | 责任编辑 | 杨　晨 | 封面设计 | 王　洋 | 版式设计 | 马　云 |
| 责任绘图 | 李沛蓉 | 责任校对 | 刘丽娴 | 责任印制 | 存　怡 | | |

| | | | | |
|---|---|---|---|---|
| 出版发行 | 高等教育出版社 | 网　　址 | http://www.hep.edu.cn |
| 社　址 | 北京市西城区德外大街 4 号 | | http://www.hep.com.cn |
| 邮政编码 | 100120 | 网上订购 | http://www.hepmall.com.cn |
| 印　刷 | 三河市潮河印业有限公司 | | http://www.hepmall.com |
| 开　本 | 787mm×1092mm　1/16 | | http://www.hepmall.cn |
| 印　张 | 26 | 版　　次 | 2012 年 4 月第 1 版 |
| 字　数 | 610 千字 | | 2025 年 2 月第 3 版 |
| 购书热线 | 010-58581118 | 印　　次 | 2025 年 2 月第 1 次印刷 |
| 咨询电话 | 400-810-0598 | 定　　价 | 62.00 元 |

# 单片微型计算机原理及接口技术

## 第3版

主　编　陈桂友

副主编　牟　伟

参　编　柴　锦　刘忠国

　　　　王冠凌　高正中

　　　　孙　兴

1　计算机访问https://abooks.hep.com.cn/63315或手机微信扫描下方二维码进入新形态教材网。

2　注册并登录后，计算机端进入"个人中心"，点击"绑定防伪码"，输入图书封底防伪码（20位密码，刮开涂层可见），完成课程绑定；或手机端点击"扫码"按钮，使用"扫码绑图书"功能，完成课程绑定。

3　在"个人中心"→"我的学习"或"我的图书"中选择本书，开始学习。

单片微型计算机原理及接口技术　第3版

主 编 陈桂友　　副主编 牟 伟

参 编 柴 锦　刘忠国　王冠凌　高正中　孙 兴

出版单位 高等教育出版社

开始学习　收藏

　　受硬件限制，部分内容可能无法在手机端显示，请按照提示通过计算机访问学习。如有使用问题，请直接在页面点击答疑图标进行咨询。

https://abooks.hep.com.cn/63315

# 第 3 版前言

单片机（国际上惯称：MCU，微控制器），无疑是当今电子信息技术中最活跃的一个领域。本版教材采用最新的 STC8H8K64U 单片机为背景介绍单片机的原理及应用。

STC8H8K64U 单片机采用超高速 8051 内核（1T），比传统 8051 约快 12 倍以上，指令代码完全兼容传统 8051 单片机，片内集成了 64 KB Flash 程序存储器（可用于 $E^2PROM$ 功能，支持用户配置大小）、256 B 内部 RAM、8 192 B 内部扩展 RAM、1 280 B 数据 RAM 用于 USB、5 个 16 位可自动重载的定时器/计数器（T0~T4）、可编程时钟输出功能、至多 60 根 I/O 接口线、4 个全双工异步串行接口（UART）、1 个高速同步通信端口（SPI）、1 个 $I^2C$ 接口、1 个 USB 接口、15 通道 12 位高速 ADC、8 路高级 PWM、DMA、实时时钟 RTC、液晶模块接口、专用复位电路和硬件看门狗等资源。另外，STC8H8K64U 单片机内部还集成了高精度 $RC$ 时钟，常温工作时，可以省去外部晶振电路。STC8H8K64U 单片机具有在系统可编程（ISP）功能和在线调试功能，可以省去价格较高的专门编程器和仿真器，开发环境的搭建非常容易。

与前两个版次相比，对教材内容进行了较大修改，具体体现在以下几个方面：

1. 根据高等工程教育对动手能力培养的要求，结合单片机技术的发展，引入新技术，加强人机接口设计、数据通信以及电机控制方面的内容介绍。

2. 针对汇编语言在工程设计中较少使用的实际情况，弱化汇编语言的内容，强化 C 语言在单片机开发中的应用讲解。仅在介绍输入、输出接口操作的时候，进行汇编语言和 C 语言操作寄存器的对比介绍，其他外设的应用举例均使用 C 语言的操作方法进行介绍。

3. 强化了 C 语言程序代码的仿真调试过程讲解，对于读者解决工程开发过程中遇到的问题具有重要的意义。

4. 由于所采用的单片机定时器工作方式 0 完全能够代替传统 8051 单片机定时器的所有工作方式，因此，在描述定时器的结构和工作原理时，只讲述工作方式 0，大大简化读者的学习过程。

5. "脉冲宽度调制模块"一章可为选学内容，但是，在工程应用中比较重要，因此，该章内容仍然保留，并在描述原理和应用举例方面进行了优化。

6. 在综合案例设计中，以全国大学生智能汽车竞赛中的赛题为例，介绍系统设计和调试的方法，最终达到课赛结合、学以致用的学习目标。需要配套电子课件的读者可发邮件到 chenguiyou@ sdu. edu. cn 或者 chenguiyou@ 126. com 向作者索取。

本书是教育部高等学校自动化类专业教学指导委员会立项的"工程应用型自动化专业课程体系与教材建设"项目的成果，同时也是教育部高等学校电工电子基础课程教学指导分委员会推荐教材。 本书为新形态教材，全书内容一体化设计，通过扫描二维码及访问本书配套网站可获取部分例题的源程序代码和教学视频，方便读者自学。

本书深入浅出、层次分明、实例丰富、突出实用、可操作性强，特别适合作为高等学校计算机类、电子信息类、电气类、自动化类及机械类专业的教学用书，还可作为高职高专以及培训班的教材使用，同时，也可作为从事单片机应用领域的工程技术人员的参考书。

全书由陈桂友主编并统稿，并具体编写第一、三、四、五、六、七、八、九、十、十一章，牟伟编写第二章，柴锦编写第十二章，刘忠国设计了部分例题，王冠凌设计了部分电路，高正中录入了部分图表和文字，孙兴对全书的代码进行验证。

全书承蒙北京航空航天大学王俊教授审阅，提出许多指导性修改意见，进一步提高了书稿质量，作者表示衷心的感谢！ 本书的编写和出版得到了教育部高等学校自动化类专业教学指导委员会的指导，得到了山东大学、高等教育出版社等单位的大力支持和帮助，在此表示衷心的感谢！ 感谢我的家人对我编写本书的大力支持。 在此，对所有提供帮助的人表示衷心的感谢！

由于时间仓促，并且作者水平有限，书中定有不妥或错误之处，敬请读者批评指正。

编　者
2024 年 8 月

# 第 2 版前言

　　单片机（国际上惯称：MCU、微控制器）无疑是当今电子信息技术中最活跃的一个领域。IAP15W4K58S4 单片机是宏晶科技有限公司的典型单片机产品，采用了增强型 8051 内核，片内集成了 58 KB flash 程序存储器、4 096B RAM、5 个 16 位可自动重装载的定时/计数器（T0、T1、T2、T3 和 T4）、可编程时钟输出功能、至多 62 根 I/O 接口线、4 个全双工异步串行接口（UART）、1 个高速同步通信端口（SPI）、1 路比较器、8 通道高速 10 位 ADC、2 通道可编程计数器阵列单元、8 路 15 位 PWM、MAX810 专用复位电路和硬件看门狗等资源。 另外，IAP15W4K58S4 单片机内部还集成了高精度 *RC* 时钟，常温工作时，可以省去外部晶振电路。IAP15W4K58S4 单片机具有在系统可编程（ISP）功能和在线调试功能，可以省去价格较高的专门编程器和仿真器，开发环境的搭建非常容易。

　　根据高等工程教育对动手能力培养的要求，参考第 1 版使用过程中广大读者提出的宝贵建议，结合单片机学习平台，作者对教材进行修订。 与第 1 版相比，第 2 版修正了部分概念描述，更加注重实验实践内容的编写，实验数量更多，具体体现在以下几个方面：

　　1. 修正了第 1 版中的部分错误或者不当描述，使得概念更清晰。 删除了一些不常用的概念原理介绍和非常陈旧的芯片介绍，如微操作信号产生控制器的原理、8255A 等。

　　2. 保持汇编语言和 C 语言并行介绍的方式。

　　3. 结合单片机学习平台进行案例设计，便于读者进行实验操作。

　　4. 加强了程序代码的仿真调试过程讲解，对于读者解决工程开发过程中遇到的问题具有重要的意义。

　　5. 由于采用单片机定时器工作方式 0 能够完全代替传统 8051 单片机定时器的所有工作方式，因此，在描述定时器的结构和工作原理时，彻底抛弃了其他工作方式的讲解，只讲述工作方式 0，大大简化了读者的学习。 紧密结合 STC-ISP 下载软件中所提供的定时器时间常数计算工具，使得读者能够非常容易地使用定时器。 在定时器 2 的特殊功能寄存器描述中，采用了比产品手册中更直观的讲解。

　　6. 加强了可编程计数器阵列模块和 PWM 模块的介绍，将它们单列为一章。

　　7. 串行通信一章的内容进行了大量修改。 对 UART 的波特率计算描述进行了简化，并为读者展示如何使用 STC-ISP 软件中的工具进行串行口波特率的计算，从而形成串口初始化子函数。 对 SPI 通信的案例进行了精心设计，可以在学习平台上进行实验。

　　8. 人机接口一章也结合学习平台进行了案例设计。

　　9. 教材中与学习平台相关的实例代码均经过作者的仿真调试，读者可将它们加到自己的工程项目中。

　　本书深入浅出、层次分明、实例丰富、突出实用、可操作性强,特别适合作为普通高校计算机类、电子类、电气自动化及机械专业的教学用书,还可作为高职高专以及培训班的教材使用,同时,也可作为从事单片机应用领域的工程技术人员的参考书。

　　本书第 1 章、第 4~12 章由陈桂友编写;第 2 章由吴延荣编写,第 3 章由万鹏编写。 参加本书编写和程序调试工作的同志还有王平、高正中、田新诚、蒋阅峰、丁然、刘忠国、杨修文、刘博、李国栋等。 云南大学王威廉教授和宏晶科技有限公司姚永平总经理对全书进行了认真审阅,提出了许多宝贵意见。 感谢宏晶科技有限公司为第 2 版教材的编写提供了学习平台,感谢我的妻子和女儿对我编写本书的大力支持。 在此,对所有提供帮助的人深表感谢!

　　若要和作者进一步交流,可发邮件到 chenguiyou@ sdu. edu. cn 或者 chenguiyou@ 126. com。

　　由于时间仓促,并且作者水平有限,书中定有不妥或错误之处,敬请读者批评指正。

编　者

2017 年 5 月

# 第1版前言

单片机（国际上惯称：MCU，微控制器），无疑是当今电子信息技术中最活跃的一个领域。STC15F2K60S2 单片机是宏晶科技有限公司的典型单片机产品，采用了增强型8051 内核，片内集成了 60KB Flash 程序存储器、1 KB 数据 Flash（$E^2$PROM）、2 048B RAM、3 个 16 位可自动重装载的定时器/计数器（T0、T1 和 T2）、可编程时钟输出功能、至多 42 根 I/O 接口线、2 个全双工异步串行接口（UART）、1 个高速同步通信端口（SPI）、8 通道 10 位 ADC、3 通道 PWM/可编程计数器阵列/捕获/比较单元（PWM/PCA/CCU）、MAX810 专用复位电路和硬件看门狗等资源。另外，STC15F2K60S2 单片机内部还集成了高精度 $RC$ 时钟，常温工作时，可以省去外部晶振电路。STC15F2K60S2 单片机具有在系统可编程（ISP）功能和在线调试功能，可以省去价格较高的专门编程器，开发环境的搭建非常容易。

STC15F2K60S2 单片机的所有指令和标准的 8051 内核完全兼容，具有良好的兼容性和很强的数据处理能力，所以，对于讲解 8051 单片机的广大教师，可以充分发挥以前讲解单片机原理及应用课程的经验；对于具有 8051 单片机知识的读者，不存在转型困难的问题。

根据高等工程教育对动手能力培养的要求，本书注重实验实践内容的编写，实验数量多、涉及内容广泛，内容设计精巧，循序渐进，由浅入深，从最简单的课后练习到较复杂的大学生电子设计竞赛试题和实际工程项目均有涉及。介绍单片机编程语言时，汇编语言和 C 语言并重，汇编语言有助于理解单片机的工作机制，而 C 语言易于应用和掌握。

本书注重知识的延续性，将大学低年级学习的布尔代数、逻辑电路、微型计算机常用术语及技术等内容和单片机的知识融会贯通。如果读者已学习相关知识，可以跳过相应章节。介绍本书所有内容时，建议使用 90~120 学时。

本书深入浅出，层次分明，实例丰富，突出实用，可操作性强，特别适合作为普通高校计算机类、电子类、电气自动化及机械专业的教学用书，还可作为高职高专以及培训班的教材使用，同时，也可作为从事单片机应用领域的工程技术人员的参考书。

参加本书编写和程序调试工作的同志还有赵林、王平、蒋阅峰、廖莉、丁然、隋慧斌、李国栋、高振强、向洮等。云南大学王威廉教授和宏晶科技有限公司姚永平总经理对全书进行了认真审阅，提出了许多宝贵意见。在本书的编写过程中，孙同景教授提出了很多很好的建议。本书在山东大学自动化 08 级进行了试用，在试用过程中，许多同学从学生学习的角度出发，提出了很多修正建议。感谢我的妻子和女儿对我编写本书的大力支持。在此，对所有提供帮助的人深表感谢！

由于时间仓促，并且作者水平有限，书中定有不妥或错误之处，敬请读者批评指正。

编　者

2011 年 10 月

# 目　录

第 1 章　微型计算机概述　/　1

1.1　微型计算机发展概况 ············ 1
　　1.1.1　微处理器和微型计
　　　　　　算机 ················· 1
　　1.1.2　微型计算机的基本
　　　　　　构成 ················· 2
　　1.1.3　单片微型计算机简介 ··· 4
　　1.1.4　微型计算机的软件
　　　　　　系统 ················· 6
1.2　微型计算机的应用 ·············· 7

第 2 章　微型计算机的基础知识　/　10

2.1　微型计算机中的数制及其
　　　编码 ·························· 10
　　2.1.1　微型计算机中的
　　　　　　数制 ················ 10
　　2.1.2　不同数制之间的
　　　　　　转换 ················ 11
　　2.1.3　数值数据的编码及其
　　　　　　运算 ················ 12
　　2.1.4　非数值数据的编码 ····· 19
2.2　微型计算机的常用术语
　　　和技术 ························ 22
　　2.2.1　常用单位及术语 ······· 22
　　2.2.2　常用技术 ············· 24

第 3 章　STC8H8K64U 单片机的
　　　　　硬件结构　/　28

3.1　模型机的结构及工作过程 ······ 28
　　3.1.1　模型机的结构简介 ····· 28
　　3.1.2　模型机的工作过程 ····· 29
3.2　STC8H8K64U 单片机的内部
　　　结构 ·························· 32
3.3　STC8H8K64U 单片机的存
　　　储器 ·························· 36
3.4　单片机的引脚 ················· 40
　　3.4.1　单片机的引脚及
　　　　　　功能 ················ 40
　　3.4.2　单片机的输入/输出
　　　　　　引脚 ················ 42
3.5　单片机应用系统的典型
　　　构成 ·························· 53
3.6　口袋式单片机学习平台
　　　简介 ·························· 56
　　3.6.1　口袋式单片机学习平台
　　　　　　的功能 ·············· 56
　　3.6.2　口袋式单片机学习平台
　　　　　　的核心电路 ·········· 57

第 4 章　指令系统及汇编语言程序
　　　　　设计　/　60

4.1　编程语言简介 ················· 60

4.2 指令和伪指令 ……………… 62
　4.2.1 指令格式 ……………… 62
　4.2.2 寻址方式 ……………… 65
　4.2.3 伪指令 ………………… 69
4.3 汇编语言指令集 …………… 74
　4.3.1 数据传送类指令 … 74
　4.3.2 逻辑操作类指令 … 79
　4.3.3 算术运算类指令 … 82
　4.3.4 位操作指令 ………… 88
　4.3.5 控制转移类指令 … 92
4.4 汇编语言程序设计 ………… 99
　4.4.1 汇编语言程序设计的
　　　　一般步骤和基本
　　　　框架 ………………… 99
　4.4.2 典型汇编语言程序设
　　　　计举例 ……………… 104

第5章 单片机的 C 语言程序设计
　　　及仿真调试 / 116

5.1 C51 程序的基本语法 ……… 116
　5.1.1 关键字 ……………… 116
　5.1.2 一般结构 …………… 118
　5.1.3 数据类型 …………… 119
　5.1.4 运算符和表达式 …… 123
5.2 Keil C51 程序的语句 ……… 127
　5.2.1 表达式语句 ………… 127
　5.2.2 条件语句 …………… 127
　5.2.3 开关语句 …………… 128
　5.2.4 循环语句 …………… 129
　5.2.5 goto、break、continue 和
　　　　return 语句 ………… 130
5.3 函数 ………………………… 130
　5.3.1 函数的定义与调用 … 130
　5.3.2 Keil C51 函数 ……… 131
5.4 预处理命令 ………………… 133
5.5 单片机 C 语言程序框架及
　　实例 ………………………… 135

第6章 中断 / 148

6.1 中断的概念 ………………… 148
6.2 单片机的中断系统及其
　　应用 ………………………… 150
　6.2.1 中断源及其优先级
　　　　管理 ………………… 150
　6.2.2 单片机中断处理
　　　　过程 ………………… 166
　6.2.3 中断程序编程举例 … 168
　6.2.4 中断使用过程中需要注
　　　　意的问题 …………… 172

第7章 定时器/计数器 / 176

7.1 定时器/计数器及其应用…… 176
　7.1.1 定时器/计数器的结构
　　　　及工作原理 ………… 176
　7.1.2 定时器/计数器的相关
　　　　寄存器 ……………… 177
　7.1.3 定时器/计数器的工作
　　　　方式 ………………… 180
　7.1.4 定时器/计数器量程的
　　　　扩展 ………………… 181
　7.1.5 定时器/计数器编程
　　　　举例 ………………… 183
7.2 可编程时钟输出模块及其
　　应用 ………………………… 187
　7.2.1 可编程时钟输出的相关
　　　　寄存器 ……………… 187
　7.2.2 可编程时钟输出的编程
　　　　实例 ………………… 188
7.3 RTC 实时时钟 ……………… 189
　7.3.1 RTC 的相关寄存器 … 190
　7.3.2 RTC 的应用举例 …… 193

第8章 数据通信 / 200

8.1 通信的有关概念 …………… 200

8.1.1 串行通信的相关概念 ··· 201

8.1.2 并行通信的相关
概念 ··············· 206

8.2 串行接口 ············· 207

8.2.1 单片机的串行接口 ··· 207

8.2.2 RS485 串行通信接口 ··· 230

8.2.3 SPI 通信接口 ········ 232

8.2.4 $I^2C$ 通信接口············ 252

第9章 模拟量模块 ／ 266

9.1 模数转换器的工作原理及性能
指标 ············· 267

9.1.1 模数转换器的工作
原理 ············· 267

9.1.2 模数转换器的性能
指标 ············· 268

9.2 STC8H8K64U 单片机集成的
ADC 模块 ············· 270

9.2.1 模数转换器的结构及
相关寄存器 ········ 270

9.2.2 ADC 相关的计算公式··· 274

9.2.3 ADC 模块的使用 ······ 275

9.3 STC8H8K64U 单片机集成的
比较器模块及其使用 ········ 281

第10章 脉冲宽度调制模块 ／ 286

10.1 PWM 模块的功能 ·········· 286

10.1.1 PWM 模块简介 ······ 286

10.1.2 PWMA 模块的用途
和特性············· 287

10.2 PWMA 模块的结构············ 288

10.2.1 PWM 模块的结构框
图及内部信号······ 288

10.2.2 PWMA 模块的时基
单元 ········· 292

10.3 PWMA 模块的计数模式 ··· 293

10.3.1 向上计数模式 ········ 293

10.3.2 向下计数模式 ········ 295

10.3.3 中央对齐模式（向上／
向下计数模式） ······ 296

10.3.4 重复计数器 ········ 298

10.4 时钟／触发控制器 ········ 299

10.4.1 预分频时钟（CK_PSC）
的时钟源············ 300

10.4.2 触发同步············ 302

10.5 捕获／比较通道 ············ 305

10.5.1 捕获／比较通道的
结构 ········ 305

10.5.2 对 PWMA_CCR$i$ 寄存
器的访问方法 ······ 306

10.5.3 输入捕获模式 ········ 307

10.5.4 输出模式 ········ 310

10.5.5 编码器接口模式 ····· 316

10.6 PWM 模块的寄存器 ··· 318

10.7 PWM 模块的应用举例 ······ 336

10.7.1 PWM 输出模式的应用
举例 ········ 336

10.7.2 PWM 输入捕获模式的
应用举例·············· 338

第11章 DMA 控制器 ／ 346

11.1 DMA 模块的结构和主要
特征 ··············· 346

11.2 DMA 模块的应用 ·········· 348

11.2.1 XRAM 存储器和串口2
进行数据交换 ········ 348

11.2.2 利用 DMA 控制器实现
ADC 数据自动存储到
XRAM 中 ········ 353

第12章 单片机应用系统设计
举例 ／ 359

12.1 设计要求 ························ 359

12.2　硬件电路设计 …………… 360
12.3　软件设计 ………………… 367

附录 A　ASCII 码表　/　376

附录 B　逻辑符号对照表　/　378

附录 C　特殊功能寄存器及其
　　　　复位值　/　379

附录 D　单片机程序的调试和
　　　　下载　/　385

D.1　Keil μVision 集成开发环境
　　　简介 …………………… 385
D.2　Keil μVision 集成开发环境中
　　　调试汇编语言程序的
　　　方法 …………………… 385
D.3　使用 STC-ISP 工具下载程序
　　　到单片机中 …………… 398

参考文献　/　400

# 第 1 章

# 微型计算机概述

世界上第一台计算机是 1946 年问世的。 电子计算机的问世，开创了科学技术高速发展的时代。 经过半个多世纪的不断发展和提高，计算机获得了突飞猛进的发展，经历了由电子管、晶体管、集成电路以及超大规模集成电路的发展历程。 计算机在科学技术、文化、经济等领域的发展中，发挥了巨大的推动作用。

## 1.1 微型计算机发展概况

### 1.1.1 微处理器和微型计算机

1946 年 2 月 15 日，世界上第一台通用数字电子计算机 ENIAC（electronic numerical integrator and calculator，电子数字积分计算机）研制成功，该计算机长 30.48 m，如图 1-1 所示，整个计算机占地面积 170 m²，相当于 10 间普通房间的大小，重达 30 000 kg，耗电量 150 kW，造价 48 万美元。它使用 18 000 多个电子管、70 000 多个电阻、10 000 多个电容、1 500 多个继电器、6 000 多个开关，每秒执行 5 000 次加法或 400 次乘法运算，是继电器计算机运算速度的 1 000 多倍、手工计算的 20 万倍。还能进行平方和立方运算，计算正弦和余弦等三角函数的值及其他一些更复杂的运算。这样的速度在当时已经是人类智慧的最高水平。

图 1-1　第一台通用数字电子计算机 ENIAC

微型计算机的发展取决于微处理器的发展。1971 年,美国 Intel 公司生产出了世界上第一片 4 位集成微处理器 4004;1975 年,中档 8 位微处理器的产品问世;1976 年,各公司又相继推出了高档微处理器,如 Intel 公司的 8085、Zilog 公司的 Z80 等;1978 年,各公司推出了性能与中档 16 位小型机相当的微处理器,比较有代表性的产品是 Intel 8086。Intel 8086 的地址线为 20 位,可寻址 1M 字节的存储单元,时钟频率为 4~8 MHz。随着新技术的应用和大规模集成电路制造技术水平的不断提高,微处理器的集成度越来越高,一只芯片中包含的晶体管多达几千万只。同时,微处理器的性能价格比也在不断提高。与 CPU 配套的各种器件和设备,如存储器、显示器、打印机、数模/模数转换设备等也在迅速发展,总的发展趋势是功能加强、性能提高、体积减小和价格下降。

进入 21 世纪以来,各计算机公司不断推出新型的计算机,使得计算机无论从硬件还是软件方面,以及速度、性能、价格等诸方面不断适应各种人群的需要。新一代计算机采用人工智能技术及新型软件,硬件采用新的体系结构和超导集成电路,分为问题解决与推理机、知识数据库管理机、智能接口计算机等。具有以下特点:

① 在 CPU 上集成存储管理部件;

② 采用指令和数据高速缓存;

③ 采用流水线结构以提高系统的并行性;

④ 采用大量的寄存器组成寄存器堆以提高处理速度;

⑤ 具有完善的协处理器接口,提高数据处理能力;

⑥ 在系统设计上引入兼容性,实现高、低档微机间的兼容。

另外,是否开源也成为目前微处理器发展的一个方向之一。

## 1.1.2　微型计算机的基本构成

典型的微型计算机的基本结构由微处理器(CPU)、存储器、输入/输出接口(简称 I/O 接口)及外部设备等组成,各个部件之间通过系统总线连接到一起,如图 1-2 所示。

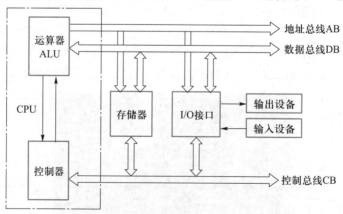

图 1-2　微型计算机的基本结构

系统总线就是连接多个功能部件的一组公共信号线,各功能部件之间的信息是通过总线传输的。系统总线分为地址总线 AB(address bus)、数据总线 DB(data bus)和控制总线 CB (control bus),即典型的三总线结构。

地址总线 AB 是单向的,输出地址信号,即输出将要访问的存储器单元或 I/O 接口的地址,地址线的多少决定了系统直接寻址存储器的范围。例如,Intel 8086 CPU 共有 20 条地址线,分别用 A19~A0 表示,其中 A0 为最低位。20 位地址线可以确定 $2^{20}$ = 1 024×1 024 个不同的地址(称为 1 MB 内存单元)。20 位地址用十六进制数表示时,范围为:00000H~FFFFFH。

数据总线 DB 是传输数据或代码的一组信号线,数据线的数目一般与处理器的字长相等。这里所说的传输的数据是广义的,就是说,数据的实际含义可能是表示数字的数据,也可能是二进制数字表示的指令,甚至有时可能是某些特定地址,因为它们都用二进制数表示,都可以在数据总线上传输。数据线的多少决定了一次能够传送数据的位数。16 位微处理器的 DB 是 16 条,分别表示为 D15~D0,D0 为最低位。8 位微处理器的数据总线 DB 是 8 条,分别表示为 D7~D0。数据在 CPU 与存储器(或 I/O 接口)间的传送可以是双向的,因此 DB 称为双向总线。另外,所有读写数据的操作,都是指 CPU 进行读写。CPU 读操作时,外部数据通过数据总线送往 CPU;CPU 写操作时,CPU 数据通过数据总线送往外部。存储器、接口电路都和数据总线相连,它们都有各自不同的地址,CPU 通过不同的地址确定与之联系的器件。任何时刻,数据总线上都不能同时出现两个数据,换言之,各个器件分时使用数据总线。

控制总线 CB 用来传送各种控制信号和状态信号。CPU 发给存储器或 I/O 接口的控制信号,称为输出控制信号,如微处理器的读信号 $\overline{RD}$、写信号 $\overline{WR}$ 等。CPU 通过接口接收的外设发来的信号,称为输入控制信号,如外部中断请求信号 INTR、非屏蔽中断请求输入信号 NMI 等。控制信号间是相互独立的,其表示方法采用能表明含义的缩写英文字母符号,若符号上有一条横线,则表示该信号为低电平有效,否则为高电平有效。

在连接系统总线的设备中,某时刻只能有一个发送者向总线发送信号;但可以有多个设备从总线上同时获取信号。

微处理器简称 MP(micro processor),也称 μP,μ 是微(micro)的意思,P 是指处理器(processor 的第一个字母),是微型机的核心部件。微处理器通常称为中央处理单元 CPU(central processing unit),它在一片硅片上集成了包括运算器 ALU(arithmetic logic unit)、控制器 CU(control unit)、寄存器阵列 R(registers)、内部总线等电路。存储器包括程序存储器和数据存储器两类,主要用来存放程序和数据,程序包括系统程序和用户程序。I/O 接口主要用于 CPU 和外部设备之间交换数据。

例如,人们常说的 i5 系列或者 i7 系列的 CPU 芯片,就是典型的微处理器;程序存储器主要是硬盘,数据存储器即为内存条;输入接口、输出接口由主机板上的接口芯片构成,最终通过机箱上的并行接口、串行接口、USB 接口等和外部设备连接。

现在市面上常见的个人计算机就是在上述计算机的结构上加上显示器、键盘、鼠标等外部设备构成的。

关于微型计算机,需要区别下面的概念。

1. 微处理器

微处理器是计算机的核心部件,利用集成技术将运算器、控制器集成在一片芯片上。其功能是:对指令译码并执行规定动作,能与存储器及外设交换数据,可响应其他部件的中断请求,提供系统所需的定时和控制。

**2. 微型计算机**

微型计算机就是在微处理器的基础上配置存储器、I/O 接口电路、系统总线等所构成的系统。

**3. 微型计算机系统**

以微型计算机为主体,配置系统软件和外部设备即构成微型计算机系统。软件部分包括系统软件(如操作系统)和应用软件(如字处理软件)。

以上三者之间的关系如图 1-3 所示。

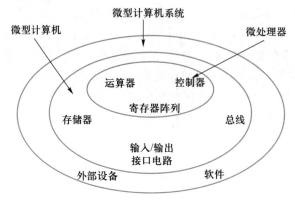

图 1-3 微处理器、微型计算机和微型计算机系统关系图

### 1.1.3 单片微型计算机简介

在微型计算机发展的同时,单片微型计算机(简称单片机)也在迅猛发展。所谓单片机就是将如图 1-2 所示计算机的核心部分,即中央处理器 CPU、存储器、通用 I/O 接口及典型外部设备集成在一块芯片上的计算机。

单片机的基本定义:在一块芯片上集成了中央处理单元(CPU)、存储器(RAM/ROM等)、定时器/计数器模块以及多种输入/输出(I/O)接口的比较完整的数字处理系统。一个典型的单片机组成框图如图 1-4 所示。

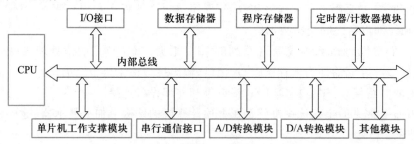

图 1-4 一个典型的单片机组成框图

具体的单片机产品可以包含图 1-4 中的部分或者全部模块,但至少包含 CPU、存储器、I/O 接口和定时器/计数器模块。单片机早期的英文名称是 single-chip microcomputer,即单

片微型计算机,简称单片机。后来将单片机称为微控制器(microcontroller),这也是目前比较正规的名称。我国学者或技术人员一般使用"单片机"一词,所以本书统一使用"单片机"这个术语。

单片机的问世以 1975 年美国 TEXAS 公司推出的 4 位单片机为标志。

1976 年,美国 Intel 公司推出 MCS-48 系列 8 位单片机,其代表型号是 8048,特点是:8 位字长,片内 ROM 为 1 KB,片内 RAM 为 64 B,27 根 I/O 接口线,1 个 8 位定时器/计数器,2 个中断源。

1980 年以后,美国 Intel 公司推出 MCS-51 系列单片机,其代表型号是 8051,特点是:8 位字长,片内 ROM 为 4 KB,片内 RAM 为 128 B,32 根 I/O 接口线,2 个 16 位定时器/计数器,5 个中断源。

目前,微型计算机在朝着两个方向发展:一是朝着高性能、多功能的方向发展,主要以个人计算机 PC(personal computer)为标志,PC 又称为系统机、通用机等,具有强大的操作系统,并且支持多种软件运行,近年来的发展使其功能不断增加,性能不断提高,而价格不断下降,逐步取代以前价格昂贵、性能优越的中小型计算机。另一方面是朝着价格低廉、片上系统(system on chip,SoC)的方向发展,将 CPU、存储器、接口电路、内部总线等部件全部集成在同一个芯片上,这样的单片微机就是单片机。常见的单片机如下。

(1) 8051 内核单片机

生产 8051 内核单片机的公司及典型产品有:

① 深圳国芯人工智能有限公司的 8H8K64U 系列及 AI8051U 系列;

② Atmel 公司的 AT89 系列(Atmel 公司已被 Microchip 公司收购);

③ NXP 半导体公司(原 Philips 半导体公司,2007 年更名为 NXP 半导体公司)的 8051 内核单片机。

(2) 非 8051 内核单片机

① NXP 半导体公司的 MC68 系列单片机、MC9S08 系列单片机(8 位单片机)、MC9S12 系列单片机(16 位单片机)以及 32 位单片机;

② Microchip 公司的 PIC 系列单片机;

③ TI 公司的 MSP430 系列 16 位单片机。

还有其他的单片机产品,在此不一一列举。每个系列都有很多不同的型号。

单片机具有集成度高、体积小、功耗低、可靠性高、使用灵活方便、控制功能强、编程保密化、价格低廉等特点。利用单片机可以较方便地构成控制系统。在应用软件的支持下,可以满足工业控制、数据采集和处理、设备控制等各种场合要求。单片机在工业生产、智能化仪器仪表、专用设备、日常生活等领域得到越来越广泛的应用。

当前,世界著名的半导体公司都在不断推出新型的单片机,出现了 16 位、32 位的单片机。单片机在集成度、运算速度、接口性能等方面都在不断创新。例如,ARM 公司推出 32 位的 ARM 内核后,很多半导体厂商开始生产基于 ARM 内核的单片机。典型的 ARM 内核包括 M 系列(微控制器系列)、A 系列(应用微处理器系列)和 R 系列(应用于实时性要求较高的场合)。典型产品包括 NXP 半导体公司的 M0+ 和 M4 内核的 ARM 微控制器、ST 公司的 STM32 系列及兆易创新公司的 GD32 系列微控制器等。

在我国高校"微机原理及接口技术"的教学历史中,20 世纪 80 年代,首先是以 Z80 为

CPU 的单板机为主流教学机型,后来以 Intel 8086 为 CPU 的实验箱为教学平台。近年来,PC 作为通用机型,基于底层结构的控制系统设计、汇编语言的编程等优势逐渐让位于单片机;另一方面,单片机的技术和性能不断提高,其开发手段、控制功能等不断完善,单片机更适于面向控制对象的设计和编程,从单片机入手学习微型计算机原理,正在逐步成为学习计算机原理的更好途径。8051 内核的单片机教学资源丰富,简单易学。真正学好 8051 内核的单片机原理及应用后,再学习 32 位的 ARM 内核微控制器会得心应手。因此,本书以具有仿真功能的增强型 8051 内核单片机 STC8H8K64U 为背景进行微型计算机原理以及接口应用的介绍。特别以与本教材配套的实验箱为平台,介绍单片机各个模块的具体应用方法。

### 1.1.4　微型计算机的软件系统

只有硬件构成的计算机也称为裸机,没有系统程序的支持,裸机是无法工作的。例如常见的 PC,使用时必须首先开机进入系统,执行系统程序,包括开机存储器自检、接口自检、外设自检等,这些功能没有程序的运行是无法完成的。开机过程结束后,才能接受用户通过键盘或者鼠标发出的命令,进一步执行用户要执行的程序。用户的程序一般事先放在硬盘里,硬盘是程序存储器,在断电状态下,保存在里面的程序和数据等信息不会丢失,只是在需要运行的时候,系统程序将需要执行的程序从硬盘里面找到,放进内存,然后才运行用户的程序。内存是数据存储器,在断电状态下,不能保存里面的信息,所以在用户程序运行或者修改结束后,需要关闭用户程序时,系统程序会将内存中的信息重新写回到硬盘中保存。

同样,对于单片机而言,没有软件的支持,单片机也不能完成检测和控制任务。在单片机应用系统中,可以有操作系统(此时的操作系统一般称为嵌入式操作系统)的支持,也可以没有操作系统的支持。无论有没有操作系统,用户所编写的应用程序经过编译后都保存在程序存储器中(目前,一般都保存在单片机内部集成的 Flash 存储器中),由单片机内部控制器控制程序的执行。

对于普通个人计算机来讲,用户的开发任务主要集中在程序设计方面,硬件设计较少。开发应用系统时,一般采用可视化的集成开发环境,常见的有 Microsoft Visual Studio、Eclipse、IntelliJ IDEA 等。

在开发单片机应用系统的过程中,往往需要对硬件和软件进行反复调试。调试时,使用集成开发环境对用户系统进行仿真运行,根据系统的仿真运行状态进行硬件和软件的修改调试,直到满足用户要求为止。对硬件电路来说,某些硬件电路的设计缺陷可以在仿真调试中发现并改正;对软件来说,可以进行某些程序模块的编写和调试,特别是可以对那些与硬件关系不大的程序模块进行模拟调试,这对系统的开发带来了很大的方便,可以加快项目的开发过程,如数据运算、逻辑关系测试等。目前,许多集成开发环境具有模拟调试功能,如著名的 Keil μVision、IAR 等集成开发环境。

具有仿真调试功能的集成开发环境种类繁多,程序设计人员的编程风格也不尽相同,应用程序的设计因系统而异,因人而异。尽管如此,优秀的应用程序还是有其共同特点和规律的。设计人员在进行程序设计时应考虑以下几个方面:

① 模块化、结构化的程序设计。根据系统功能要求,将软件分成若干个相对独立的模块,实现各功能程序的模块化、子程序化。根据模块之间的联系和时间上的关系,设计出合

理的软件总体结构,使其清晰、简洁、流程合理。这样,既便于调试,又便于移植、修改。

② 建立正确的数学模型。根据功能要求,描述出各个输入和输出变量之间的数学关系,这是关系到系统性能好坏的重要因素。

③ 为提高软件设计的总体效率,以简明、直观的方法对任务进行描述,在编写应用程序之前,一般应绘制出程序流程图。这不仅是程序设计的一个重要组成部分,而且是决定成败的关键部分。从某种意义上讲,恰当的程序流程图将有助于程序的编写和优化,缩短程序的调试过程。

④ 合理分配系统资源,包括程序存储器、数据存储器(RAM)、定时器/计数器、中断源等。当资源规划好后,应列出一张详细的资源分配表,以方便编程时查阅。

⑤ 在程序的适当位置写上功能注释,提高程序的可读性。

⑥ 加强软件抗干扰设计,这是提高应用系统可靠性的有力措施。

通过编辑软件编写的源程序,必须用编译程序编译后生成目标代码才能下载到单片机中运行或者进行程序调试。如果源程序有语法错误则需要返回编辑过程,修改源程序后再重新编译,直到无语法错误为止。之后就可以利用目标码进行程序仿真调试了。在运行中,如果发现程序设计上有错误,则需要重新修改源程序并编译调试和优化,如此反复直至成功。

## 1.2　微型计算机的应用

微型计算机的应用范围十分广阔,它不仅在科学计算、信息处理、事务管理和过程控制等方面占重要地位,并且在日常生活中也发挥了不可缺少的作用。目前,微型计算机主要有以下几个方面的应用。

1. 科学计算

这是通用微型计算机的重要应用之一。不少微型计算机系统具有较强的运算能力,特别是用多个微处理器构成的系统,其功能往往可与大型机相匹配,甚至超过大型机。比如,美国 Seguent 公司最早用 30 个 Intel 80386 构成 Symmetry 计算机,速度为 120 MIPS(million instructions per second),达到 IBM 3090 系列中最高档大型机的性能,价格却不到后者的十分之一。又如,1996 年,由美国能源部(Department of Energy,DOE)发起和支持,由 Intel 建成的 Option Red 系统,用 9 216 个微处理器使系统每秒浮点运算峰值速度达到 1.8 Tflop/s(每秒 1.8 万亿次运算),成为世界上第一台万亿次计算机。1998 年,同样得到 DOE 支持的由 IBM 建成的 Blue Pacific 内含 5 856 个微处理器,峰值速度达到 3.888 Tflop/s。2000 年,在 DOE 支持下,IBM 又建成内含 8 192 个微处理器的 Option White,其系统峰值达到 12.3 Tflop/s。这些系统尽管由微处理器架构而成,但是无论是规模还是功能,都成了超级计算机。

2. 信息处理

由于 Internet 的蓬勃发展,世界进入了崭新的信息时代,对大量信息包括多媒体信息的处理是信息时代的必然要求。连接在 Internet 上的微型计算机配上相应的软件以后,就可以很灵活地对各种信息进行检索、传输、分类、加工、存储和打印。

### 3. 过程控制

过程控制是微型计算机应用最多也是最有效的方面之一。目前,在制造工业和日用品生产厂家中都可见到微型计算机控制的自动化生产线,微型计算机的应用为生产能力和产品质量的迅速提高开辟了广阔前景。

### 4. 仪器、仪表控制

许多仪器仪表已经用微处理器代替传统的机械部件或分离的电子部件,使产品减小了体积,降低了价格,而可靠性和功能却得到了提高。

此外,微处理器的应用还促使了一些原来没有的新仪器的诞生。实验室里,出现了用微处理器控制的示波器——逻辑分析仪,它使电子工程技术人员能够用以前不可能采用的办法同时观察多个信号的波形和相互之间的时序关系。在医学领域,出现了使用微处理器作为核心控制部件的CT扫描仪和超声波扫描仪,加强了对疾病的诊断手段。

### 5. 家用电器和民用产品控制

由微处理器控制的洗衣机、冰箱如今已经是很普通的家用电器了。此外,微处理器控制的自动报时、自动控制、自动报警系统也已经进入家庭。还有,装有微处理器的娱乐产品往往将智能融于娱乐中;以微处理器为核心的盲人阅读器则能自动扫描文本,并读出文本的内容,从而为盲人带来福音。确切地讲,微处理器在人们日常生活中的应用所受到的主要限制不是技术问题,而是创造力和技巧的问题。

当前,微型计算机技术正向两个方向发展:一是高性能、多功能,使微型计算机逐步代替价格昂贵、功能优越的中小型计算机;二是价格低廉、功能专一,使微型计算机在生产领域、服务部门和日常生活中得到越来越广泛的应用。

进入21世纪前后,微型计算机技术迅猛发展,价格持续下降,特别是把数据、文字、声音、图形、图像融为一体的多媒体技术日益成熟,微型计算机作为个人电脑已经大踏步地走进办公室和普通家庭。全世界微型计算机的每年销售量都超过5 000万台,由此可见微型计算机发展之快、市场之大、应用之广。

目前的微型计算机已发展成为融工作、学习、娱乐于一体,集电脑、电视、电话于一身的综合办公设备和新型家用电脑,成为信息高速公路上千千万万的多媒体用户站点。

### 6. 人工智能方面的应用

人工智能(artfificial intelligence,AI)是研究、开发用于模拟、延伸和扩展人的智能的理论、方法、技术及应用系统的一门新的技术科学。人工智能是计算机科学的一个分支,它通过了解智能的实质,生产出一种新的能以人类智能相似的方式做出反应的智能机器,该领域的研究包括机器人、语言识别、图像识别、自然语言处理和专家系统等。

人工智能还有许多方面的应用研究,如机器学习、模式识别、智能控制及检索、机器学习及视觉、智能调度与指挥等。这些领域的研究成果辉煌,使人叹惊,随着全球性高科技的不断飞速发展,人工智能会日臻完善。

目前,计算机控制的机器人、机械手已经在工业界得到了成功应用。

## 习题

1-1　简述微处理器、微型计算机和微型计算机系统的区别。

1-2　什么是单片机？它与一般微型计算机在结构上有什么区别？

1-3　简述一般单片机的结构及各个部分的功能。

1-4　通过网络查阅 ARM 内核微控制器的相关资料，综述 ARM 内核的结构及特点。

1-5　简述单片机技术的特点及应用。

1-6　简述微型计算机的应用。

# 第 2 章

# 微型计算机的基础知识

> 本章介绍微型计算机中的相关概念和基础知识，包括计算机中的数据格式、编码的基本知识和相关电路及技术，为后续章节的学习打下基础。

## 2.1　微型计算机中的数制及其编码

本节介绍微型计算机中的数制及其编码，学习后可以理解信息在计算机中的表示方法。

### 2.1.1　微型计算机中的数制

进位计数制，简称数制，是人们利用符号来计数的方法。由于人类最初是用 10 个手指协助计数的，因此，习惯上采用的计数制是十进制。

在计算机中用晶体管的可靠截止与可靠饱和导通两个状态下的输出电平——高电平（一般用 **1** 表示）和低电平（一般用 **0** 表示）表示数字，所以，计算机中所采用的计数制是二进制。二进制数的基数为 2，只有 **0**、**1** 两个数码，并遵循相加时逢二进一、相减时借一当二的规则。计算机和人打交道的时候用十进制，用十进制输入数据和输出显示数据；而在计算机内部进行数据的计算和处理时用二进制。为此，在计算机中的解决方法是，和人进行数据交流（也称为人机交互）时，利用接口技术做转换，例如，我们用键盘输入数据时，都使用十进制数，即输入电路使用的键盘是十进制数，输入接口电路将十进制数转换为二进制数后送到机器内部；而在计算机内部，计算机从接口得到二进制数，运算和处理后的结果当然也是二进制数，再把结果利用接口技术转换成十进制数后输出显示。计算机中的有符号数也是用二进制表示的，其正负号有相应的编码方法。

当二进制数的位数较多时，读写都不方便。这时，使用十六进制表示数据的方法就简明一些。1 位十六进制数共有 16 个字符，分别使用数字 0～9 和大写英文字母 A、B、C、D、E、F 表示。为表明是十六进制数，需要在数字的后面加上字母 H（hexadecimal）以示区别。

### 2.1.2　不同数制之间的转换

**1. 十进制数转换为二进制数**

十进制数转换为二进制数的方法如下:

① 整数部分转换方法。反复除以 2 取余数,直到商为 0 为止,最后将所有余数倒序排列,得到的数就是转换结果。

② 小数部分转换方法。乘以 2 取整,直到满足精度要求为止。

例如:将十进制数 100 转换为二进制数的过程如图 2-1 所示。

$$(100)_{10} = (1100100)_2$$ 或者表示为 100D = **1100100B**

又如,将十进制数 45.613 转换成二进制数的过程(小数部分保留 6 位二进制位)如图 2-2 所示。

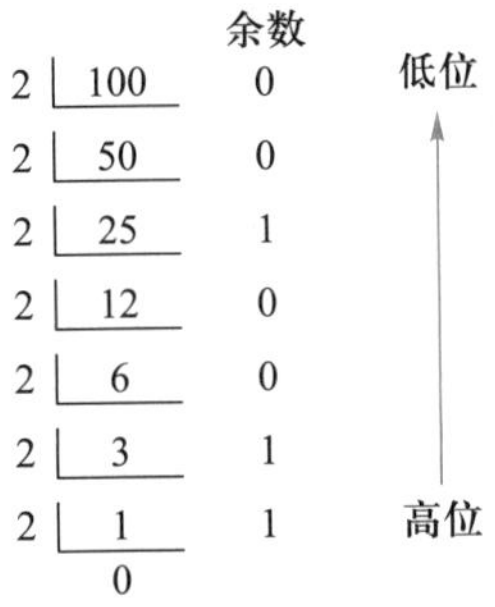

图 2-1　将十进制数 100 转换为二进制数的过程

整数部分转换示意图　　　　　小数部分转换示意图

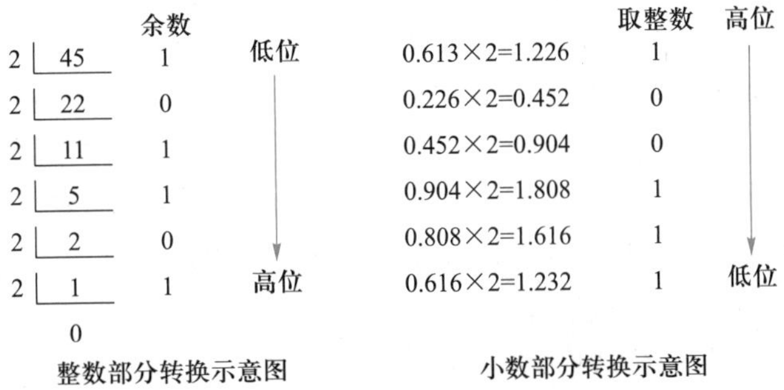

图 2-2　将十进制数 45.613 转换为二进制数的过程

$45.613 \approx (101101.100111)_2$,或者表示为 45.613D ≈ **101101.100111B**。其中,数字后面的字母 D、B 分别表示其前面的数据是十进制数(decimal)和二进制数(binary)。

**2. 二进制数转换为十进制数**

二进制数转换为十进制数的方法是将二进制数每位上的数字与其权值相乘,然后加在一起就是对应的十进制数。例如,一个 8 位二进制数各位的权值依次是 $2^7, 2^6, 2^5, \cdots, 2^0$。若一个 8 位二进制数是 **10110110B** 时,其转换为十进制数的方法是

$$1 \times 2^7 + 0 \times 2^6 + 1 \times 2^5 + 1 \times 2^4 + 0 \times 2^3 + 1 \times 2^2 + 1 \times 2^1 + 0 \times 2^0 = 182$$

即 $(10110110)_2 = (182)_{10}$,或者表示为 **10110110B** = 182D。

### 3. 二进制数和十六进制数之间的转换

因为 4 位二进制数的模是 16，所以二进制整数转换为十六进制数时，只要从最低位开始，每 4 位一组（不足 4 位时高位补 0）转换成 1 位十六进制数就可以了。例如

$$1011\ 0110B = B6H$$

反过来，十六进制数转换为二进制数的时候，把每 1 位十六进制数直接写成 4 位二进制数的形式就可以了。例如

$$64H = 0110\ 0100B$$

4 位二进制数和 1 位十六进制数具有一一对应的关系，如表 2-1 所示。

表 2-1　4 位二进制数和 1 位十六进制数的对应关系

| 十六进制 | 二进制 | 十六进制 | 二进制 |
| --- | --- | --- | --- |
| 0 | 0000 | 8 | 1000 |
| 1 | 0001 | 9 | 1001 |
| 2 | 0010 | A | 1010 |
| 3 | 0011 | B | 1011 |
| 4 | 0100 | C | 1100 |
| 5 | 0101 | D | 1101 |
| 6 | 0110 | E | 1110 |
| 7 | 0111 | F | 1111 |

十六进制数和十进制数之间的转换可以通过二进制转换完成，也可以使用类似于十进制数转换为二进制数的方法，将十进制数反复除以十六取余数来完成十进制数转换为十六进制数；将十六进制数每位上的数字与其权值相乘，然后加在一起就是对应的十进制数，此时的 $n$ 位十六进制数的权值分别为 $16^{n-1}, \cdots, 16^2, 16^1, 16^0$。当然，知道了这些关系以后，将十进制数转换为二进制数时，常常先把十进制数转换为十六进制数，然后直接使用表 2-1 的关系写出对应的二进制数即可，这样可以大大提高转换效率。

## 2.1.3　数值数据的编码及其运算

在计算机中，采用数字化方式来表示数据，数据分为无符号数和有符号数。其中，无符号数用整个机器字长的全部二进制位表示数值，无符号位；有符号数用最高位表示该数的符号位，其他的二进制位表示数值。有符号数根据其编码的不同又有原码、补码和反码三种形式。

### 1. 原码表示法

由于计算机中只能有 0、1 两种数，所以，不仅一个数的数值部分在计算机中用 0、1 编码的形式表示，正、负号也只能用 0、1 编码表示。一般用数的最高位 MSB（most significant bit）表示它的正负符号。例如，若用 5 位二进制数表示数据，最高位表示符号，0 表示正数，1 表示负数，余下的 4 位表示数值：

MSB=**0** 表示正数,如+**1011**B 表示为 **01011**B;

MSB=**1** 表示负数,如-**1011**B 表示为 **11011**B。

这样,一个数连同它的符号在机器中使用 0、1 进行编码,这种用符号位加数值位的表示方法叫作原码表示法。把一个数在机器内的二进制表示形式称为机器数,而把这个数本身称为该机器数的真值。上边的 **01011**B 和 **11011**B 就是两个机器数,它们的真值分别为 +**1011**B 和-**1011**B。

若真值为纯小数,其原码形式为 $X_S. X_1 X_2 \cdots X_n$,其中 $X_S$ 表示符号位。例如

$$若 X=\mathbf{0.0110}B,则[X]_原=X=\mathbf{0.0110}B$$
$$若 X=-\mathbf{0.0110}B,则[X]_原=\mathbf{1.0110}B$$

若真值为纯整数,其原码形式为 $X_S X_n X_{n-1} \cdots X_2 X_1$,其中 $X_S$ 表示符号位。

8 位二进制原码的表示范围为:-127~-0,+0~+127;

16 位二进制原码的表示范围为:-32767~-0,+0~+32767。

原码表示中,真值 0 有两种不同的表示形式

$$[+0]_原=\mathbf{00000}B,[-0]_原=\mathbf{10000}B$$

当然,在不需要考虑数的正、负时,就不需要占用 1 位数来表示符号。这种没有符号位的数,称为无符号数。由于符号位要占用 1 位,所以用同样位数的字长,无符号数的最大值比有符号数的要大一倍。如字长为 8 位时,能表示的无符号数的最大值为 **11111111**B,即 255,而 8 位有符号数的最大值是 **01111111**B,即+127。

8 位二进制无符号数的表示范围为 0~255;

16 位二进制无符号数的表示范围为 0~65535。

原码的优点是直观易懂,机器数和真值间的转换很容易,用原码实现乘、除运算的规则简单;缺点是加、减运算规则较复杂。

直接用 1 位 0、1 码表示数的正、负,在运算时可能会带来一些新的问题:这是因为计算机的运算器毕竟是一个大型数字电子器件,而有符号数和无符号数的表示形式并没有任何区别,都是用二进制数 0、1 表示,所以,CPU 在进行运算时,并不知道参与运算的数是有符号数还是无符号数,在进行有符号数的运算时,就会将符号也当作是数进行运算,因而有时会出现错误的结果。下面以有符号数的加法运算为例加以说明。

① 两个正数相加时,若两个数之和不超出其所能表示的最大值 127 时,符号位也相加,即 0+0=0,和仍然为正数,没有影响运算的正确性。

例如,两个有符号正数 **01010111**B(87D)和 **00010110**B(22D)相加

$$
\begin{array}{r}
01010111 \\
+\quad 00010110 \\
\hline
01101101
\end{array}
$$

其和为 **1101101**B,即十进制的 109,符号位为 **0**,表示和为正数,结果正确。若两个数之和超出了其所能表示的最大值 127 时,就会产生数字位向符号位的进位,两个符号位相加,再加上低位进上来的 **1**,0+0+1=**1**,符号位为 **1**,作为有符号数,表示两个正数相加的和为负数,显然是不对的。

例如,两个有符号正数 **00110111**B(55D)和 **01011101**B(93D)相加

$$\begin{array}{r} 00110111 \\ +\quad 01011101 \\ \hline 10010100 \end{array}$$

其和应为正数 148,但是在这里,最高位即符号位为 **1**,表示和是负数,显然是错了。产生错误的原因是:相加的和应该是+148,超出了 8 位有符号正数所能表示的最大值+127,数值在运算时产生的进位影响到了符号位。对于有符号数,这种数值运算侵入符号位造成结果错误的情况,称为溢出。

② 一个正数与一个负数相加,和的符号位不应是两符号位直接运算的值,而应由两数的大小决定。即和的符号位由两数中绝对值大的决定。

③ 两个负数相加时,由于 **1+1=10**,符号位只剩下 **0**,因此和的符号也不应由两符号位直接运算的结果所决定。

因为所有的运算都在算术逻辑单元 ALU 中进行,即使是减法运算,也是用相加的办法来解决,为了解决机器内有符号数的符号位参加运算的问题,引入了反码和补码两种机器数的形式。

**2. 反码表示法**

对正数来说,反码和原码的形式是相同的。即 $[X]_原=[X]_反$。

对负数来说,反码为原码的数值部分的各位变反,**0**、**1** 互为反码,如

| $X$ | $[X]_原$ | $[X]_反$ |
| --- | --- | --- |
| **+1101**B | **01101**B | **01101**B |
| **−1101**B | **11101**B | **10010**B |

在反码表示中,真值 **0** 也有两种不同的表示形式

$$[+0]_反=\textbf{00000}\text{B}$$

$$[-0]_反=\textbf{11111}\text{B}$$

反码运算要注意以下三个问题:

① 符号位要与数值位一样参加运算;

② 符号位运算后如有进位产生,则把进位送回到最低位去相加,即循环进位;

③ 反码运算的性质

$$[X]_反+[Y]_反=[X+Y]_反$$

**3. 补码表示法**

**(1) 同余的概念**

两整数 $A$ 和 $B$ 除以同一正整数 $M$,所得余数相同,则称 $A$ 和 $B$ 对 $M$ 同余,即 $A$ 和 $B$ 在以 $M$ 为模时是相等的,可写作

$$A=B(\bmod M)$$

对钟表来说,其模 $M=12$,故 4 点和 16 点、5 点和 17 点……均是同余的,可写作

$$4=16(\bmod 12),5=17(\bmod 12)$$

**(2) 补码的概念**

以指针式钟表为例,若钟表快了两个小时,本应是 3 点,显示却是 5 点,将其校准的方法有两个:一个方法是往回拨两个小时,另一个方法是往前拨 10 个小时,结果是一样的。往回拨两小时就是 5 减 2 到 3 点,往前拨 10 小时就是 5 加上 10,也是拨到 3 点,这是因为,钟表

是按照 12 小时循环计数的,一旦加到大于 12 小时时,就会将 12 舍弃,计为 0 点,5 加上 10 中的 7 使指针回到 0 点,从 0 点再加 3 小时就到了 3 点。这种按照周期循环的数的周期叫作模,这里的模就是 12,数一旦大于或等于其模,就会被自动舍弃。所以,5+10-12=3,在这里,5-2 可以看作是 5+10-12=5+(10-12),10 就可以看作是 -2 的补码。也就是说,以 12 为模时,-2 和 10 同余。同余的两个数具有互补关系,-2 与 10 对模 12 互补,即 -2 的补码是 10。

类似的例子也适合数字式钟表,只不过部分数字式钟表是 24 小时制的,那样,其模就是 24 了。当然,分钟的模是 60。调整数字式钟表也可以只使用加的方法,如果钟表慢了,加上数字;如果钟表快了,也是相加,直到溢出后从 0 继续计数,所加的总数就是加上的补码。

可见,只要确定了模,就可找到一个与负数等价的正数(该正数是负数的补码)来代替此负数,这个正数可用模加上负数本身求得,这样就可用加法实现减法运算了。

由此可得到补码的概念:

① 知道模的大小,求某个负数的补码时,只要将该负数加上其模,就得到它的补码。如以 10 为模,-7 的补码为

$$(-7)+10=3 \qquad (\text{mod } 10)$$

这时,3 就是 -7 的补码。

② 某一正数加上一个负数,实际上是做一次减法。在引入补码概念之后,可以将该正数加上这个负数的补码,最高位向上产生的进位会自然丢失,得到的结果同样是正确的。例如,当模为 10 时

$$7+(-7)=7+(-7+10)=7+3=10=10-10=0 \qquad (\text{mod } 10)$$

又如

$$7+(-4)=7+(-4+10)=7+6=13=13-10=3 \qquad (\text{mod } 10)$$

（3）以 $2^n$ 为模的补码

在计算机中,有符号数用二进制补码表示。存放数据的存储器的位数都是确定的。如果每个存储单元的字长为 $n$ 位,那么它的模就是 $2^n$。$2^n$ 是一个 $n+1$ 位的二进制数 **100…0B**(**1** 后面有 $n$ 个 0),由于机器只能表示 $n$ 位数,因此数 $2^n$ 在机器中仅能以 $n$ 个 0 来表示,而该数最高位的数字 1 就被自动舍弃了。由此可见,如果以 $2^n$ 为模,则 $2^n$ 和 0 在机器中的表示形式是完全一样的。

如果将 $n$ 位字长的二进制数的最高位留作符号位,则数字只剩下 $n-1$ 位,下标从 $n-2$ 到 0,数字 $X$ 的补码(以 $2^n$ 为模)的表示形式如下。

① 当 $X$ 为正数时,即 $X=+X_{n-2}X_{n-3}\cdots X_1 X_0$ 时,有

$$[X]_{\text{补}}=2^n+X$$
$$=0X_{n-2}X_{n-3}\cdots X_1 X_0(\text{mod } 2^n)$$
$$=[X]_{\text{原}}$$

② 当 $X$ 为负数时,即 $X=-X_{n-2}X_{n-3}\cdots X_1 X_0$ 时,由于 $2^n=2^{n-1}+2^{n-1}$,有

$$[X]_{\text{补}}=2^n+X$$
$$=2^n-X_{n-2}X_{n-3}\cdots X_1 X_0$$
$$=2^{n-1}+2^{n-1}-X_{n-2}X_{n-3}\cdots X_1 X_0$$
$$=2^{n-1}+(2^{n-1}-\mathbf{1})+1-X_{n-2}X_{n-3}\cdots X_1 X_0$$

$$= 2^{n-1} + \underbrace{111\cdots11}_{n-1\uparrow 1} - X_{n-2}X_{n-3}\cdots X_1 X_0 + 1$$

$$= 2^{n-1} + \overline{X}_{n-2}\,\overline{X}_{n-3}\cdots \overline{X}_1\,\overline{X}_0 + 1$$

$$= 1\overline{X}_{n-2}\,\overline{X}_{n-3}\cdots \overline{X}_1\,\overline{X}_0 + 1$$

$$= [X]_{反} + 1$$

其中，$\overline{X}_i$ 为对 $X_i$ 取反的逻辑值。

例如，$n = 8$ 时，$2^8 = 100000000B$，则 $-1010111B$ 的补码为

$$[-1010111B]_{补} = 100000000B - 1010111B = 10101001B$$

或　　　　　$[-1010111B]_{补} = [-1010111B]_{反} + 1 = 10101000B + 1 = 10101001B$

所以，对于正数，补码和原码的形式是相同的，$[X]_{原} = [X]_{补}$；对于负数，补码为其反码（数值部分各位取反）加 **1**。例如

| | $X$ | $[X]_{原}$ | $[X]_{反}$ | $[X]_{补}$ |
|---|---|---|---|---|
| 正数 | +0001101B | 00001101B | 00001101B | 00001101B |
| 负数 | −0001101B | 10001101B | 11110010B | 11110011B |

这种利用取反加 **1** 求负数补码的方法，在逻辑电路中利用非门电路和加法计数器的功能实现起来是很容易的。这是因为二进制数有反码，每位数非 **0** 即 **1**，**0** 与 **1** 互为反码，利用反相电路很容易实现；而十进制数有 0~9 共 10 个数字，相互之间没有反码的关系，所以十进制数虽然有补码，但是无法用求反加 **1** 的方法实现求补码的运算。

不论是正数还是负数，反码与补码都有相似性质

$$[[X]_{反}]_{反} = [X]_{原}$$

$$[[X]_{补}]_{补} = [X]_{原}$$

【例 2-1】　+13 和 −13 的原码、反码、补码、反码的反码和补码的补码如下

| | $X$ | $[X]_{原}$ | $[X]_{反}$ | $[X]_{补}$ | $[[X]_{反}]_{反}$ | $[[X]_{补}]_{补}$ |
|---|---|---|---|---|---|---|
| 正数 | +0001101B | 00001101B | 00001101B | 00001101B | 00001101B | 00001101B |
| 负数 | −0001101B | 10001101B | 11110010B | 11110011B | 10001101B | 10001101B |

8 位二进制数的原码、反码、补码的表示如表 2-2 所示。

由表 2-2 可见，字长为 8 位时，原码、反码表示的范围为 −127 ~ +127，而补码表示的范围为 −128 ~ +127。下面对两个特殊数的补码做进一步说明。

① 0 的补码

因为 $[+0]_{补} = 00000000B$，$[-0]_{原} = 10000000B$，经求反加 **1**，得 **00000000B**，所以 $[-0]_{补} = 00000000B$。即，对补码来说，不分正 **0**、负 **0**，都是 **0**。

② −128 的补码

根据补码的定义，$[-128]_{补} = 2^n + (-128) = 2^8 + (-128) = 2^8 + (-127) - 1$，所以 $[-128]_{补} = 256 - 128 = 100000000B - 1111111B - 1 = 10000001B - 1 = 10000000B$。

表 2-2　8 位二进制数的原码、反码、补码的表示

| 无符号数 | | 有符号数 | | | |
|---|---|---|---|---|---|
| 十进制数 | 二进制数 | 真值 | 原码 | 反码 | 补码 |
| 127 | **0111 1111B** | +127 | **0111 1111B** | **0111 1111B** | **0111 1111B** |
| … | … | … | … | … | … |
| 1 | **0000 0001B** | +1 | **0000 0001B** | **0000 0001B** | **0000 0001B** |
| 0 | **0000 0000B** | +0 | **0000 0000B** | **0000 0000B** | **0000 0000B** |
| 128 | **1000 0000B** | −0 | **1000 0000B** | **1111 1111B** | **0000 0000B** |
| 129 | **1000 0001B** | −1 | **1000 0001B** | **1111 1110B** | **1111 1111B** |
| … | … | … | … | … | … |
| 255 | **1111 1111B** | −127 | **1111 1111B** | **1000 0000B** | **1000 0001B** |
| | | −128 | 不能表示 | 不能表示 | **1000 0000B** |

（4）数值数据的运算

采用补码进行加减运算时要注意几个问题。

① 补码运算时,其符号位要与数值部分一样参加运算,但结果不能超出其所能表示的数的范围,否则会出现溢出错误。无符号数的加减运算结果超出数的范围的情况称为产生进位或借位,计算机中有专门记录运算时产生的进位或借位的标志,只要将进位加到更高位上或者将借位从更高位上减去,运算就不会出错,在多字节数加减运算时,必须考虑进位和借位的处理。

② 采用了补码以后,符号运算如有进位出现,则把这个进位舍去,不影响运算结果,运算后的符号就是结果的符号。

③ 补码运算的性质

$$[X]_补 + [Y]_补 = [X+Y]_补$$
$$[X]_补 - [Y]_补 = [X-Y]_补$$

这些运算性质与数的位数 $n$ 无关。

【例 2-2】　已知 $X = +$**0101101B**,$Y = -$**0000001B**,求 $X+Y$。

解:
$$[X]_补 = \mathbf{00101101}$$
$$+ \ [Y]_补 = \mathbf{11111111}$$
$$\overline{\phantom{xxxxxxxxxxxx}}$$
$$[X+Y]_补 = \mathbf{100101100}$$

$$\searrow$$
进位舍去

所以,$X+Y = [[X+Y]_补]_补 = $**0101100B** $= [X]_补 + [Y]_补$。

【例 2-3】　已知 $X = -$**0001101B**,$Y = -$**0000001B**,求 $X+Y$。

解:
$$[X]_补 = \mathbf{11110011}$$
$$+ \ [Y]_补 = \mathbf{11111111}$$
$$\overline{\phantom{xxxxxxxxxxxx}}$$
$$[X+Y]_补 = \mathbf{111110010}$$

$$\searrow$$
进位舍去

所以，$X+Y=[[X+Y]_\text{补}]_\text{补}=-0001110\text{B}$。

【例 2-4】 已知：$X=+1,Y=-128$，求 $X+Y$。

解：

$$[X]_\text{补}=00000001$$
$$+ [Y]_\text{补}=10000000$$
$$\overline{[X+Y]_\text{补}=10000001}$$

所以，$X+Y=[[X+Y]_\text{补}]_\text{补}=11111111\text{B}=-127$。

因为减去一个正数的减法运算可以看作是加上一个负数的加法运算，所以在计算机中，利用反码加 **1** 的方法求得补码之后，即将减一个正数的运算转变为加上一个负数的运算，进而变为加上该负数的补码的加法运算，而乘法运算又可以采用移位相加的方法完成，除法运算采用移位相减的方法完成，这样只用加法器就能完成所有的算术运算。

三种编码小结：

① 对正数而言，上述三种编码都等于真值本身。

② 最高位都表示符号位，补码和反码的符号位可与数值位一样看待，和数值位一起参加运算；原码的符号位必须与数值位分开处理。

③ 原码和反码的真值 **0** 各有两种不同的表示方式，而补码的真值 **0** 表示是唯一的。

**4. 十进制数的编码**

常用的十进制数编码有 BCD 码（binary-coded decimal）、余 3 码和格雷码等。最常见的是 BCD 码。

BCD 码是二进制编码形式的十进制数，即用 4 位二进制数表示 1 位十进制数，这种编码形式可以有多种，其中最自然、最常用的一种形式为 8421 码，即这 4 位二进制数的权值从左向右依次为 8,4,2,1。

当用 1 个字节的 8 位二进制数表示十进制数时，若每个字节的高 4 位为 **0**，只用其低 4 位表示 1 位十进制数，则称为非压缩 BCD 码，表示格式如图 2-3 所示。它所表示的数的范围是 0~9。

| b7 | b6 | b5 | b4 | b3 | b2 | b1 | b0 |
|---|---|---|---|---|---|---|---|
| 0 | 0 | 0 | 0 | 个位 | | | |

图 2-3 非压缩 BCD 码的表示格式

若将 8 位用于表示 2 位十进制数，则称为压缩 BCD 码，表示格式如图 2-4 所示。它所表示的数的范围是 0~99。

| b7 | b6 | b5 | b4 | b3 | b2 | b1 | b0 |
|---|---|---|---|---|---|---|---|
| 十位 | | | | 个位 | | | |

图 2-4 压缩 BCD 码的表示格式

例如，若用 4 个字节表示十进制数 4321，用非压缩 BCD 码表示是 **00000100,00000011,00000010,00000001**；用十六进制数表示是 04H,03H,02H,01H。用压缩 BCD 码表示只需要 2 个字节，即 **01000011,00100001**；用十六进制数表示则是 43H,21H。

尽管在 8421 码中 0~9 这 10 个数码的表示形式与用二进制表示的形式一样，但这是两个完全不同的概念,不能混淆。如,十进制数 39 可表示为(0011 1001)$_{8421}$ 或 **100111B**,两者是完全不同的。

## 2.1.4 非数值数据的编码

计算机不仅能够对数值数据进行处理,还能够对文本和其他非数值数据信息进行处理。非数值数据是指不能进行算术运算的数据,包括字符、字符串、图形符号、汉字、语音和图像的信息等多种数据。这些信息在传送时,并不是直接传送和处理其原值,而是先按照某种规则进行一定的处理,使之具有通用的传送格式。经过这种处理的数值信息,称为编码。下面介绍几种常用的编码。

1. ASCII 编码

在处理文本文件时,每个字符都是由其相应的标准字模构成的,文本文件本身并不包括这些字模,而只是使用其编码来表示每个字符。例如,使用区位编码的中文编辑时,4 位十进制区位码可以表示 10000 个不同的字符。国际上通用的标准字符编码为 ASCII 码(American Standard Code for Information Interchange,ASCII),即美国信息交换标准码。

ASCII 码共定义了 256 个代码(0~255),0~32 为控制字符(ASCII control characters),33~127 为可打印字符(ASCII printable characters)。0~127 是标准的 ASCII 编码,128~255 是扩展的 ASCII 编码。其中,标准 ASCII 码包含:26 个小写英文字母、26 个大写英文字母、10 个数字码(0~9)以及 25 个特殊字符(如[,+,-,@,|,#等),共计 87 个字符。这 87 个字符可用 7 位二进制编码来表示。为了能与主流计算机相兼容,各国也都采用这种字符编码进行上述字符和数字的传输。目前,几乎所有小型计算机和微型计算机都采用 ASCII 码。例如,标准键盘与主机之间,显示器与主机之间的数据传输等,都采用了这种 ASCII 编码。

附录 A 为 ASCII 码表,它用 8 位二进制数表示字符代码。其基本代码占 7 位,第 8 位可用作奇偶校验,通过对奇偶校验位设置 **1** 或 **0** 状态,保持 8 位字节中 **1** 的个数总是奇数(称为奇校验)或偶数(称为偶校验),一般用于字符或数字在串行传送时检测传送过程中是否出错。

2. 汉字编码

(1) 汉字输入编码

由于计算机现有的输入键盘与英文打字机键盘完全兼容,因而如何输入非拉丁字母的文字(包括汉字)便成了多年来人们研究的课题。汉字信息处理系统一般包括编码、输入、存储、编辑、输出和传输,编码是关键。不解决这个问题,汉字就不能进入计算机。汉字输入编码就是用计算机标准键盘上按键的不同排列组合来对汉字进行编码。一个好的输入编码法应满足:

① 编码短,击键次数少;

② 重码少,可盲打;

③ 好学好记。

常用的输入编码有数字、字音、字形和音形编码等。

① 数字编码:用数字串代表一个汉字的输入,如电报码、区位码等,其最大优点是无重码,缺点是难记。

② 字音编码:以汉语拼音作为编码基础,简单易学,但重码很高,常见的有搜狗拼音、百度拼音、全拼、双拼、微软拼音和智能 ABC 等输入法。

③ 字形编码:将汉字的字形信息分解归类而给出的编码,具有重码少的优点,常见的有五笔字型码、表形码、郑码等。

④ 音形编码:音形编码吸取了字音编码和字形编码的优点,使编码规则简化,重码少,常见的有全息码等。

(2) 汉字国标码

汉字国标码即国标码,是在不同汉字信息处理系统间进行汉字交换时所使用的编码。国标码以国家标准局颁布的 GB/T 2312-1980 规定的 7 445 个汉字交换码作为标准汉字编码。

在字符集中,汉字和字符符号分在 94 个区,每区 94 位。每个汉字及字符用 2 个字节表示,前一个字节为区码,后一个字节为位码,各用 2 位十六进制数表示。这就是所谓的汉字区位码。

汉字区位码并不等于汉字国标码,两者间的关系可表示为

$$国标码 = 区位码(化成十六进制) + 2020H$$

(3) 汉字机内码

汉字机内码简称汉字内码或机内码,是在计算机外部设备和信息系统内部存储、处理、传输汉字用的代码,是汉字在设备或信息处理系统内部最基本的表达形式。在西文计算机中,无交换码和内码之分,一般以 ASCII 码作为内码。英文字符的机内码是 7 位 ASCII 码,最高位为 0。

汉字内码用 2 个字节表示。为了区分汉字字符与英文字符,将汉字国标码的每个字节的最高位置 1,作为汉字机内码。如"啊"的国标码为 **0011 0000 0010 0001**B(3021H),机内码为 **1011 0000 1010 0001**B(B0A1H),即汉字机内码 = 汉字国标码 + 8080H。

(4) 汉字字形码

一般情况下,汉字用点阵方式表示其外形,这个点阵称为汉字字模,也称为汉字字形码。不管汉字的笔画多少,都可在同样的方块中书写,从而把方块分割为许多小方块,组成 1 个点阵,每个小方块就是点阵中的 1 个点,即二进制的 1 个位。每个点由 **0** 和 **1** 表示"白"和"黑"两种颜色,用这样的点阵就可输出汉字。存储在计算机中的汉字和符号的外形集合称为汉字库。

不同的输入编码输入到计算机中时都统一使用国标码。各种代码间的逻辑关系如图 2-5 所示。

【例 2-5】　汉字"春"的区位码为 20-26,计算其国标码和机内码。

区位码:第 1 字节　第 2 字节

十进制　　　20　　　　26

　　　　　　↓　　　　 ↓

十六进制　　14H　　　1AH

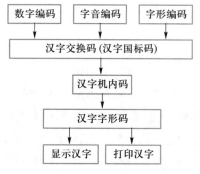

图 2-5　各种代码间的逻辑关系

$$+20H \quad +20H$$

国标码：    34H        3AH

$$+80H \quad +80H$$

机内码：    B4H        BAH

（5）汉字编码的发展

汉字编码的发展经历了下面几个阶段。

① GB/T 2312-1980：是国家标准局 1980 年颁布的，其中只包含 6 763 个一、二级常用汉字，已不能满足各方面应用的需要。

② "通用多 8 位编码字符集"国际标准（ISO/IEC 10646）：简称 UCS，是国际标准化组织 1993 年公布的，它确定了 20 902 个中日韩统一汉字。

③ 我国标准化管理机构发布了与 ISO/IEC 10646 一致的国家标准 GB/T 13000.1-1993（现行为 GB/T 13000-2010）。2000 年 3 月，信息产业部和国家质量技术监督局共同颁布了 GB 18030-2000《信息技术 信息交换用汉字编码字符集基本集的扩充》（简称 GBK，现行为 GB 18030-2022《信息技术 中文编码字符集》）这一强制性国家标准，共收录汉字 27 000 多个，彻底解决了偏、生汉字的输入问题。

（6）统一代码

统一代码（unicode）是一种全新的编码方法，此法有足够的能力来表示全世界多达 6 800 种语言中任意一种语言里使用的所有符号。其基本方法是，用 1 个 16 位的数来表示 Unicode 中的每个符号，即允许表示 65 536 个不同的字符或符号。这种符号集被称为基本多语言平面（BMP）。

在计算机中用扩展 ASCII 码、Unicode UCS-2 和 UCS-4 方法表示一个符号的方法如图 2-6 所示。

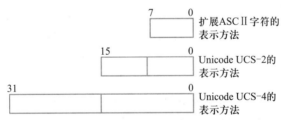

图 2-6  计算机中表示符号的三种方法

在实际应用中，常见的编码还有 UTF-8（8-bit unicode transformation format），它是一种针对 Unicode 的可变长度字符编码，又称万国码。由肯·汤普森（Ken Thompson）于 1992 年创建。现在已经标准化为 RFC 3629。UTF-8 用 1 到 6 个字节编码 Unicode 字符。用在网页上可以实现同一页面显示中文简休繁休及其他语言（如英文，日文，韩文）。详细内容，请读者通过网络查阅相关资料。

# 2.2　微型计算机的常用术语和技术

本节介绍微型计算机中的常用术语和技术。

## 2.2.1　常用单位及术语

1. 位(bit)

计算机所能表示的最小的数字单位,即二进制数的位。通常每位只有 2 种状态 **0**、**1**。

2. 字节(Byte)

8 位(bit)为 1 个字节,是内存的基本单位,常用 B 表示。

3. 字长

字长即字的长度,是一次可以并行处理的数据的位数,即数据线的条数。常与 CPU 内部的寄存器、运算器、总线宽度一致。常用微型计算机字长有 8 位、16 位和 32 位。

4. 数量单位

K(千,Kilo 的符号),1 K = 1 024,如 1 KB 表示 1 024 个字节;

M(兆,Million 的符号),1 M = 1 K×1 K;

G(吉,Giga 的符号),1 G = 1 K×1 M;

T(太,Tera 的符号),1 T = 1 M×1 M。

5. MIPS

MIPS 是单字长定点指令平均执行速度 million instructions per second 的缩写,即每秒处理的百万级机器语言的指令数。这是衡量 CPU 速度的一个指标。

6. 地址

地址是微型计算机存储单元的编号,通常 8 bit 为一个单元,每个单元有独立的编号。存储器地址的最大编号(容量)由地址线的条数决定。如:

16 条地址线的容量为 64 KB(0000H ~ FFFFH);

20 条地址线的容量为 1 MB(00000H ~ FFFFFH)。

7. 总线

CPU 是微型计算机的核心。微型计算机利用 3 种总线将 CPU 与系统的其他部件如存储器、I/O 接口等联系起来(参见图 1-2)。总线是具有同类性质的一组信号线,3 种总线分别是地址总线 AB(address bus)、数据总线 DB(data bus)和控制总线 CB(control bus)。

8. 访问

CPU 对寄存器、存储器或 I/O 接口电路的操作通常分为两类:把数据存入寄存器、存储器或 I/O 接口电路的操作称为写入或写操作,把数据从寄存器、存储器或 I/O 接口电路取到 CPU 的操作称为读出或读操作。这两种操作过程通常统称为“访问”。

9. 机器指令

机器指令是由二进制代码组成的可以直接由微处理器进行译码、执行的代码。一条机器指令应包含要求微处理器所要完成的操作,以及参与该操作的数据或该数据所在的地址,有时还要有操作结果的存放地址信息,这些都是以二进制数字的形式表示的,当然,也有某些特殊指令不需要数据或地址。

10. 汇编指令

虽然微处理器能够且只能够识别二进制数,但是人们却很难适应这种用二进制数字序列的指令形式来编程。例如,一条 2 字节的单片机指令为

**01110100**

**00110000**

这就是用二进制数表示的,可以直接由微处理器进行译码、执行的机器指令。这样一条 2 字节指令的含义是将一个 8 位二进制数据 30H 送到 CPU 内部的寄存器 A 中,我们很难直接看出这种含义,即使是经过一定专业训练的人也不喜欢和这种表示方式打交道。所以人们在编程时使用的是比较容易看出其操作含义的、用英文的缩写形式表示的指令,如上面的指令若写成

MOV A, #30H

就很容易理解和阅读了。这种形式的指令称为汇编指令,这种编程语言称为汇编语言。不同厂家的 CPU 配备有相应的汇编语言指令系统,用汇编语言编写的程序称为源程序。

11. 指令系统

指令系统是一台计算机所能识别的全部指令的集合。

12. 汇编与反汇编

利用汇编语言编程虽然容易,但是机器只能识别二进制数形式的指令,不能直接识别和执行汇编语言形式的指令,所以还要把汇编语言源程序翻译成与之相对应的用二进制数表示的机器语言,才能被微处理器识别和执行,这种翻译称为汇编。每一条汇编语句都可以汇编成对应的机器语言,虽然可以用人工汇编,但是用人工进行汇编太麻烦,且容易出错,人们就编写了专门的汇编程序来完成这项工作。用汇编程序来进行汇编就变得容易得多,又快又准确,还能把语法不正确的语句找出来,以利于用户的程序编写和调试。

反过来,将用二进制数表示的机器语言形式的程序翻译成汇编语言形式的源程序的过程称为反汇编。反汇编是汇编的逆过程。

13. 高级语言

汇编指令虽然较二进制机器指令容易阅读和编写,但还是没有接近英语自然语言。为了解决这个问题,人们发明了高级语言,用高级语言编程,然后再用某种特殊程序翻译成机器语言。这样,编程人员可以仿照自然语言的书写形式完成程序的编写,降低了程序开发的门槛。将用高级语言编写的用户程序翻译成某个具体的微处理器的机器语言程序(这个过程称为编译)的软件,称为编译器。例如,现在市面上常见的各种 C 编译器就是能把 C 语言转换成某个具体的微处理器的机器语言的编译工具。这种编译器比较适于对汇编语言不熟悉的用户使用,其缺点是不可避免地会出现编译后的机器程序冗长、不够简练,导致程序运行时间加长、速度降低等问题。另外,用汇编语言编程能更有利于硬件电路与程序的配合设计与调试。

当然,如果用户并不在乎程序的长短和运行速度的快慢,并拥有对应的编译软件,完全可以采用 C 语言编写用户程序。

## 2.2.2 常用技术

1. 冯·诺依曼体系结构和哈佛体系结构

（1）冯·诺依曼体系结构

1964年，冯·诺依曼简化了计算机的体系结构，提出了"存储程序"的思想，大大提高了计算机的速度。在冯·诺依曼体系结构中，计算机系统由一个中央处理单元（CPU）和一个存储器组成，数据和指令都存储在存储器中，CPU可以根据所给的地址对存储器进行读或写。程序指令和数据的宽度相同。Intel 8086、ARM7、MIPS处理器等是冯·诺依曼体系结构的典型代表。冯·诺依曼体系结构的构成示意图如图2-7所示。

其中，PC的全称是program counter，是程序计数器的意思。

"存储程序"思想可以简化概括为3点：

① 计算机包括运算器、控制器、存储器、输入/输出设备；

② 计算机内部应采用二进制来表示指令和数据；

③ 将编写好的程序和数据保存到存储器，然后计算机自动地逐条取出指令和数据，进行分析、处理和执行。

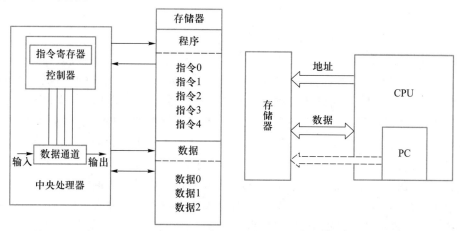

图2-7 冯·诺依曼体系结构的构成示意图

（2）哈佛体系结构

在哈佛体系结构中，数据和程序使用各自独立的存储器。程序计数器PC只指向程序存储器而不指向数据存储器，其后果是很难在哈佛体系结构的计算机上编写出一个自修改的程序（也称为在应用可编程，in application programming，IAP）。哈佛体系结构具有以下优点：

① 独立的程序存储器和数据存储器为数字信号处理提供了较高的性能；

② 指令和数据可以有不同的数据宽度，具有较高的效率。如Freescale公司的MC68系列、Zilog公司的Z8系列、ARM 9、ARM10、8051系列等。

哈佛体系结构的示意图如图2-8所示。

2. 高速缓冲存储器（cache）

为了解决微处理器运行速度快，存储器运行速度慢的矛盾，在两者之间加一级高速缓冲

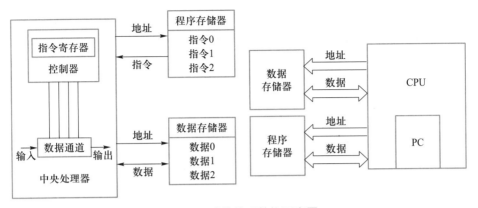

图 2-8 哈佛体系结构示意图

存储器 Cache。Cache 采用与制作 CPU 相同的半导体工艺,速度与 CPU 匹配,其容量约占主存的 1%。Cache 的作用是,当 CPU 要从主存储器(在个人计算机中称为内存)中读取一个数据时,先在 Cache 中查找是否有该数据,若有,则从 Cache 中读取到 CPU,否则用一个主存储器访问时间从主存储器中读取这个数据送至 CPU,与此同时将包含这个数据字的整个数据块送到 Cache 中。由于存储器访问具有局部性(程序执行局部性原理),在这以后的若干次存储器访问中要读取的数据位于刚才取到 Cache 中的数据块中的可能性很大,只要替换算法与写入策略得当,Cache 的命中率可达 99% 以上,它有效地减少了 CPU 访问低速内存的次数,从而提高读取数据的速度和整机的性能。

Intel 80386 CPU 的高速缓冲存储器在芯片外部,Intel 80486 CPU 在片内集成了一个 8 KB 的程序和数据高速缓冲存储器,并可以在片外接 1 个二级高速缓冲存储器。Pentium 在芯片内集成了 2 个 8 KB 的高速缓冲存储器,一个作程序缓存,另一个作数据缓存。

3. 流水线技术

流水线(pipeline)技术是指在程序执行时多条指令重叠进行操作的一种准并行处理实现技术。流水线的工作方式就像工业生产中的装配流水线。在工业制造中采用流水线可以提高单位时间的生产量;同样在 CPU 中采用流水线设计也有助于提高 CPU 的效率。下面以汽车装配为例来解释流水线的工作方式。

假设装配一辆汽车需要 4 个步骤:① 冲压,制作车身外壳和底盘等部件;② 焊接,将冲压成形后的各部件焊接成车身;③ 涂装,将车身等主要部件清洗、化学处理、打磨、喷漆和烘干;④ 总装,将各部件(包括发动机和外采购的零部件)组装成车。对应地,需要冲压、焊接、涂装和总装 4 个工人。采用流水线的制造方式,同一时刻 4 辆汽车在装配。如果不采用流水线,那么第一辆汽车依次经过上述 4 个步骤装配完成之后,下一辆汽车才开始进行装配,最早期的工业制造就是采用的这种原始的方式。不久之后就发现,某个时段中一辆汽车在进行装配时,其他 3 个工人处于闲置状态,也就是说,同一时刻只有一辆汽车在装配。显然这是对资源的极大浪费!于是人们开始思考能有效利用资源的方法:在第 1 辆汽车经过冲压进入焊接工序的时候,立刻开始进行第 2 辆汽车的冲压,而不是等到第 1 辆汽车经过全部 4 个工序后才开始。之后的每一辆汽车都是在前一辆冲压完毕后立刻进入冲压工序,这样在后续生产中就能够保证 4 个工人一直处于运行状态,不会造成人员的闲置。这样的生产方式就好似流水川流不息,因此被称为流水线。

流水线技术可以使用时空图来说明。时空图从时间和空间两个方面描述了流水线的工作过程。时空图中,横坐标代表时间,纵坐标代表流水线的各个阶段。4 段指令流水线的时空图如图 2-9 所示。

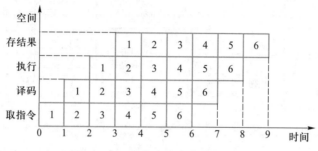

图 2-9　4 段指令流水线的时空图

CPU 的工作可以大致分为取指令、译码、执行和存结果 4 个步骤,采用流水线设计之后,指令(好比待装配的汽车)就可以连续不断地进行处理。在相同长度的时间内,显然拥有流水线设计的 CPU 能够处理更多的指令。

指令流水线是 Intel 首次在 Intel 486 芯片中开始使用的。在 CPU 中由 5~6 个不同功能的电路单元组成一条指令处理流水线,然后将一条 X86 指令分成 5~6 步后再由这些电路单元分别执行,这样就能实现在一个 CPU 时钟周期完成一条指令,提高了 CPU 的运算速度。在 Pentium(奔腾处理器)中,采用两条流水线 U 和 V,每条都有各自独立的地址生成电路 ALU 和连接数据 Cache 的接口,以便通过各自的数据接口对 Cache 存取数据。这样的结构使得 Pentium 具有更高的执行速度,实现 1 个时钟周期执行两条整数运算指令,比具有相同时钟频率的前代 CPU 的实际速度提高了 1 倍。

4. CISC 和 RISC

20 世纪 70 年代末发展起来的计算机,其结构随着 VLSI 技术的飞速发展而越来越复杂,大多数计算机的指令系统多达几百条,这些计算机被称为复杂指令集计算机(complex instruction set computer,CISC),其中有许多复杂指令使用频率较低而造成硬件和资源的浪费。CISC 结构的处理器都有一个指令集,每执行一条指令,处理器要在几百条指令中分类查找对应指令,因此需要一定的时间;由于指令复杂,增加了处理器的结构复杂性以及逻辑电路的级数,降低了时钟频率,使指令执行的速度变慢,纯 CISC 结构的处理器执行一条指令至少需要一个以上的时钟周期。

精简指令集计算机(reduced instruction set computer,RISC),其指令集结构只有少数简单的指令,使计算机硬件简化,将 CPU 的时钟频率提得很高,配合流水线结构可做到一个时钟周期执行一条指令,使整个系统的性能得到提高,性能超过 CISC 结构的计算机。RISC 指令系统的特点是:

① 选取使用频率最高的一些简单指令;

② 指令长度固定,指令格式和寻址方式种类少;

③ 只有取数据和存数据指令访问存储器,其余指令的操作在寄存器之间进行。

## 📝 习题

2-1 解释技术名词：Cache，CISC，RISC。

2-2 将下列十进制数转换为 8 位二进制数。

58D    69D    136D   241D

2-3 将下列二进制数转换为十进制数。

**10001010**B   **01001101**B   **11010011**B   **10010110**B

2-4 求下列数据的原码、反码、补码。

（1） +37   （2） −11   （3） +100   （4） −64

2-5 用补码计算 56−87 的原码和真值，并写出计算过程。

2-6 已知数据 $A$ 和 $B$ 的值，分别求它们的逻辑**与**、逻辑**或**和逻辑**异或**的值。

（1） $A=$ **10010110**，$B=$ **11011010**

（2） $A=$ **01110011**，$B=$ **10100010**

2-7 查 ASCII 码表，分别写出下列字符的 ASCII 码。

（1）8   （2）D   （3）g   （4）回车   （5）换行

2-8 用 8 位二进制数分别写出下列十进制数的非压缩和压缩 BCD 码。

（1） 13   （2） 86   （3） 47

第 3 章

# STC8H8K64U 单片机的硬件结构

> 本章首先以模型机为例，介绍微型计算机的结构和工作过程，然后介绍 STC8H8K64U 单片机的硬件结构。

## 3.1　模型机的结构及工作过程

### 3.1.1　模型机的结构简介

一个典型的微型计算机模型(简称模型机)结构如图 3-1 所示。

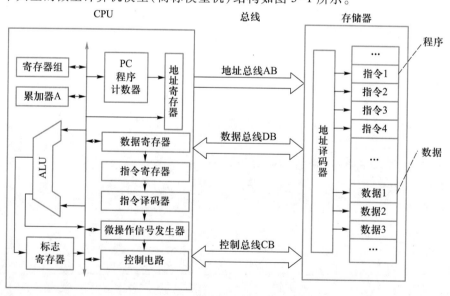

图 3-1　模型机的结构

从图 3-1 可以看出,模型机主要由通过三总线(地址总线、数据总线和控制总线)连接在一起的中央处理器(CPU)和存储器构成。当然,作为完整的计算机,还应包含与外部设备交换数据的 I/O 接口。

1. 中央处理器的组成

中央处理器(CPU)由运算器和控制器组成。

(1) 运算器

运算器是计算机中加工和处理数据的功能部件。它的主要功能是对数据进行加工处理,包括算术运算和逻辑运算,如加、减、乘、**与**、**或**、**非**运算等。另外,还暂时存放参与运算的数据和中间结果。运算器主要包括以下几部分。

① 算术逻辑单元 ALU(arithmetic logical unit):主要完成算术运算、逻辑运算。

② 累加寄存器(简称累加器)A:用于存放操作数或运算结果。

③ 寄存器组:由其他寄存器组成,主要用于存放操作数或运算结果。

④ 标志寄存器 F:存放运算结果的标志(零、正负、进位、溢出等)。

(2) 控制器

控制器用于控制和指挥计算机内各功能部件协调动作,完成计算机程序功能。控制器主要包括以下几部分。

① 程序计数器 PC(program counter):用于存放将要取出的指令地址,指令取出后,其内容自动加 1。

② 指令寄存器 IR(instruction register):用于存放指令的操作码。

③ 指令译码器 ID(instruction decoder):用于将指令的操作码翻译成机器能识别的命令信号。

④ 微操作信号发生器 MOSG(microoperation signal generator):用于产生一系列微操作控制信号。

⑤ 地址寄存器 AR(address register):用于存放操作数或结果单元的地址。

⑥ 数据寄存器 DR(data register):用于存放操作数。

2. 存储器

存储器主要用于保存程序和数据,包含地址译码器、存储单元和控制逻辑。存储器和中央处理器之间通过三总线(地址总线、数据总线和控制总线)交换信息。下面说明存储器的访问过程。

(1) 读操作

CPU 首先将地址寄存器 AR 的内容放到地址总线 AB 上,地址总线上的内容进入地址译码器,由地址译码器进行译码,以选通相应的存储单元。被选通的存储单元的内容就出现在数据总线 DB 上,在控制信号的作用下,CPU 从数据总线上读取数据到数据寄存器 DR,从而完成存储器的读操作。

(2) 写操作

CPU 将地址寄存器 AR 的内容送到地址总线 AB 上,地址总线上的内容进入地址译码器,由地址译码器进行译码,以选通相应的存储单元。在控制信号的作用下,CPU 将要写入的数据通过数据总线写入到选通的存储单元,完成存储器的写操作。

## 3.1.2  模型机的工作过程

计算机具有计算和控制等功能,这些功能是通过执行指令实现的。计算机的指令执行过程可以分为读取指令、分析指令、执行指令和保存结果 4 个阶段。在进行计算之前,应做如下工作：

　　① 用助记符号指令（汇编语言）编写程序（源程序）；

　　② 用汇编软件（汇编程序）将源程序汇编成计算机能识别的机器语言程序；

　　③ 将数据和程序通过输入设备送入存储器中存放。

　　下面举例说明计算机程序的具体执行过程。

　　例如，计算 7+10，结果放在 A 中。可以使用如表 3-1 所示程序实现。

表 3-1　计算 7+10 程序

| 汇编语言语句 | 机器码 | | 注释 |
|---|---|---|---|
| MOV A,07H | B0H | 07H | 07 送入累加器 A |
| ADD A,0AH | 04H | 0AH | A 与 10 中内容相加，结果在 A 中 |
| HLT | F4H | | 暂停 |

　　假设上述程序在存储器中的存储格式（设程序从 00H 开始存放）如图 3-2 所示。

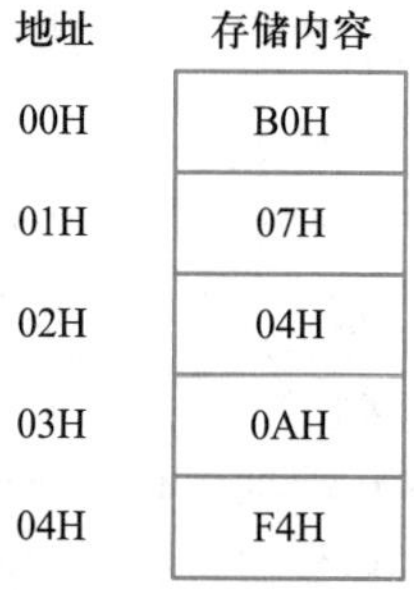

　　读取指令阶段的执行过程如下：

　　① CPU 将程序计数器 PC 的内容 00H 送至地址寄存器 AR；

　　② 程序计数器 PC 的内容自动加 1 变为 01H，为取下一条指令做好准备；

　　③ 地址寄存器 AR 将 00H 通过地址总线 AB 送至存储器地址译码器译码，选中 00H 单元；

　　④ CPU 发出"读"命令；

　　⑤ 所选中的 00H 单元的内容 B0H 由存储器送至数据总线 DB 上；

| 地址 | 存储内容 |
|---|---|
| 00H | B0H |
| 01H | 07H |
| 02H | 04H |
| 03H | 0AH |
| 04H | F4H |

图 3-2　示例程序机器码在存储器中的存储格式

　　⑥ 经数据总线 DB，CPU 将读出的内容 B0H 送至数据寄存器 DR；

　　⑦ 数据寄存器 DR 将其内容送至指令寄存器 IR 中，经过译码，CPU"识别"出此操作码为两字节指令的第一个字节，再取出下一个字节后得知是"MOV A,07H"指令，于是控制器发出执行这条指令的控制命令。

　　读取第一条指令第一个字节的示意图如图 3-3 所示。

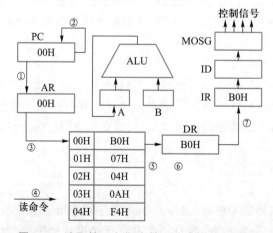

图 3-3　读取第一条指令第一个字节的示意图

执行指令阶段的执行过程如下：

① CPU 将程序计数器 PC 的内容送至地址寄存器 AR；

② 程序计数器 PC 的内容自动加 1 变为 02H，为取下一条指令做好准备；

③ 地址寄存器 AR 将 01H 通过地址总线送至存储器地址译码器译码，选中 01H 单元；

④ CPU 发出"读"命令；

⑤ 所选中的 01H 单元的内容 07H 读至数据总线 DB 上；

⑥ 经数据总线 DB，读出的内容 07H 送至数据寄存器 DR；

⑦ 计算机由操作码确定读出的是立即数，并要求将它送入累加器 A 中，所以数据寄存器 DR 通过内部总线将 07H 送入累加器 A 中。

执行第一条指令的示意图如图 3-4 所示。

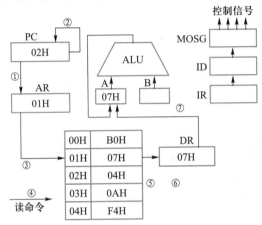

图 3-4 执行第一条指令的示意图

第二条指令的取指执行过程与第一条相同，只是指令码地址不同。

经过对第二条指令操作码的分析（译码）得知第二条指令为加法指令，执行过程如下：

① 程序计数器 PC 的内容送至 AR；

② 程序计数器 PC 的内容自动加 1 并回送 PC；

③ 地址寄存器 AR 的内容经地址总线 AB 送到存储器地址译码器；

④ CPU 发出"读"命令；

⑤ 所选中的 03H 单元的内容 0AH 送到数据总线 DB；

⑥ 数据总线 DB 上的内容送数据寄存器 DR；

⑦ 数据寄存器 DR 的内容经 B 寄存器送算术逻辑单元 ALU 的一端；

⑧ 累加器 A 的内容送 ALU 的另一端；

⑨ ALU 相加的结果输出到 A。

执行第二条指令的操作示意图如图 3-5 所示。

几乎所有的计算机指令执行过程都分为上述读取指令、分析指令、执行指令和保存结果 4 个阶段。通过上述计算机执行程序的过程，希望读者能够对计算机的程序执行方式有所了解。

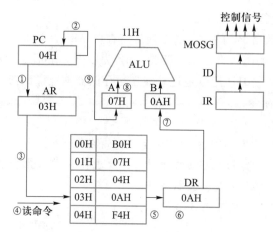

图 3-5　执行第二条指令的操作示意图

## 3.2　STC8H8K64U 单片机的内部结构

单片微型计算机(简称单片机)就是在一片芯片上集成了前述微型计算机功能结构的器件,其工作过程也与模型机类似。有些单片机不仅集成了 CPU、存储程序和数据的存储器、I/O 接口、定时器/计数器等常规资源,而且还集成了工业测控系统中常用的模拟量模块。

8051 内核是 Intel 8051 系列单片机的基本标准,许多参考书上将这种单片机称为 MCS-51 系列单片机。MCS-51 系列单片机的典型产品为 8051,它有 4 KB ROM,128 B RAM,2 个16 位定时器/计数器,4 个 8 位 I/O 接口,一个串行口。20 世纪 80 年代,Intel 将 8051 内核转让或出售给几家著名的 IC 厂商,如 Philips、Atmel 等。这样,8051 内核单片机(简称 8051 单片机)就变成众多制造厂家支持的大家族。如常用的 STC 系列,Atmel 公司的 AT89 系列等单片机就是典型的 8051 内核单片机。只要是 8051 内核的单片机,它们的最基本结构就是相同的,并且指令系统完全兼容标准 8051 单片机。

下面以增强型 8051 内核单片机 STC8H8K64U 为例,说明单片机的内部结构。STC8H8K64U 单片机集成了以下典型资源。

① 增强型 8051 中央处理器(CPU),单时钟机器周期,速度比传统 8051 内核单片机快12 倍以上。

② MDU16,硬件 16 位乘除法器。

③ 64 KB Flash 程序存储器,可用于存储用户程序。支持用户配置 $E^2PROM$ 大小,没有用作程序存储器的 Flash 可以用作数据 Flash,用于保存掉电后不丢失的参数。Flash 存储器的擦写次数可达 10 万次以上。

④ 集成 SRAM,包括 256 B 内部 RAM(DATA+IDATA)、8192 B 扩展 RAM(XDATA)和1280 B 的 USB 数据 RAM。相当于计算机的内存,可用于保存程序中所用的变量。

⑤ 5 个 16 位可自动重装载的定时器/计数器(T0、T1、T2、T3 和 T4)。

⑥ 8 个 I/O 接口(P0~P7),至多 60 根 I/O 接口线,以实现数据的并行输入、输出。所有

的 I/O 均支持中断。

⑦ 4 个全双工异步串行口(UART1~UART4),可以实现单片机和其他设备之间的串行数据传送。

⑧ 1 个高速同步通信端口(SPI),可以与具有 SPI 的设备进行通信。

⑨ 1 个 $I^2C$ 接口,支持主机模式和从机模式。

⑩ 1 个 USB 接口,USB2.0/USB1.1 兼容。

⑪ 液晶模块接口(LCM)。

⑫ 16 通道 12 位超高速 ADC。

⑬ 脉宽调制模块(PWMA 和 PWMB)。

⑭ 实时时钟(RTC)模块,支持年、月、日、时、分、秒、次秒(1/128 s),并支持时钟中断和一组闹钟。

⑮ 一组比较器(CMP)。

⑯ 中断控制系统,提供 22 个中断源,4 级中断优先级。

⑰ 复位控制模块,包括低电压检测(LVD)和看门狗控制器。

⑱ 时钟控制模块,包括低速内部 $RC$ 时钟(LIRC)、48 MHz 的内部 $RC$ 时钟(IRC48M)、频率自动校准模块(CRE)、高速内部 $RC$ 时钟(HIRC)、外部晶体振荡器(XTAL)和锁相环(PLL)。

STC8H8K64U 单片机的内部结构框图如图 3-6 所示。

从上述描述可以看出,STC8H8K64U 单片机几乎包含了数据采集和控制中所需的所有单元模块,可称得上一个片上系统(system on chip,SoC)。

其中,中央处理器(CPU)由运算器和控制器组成,内部结构框图如图 3-7 所示。

1. 运算器

以 8 位算术/逻辑运算部件 ALU 为核心,加上通过内部总线而挂在其周围的暂存器 TMP1、TMP2,累加器 ACC,寄存器 B,程序状态标志寄存器 PSW,以及布尔处理机组成了整个运算器的逻辑电路。

算术逻辑单元 ALU 用来完成二进制数的四则运算和布尔代数的逻辑运算。累加器 ACC 又记作 A,是一个具有特殊用途的 8 位寄存器,在 CPU 中工作最频繁,专门用来存放操作数和运算结果。寄存器 B 常常与累加器 ACC 配合使用完成乘法和除法运算,也是一个 8 位寄存器,用来存放乘法和除法中的操作数及运算结果,对于其他指令,它只作暂存器用。程序状态字(PSW)又称为标志寄存器,也是一个 8 位寄存器,用来存放执行指令后的有关状态信息,供程序查询和判别之用。PSW 中有些位的状态是在指令执行过程中自动形成的,有些位可以由用户采用指令加以改变。PSW 的各位定义如下所示。

| 位号 | b7 | b6 | b5 | b4 | b3 | b2 | b1 | b0 |
|------|----|----|----|----|----|----|----|----|
| 符号 | CY | AC | F0 | RS1 | RS0 | OV | F1 | P |

位号为 b7,b6,…,b0,分别代表第 7 位(最高位)到第 0 位(最低位),下同。

① CY(PSW.7 表示 PSW 的第 7 位,下同):进位标志位。当执行加/减法指令时,如果操作结果的最高位 D7 出现进位或借位,则 CY 置 **1**,否则清 **0**。执行乘除运算后,CY 清 **0**。此外,CPU 在进行移位操作时也会影响这个标志位。

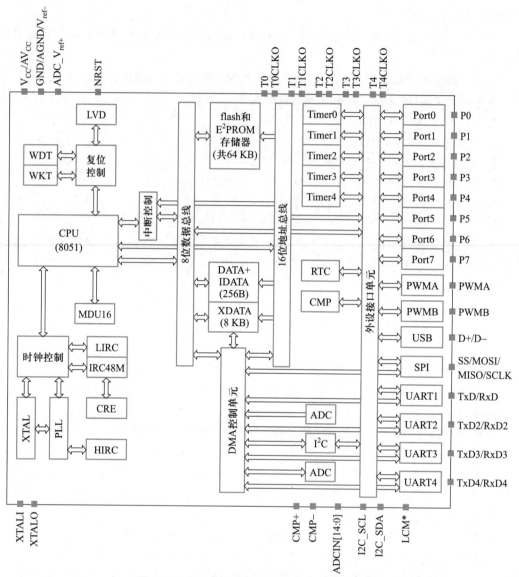

图 3-6　STC8H8K64U 单片机的内部结构框图

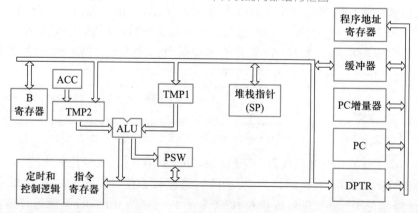

图 3-7　CPU 内部结构框图

② AC(PSW.6):辅助进位标志位。当执行加/减法指令时,如果低 4 位数向高 4 位数产生进位或借位,则 AC 置 **1**,否则清 **0**。设置辅助进位标志 AC 的目的是便于 BCD 码加法、减法运算的调整。

③ F0(PSW.5):用户标志 0。该位是由用户定义的一个状态标志。可以用软件来使它置 **1** 或清 **0**,也可以由软件测试 F0 控制程序的流向。

④ RS1,RS0(PSW.4,PSW.3):工作寄存器组选择控制位,其详细介绍见后续内容。

⑤ OV(PSW.2):溢出标志位。指示运算过程中是否发生了溢出,在执行指令过程中自动形成。

⑥ F1(PSW.1):用户标志 1(F1)。该位是由用户定义的一个状态标志。与 F0 类似,可以用软件来使它置 **1** 或清 **0**,也可以由软件测试 F1 控制程序的流向。

⑦ P(PSW.0):奇偶标志位。如果累加器 ACC 中 **1** 的个数为偶数,则 P = **0**;否则 P = **1**。在具有奇偶校验的串行数据通信中,可以根据 P 设置奇偶校验位。

布尔处理机是单片机 CPU 中运算器的一个重要组成部分。它为用户提供了丰富的位操作功能,有相应的指令系统,硬件有自己的"累加器"(即进位标志位 C,也就是 CY)和自己的位寻址 RAM 和 I/O 空间,是一个独立的位处理机。大部分位操作均围绕着其累加器——进位标志位 C 完成。对任何直接寻址的位,布尔处理机可执行置位、取反、等于 **1** 转移、等于 **0** 转移、等于 **1** 转移并清 **0** 和位的读写操作。在任何可寻址的位(或该位内容取反)和进位标志 C 之间,可执行逻辑**与**、逻辑**或**操作,其结果送回到进位标志 C。

2. 控制器

控制器是 CPU 的神经中枢,它包括定时控制逻辑、指令寄存器、译码器、地址指针 DPTR 及程序计数器 PC、堆栈指针 SP 等。

程序计数器 PC 是一个 16 位的程序地址寄存器,专门用来存放下一条需要执行的指令的内存地址,能自动加 1。当 CPU 执行指令时,根据程序计数器 PC 中的地址从存储器中取出当前需要执行的指令码,并把它送给控制器分析执行,随后程序计数器中的地址自动加 1,以便为 CPU 取下一个需要执行的指令码做准备。当下一个指令码取出执行后,PC 又自动加 1。这样,程序计数器 PC 一次次加 1,指令就被一条条执行。

堆栈主要用于保存临时数据、局部变量、中断或子程序的返回地址。STC8H8K64U 单片机的堆栈设在内部 RAM 中,是一个按照"先进后出"规律存放数据的区域。堆栈指针 SP 是一个 8 位寄存器,当数据压入堆栈时,SP 自动加 1;数据从堆栈中弹出后,SP 自动减 1。

数据指针(DPTR)是一个 16 位专用寄存器,由 DPL(低 8 位)和 DPH(高 8 位)组成。DPTR 可以直接进行 16 位操作,也可分别对 DPL 和 DPH 按字节进行操作。STC8H8K64U 单片机有两个 16 位的数据指针 DPRT0 和 DPTR1,这两个数据指针共用同一个地址,可通过设置数据指针控制寄存器(DPS)中的 SEL(DPS.0)位来选择具体使用哪一个数据指针。

# 3.3　STC8H8K64U 单片机的存储器

STC8H8K64U 单片机的程序存储器和数据存储器是各自独立编址的,片内集成有 3 个物理上相互独立的存储器空间:程序 Flash 存储器(没有用作程序存储器的 Flash 存储器可以作为 E$^2$PROM 使用)、内部数据存储器和扩展数据存储器。特殊功能寄存器和内部数据存储器的 80H~FFH 单元地址重叠。存储器的配置如图 3-8 所示。

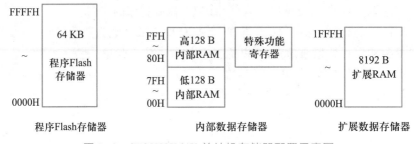

图 3-8　STC8H8K64U 单片机存储器配置示意图

1. 程序 Flash 存储器

程序 Flash 存储器用于存放用户程序、常数数据和表格等信息。STC8H8K64U 单片机片内集成了 64 KB 的程序 Flash 存储器,地址为 0000H~FFFFH。单片机复位后,程序计数器 PC 的内容为 0000H,从 0000H 单元开始执行程序。在程序 Flash 存储器中有些特殊的单元,这些单元是中断服务程序的入口地址(也称为中断向量)。每个中断都有一个固定的入口地址,当中断发生并得到响应后,单片机就会自动跳转到相应的中断入口地址去执行程序。例如,外部中断 0(INT0)的中断服务程序入口地址是 0003H,定时器/计数器 0(TIMER0)的中断服务程序入口地址是 000BH,外部中断 1(INT1)的中断服务程序入口地址是 0013H,定时器/计数器 1(TIMER1)的中断服务程序入口地址是 001BH 等。更多的中断服务程序入口地址及中断的详细内容将在第 6 章“中断”一章中介绍。

读取程序存储器中保存的表格常数等内容时,使用“MOVC”指令。

STC8H8K64U 单片机的所有程序存储器都是片上 Flash 存储器,不能访问外部程序存储器,因为没有提供访问外部程序存储器的总线。没有用作程序存储器的 Flash 存储器可以作为数据 Flash(E$^2$PROM)使用。程序 Flash 存储器的擦写次数为 10 万次以上,大大提高了芯片利用率,降低了开发成本。

2. 数据存储器

数据存储器也称为随机存取数据存储器。STC8H8K64U 单片机的数据存储器在物理上和逻辑上都分为两个地址空间:内部数据存储区和扩展数据存储区。

(1) 内部数据存储区(又称为内部 RAM)

STC8H8K64U 单片机片内集成了 256 B 内部 RAM,地址范围是 00H~FFH,可用于存放程序执行的中间结果和过程数据。分为以下三部分。

① 低 128 B 内部 RAM(00H~7FH):也称为基本 RAM 区。基本 RAM 区又分为工作寄存器区、位寻址区、用户 RAM 和堆栈区。可以直接寻址和间接寻址。用"MOV"和"MOV @Ri"形式的指令访问。关于寻址方式和具体指令,后续内容有详细介绍。

② 高 128 B 内部 RAM(80H~FFH):只能间接寻址。用"MOV @Ri"形式的指令访问。

③ 特殊功能寄存器(SFR)区:地址范围为 80H~FFH,只可直接寻址,用"MOV"形式的指令访问。

内部数据存储区地址空间分配如图 3-9 所示。

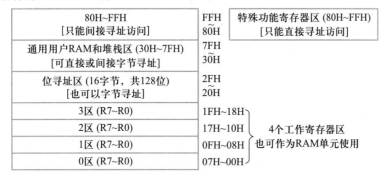

图 3-9　内部数据存储区地址空间

工作寄存器区

00H~1FH 共 32 个单元用作工作寄存器,分为 4 组(每一组称为一个寄存器组),每一组包括 8 个 8 位的工作寄存器,分别是 R0~R7。对于不同的寄存器组,虽然工作寄存器的名字相同,但是对应的地址不同。通过使用工作寄存器,可以提高运算速度,也可以使用其中的 R0 或 R1 存放 8 位地址值,访问一个 256 B 外部 RAM 块中的单元。另外,R0~R7 也可以用作计数器,在指令作用下加 1 或减 1。

PSW 寄存器中的 RS1 和 RS0 组合决定当前使用的工作寄存器组,如表 3-2 所示。可以通过位操作指令直接修改 RS1 和 RS0 的内容,来选择不同的工作寄存器组。

表 3-2　工作寄存器组选择

| RS1(PSW.4) | RS0(PSW.3) | 工作寄存器组 | 工作寄存器地址 |
| --- | --- | --- | --- |
| 0 | 0 | 0 | R7~R0 对应的地址为 07H~00H |
| 0 | 1 | 1 | R7~R0 对应的地址为 0FH~08H |
| 1 | 0 | 2 | R7~R0 对应的地址为 17H~10H |
| 1 | 1 | 3 | R7~R0 对应的地址为 1FH~18H |

位寻址区

20H~2FH 之间的单元既可以像普通 RAM 单元一样按字节存取,也可以对单元中的任何一位单独存取,称为位寻址区,共 128 位,所对应的位地址范围是 00H~7FH。低 128 B 内部 RAM 的地址也是 00H~7FH,从外表看,二者地址是一样的,实际上二者具有本质的区别:位地址指向的是 1 个位,而字节地址指向的是 1 个字节单元,在程序中使用不同的指令区分。

字节地址可被 8 整除的特殊功能寄存器也可以进行位寻址。

内部 RAM 和特殊功能寄存器中的位地址在图 3-10 和图 3-11 中列出。其中,b7 为最高位(用 MSB 表示),b0 为最低位(用 LSB 表示)。

| 字节地址 | b7 | b6 | b5 | b4 | b3 | b2 | b1 | b0 | |
|---|---|---|---|---|---|---|---|---|---|
| 2FH | 7FH | 7EH | 7DH | 7CH | 7BH | 7AH | 79H | 78H | |
| 2EH | 77H | 76H | 75H | 74H | 73H | 72H | 71H | 70H | |
| 2DH | 6FH | 6EH | 6DH | 6CH | 6BH | 6AH | 69H | 68H | |
| 2CH | 67H | 66H | 65H | 64H | 63H | 62H | 61H | 60H | 位地址 |
| 2BH | 5FH | 5EH | 5DH | 5CH | 5BH | 5AH | 59H | 58H | |
| 2AH | 57H | 56H | 55H | 54H | 53H | 52H | 51H | 50H | |
| 29H | 4FH | 4EH | 4DH | 4CH | 4BH | 4AH | 49H | 48H | |
| 28H | 47H | 46H | 45H | 44H | 43H | 42H | 41H | 40H | |
| 27H | 3FH | 3EH | 3DH | 3CH | 3BH | 3AH | 39H | 38H | |
| 26H | 37H | 36H | 35H | 34H | 33H | 32H | 31H | 30H | |
| 25H | 2FH | 2EH | 2DH | 2CH | 2BH | 2AH | 29H | 28H | |
| 24H | 27H | 26H | 25H | 24H | 23H | 22H | 21H | 20H | |
| 23H | 1FH | 1EH | 1DH | 1CH | 1BH | 1AH | 19H | 18H | |
| 22H | 17H | 16H | 15H | 14H | 13H | 12H | 11H | 10H | |
| 21H | 0FH | 0EH | 0DH | 0CH | 0BH | 0AH | 09H | 08H | |
| 20H | 07H | 06H | 05H | 04H | 03H | 02H | 01H | 00H | |

图 3-10　内部 RAM 中的位地址

| 字节地址 | b7 | b6 | b5 | b4 | b3 | b2 | b1 | b0 | 寄存器名称 |
|---|---|---|---|---|---|---|---|---|---|
| F8H | FFH | FEH | FDH | FCH | FBH | FAH | F9H | F8H | P7 |
| F0H | F7H | F6H | F5H | F4H | F3H | F2H | F1H | F0H | B |
| | | | | | | | | | |
| E8H | EFH | EEH | EDH | ECH | EBH | EAH | E9H | E8H | P6 |
| E0H | E7H | E6H | E5H | E4H | E3H | E2H | E1H | E0H | ACC |
| | CY | AC | F0 | RS1 | RS0 | OV | F1 | P | PSW 各个位的名称 |
| D0H | D7H | D6H | D5H | D4H | D3H | D2H | D1H | D0H | PSW |
| C8H | CFH | CEH | CDH | CCH | CBH | CAH | C9H | C8H | P5 |
| C0H | C7H | C6H | C5H | C4H | C3H | C2H | C1H | C0H | P4 |
| | | PLVD | PADC | PS | PT1 | PX1 | PT0 | PX0 | IP 各个位的名称 |
| B8H | − | BEH | BDH | BCH | BBH | BAH | B9H | B8H | IP |
| B0H | B7H | B6H | B5H | B4H | B3H | B2H | B1H | B0H | P3 |
| | EA | ELVD | EADC | ES | ET1 | EX1 | ET0 | EX0 | IE 各个位的名称 |
| A8H | AFH | AEH | ADH | ACH | ABH | AAH | A9H | A8H | IE |
| A0H | A7H | A6H | A5H | A4H | A3H | A2H | A1H | A0H | P2 |
| | SM0 | SM1 | SM2 | REN | TB8 | RB8 | TI | RI | SCON 各个位的名称 |
| 98H | 9FH | 9EH | 9DH | 9CH | 9BH | 9AH | 99H | 98H | SCON |
| 90H | 97H | 96H | 95H | 94H | 93H | 92H | 91H | 90H | P1 |
| | TF1 | TR1 | TF0 | TR0 | IE1 | IT1 | IE0 | IT0 | TCON 各个位的名称 |
| 88H | 8FH | 8EH | 8DH | 8CH | 8BH | 8AH | 89H | 88H | TCON |
| 80H | 87H | 86H | 85H | 84H | 83H | 82H | 81H | 80H | P0 |

位地址

图 3-11　特殊功能寄存器中的位地址

**用户 RAM 和堆栈区**

内部 RAM 中的 30H~7FH 单元是用户 RAM 和堆栈区。单片机内部有一个 8 位的堆栈指针 SP,用于指向堆栈区。堆栈区只能设置在内部数据存储区。当发生子程序调用和中断请求时,返回地址等信息被自动保存在堆栈内。通过对 SP 赋值,原则上堆栈可分配在内部 RAM 00H~FFH 的任意区域。堆栈是向地址增大的方向生成的,即将数据压入堆栈后,SP 的值增大。单片机复位以后,SP 为 07H,指向了工作寄存器组 0 中的 R7,使得堆栈事实上由 08H 单元开始,考虑到 08H~1FH 单元分别属于工作寄存器组 1~3,若在程序设计中用到这些工作寄存器,则在用户初始化程序中,一般把 SP 的值改变为 80H 或更大的值。

**高 128 B 内部 RAM 和特殊功能寄存器**

对于 STC8H8K64U 单片机,80H~FFH 既为高 128 B 内部 RAM 区的地址范围,又为特殊功能寄存器区(SFR)的地址范围,地址空间重叠,但物理上是独立的。使用时,通过不同的寻址方式加以区分:高 128 B 内部 RAM 区使用间接寻址访问,特殊功能寄存器使用直接寻址访问。由于堆栈操作也是间接寻址方式,高 128 B 内部 RAM 亦可作为堆栈区使用。寻址方式的详细介绍请参考第 4 章。

特殊功能寄存器是用来对片内各功能模块进行管理、控制、监视的控制寄存器和状态寄存器。特殊功能寄存器大体分为两类:一类与芯片的引脚有关,如 P0~P7,它们实际上是 8 个锁存器,每个锁存器附加上相应的输出驱动器和输入缓冲器就构成了一个并行口;另一类用于芯片内部功能的控制或者内部寄存器,如中断控制、定时器、串行接口、SPI 接口、PWM 模块、ADC 模块的控制字、看门狗定时器控制寄存器、电源控制、累加器 A、B、PSW、SP、DPTR、ISP/IAP 相关的寄存器等。

除了程序计数器 PC 和 4 个工作寄存器组外,其余的特殊功能寄存器在 SFR 区(即上述 80H~FFH 地址空间)和扩展 RAM(称为 XDATA)的部分单元中。在 SFR 区的特殊功能寄存器称为传统特殊功能寄存器(SFR),逻辑地址位于 XDATA 区域的特殊功能寄存器称为扩展特殊功能寄存器(XFR)。

传统特殊功能寄存器使用直接寻址方式访问。访问扩展特殊功能寄存器前需要将 P_SW2 寄存器的最高位(EAXFR)置 1,然后使用"MOVX A,@DPTR"和"MOVX @DPTR,A"指令进行访问。

为了便于查阅,特殊功能寄存器及其在单片机复位时的值(简称复位值)请见附录 C。读者可先行进行预览,等学习到相关章节时,会有较深刻的印象。

(2)扩展数据存储区

扩展数据存储区也称为扩展 RAM 或外部 RAM(简称 XRAM)。STC8H8K64U 单片机一共可以访问 64 KB 的扩展数据存储空间。在汇编语言中,XRAM 使用"MOVX @DPTR"或者"MOVX @R$i$"形式的指令访问。在 C 语言中,使用 xdata 声明存储类型即可,如"unsigned char xdata i = 0"。STC8H8K64U 单片机片内集成了 8 192 B 的 XRAM,地址范围为 0000H~1FFFH,可用于存放数据和变量。对于一般应用都能满足要求,不再需要外部扩展 RAM。访问片内集成的扩展 RAM 的方法和传统 8051 单片机访问外部扩展 RAM 的方法相同,但是不影响 P0 口(数据总线和地址总线的低 8 位)、P2 口(地址总线的高 8 位)、$\overline{\text{WR}}$/P4.2、$\overline{\text{RD}}$/P4.4 和 ALE/P4.5。

单片机片内扩展 RAM 是否可以访问受辅助寄存器 AUXR 中的 EXTRAM 位控制。辅助寄存器的各位定义如下。

| 位号 | b7 | b6 | b5 | b4 | b3 | b2 | b1 | b0 |
|---|---|---|---|---|---|---|---|---|
| 符号 | T0x12 | T1x12 | UART_M0x6 | TR2 | T2_C/$\overline{\text{T}}$ | T2x12 | EXTRAM | S1ST2 |

EXTRAM 位用于设置是否允许使用内部 8 192 B 的扩展 RAM。

**0**:内部扩展 RAM 可以存取(默认值)。地址小于 2000H 时,访问内部扩展 RAM;地址大于或等于 2000H 时,则访问单片机外部的扩展 RAM 或 I/O 空间。

**1**:禁止访问内部扩展 RAM。

## 3.4　单片机的引脚

### 3.4.1　单片机的引脚及功能

LQFP64 封装格式的 STC8H8K64U 单片机的引脚图如图 3-12 所示。其他封装格式请参考单片机数据手册。LQFP64 封装格式的 STC8H8K64U 单片机的逻辑符号图如图 3-13 所示。

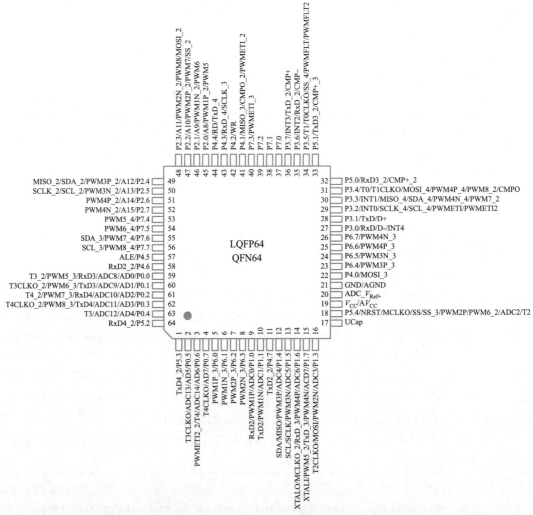

图 3-12　LQFP64 封装格式的 STC8H8K64U 单片机的引脚图

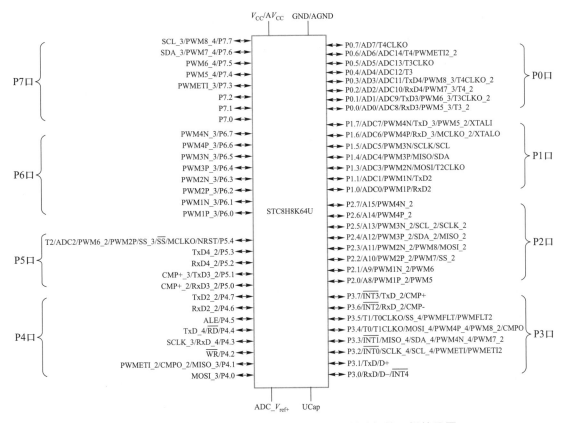

图 3-13 LQFP64 封装格式的 STC8H8K64U 单片机的逻辑符号图

STC8H8K64U 单片机没有 P1.2 和 P5.5～P5.7 引脚。

设计单片机应用系统的原理图时,可以使用逻辑符号图,以便进行电路分析;而设计应用系统的印制电路板图时,必须使用单片机的引脚图。

各引脚描述如下。

1. 电源引脚

(1) $V_{cc}/AV_{cc}$:一般接电源的+5 V。具体的电压幅度应参考单片机手册。

(2) GND/AGND:接电源地。

2. 外接晶体引脚

XTALI(与 P1.7 复用)和 XATLO(与 P1.6 复用)分别是芯片内部一个反相放大器的输入端和输出端,通常用于连接晶体振荡器。常见的连接方法如图 3-14 所示。其中,晶体振荡器 M 的频率可以在 4 MHz～48 MHz 之间选择,典型值是 11.0592 MHz(因为设计单片机通信应用系统时,使用这个频率的晶振可以准确得到 9 600 bit/s 和 19 200 bit/s 的波特率)。电容 $C_1$、$C_2$ 对时钟频率有微调作用,可在 5～100 pF 之间选择,典型值是 47 pF。

STC8H8K64U 单片机内部集成高精度 RC 时钟,有两个频段,频段的中心频率分别为 20 MHz 和 35 MHz,20 MHz 频段的调节范围为 15.5 MHz～27 MHz,35 MHz 频段的调节范围为 27.5 MHz～47 MHz。利用在系统编程(in-system programming, ISP)工具向单片机下载用户程序时,可以设置选择使用外部晶振时钟或者使用内部 RC 振荡器时钟。对于时钟频率精度要求不太敏感的场合,使用内部 *RC* 振荡器时钟完全能够满足要求,此时,XTALI 和 XTA-LO 可以用作 P1.7 和 P1.6 的功能。使用外部晶振时的连接方法与图 3-14 所示的连接方法相同。为了安全起见,建议用户在 ISP 下载时设置内部 *RC* 时钟(IRC)频率不要高于 35 MHz。

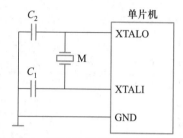

图 3-14　常见的晶体振荡器连接方法

**3. 控制和复位引脚**

(1) ALE(与 P4.5 复用):当访问外部存储器或者外部扩展的并行 I/O 接口时,ALE(允许地址锁存)的输出用于锁存地址的低位字节。

(2) NRST(与 P5.4 复用):若使能 P5.4 引脚为复位脚,则复位电平为低电平。如果需要单片机接上电源就可以复位,则需要使用上电复位电路。典型的上电复位和复位按钮电路如图 3-15 所示。

P5.4/NRST 脚出厂时默认为 I/O 接口,可以通过 STC-ISP 编程软件下载程序时,将其设置为 RST 复位脚。

STC8H8K64U 单片机内部集成了高可靠复位电路,不需要外接上电复位电路,此时,该引脚用于 P5.4(I/O 接口)功能。

除上述引脚以外的其他引脚都可以用作输入/输出引脚(简称 I/O 引脚)。

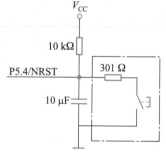

图 3-15　上电复位电路图

## 3.4.2　单片机的输入/输出引脚

LQFP-64 封装格式的 STC8H8K64U 单片机有 60 根 I/O 口线。

P0 口(8 根):P0.0、P0.1、P0.2、P0.3、P0.4、P0.5、P0.6、P0.7;

P1 口(7 根):P1.0、P1.1、P1.3、P1.4、P1.5、P1.6、P1.7;

P2 口(8 根):P2.0、P2.1、P2.2、P2.3、P2.4、P2.5、P2.6、P2.7;

P3 口(8 根):P3.0、P3.1、P3.2、P3.3、P3.4、P3.5、P3.6、P3.7;

P4 口(8 根):P4.0、P4.1、P4.2、P4.3、P4.4、P4.5、P4.6、P4.7;

P5 口(5 根):P5.0、P5.1、P5.2、P5.3、P5.4;

P6 口(8 根):P6.0、P6.1、P6.2、P6.3、P6.4、P6.5、P6.6、P6.7;

P7 口(8 根):P7.0、P7.1、P7.2、P7.3、P7.4、P7.5、P7.6、P7.7。

**1. I/O 接口的工作模式**

STC8H8K64U 单片机的 I/O 口线均可由软件配置成 4 种工作模式之一:准双向口/弱上拉模式,推挽输出/强上拉模式,高阻输入模式和开漏模式。每个口的工作模式由 2 个控制寄存器 P$n$M0 和 P$n$M1($n$=0、1、2、3、4、5、6、7)中的相应位控制。I/O 接口工作模式设置如表 3-3 所示。其中,$x$ 用于表示 I/O 口线号($x$=0,1,…,7)。例如,P0M0 和 P0M1 用于设定 P0 口的工作模式,其中 P0M0.7 和 P0M1.7 用于设置 P0.7 的工作模式,P0M0.6 和 P0M1.6 用于设置 P0.6 的工作模式,以此类推。配置方法如图 3-16 所示。

表 3-3 I/O 接口工作模式设置

| PnM1.x | PnM0.x | I/O 接口模式 |
|---|---|---|
| 0 | 0 | 准双向口(传统 8051 单片机 I/O 接口模式),灌电流可达 20 mA,拉电流为 270 μA,由于制造误差,实际为 150~270 μA |
| 0 | 1 | 推挽输出(强上拉输出,可达 20 mA,要加限流电阻) |
| 1 | 0 | 仅为输入(高阻) |
| 1 | 1 | 开漏(open drain),内部上拉电阻断开,要外加上拉电阻 |

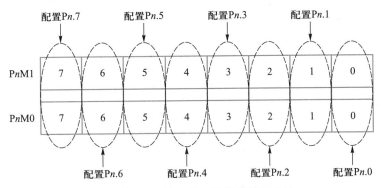

图 3-16 I/O 接口的工作模式配置方法

例如,若设置 P1.7 为开漏模式,P1.6 为强推挽输出模式,P1.5 为高阻输入模式,P1.4、P1.3、P1.2、P1.1 和 P1.0 为弱上拉模式,则可以使用下面的代码进行设置

```
MOV  P1M1,#10100000B
MOV  P1M0,#11000000B
```

STC 单片机的 I/O 接口工作模式可用 STC-ISP 软件提供的"I/O 接口配置工具"进行设置,会自动生成配置代码。

STC8H8K64U 单片机的每个 I/O 接口在弱上拉时都能承受 20 mA 的灌电流(使用时注意使用限流电阻,如 1 kΩ),在强推挽输出时都能输出 20 mA 的拉电流(也要加限流电阻)。虽然如此,整个芯片的工作电流推荐不要超过 90 mA。即从 MCU-$V_{CC}$ 流入的电流不超过 90 mA,从 MCU-GND 流出的电流不超过 90 mA,整体流入、流出电流都不能超过 90 mA。

在使用 STC8H8K64U 单片机的 I/O 接口时,应注意:

① P3.0 和 P3.1 口上电后的状态为准双向口/弱上拉模式。

② 除 P3.0 和 P3.1 口外,其余所有 I/O 接口上电后的状态均为高阻输入状态,用户在使用 I/O 接口前必须先设置 I/O 接口模式。

③ 上电时如果不需要使用 USB 进行 ISP 下载,P3.0/P3.1/P3.2 这 3 个 I/O 接口不能同时为低电平,否则会进入 USB 下载模式而无法运行用户代码。

2. STC8H8K64U 单片机 I/O 接口的结构

下面介绍 STC8H8K64U 单片机 I/O 接口不同工作模式的结构。

(1)准双向口工作模式的结构

准双向口工作模式下,I/O 接口某个位的结构如图 3-17 所示。图中的 $T_1$、$T_2$、$T_3$ 和 $T_4$

均为场效应晶体管。

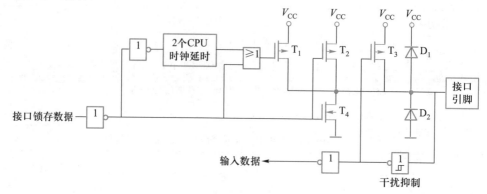

图 3-17　准双向口工作模式的 I/O 位结构

准双向口工作模式下,I/O 接口可用作输出和输入功能而不需重新配置口线输出状态。当口线输出为 1 时 I/O 接口驱动能力很弱,允许外部装置将其拉低;当输出为 0 时,它的驱动能力很强,可吸收相当大的电流。

每个 I/O 接口都包含一个锁存器,即特殊功能寄存器 P0~P7。这种结构在数据输出时,具有锁存功能,即在重新输出新的数据之前,口线上的数据一直保持不变。但对输入信号是不锁存的,所以外设输入的数据必须保持到取数指令执行为止。为了便于叙述,以后将 8 个接口及其锁存器都表示为 P0~P7。

准双向口工作模式下有 3 个上拉场效应晶体管 $T_1$、$T_2$、$T_3$,以适应不同的需要。其中,$T_1$ 称为强上拉,当口线锁存器由 0 到 1 跳变时,$T_1$ 用来加快准双向口由逻辑 0 到逻辑 1 的转换。发生这种情况时,$T_1$ 导通约 2 个时钟以使引脚能够迅速地上拉到高电平;$T_2$ 称为极弱上拉,上拉能力一般为 5~18 μA;$T_3$ 称为弱上拉,一般上拉能力为 150~250 μA。输出低电平时,最大灌电流可达 20 mA。

当口线寄存器为 1 且引脚本身也为 1 时,$T_3$ 导通。$T_3$ 提供基本驱动电流使准双向口输出为 1。如果一个引脚输出为 1 而由外部装置下拉到低时,$T_3$ 断开,而 $T_2$ 维持导通状态,为了把这个引脚强拉为低,外部装置必须有足够的灌电流能力使引脚上的电压降到门槛电压以下。

当口线锁存为 1 时,$T_2$ 导通。当引脚悬空时,这个极弱的上拉源产生很弱的上拉电流将引脚上拉为高电平。当口线锁存为 0 时,$T_1$、$T_2$ 和 $T_3$ 均截止,$T_4$ 导通,引脚输出为低电平。

$D_1$ 和 $D_2$ 为保护二极管。

准双向口带有一个施密特触发输入以及一个干扰抑制电路。

当从接口引脚上输入数据时,$T_4$ 应一直处于截止状态。假定在输入之前曾在接口锁存过数据 0,则 $T_4$ 是导通的,这样引脚上的电位就始终被箝位在 0 电平,使输入高电平无法读入。因此,作为准双向口使用时,输入数据时,应先向接口锁存数据写 1,使 $T_4$ 截止,然后方可作高阻抗输入。这是准双向口的主要特点。

（2）推挽输出工作模式的结构

推挽输出工作模式的 I/O 位结构图如图 3-18 所示。推挽输出工作模式的下拉结构与准双向口的下拉结构相同,但当锁存数据为 1 时可提供持续的强上拉。推挽工作模式一般用于需要更大驱动电流的情况。

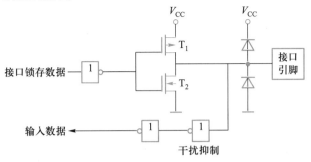

图 3-18   推挽输出工作模式的 I/O 位结构

工作于推挽输出工作模式时,一个 I/O 位也带有一个施密特触发输入以及一个干扰抑制电路。此时,若输出高电平,拉电流最大可达 20 mA;若输出低电平,灌电流也可达 20 mA。

（3）高阻输入工作模式的结构

高阻输入工作模式的 I/O 位结构如图 3-19 所示。

输入口带有一个施密特触发输入以及一个干扰抑制电路。注意,高阻输入工作模式下,I/O 接口不提供 20 mA 灌电流的能力。

（4）开漏工作模式的结构

开漏工作模式的 I/O 位结构如图 3-20 所示。

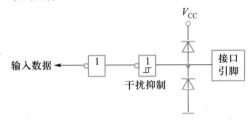

图 3-19   高阻输入工作模式的 I/O 位结构

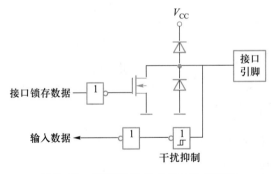

图 3-20   开漏工作模式的 I/O 位结构

当接口锁存数据为 **0** 时,开漏工作模式关断所有上拉场效应晶体管。当作为一个逻辑输出时,这种配置方式必须有外部上拉电阻,即通过电阻外接到 $V_{CC}$。如果外部有上拉电阻,开漏的 I/O 接口可读外部状态,即此时被配置为开漏模式的 I/O 接口可作为输入 I/O 接口使用。这种工作模式的下拉结构与准双向口工作模式的下拉结构相同。

开漏接口带有一个施密特触发输入以及一个干扰抑制电路。这种工作模式下，输出低电平时，灌电流也可达 20 mA。

3. I/O 接口的复用功能

大多数 I/O 接口具有复用功能（也称为功能引脚切换）。下面简单介绍接口的复用功能。

（1）P0 口

P0 口可复用为数据总线（D7～D0）、地址总线低 8 位（A7～A0）、ADC 输入（ADC8～ADC14）、串口 3、串口 4、T3 时钟输出、T3 脉冲输入、T4 时钟输出、T4 脉冲输入、PWM 输出控制，其复用功能见表 3-4。

用作地址总线/数据总线功能时，使用引脚标注中的 AD0～AD7 功能。地址总线的高 8 位由 P2 口提供。

表 3-4　P0 口的复用功能

| 引脚 | 复用功能 |
| --- | --- |
| P0.0 | AD0/ADC8/RxD3/PWM5_3/T3_2 |
| P0.1 | AD1/ADC9/TxD3/PWM6_3/T3CLKO_2 |
| P0.2 | AD2/ADC10/RxD4/PWM7_3/T4_2 |
| P0.3 | AD3/ADC11/TxD4/PWM8_3/T4CLKO_2 |
| P0.4 | AD4/ADC12/T3 |
| P0.5 | AD5/ADC13/T3CLKO |
| P0.6 | AD6/ADC14/T4/PWMETI2_2 |
| P0.7 | AD7/T4CLKO |

（2）P1 口

P1 口可复用为 ADC 输入（ADC7～ADC0，无 ADC2）、PWM 输出、SPI 通信线、串口 2、串口 3、系统时钟输出、外接晶体引脚、$I^2C$ 通信线等，其复用功能见表 3-5。

表 3-5　P1 口的复用功能

| 引脚 | 复用功能 |
| --- | --- |
| P1.0 | ADC0/PWM1P/RxD2 |
| P1.1 | ADC1/PWM1N/TxD2 |
| P1.3 | ADC3/PWM2N/MOSI/T2CLKO |
| P1.4 | ADC4/PWM3P/MISO/SDA |
| P1.5 | ADC5/PWM3N/SCLK/SCL |
| P1.6 | ADC6/PWM4P/RxD_3/MCLKO_2/XTALO |
| P1.7 | ADC7/PWM4N/TxD_3/PWM5_2/XTALI |

（3）P2 口

P2 可作为地址总线的高 8 位输出（A15～A8）。另外，P2 口还用于 SPI 和 $I^2C$ 以及 PWM 输出。其复用功能见表 3-6。

表 3-6 P2 口的复用功能

| 引脚 | 复用功能 |
| --- | --- |
| P2.0 | A8/PWM1P_2/PWM5 |
| P2.1 | A9/PWM1N_2/PWM6 |
| P2.2 | A10/PWM2P_2/PWM7/SS_2 |
| P2.3 | A11/PWM2N_2/PWM8/MOSI_2 |
| P2.4 | A12/PWM3P_2/SDA_2/MISO_2 |
| P2.5 | A13/PWM3N_2/SCL_2/SCLK_2 |
| P2.6 | A14/PWM4P_2 |
| P2.7 | A15/PWM4N_2 |

（4）P3 口

P3 口可复用为外部中断输入、计数器输入、SPI、$I^2C$、比较器输入和输出、串口 1、PWM 输出等。其复用功能见表 3-7。

表 3-7 P3 口的复用功能

| 引脚 | 复用功能 |
| --- | --- |
| P3.0 | RxD/D-/$\overline{INT4}$ |
| P3.1 | TxD/D+ |
| P3.2 | $\overline{INT0}$/SCLK_4/SCL_4/PWMETI/PWMETI2 |
| P3.3 | $\overline{INT1}$/MISO_4/SDA_4/PWM4N_4/PWM7_2 |
| P3.4 | T0/T1CLKO/MOSI_4/PWM4P_4/PWM8_2/CMPO |
| P3.5 | T1/T0CLKO/SS_4/PWMFLT/PWMFLT2 |
| P3.6 | $\overline{INT2}$/RxD_2/CMP- |
| P3.7 | $\overline{INT3}$ TxD_2/CMP+ |

（5）P4 口

P4 口的复用功能可配置为 SPI 通信、读写控制信号、串口 2、地址锁存信号等。其复用功能见表 3-8。

表 3-8　P4 口的复用功能

| 引脚 | 复用功能 |
|------|----------|
| P4.0 | MOSI_3 |
| P4.1 | MISO_3/CMPO_2/PWMETI_2 |
| P4.2 | $\overline{\text{WR}}$ |
| P4.3 | RxD_4/SCLK_3 |
| P4.4 | $\overline{\text{RD}}$/TxD_4 |
| P4.5 | ALE |
| P4.6 | RxD2_2(串口 2 数据接收端第二切换引脚) |
| P4.7 | TxD2_2(串口 2 数据发送端第二切换引脚) |

（6）P5 口

P5 口的复用功能可配置串口 3、串口 4、比较器输入、复位脚、系统时钟输出、SPI 接口的从机选择信号、PWM 输出。其复用功能见表 3-9。

表 3-9　P5 口的复用功能

| 引脚 | 复用功能 |
|------|----------|
| P5.0 | RxD3_2/ CMP+_2 |
| P5.1 | TxD3_2/ CMP+_3 |
| P5.2 | RxD4_2 |
| P5.3 | TxD4_2 |
| P5.4 | T2/ADC2/PWM6_2/PWM2P/SS_3/SS/MCLKO/NRST |

（7）P6 口、P7 口

P6 口可复用为 PWM 输出，P7 口可复用为 PWM 输出和 $I^2C$ 接口。

I/O 接口的复用功能是通过设置相关特殊功能寄存器实现的。I/O 接口复用功能引脚切换寄存器及各位的定义如表 3-10 所示。

表 3-10　I/O 接口复用功能引脚切换寄存器及各位的定义

| 符号 | 寄存器名称 | 地址 | b7 | b6 | b5 | b4 | b3 | b2 | b1 | b0 | 复位值 |
|------|-----------|------|----|----|----|----|----|----|----|----|--------|
| P_SW1 | 外设接口切换寄存器 1 | A2H | S1_S[1：0] | | – | – | SPI_S[1：0] | | 0 | – | nnxx,000x |
| P_SW2 | 外设接口切换寄存器 2 | BAH | EAXFR | – | I2C_S[1：0] | | CMPO_S | S4_S | S3_S | S2_S | 0x00,0000 |
| MCLKOCR | 主时钟输出控制寄存器 | FE05H | MCLKO_S | MCLKODIV[6：0] | | | | | | | 0000,0000 |
| PWMA_PS | PWMA 切换寄存器 | FEB2H | C4PS[1：0] | | C3PS[1：0] | | C2PS[1：0] | | C1PS[1：0] | | 0000,0000 |
| PWMB_PS | PWMB 切换寄存器 | FEB6H | C8PS[1：0] | | C7PS[1：0] | | C6PS[1：0] | | C5PS[1：0] | | 0000,0000 |
| PWMA_ETRPS | PWMA 的 ETR 选择寄存器 | FEB0H | | | | | | BRKAPS | ETRAPS[1：0] | | xxxx,x000 |

续表

| 符号 | 寄存器名称 | 地址 | b7 | b6 | b5 | b4 | b3 | b2 | b1 | b0 | 复位值 |
|---|---|---|---|---|---|---|---|---|---|---|---|
| PWMB_ETRPS | PWMB 的 ETR 选择寄存器 | FEB4H | | | | | | BRKBPS | ETRBPS[1:0] | | xxxx,x000 |
| T3T4PIN | T3/T4 选择寄存器 | FEACH | – | – | – | – | – | – | – | T3T4SEL | xxxx,xxx0 |

串口 1 可以在四个地方切换,由 S1_S[1:0] 设置。

**00**:串口 1 在 [P3.0/RxD,P3.1/TxD];

**01**:串口 1 在 [P3.6/RxD_2,P3.7/TxD_2];

**10**:串口 1 在 [P1.6/RxD_3,P1.7/TxD_3];

**11**:串口 1 在 [P4.3/ RxD_4,P4.4/TxD_4]。

SPI 接口可以在四个地方切换,由 SPI_S[1:0] 设置。

**00**:SPI 接口在 [P5.4/SS,P1.3/MOSI,P1.4/MISO,P1.5/SCLK];

**01**:SPI 接口在 [P2.2/SS_2,P2.3/MOSI_2,P2.4/MISO_2,P2.5/SCLK_2];

**10**:SPI 接口在 [P5.4/SS_3,P4.0/MOSI_3,P4.1/MISO_3,P4.3/SCLK_3];

**11**:SPI 接口在 [P3.5/SS_4,P3.4/MOSI_4,P3.3/MISO_4,P3.2/SCLK_4]。

$I^2C$ 接口可以在四个地方切换,由 I2C_S[1:0] 设置。

**00**:$I^2C$ 接口在 [P1.5/SCL,P1.4/SDA];

**01**:$I^2C$ 接口在 [P2.5/SCL_2,P2.4/SDA_2];

**10**:$I^2C$ 接口在 [P7.7/SCL_3,P7.6/SDA_3];

**11**:$I^2C$ 接口在 [P3.2/SCL_4,P3.3/SDA_4]。

比较器输出脚可以在两个地方切换,由 CMPO_S 控制位选择。

**0**:比较器输出脚在 P3.4/CMPO;

**1**:比较器输出脚在 P4.1/CMPO_2。

串口 4 可以在两个地方切换,由 S4_S 控制位选择。

**0**:串口 4 在 [P0.2/RXD4,P0.3/TXD4];

**1**:串口 4 在 [P5.2/RXD4_2,P5.3/TXD4_2]。

串口 3 可以在两个地方切换,由 S3_S 控制位选择。

**0**:串口 3 在 [P0.0/RXD3,P0.1/TXD3];

**1**:串口 3 在 [P5.0/RXD3_2,P5.1/TXD3_2]。

串口 2 可以在两个地方切换,由 S2_S 控制位选择。

**0**:串口 2 在 [P1.0/RXD2,P1.1/TXD2];

**1**:串口 2 在 [P4.6/RXD2_2,P4.7/TXD2_2]。

P_SW2 寄存器中的 EAXFR 为扩展 RAM 区特殊功能寄存器(XFR)的访问控制位。

**0**:禁止访问 XFR;

**1**:使能访问 XFR。

当需要访问 XFR 时,必须先将 EAXFR 置 1,才能对 XFR 进行正常的访问。

主时钟输出脚可以在两个地方切换,由 MCLKO_S 控制位选择。

**0**:主时钟输出脚在 P5.4/MCLKO;

**1**:主时钟输出脚在 P1.6/MCLKO_2。

T3/T3CLKO 和 T4/T4CLKO 脚的切换由 T3T4SEL 控制位选择。

**0**：T3 在 P0. 4/T3，T3CLKO 在 P0. 5/T3CLKO，T4 在 P0. 6/T4，T4CLKO 在 P0. 7/T4CLKO；

**1**：T3 在 P0.0/T3_2，T3CLKO 在 P0.1/T3CLKO_2，T4 在 P0.2/T4_2，T4CLKO 在 P0.3/T4CLKO_2。

高级 PWM 通道 1 的输出脚可以在三个地方切换，由 C1PS[1:0]选择。

**00**：PWM1P 在 P1.0/PWM1P，PWM1N 在 P1.1/ PWM1N；

**01**：PWM1P 在 P2.0/PWM1P_2，PWM1N 在 P2.1/ PWM1N_2；

**10**：PWM1P 在 P6.0/PWM1P_3，PWM1N 在 P6.1/ PWM1N_3。

高级 PWM 通道 2 的输出脚可以在三个地方切换，由 C2PS[1:0]选择。

**00**：PWM2P 在 P5.4/PWM2P，PWM2N 在 P1.3/ PWM2N；

**01**：PWM2P 在 P2.2/PWM2P_2，PWM2N 在 P2.3/ PWM2N_2；

**10**：PWM2P 在 P6.2/PWM2P_3，PWM2N 在 P6.3/ PWM2N_3。

高级 PWM 通道 3 的输出脚可以在三个地方切换，由 C3PS[1:0]选择。

**00**：PWM3P 在 P1.4/PWM3P，PWM3N 在 P1.5/ PWM3N；

**01**：PWM3P 在 P2.4/PWM3P_2，PWM3N 在 P2.5/ PWM3N_2；

**10**：PWM3P 在 P6.4/PWM3P_3，PWM3N 在 P6.5/ PWM3N_3。

高级 PWM 通道 4 的输出脚可以在四个地方切换，由 C4PS[1:0]选择。

**00**：PWM4P 在 P1.6/PWM4P，PWM4N 在 P1.7/ PWM4N；

**01**：PWM4P 在 P2.6/PWM4P_2，PWM4N 在 P2.7/ PWM4N_2；

**10**：PWM4P 在 P6.6/PWM4P_3，PWM4N 在 P6.7/ PWM4N_3；

**11**：PWM4P 在 P3.4/PWM4P_4，PWM4N 在 P3.3/ PWM4N_4。

高级 PWM 通道 5 的输出脚可以在四个地方切换，由 C5PS[1:0]选择。

**00**：PWM5 在 P2.0/PWM5；

**01**：PWM5 在 P1.7/PWM5_2；

**10**：PWM5 在 P0.0/PWM5_3；

**11**：PWM5 在 P7.4/PWM5_4。

高级 PWM 通道 6 的输出脚可以在四个地方切换，由 C6PS[1:0]选择。

**00**：PWM6 在 P2.1/PWM6；

**01**：PWM6 在 P5.4/PWM6_2；

**10**：PWM6 在 P0.1/PWM6_3；

**11**：PWM6 在 P7.5/PWM6_4。

高级 PWM 通道 7 的输出脚可以在四个地方切换，由 C7PS[1:0]选择。

**00**：PWM7 在 P2.2/PWM7；

**01**：PWM7 在 P3.3/PWM7_2；

**10**：PWM7 在 P0.2/PWM7_3；

**11**：PWM7 在 P7.6/PWM7_4。

高级 PWM 通道 8 的输出脚可以在四个地方切换，由 C8PS[1:0]选择。

**00**：PWM8 在 P2.3/PWM8；

**01**:PWM8 在 P3.4/PWM8_2;

**10**:PWM8 在 P0.3/PWM8_3;

**11**:PWM8 在 P7.7/PWM8_4。

高级 PWMA 的外部触发脚 ERI 可以在三个地方切换,由 ETRAPS[1:0]选择。

**00**:PWMETI 在 P3.2/PWMETI;

**01**:PWMETI 在 P4.1/PWMETI_2;

**10**:PWMETI 在 P7.3/ PWMETI_3。

高级 PWMB 的外部触发脚 ERIB 可以在两个地方切换,由 ETRBPS[1:0]选择。

**00**:PWMETI2 在 P3.2/PWMETI2;

**01**:PWMETI2 在 P0.6/PWMETI2_2。

高级 PWMA 的刹车脚 PWMFLT 可以在两个地方切换,由 BRKAPS 选择。

**0**:PWMFLT 在 P3.5/ PWMFLT;

**1**:PWMFLT 在比较器的输出。

高级 PWMB 的刹车脚 PWMFLT2 可以在两个地方切换,由 BRKBPS 选择。

**0**:PWMFLT2 在 P3.5/ PWMFLT2;

**1**:PWMFLT 在比较器的输出。

4. STC8H8K64U 单片机 I/O 接口的使用

(1) P4 口~P7 口的使用

对 STC8H8K64U 单片机 P4 口~P7 口的访问,如同访问常规的 P0/P1/P2/P3 口一样,并且均可按位寻址。

(2) 上拉电阻的连接

虽然作为准双向口使用时,单片机内部已经集成了上拉场效应晶体管,但在实际应用时,最好外接上拉电阻。典型的应用是外接 SPI/I$^2$C 等漏极开漏电路。以 P0.0 为例,上拉电阻的连接电路如图 3-21 所示。典型的上拉电阻的阻值为 5.1 kΩ 或者 10 kΩ。

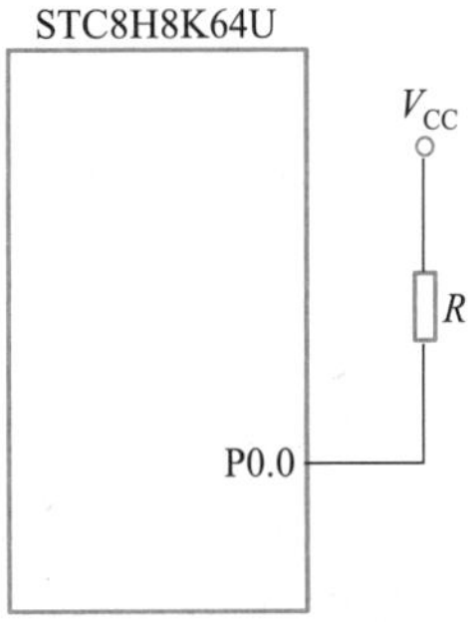

图 3-21 上拉电阻的连接电路

(3) 拉电流方式和灌电流方式

STC8H8K64U 单片机的 I/O 口线作为输出可以提供 20 mA 的驱动能力,在使用时,可采用拉电流或灌电流方式。以 P0.0 控制发光二极管电路为例说明,电路连接如图 3-22 所示。其中,*R* 为限流电阻,该限流电阻千万不能省略,否则,会毁坏 I/O 接口。

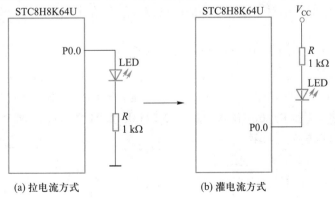

(a) 拉电流方式　　　　(b) 灌电流方式

图 3-22 拉电流方式和灌电流方式

采用灌电流方式时,应将单片机的 I/O 接口设置为准双向口/弱上拉工作模式;采用拉电流方式时,应将单片机的 I/O 接口设置为推挽输出/强上拉工作模式。在实际使用时,应尽量采用灌电流方式,这样可以提高系统的负载能力和可靠性。

做行列矩阵按键扫描电路时,也需要在扫描电路中的两侧各加 300 Ω 的限流电阻。因为实际工作时可能出现 2 个 I/O 接口均输出低电平的情况,并且在按键按下时短接在一起,而 CMOS 电路的 2 个输出脚不能直接短接在一起。在按键扫描电路中,一个接口为了读另外一个接口的状态,必须先置高才能读另外一个接口的状态,而单片机的弱上拉口在由 0 变为 1 时,会有 2 个时钟的强推挽高输出电流,输出到另外一个输出为低的 I/O 接口,这样就有可能造成 I/O 接口损坏。

（4）典型的晶体管控制电路

单片机 I/O 引脚本身的驱动能力有限,如果需要驱动功率较大的器件,如小型继电器或者固态继电器,可以采用单片机 I/O 引脚控制晶体管进行输出的方法。以 P0.0 为例,典型连接如图 3-23 所示。如果用弱上拉控制,建议加上拉电阻 $R_1$（3.3 kΩ ~ 10 kΩ）;如果不加上拉电阻 $R_1$,建议 $R_2$ 的值在 15 kΩ 以上,或用强推挽输出。

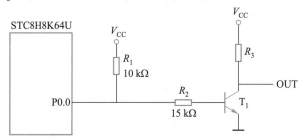

图 3-23　典型的晶体管控制电路

当需要驱动的功率器件较多时,建议采用达林顿管驱动器 ULN2803。其内部集成了 8 路 NPN 达林顿连接晶体管阵系列,特别适用于低逻辑电平数字电路（诸如 TTL 或 CMOS）和较高的电流/电压要求之间的接口。ULN2803 的输出端允许通过电流 600 mA,耐压约为 50 V。输出口的外接负载可根据以上参数估算。

（5）I/O 外部状态的输入

当 I/O 接口工作于准双向口时,由于 STC8H8K64U 单片机是 1 个时钟周期（1T）的 8051 单片机,速度很快,如果执行由低变高指令后立即读外部状态,此时由于实际输出还没有变高,有时可能读入的状态不对。这种问题的解决方法是在软件设置由低变高后加延时,然后再读 I/O 接口的状态。

（6）引脚 P1.7/XTALI 与 P1.6/XTALO 的特别说明

STC8H8K64U 单片机的 P1.7 和 P1.6 口可以分别作外部晶体或时钟电路的引脚 XTALI 和 XTALO,所以 P1.7/XTALI 和 P1.6/XTALO 上电复位后的模式不一定就是准双向口/弱上拉工作模式。当 P1.7 和 P1.6 用作 XTALI 和 XTALO 时,P1.7/XTALI 和 P1.6/XTALO 上电复位后的模式是高阻输入工作模式。

（7）引脚 P5.4/NRST 的特别说明

P5.4/NRST 即可作普通 I/O 接口使用,也可作复位引脚。当用户将 P5.4/NRST 设置成普通 I/O 接口用时,其上电后的模式为高阻输入工作模式。

(8) 专用 PWM 模块相关 I/O 引脚

单片机复位后,专用 PWM 模块的相关引脚为高阻状态,使用时需将其设置为用户所需的工作模式。

## 3.5 单片机应用系统的典型构成

本节首先介绍单片机的最小系统,然后介绍两种单片机应用系统的典型构成。

1. 单片机最小系统构成

由于应用条件及控制要求的不同,单片机外围电路的组成各不相同。单片机的最小系统就是指在尽可能少的外部电路条件下,能使单片机独立工作的系统。STC8H8K64U 单片机内部集成了 64 KB 程序存储器、8 192 B RAM、高可靠复位电路和高精度 $RC$ 振荡器,一般情况下,不需要外部复位电路和外部晶振,因此只需要接上电源,并在 $V_{CC}$ 和 GND 之间接上滤波电容 $C_1$ 和 $C_2$ (以去除电源噪声,提高抗干扰能力),就可以构成单片机的最小系统,如图 3-24 所示。

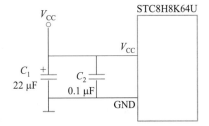

图 3-24  单片机最小系统

另外,STC8H8K64U 单片机片内集成有 USB 接口,可以支持使用计算机的 USB 接口直接下载程序,使用更为方便。

2. 非总线扩展方式的单片机应用系统构成

STC8H8K64U 单片机内部已经有 64 KB 程序存储器和 8 192 B RAM,可以满足一般应用的存储器需求。此时,单片机的 P0 口和 P2 口不用于总线方式,即 P0 口和 P2 口用于普通 I/O 接口功能;P4.2 和 P4.4 不用于写控制信号和读控制信号,也用于普通 I/O 接口功能。

3. 总线扩展方式的单片机应用系统构成

如果需要扩展数据存储器容量或者并行 I/O,需要使用总线扩展方式。此时,8 位的数据总线由 P0 口提供,16 位的地址总线由 P2 口和 P0 口构成。由 P0 口通过地址锁存器输出地址总线的低 8 位,地址总线的高 8 位由 P2 口提供。通常用作地址锁存器的芯片有 74LS373、74LS573 等。P4 口中的 $\overline{WR}$(P4.2)和 $\overline{RD}$(P4.4)引脚的作用是写控制和读控制。ALE(P4.5)信号用于锁存器的锁存控制,以锁存由 P0 口输出的地址,从而实现地址和数据的分离。STC8H8K64U 单片机具有扩展 64 KB 外部数据存储器和 I/O 接口的能力。访问外部数据存储器期间,$\overline{WR}$ 或 $\overline{RD}$ 和 ALE 信号有效。当有多个扩展芯片时,由于扩展芯片占用外部 RAM 地址空间,所以需要使用地址译码电路(如 74LS138)对 P2 口中的部分地址信号线进行译码,使用译码器的输出作为扩展 RAM 或 I/O 接口的片选信号,使得每个外设有确定的地址空间。一个带有总线扩展的 STC8H8K64U 单片机应用系统的连接示意图如图 3-25 所示。

例如,使用 IS62C256 扩展 32 KB 的 SRAM 的电路如图 3-26 所示。图中,电容 $C_{19}$、$C_{20}$

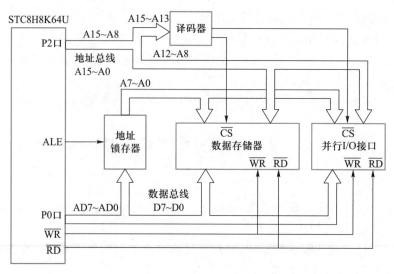

图 3-25　带有总线扩展的 STC8H8K64U 单片机应用系统的连接示意图

和 $C_{21}$ 用于电源滤波。由于只用总线扩展了一片 SRAM,因此没有使用 74LS138 进行译码。使用 P2.7 作为 IS62C256 片选控制信号,只要 P2.7 为低电平就可以选中 IS62C256,因此,IS62C256 的地址范围可以为 0000H~7FFFH。

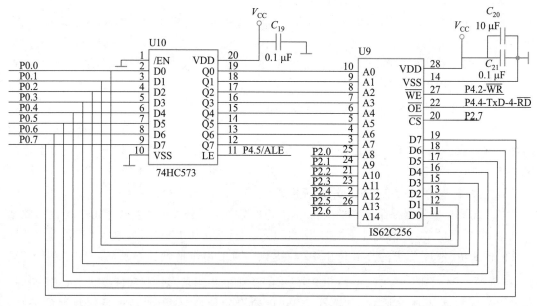

图 3-26　32KB SRAM 的扩展电路连接

为了说明 STC8H8K64U 单片机访问外部 RAM 的过程,首先介绍标准 8051 单片机时序中的相关概念。

① 时钟周期(T 状态):CPU 的基本时间计量单位,与晶振频率有关。

② 机器周期:单片机的基本操作周期为机器周期。标准 8051 单片机的一个机器周期分为 6 个状态(S1~S6),每个状态由两个脉冲组成(称为两相),前一个周期叫 P1,后一个周期

叫 P2。因此,一个机器周期由 12 个时钟周期(也称为振荡周期)组成,如图 3-27 所示。

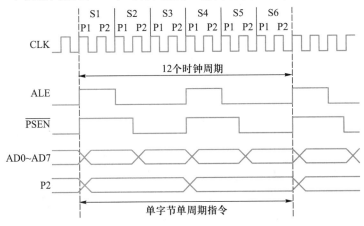

图 3-27　标准 8051 单片机的机器周期

STC8H8K64U 单片机是 1 时钟周期/机器周期(简称 1T,即最短的机器周期是一个时钟周期)的 8051 单片机,在同样的时钟频率下执行同样的代码,其指令执行速度要比标准 8051 单片机快 8~12 倍。当用户在较低的时钟频率下运行时,与标准 8051 单片机内核相比,不仅降低了系统噪声和电源功耗,而且提高了处理能力。

STC8H8K64U 单片机访问外部数据存储器期间,$\overline{WR}/\overline{RD}/ALE$ 信号要有效,单片机的总线速度是可以设置的。通过设置总线速度控制寄存器 BUS_SPEED 寄存器相关的位,可以达到设置总线速度的目的。BUS_SPEED 寄存器(地址为 A1H)的定义如下。

| 位号 | b7 | b6 | b5 | b4 | b3 | b2 | b1 | b0 |
|------|-----|-----|------|------|------|------|------|------|
| 符号 | RW_S[1:0] | | — | — | — | | SPEED[2:0] | |

其中,SPEED[2:0]用于设置访问外部 RAM 的速度。执行"MOVX"指令时,读写控制信号的速度设置关系如表 3-11 所示。

表 3-11　读写控制信号的速度放置关系

| 指令 | 时钟数 | |
|------|-------|-------|
| | 访问内部扩展 RAM | 访问外部扩展 RAM |
| MOVXA, @ R*i* | 3 | 3+5×(SPEED+1) |
| MOVX @ R*i*, A | 3 | 3+5×(SPEED+1) |
| MOVXA, @ DPTR | 2 | 2+5×(SPEED+1) |
| MOVX @ DPTR, A | 2 | 2+5×(SPEED+1) |

访问单片机外部 RAM 的时序图如图 3-28 所示。

需要特别注意的是,当 STC8H8K64U 应用于总线扩展方式时,用于总线方式的 P0 口、P2 口和 P4 口的 P4.2、P4.4 和 P4.5 不可再用于普通 I/O 接口功能。即使在地址空间较宽裕时,P2 口中没有用于高 8 位地址线的 I/O 口线也不可用于普通 I/O 功能。这是因为,在总线扩展

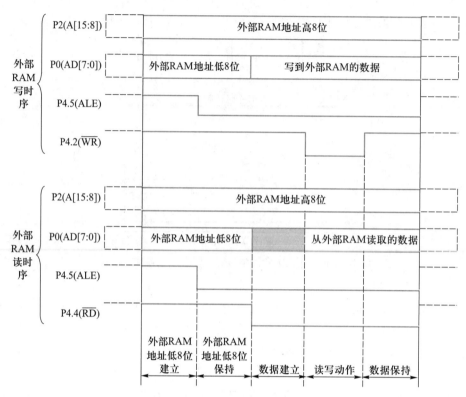

图 3-28　访问单片机外部 RAM 的时序图

方式下,P0 口当作地址/数据总线口使用时,由于访问外部存储器的操作不断,P0 口不断出现低 8 位地址或者数据,故此时 P0 口不能再作通用 I/O 接口使用。此时的 P2 口已当作地址总线口使用,需要不断送出高 8 位地址,故此时 P2 口也不能再用作通用 I/O 接口。

以上介绍了 STC8H8K64U 单片机的应用系统构成方式。由于 STC8H8K64U 单片机内部已经有 64 KB 程序存储器和 8 192 B RAM,这对于一般应用的存储器需求已经足够。因此,非总线扩展方式的应用最常见。

## 3.6　口袋式单片机学习平台简介

为了方便读者学习,作者设计了与本教材配套的口袋式单片机学习平台,需要的读者可以向作者咨询。

### 3.6.1　口袋式单片机学习平台的功能

口袋式单片机学习平台提供了如下功能。

① 并行总线扩展 RAM(扩展 RAM 芯片 IS62C256AL,可根据需要自行焊接)。

② 3 线制 SPI 串行总线接口实验:串行 Flash 芯片 PM25LV040 应用。

③ 2 线制 $I^2C$ 串行总线接口实验:$E^2PROM$ 芯片 AT24C02 应用。

④ 8 路流水灯实验。

⑤ 8 位数码管实验。

⑥ INT0/INT1 中断按钮输入,可用于唤醒测试。

⑦ P3.2/INT0 按钮,可配合电源按钮进入程序下载模式。

⑧ T0/T1 外部计数实验按钮。

⑨ 行列式矩阵扫描按键。

⑩ ADC 分压检测按键。

⑪ 12864 液晶屏接口。

此外,该学习平台还具有蜂鸣器、红外通信接口、电池供电单元等功能。如果读者能够把学习平台上所有的功能都搞明白,就基本上掌握了工程实践中的常用电路和程序设计。

### 3.6.2　口袋式单片机学习平台的核心电路

下面仅介绍学习平台上的核心电路,其他电路的介绍将放在教材的相关章节。

单片机学习
平台原理图

1. CPU 核心电路

CPU 核心电路包括 STC8H8K64U 单片机、低电平复位电路、低频振荡器电路、USB 下载电路等,如图 3-29 所示。

| U1 | STC8H8K64U | |
|---|---|---|
| P0.0 59 | P0.0/AD0/ADC8/RxD3/PWM5_3/T3_2 | MOSI_3/P4.0 22 P4.0 |
| P0.1 60 | P0.1/AD1/ADC9/TxD3/PWM6_3/T3CLKO_2 | PWMET1_2/CMPO_2/MISO_3/P4.1 41 P4.1 |
| P0.2 61 | P0.2/AD2/ADC10/RxD4/PWM7_3/T4_2 | WR/P4.2 42 P4.2-$\overline{WR}$ |
| P0.3 62 | P0.3/AD3/ADC11/TxD4/PWM8_3/T4CLKO_2 | SCLK_3/RxD_4/P4.3 43 P4.3-RxD-4 |
| P0.4 63 | P0.4/AD4/ADC12/T3 | TxD_4/RD/P4.4 44 P4.4-TxD-4-$\overline{RD}$ |
| P0.5 2 | P0.5/AD5/ADC13/T3CLKO | ALE/P4.5 57 P4.5-ALE |
| P0.6 3 | P0.6/AD6/ADC14/T4/PWMET12_2 | RxD2_2/P4.6 58 P4.6-RxD2-2 |
| P0.7 4 | P0.7/AD7/T4CLKO | TXD2_2/P4.7 11 P4.7-TxD2-2 |
| P1.0 9 | P1.0/ADC0/PWM1P/RxD2 | |
| P1.1 10 | P1.1/ADC1/PWM1N/TxD2 | RxD3_2/P5.0 32 P5.0-RxD3 |
| P1.3-ADC3 16 | P1.3/ADC3/PWM2N/MOSI/T2CLKO | TxD3_2/P5.1 33 P5.1-TxD3 |
| P1.4-ADC-KEY 12 | P1.4/ADC4/PWM3P/MISO/SDA | RxD4_2/P5.2 64 P5.2 |
| P1.5-ADC5 13 | P1.5/ADC5/PWM3N/SCLK/SCL | TxD4_2/P5.3 18 P5.3 |
| XTALO 14 | P1.6/ADC6/PWM4P/RxD_3/MCLKO_2/XTALO | 18 P5.4 |
| XTALI 15 | P1.7/ADC7/PWM4N/TxD_3/PWM5_2/XTALI | T2/ADC2/PWM6_2/PWM2P/SS_3/SS/MCLKO/RST/P5.4 |
| P2.0 45 | P2.0/A8/PWM1P_2/PWM5 | PWM1P_3/P6.0 5 P6.0-A |
| P2.1 46 | P2.1/A9/PWM1N_2/PWM6 | PWM1N_3/P6.1 6 P6.1-B |
| P2.2-SS-2 47 | P2.2/A10/PWM2P_2/PWM7/SS_2 | PWM2P_3/P6.2 7 P6.2-C |
| P2.3-MOSI-2 48 | P2.3/A11/PWM2N_2/PWM8/MOSI_2 | PWM2N_3/P6.3 8 P6.3-D |
| P2.4-MISO-2 49 | P2.4/A12/PWM3P_2/SDA_2/MISO_2 | PWM3P_3/P6.4 23 P6.4-E |
| P2.5-SCLK-2 50 | P2.5/A13/PWM3N_2/SCL_2/SCLK_2 | PWM3N_3/P6.5 24 P6.5-F |
| P2.6 51 | P2.6/A14/PWM4P_2 | PWM4P_3/P6.6 25 P6.6-G |
| P2.7 52 | P2.7/A15/PWM4N_2 | PWM4N_3/P6.7 26 P6.7-H |
| P3.0-RxD-D– 27 | P3.0/RxD/D–/INT4 | P7.0 37 P7.0-COM0 |
| P3.1-TxD-D+ 28 | P3.1/TxD/D+ | P7.1 38 P7.1-COM1 |
| P3.2-INT0 29 | P3.2/INT0/SCLK_4/SCL_4/PWMET1/PWMET2 | P7.2 39 P7.2-COM2 |
| P3.3-INT1 30 | P3.3/INT1/MISO_4/SDA_4/PWM4N_4/PWM7_2 | 40 P7.3-COM3 |
| P3.4 31 | P3.4/T0/T1CLKO/MOSI_4/PWM4P_4/PWM8_2/CMPO | PWMET1_3/P7.3 53 P7.4-COM4 |
| P3.5 34 | P3.5/T1/T0CLKO/SS_4/PWMFLT | PWM5_4/P7.4 54 P7.5-COM5 |
| P3.6-INT2 35 | P3.6/INT2/RxD_2/CMP– | PWM6_4/P7.5 55 P7.6-COM6 |
| P3.7-CMP+ 36 | P3.7/INT3/TxD_2/CMP+ | PWM7_4/P7.6 56 P7.7-COM7 |
| MCU-$V_{CC}$ 19 | VCC/AVCC | PWM8_4/P7.7 |
| $\overline{V_{ref}}$ 20 | Vref+ | UCap 17 UCap |
| GND 21 | GND/AGND/Vref– | $C_4$ |
| | | 0.1 μF |

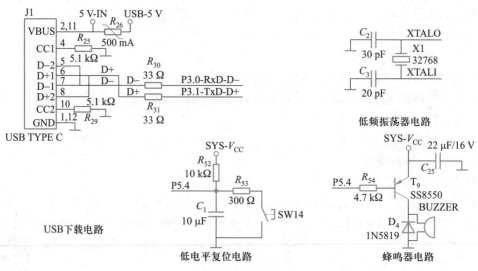

图 3-29　CPU 核心部分电路图

其中,线上的字母组合称为网络标号,相同的网络标号物理上是连接在一起的。USB 下载电路可以使用 TYPE-C 连接计算机的 USB 接口。低频振荡器电路可以用于 RTC 时钟。蜂鸣器电路用于声音提示,当按下复位按钮 SW14 时,蜂鸣器会发出声音。如果将 P5.4 作为一般 I/O 接口使用,也可以通过软件控制蜂鸣器发出声响。

2. 供电电路

供电电路用于为 CPU 及相关组件提供电源。供电电路包括电池供电电路、电源控制和指示电路、外部中断测试电路三部分,如图 3-30 所示。电池供电电路如图 3-30(a)所示。

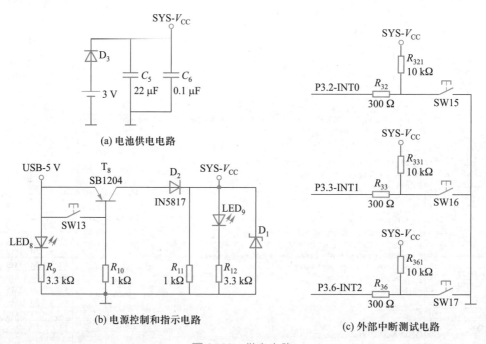

图 3-30　供电电路

电源控制和指示电路如图 3-30(b)所示。其中,LED$_8$ 为供电指示灯,LED$_9$ 为单片机系统电源指示灯。SW13 为单片机电源上电控制按钮,当其按下时,系统断电,松开后系统上电。由于下载单片机程序时,需要 P3.2-INT0 的配合,因此,外部中断 INT0 和 INT1 的电路也在此给出,如图 3-30(c)所示。

关于使用 SW13 与 P3.2-INT0 配合,利用 STC-ISP 软件完成单片机程序的下载或者仿真器的制作的详细内容请参阅附录 D。

## 习题

3-1 简述模型机的工作过程。

3-2 STC8H8K64U 单片机的存储器分为哪几个空间?中断服务程序的入口地址分别是什么?32 个通用寄存器各对应哪些 RAM 单元?

3-3 位地址 29H、61H、7FH、90H、E0H、F1H 各对应哪些单元的哪些位?

3-4 简述 STC8H8K64U 单片机的各个数字输入/输出接口的工作模式及结构。

3-5 如何设置 STC8H8K64U 单片机 I/O 接口的工作模式?若设置 P1.7 为强推挽输出,P1.6 为开漏,P1.5 为弱上拉,P1.4、P1.3、P1.2、P1.1 和 P1.0 为高阻输入,应如何设置相关寄存器?

3-6 简述 STC8H8K64U 单片机的典型应用系统构成。

# 第 4 章

## 指令系统及汇编语言程序设计

前面的章节介绍了微型计算机的结构和单片机的硬件结构。在实际工程应用中，除了进行必要的硬件设计外，软件设计是体现系统智能化的一个重要方面。本章介绍与软件（或称为程序）设计有关的内容，首先介绍助记符语言和寻址方式，然后介绍 STC8H8K64U 单片机的指令系统，最后介绍汇编语言的程序设计。STC8H8K64U 单片机的指令系统与传统 8051 单片机完全兼容，共有 111 条指令，指令功能也完全相同，但指令执行速度比传统 8051 单片机快 8~12 倍。

## 4.1　编程语言简介

编写计算机程序有 3 种不同层次的编程语言可供选择，即机器语言、汇编语言和高级语言。

指令是计算机完成某种指定操作的命令，程序是以完成一定任务为目的的有序指令组合。指令的集合称为指令系统。不同种类的 CPU 有不同的指令系统。同一个指令系统的同一条指令有两种形式，一种是汇编指令（汇编语言）的形式，另一种是机器指令（机器语言）的形式。

机器语言（machine language）是用二进制数表示的指令，是 CPU 唯一能够直接识别和执行的程序形式。机器语言的缺点是不直观，不易识别、理解和记忆，因此编写、调试程序时都不采用这种形式的语言。

汇编语言（assembly language）是用英文缩写的助记符形式书写的指令，地址、数据也可用符号表示。与机器语言程序相比，编写、阅读和修改都比较方便，不易出错。但计算机只能辨认和执行机器语言，因此，用汇编语言编写的源程序必须"翻译"成机器语言程序（或称目标代码）才能执行，这种翻译称为汇编（assemble），汇编语言程序汇编成为机器语言程序后，与 CPU 的汇编语言形式的指令一一对应。目前，常利用计算机软件自动完成汇编工作，这种软件称为汇编工具（assembler）。不同的 CPU 具有不同的汇编语言，一般不能通用。与高级语言相比，用汇编语言编写的程序汇编成机器语言的目标代码简洁、直接、运行速度快，在自动控制、智能化仪器仪表、实时监测和实时控制等领域的应用比较广泛。机器语言形式的机器指令也可以反过来翻译成汇编语言的形式，叫作反汇编。

　　高级语言(high level language)不针对某种具体的计算机,通用性强,大量用于科学计算和事务处理。用高级语言编程可以不需了解计算机内部的结构和原理,这种语言的形式更接近英语,程序易读、易编写,结构比较简洁,对于非计算机专业人员比较易于掌握。用高级语言编写的源程序同样必须"翻译"成为机器语言后,计算机才能执行,所用的"翻译"软件称为编译程序。在现代单片机应用开发中,常用高级语言中的 C 语言进行程序设计。因此,如果只使用编程效率很高的 C 语言进行程序开发,可跳过本章内容。

　　然而,在某些特殊的情况下,还用到少许的汇编语言,例如操作系统的移植。因此,本章将简单介绍汇编语言及其程序设计。

　　汇编语言的指令通常由操作码和操作数组成。操作码指出的是要对操作数进行什么操作,操作数指出的是对什么数进行操作以及将操作的结果放到何处。

　　为便于阅读和记忆,操作码由规定的英文缩写组成,称为助记符。例如,MOV 是数据的传送,ADD 是数据的相加运算,ANL 是数据的逻辑**与**运算等。采用指令助记符和其他一些符号编写的程序称为汇编语言源程序。每一种助记符都对应一个特定的机器代码,以区别不同的操作。任何一种用助记符编写的汇编指令,只有通过汇编程序翻译成二进制数形式的机器语言程序(目标代码)后,才能让 CPU 执行其规定的操作。在机器语言的格式中,操作码是二进制的形式,与一般的二进制数没有区别,但是操作码总是处在每条指令第一个字节的位置。例如:"MOV A,#76H"这条指令,表示的是将十六进制的数据 76H 送到累加器 A 中,它所对应的二进制机器语言是 **01110100** 和 **01110110** 两个 8 位二进制数,称为 2 个字节,用十六进制数表示就是 74H,76H。其中的 74H 表示操作码,是指将一个数据传送到累加器 A 中,被传送的数据就是操作码的下一个字节,也就是第 2 个字节,即 76H。不同指令目标代码的字节数可能不同,有单字节、双字节或三字节指令。操作数的表示形式可以是参与操作的数据,也可以是参与操作的数据所在存储器的地址,还可以是数据所在的寄存器等不同形式。这些不同形式的寻找操作数的方式称为寻址方式。

　　在汇编语言指令中,用直接参与操作的数据表示操作数时,这样的数据称为立即数。立即数可以写成十进制的格式,也可以写成十六进制数的格式,还可以写成二进制数的格式。其区分是在数据的后面加上后缀以示区别:十进制数据的后缀为 D(也可以省略不写),十六进制数据的后缀为 H,二进制数据的后缀为 B。

　　参与操作的数据的位数要与参与操作的环境相匹配:给 8 位寄存器送的数据不能超出 8 位二进制数,给 16 位寄存器送的数据不能超出 16 位。例如,指令"MOV A,#71H",立即数 71H 是 8 位二进制立即数 **01110001**B 的十六进制格式,累加器 A 是 8 位的寄存器,所以该指令满足语法要求。当然,上述指令也可以写成"MOV A,#113D"或者"MOV A,#01110001B",形式不同,实质都是一样的。不写数据的后缀时,数据被默认为是十进制数。数据只能是整数,不能是小数。

　　当汇编指令中的数据是十六进制数且是以字母开头时,该数据应加一个前导数字 0,以表示后面的字母不是变量而是数字。

　　在 8051 内核单片机中,一个数据的前面有前缀#号则表示后面的数据是立即数,如果数据的前面没有#号,则说明该数据表示的是直接地址,参与操作的数据存放在以该数据表示的片内存储器的地址中,对应的寻址方式是直接寻址。

# 4.2　指令和伪指令

## 4.2.1　指令格式

**1. 指令的书写格式**

汇编语言指令语句的书写格式为

［标号：］指令助记符［目的操作数，源操作数］［；注释］

其中，［］的内容为可选项。

（1）标号

标号放在指令之前，是其后指令所在地址的名字，必须跟一冒号"："。程序都放在程序存储器中，程序存储器是非易失性存储器，就是在断电时不会丢失数据的存储器。每条指令在程序存储器中都有确定的存放地址，标号用于表示某条指令跳转时的目标地址。事实上，我们并不关心跳转的目标地址的实际数字，尤其是在编程时我们并不知道跳转的目的指令所在的具体物理地址，而只要跳到叫这个名字的这条指令即可。程序在修改和调试时，指令所在的实际地址往往会随之变化，而代表地址的名字可以不变。因此，适当地使用标号，可以给程序的编写和修改带来极大的方便。不是每条指令都需要标号，只有在该指令作为跳转的目的地址时才需要标号。标号的命名必须遵循下列规则：

① 标号由字母（a~z 或 A~Z）、数字（0~9）或某些特殊字符（@ 、_、? 等）组成，但问号"?"不能单独作标号，其中"_"是下划线；

② 标号必须以字母（a~z 或 A~Z）或某些特殊的符号（@ 、_、?）开头；

③ 标号长度不允许超过 31 个字符；

④ 标号不能与指令助记符相同。

下面是符合上述规则的标号

| HOW | NEXT_1 | AA1Q |
| --- | --- | --- |
| MCCl | MODEL?? | _DELAY |

下面是不符合上述规则的标号

| 5FVM | -F33G | ? |
| --- | --- | --- |
| MOV | ADD | XOR |

其中，最后一行均为指令助记符，所以不能用作标号。

（2）指令助记符

指令助记符也叫作操作码，是指令名称的代表符号，它是一条指令语句中所必需的，不可缺少，表示本指令所要进行的操作。例如前面所提到的 MOV 指令。

（3）操作数

操作数是参与本条指令操作的数据，有些指令不需要操作数，只有操作码；有些指令需要 1 个、2 个甚至 3 个操作数，分别叫作源操作数和目的操作数。例如，在数据传送时，送出数据的叫作源操作数,接收数据的叫作目的操作数。指令中,目的操作数写在前,源操作数写在后,两操作数之间用逗号","分开。有些操作数可以用表达式表示。可以用不同的寻址方式得到操作数。

(4)注释

注释是为了阅读程序方便由编程人员加上的,并不影响程序的执行和功能,所以注释部分不是必需的。注释部分必须用分号";"或"//"开头,也可以使用"/ * … * /"的形式将某一段内容作为注释。注释一般都写在它所注释的指令的后面或者某段程序的开始,注释本身只用于对指令功能加以说明,使阅读程序时便于理解,所以注释可以用中文或者英文甚至任何便于理解的字符表示。有经验的编程人员都会在适当的语句后面加上注释。因为汇编程序将源程序汇编成机器码时不理会分号后面到本行末之间的部分,因此注释部分不会参与或影响程序的执行。

2. 指令的存储格式

指令存储在程序存储器中,不同的指令所需要的操作数的个数有可能是不同的,所以每条指令经过汇编后形成的实际字节数不是固定的,例如,程序中有如下两条连续存放的指令

```
MOV A, #68H
MOV B, #73H
```

前一条指令是将十六进制数68H送到累加器A中,是2字节指令,对应的机器码是74H和68H,其中74H是操作码,68H是操作数;后一条指令是将十六进制数73H送到寄存器B中,是3字节指令,对应的机器码是75H、F0H和73H,其中75H是操作码,F0H和73H是操作数,F0H是寄存器B的地址。指令在存储器中是以二进制数的形式、以字节为单位、按照地址递增的顺序存放的,先存放操作码,然后是操作数。假设这两条指令存放的起始地址是1000H,则存放格式为

| 地址 | 指令 |
|:---:|:---:|
| … | … |
| 1004H | 73H |
| 1003H | F0H |
| 1002H | 75H |
| 1001H | 68H |
| 1000H | 74H |
| … | … |

左边一列是程序存储器的地址,右边一列是存放在该地址单元中的二进制指令。程序在执行时是依次逐条取出指令执行的。单片机内部有一个程序计数器,具有自动加1的特点,可使指令被逐字节取出,然后译码执行。在这里,首先取出操作码74H,经译码得知这是一条2字节的指令,要进行的操作是将一个数送到累加器A中,而这个数放在下一个地址中,程序计数器自动加1,所以接下来的操作就是将下一个地址中的数据68H取出来,送到累加器A

中。这条指令执行完,程序计数器再次自动加 1,指向下一条指令的第 1 个字节,取出 75H,经译码得知这是一条 3 字节的指令,要进行的操作是将一个数送到一个寄存器中,这个寄存器是用该指令的第 2 个字节 F0H 来表示的,而地址 F0H 表示的就是寄存器 B,指令的第 3 个字节内容就是要传送的数 73H,这样随着程序计数器逐次加 1,每条指令被逐个字节取出、译码和执行。

由此可见,在程序存储器中,每条二进制数据形式表示的指令的第一个字节必定是操作码,这个操作码决定了本条指令是由几个字节构成。换言之,1 个二进制数,若是放在一条指令的第一个字节的位置上,就是操作码的意义,若是放在操作码后面的位置上,就是操作数的意义。一条指令有无操作数,抑或有几个操作数,由操作码决定。这给指令译码提供了所需的必要条件,这也是操作码一定是在每条指令的第一个字节的原因。

3. 指令中的符号约定

在描述单片机指令系统时,经常使用各种缩写符号,各种常用符号及含义如表 4-1 所示。

表 4-1　单片机指令中的常用符号及含义

| 符号 | 含义 |
|---|---|
| A | 累加器 ACC(与 A 物理上相同,分别用于不同的寻址方式) |
| B | 寄存器 B |
| CY | 进(借)位标志位,在位操作指令中作为累加器使用 |
| addr8 | 直接地址,代表 8 位内部 RAM 的地址 |
| bit | 位地址,内部 RAM 中的可寻址位和 SFR 中的可寻址位 |
| #data8 | 8 位常数(8 位立即数) |
| #data16 | 16 位常数(16 位立即数) |
| @ | 间接寻址 |
| rel | 8 位带符号偏移量,其值为 $-128 \sim +127$。实际编程时通常使用标号,偏移量的计算由汇编程序自动计算得出 |
| R$n$ | 当前工作区(0~3 区)的工作寄存器($n=0,1,\cdots,7$) |
| R$i$ | 可作地址寄存器的工作寄存器 R0 和 R1($i=0,1$) |
| X | X 寄存器内容 |
| (X) | 由 X 寄存器寻址的存储单元的内容 |
| → | 表示数据的传送方向 |
| / | 表示位操作数取反 |
| & | 表示逻辑**与**操作 |
| \| | 表示逻辑**或**操作 |
| ∧ | 表示逻辑**异或**操作 |

#### 4.2.2  寻址方式

指令中的操作数有多种表示形式,可以直接给出数据,也可以是操作数所在的寄存器,还可以是操作数所在的存储器的地址。指令执行时,根据指令给出的操作数形式找到要操作的实际数据。指令中寻找操作数的方式,称为寻址方式。STC8H8K64U 单片机共有 7 种寻址方式,分别是立即数寻址、直接寻址、寄存器间接寻址、寄存器寻址、相对寻址、变址寻址、位寻址。

**1. 立即数寻址**

在立即数寻址方式中,指令操作所需要的操作数就在指令中,作为指令的一个组成部分,CPU 在得到指令的同时也就立即得到了操作数。所以这种寻址方式叫立即数寻址或称立即寻址。例如

```
MOV A,#28H      ;将十六进制立即数 28H 送入累加器 A 中。指令执行后,A 中为 28H
                ;A 中原来的数据被覆盖,记作 A←28H
```

这里,源操作数是立即数 28H,目的操作数是累加器 A。指令执行的操作是,将立即数 28H 送至寄存器 A。指令的机器码为两个字节:74H,28H。假设该指令存放在物理地址为 0100H 开始的地址中,则机器码的存放与指令的执行过程如图 4-1 所示。

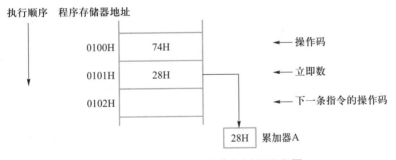

图 4-1  MOV A, #28H 执行过程示意图

因为累加器 A 是 8 位的寄存器,所以在这里的立即数只能是 8 位数据,并且只能是整数,不能是小数。立即数只能作为源操作数,其位数要与目的操作数的位数一致。立即数前面的#号是表示其后所跟的数据是立即数而不是直接地址。

立即数寻址方式的指令主要用来对寄存器或存储器赋值。因为操作数可以从指令中直接取得,不需要再到其他地方去寻找,所以,立即数寻址方式的指令执行速度很快。

**2. 寄存器寻址**

指令所用的操作数在 CPU 的内部寄存器中,指令中的操作数用寄存器名表示。这种寻址方式称为寄存器寻址。一条指令中,源操作数可以采用寄存器寻址方式,目的操作数也可以采用寄存器寻址方式,还可以两者都采用寄存器寻址方式。例如

```
MOV A, #45H     ;A←立即数 45H
```
其中,源操作数 45H 为立即寻址方式,目的操作数为寄存器寻址方式。
```
INC R0          ;R0 ←R0+1
```

该指令只有一个操作数,为寄存器寻址方式。

    MOV  A, R1              ;A←R1

源操作数为寄存器 R1,目的操作数为 A,两者都是寄存器寻址方式。

在寄存器寻址方式中,操作数用寄存器表示时有两种含义:寄存器用于表示目的操作数时,是寄存器名,表示某个寄存器,用于接收数据;寄存器用于表示源操作数时,是表示该寄存器中的数据。例如

    MOV  A, R1              ;A←R1,即将 R1 中的数传送到 A 中

    INC  R5                ;把寄存器 R5 的内容加 1 后再送回 R5

该指令的机器码为 0DH,执行过程如图 4-2 所示。其中,R5 所在的内部 RAM 单元地址与寄存器组的选择有关。

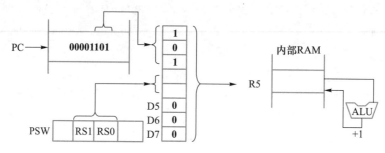

图 4-2　INC R5 指令执行过程示意图

采用寄存器寻址方式的指令在执行时,操作数就在寄存器中,对该操作数的存取操作在 CPU 内部进行,不需要使用总线周期访问存储器,所以执行速度很快。

另外,在数据传送之后,源操作数中的数据并不消失,仍然存在。例如,用寄存器作源操作数时,数据传送出之后,作为源操作数的寄存器中的内容仍然存在,只有作为目的操作数的寄存器被写入数据后,目的操作数中原来的数值会被新写入的数据所取代。这种性质,对于存储器也是一样的。

3. 直接寻址

指令的操作数在存储器中时,可以在指令中给出该操作数所在存储器中的地址,这种寻址方式称为直接寻址。例如

    MOV  A, 45H            ;将地址为 45H 的存储器单元中的内容取到 A 中

在这里,源操作数的寻址方式是直接寻址,表示要送出的数据是在地址为 45H 的直接地址中;目的操作数的寻址方式是寄存器寻址。

这条指令的机器码为 E5H、45H,其中,E5H 是操作码,45H 是操作数。假设机器码放在程序存储器地址为 0100H 和 0101H 的两个单元中,并假设执行前,数据存储器的 45H 中的数据为 34H,则执行后 A=34H,将 A 中原来的数据覆盖。执行过程如图 4-3 所示。

直接寻址方式可以用来表示特殊功能寄存器、内部数据寄存器(00H~7FH 地址区间)和位地址空间。其中,特殊功能寄存器和位地址空间只能用直接寻址方式访问。

4. 寄存器间接寻址

在寄存器间接寻址中,操作数所在存储单元的有效地址在指定的寄存器中,指令中给出的是存放这个地址的寄存器。寄存器间接寻址简称寄存器间址。这就好比开 A 房间的钥匙

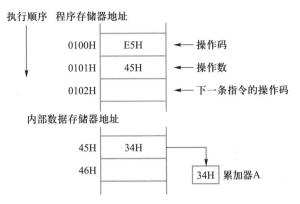

图 4-3　MOV A, 45H 执行过程示意图

放在 B 房间, 要开 A 房间取物品时, 所给出的只是 B 房间的钥匙。常用的寄存器间接寻址的寄存器有选定工作寄存器区的 R0、R1 或者数据指针 DPTR。在汇编语言中, 使用寄存器间接寻址的标志是在寄存器前面加一个"@"号, 以区别于寄存器寻址。例如

MOV　A ,@ R0　　;将 R0 中的内容所表示的地址单元中的内容送给 A

设 R0 的内容为 31H, 31H 单元的内容为 51H, 则执行后, 累加器 A 的内容为 51H。该指令的执行过程如图 4-4 所示。

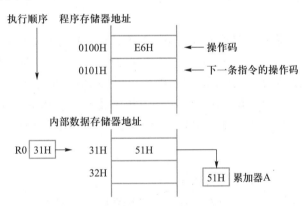

图 4-4　MOV A, @ R0 指令执行过程示意图

再如

MOVX　@ DPTR, A　　　　　;将 A 中的内容送到 DPTR 指向的外部 RAM 单元中

5. 变址寻址

在变址寻址方式中, 指令操作数指定一个存放变址基值的变址寄存器, 偏移量与变址基值相加, 其结果作为操作数的地址。这种寻址方式有两类。

第一类变址寻址用 PC 作基地址寄存器, 加上累加器 A 的内容形成操作数的地址 A+PC。如"MOVC A,@ A+PC", 指令操作码助记符 MOVC 表示从程序存储器取数据, PC 的内容指向下一个地址作为基地址, 加上 A 中的数据就构成了所要取数的地址。例如

;初始 PC = 0100H

MOV A, #02

```
MOVC A, @ A+PC
NOP
NOP
DB   64H
```

当执行到指令"MOVC A,@ A+PC"时,A=2,PC=0103H,因此 A+PC=0105H,@ A+PC 表示把 0105H 作为地址,从这个地址指向的单元中取数据送到 A 中,所以结果就是把 0105H 中的数据 64H 送到了 A 中。

第二类变址寻址使用 DPTR 作基地址寄存器,加上累加器 A 的内容形成操作数的地址 A+DPTR。如"MOVC A,@ A+DPTR",DPTR 的内容加上 A 中的数据就构成了所要取数的地址。例如

```
        …
        MOV A, #02H
        MOV DPTR, #TABLE
        MOVC A, @ A+DPTR
        …
TABLE: DB 30H
        DB 31H
        DB 32H
        …
```

在这段程序中,TABLE 是一个表格的首地址,表格中存放的是 0,1,2,…的 ASCII 码值。首先 A 被赋值 02,然后把表首地址 TABLE 以立即数的形式送到寄存器 DPTR 中作为基地址,第三条指令是把基地址加上 A 中的值。例如,若 A 中的值是 02,就得到 TABLE+2 的地址,执行指令"MOVC A,@ A+DPTR"的时候,02 的 ASCII 码 32H(TABLE+2 的地址单元内容)就送到了 A 中,完成了一个数字转换为 ASCII 码的操作。执行过程如图 4-5 所示。

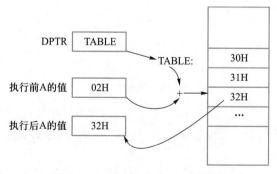

图 4-5　变址寻址的执行过程

由于 DPTR 比 PC 更加灵活,因此,一般使用 DPTR 作为基地址寄存器。

变址寻址方式指令特别适合用于访问保存在程序存储器中的常数表格。

6. 相对寻址

该寻址方式主要用于相对跳转指令。把指令中给定的地址偏移量与本指令所在单元地

址(即程序计数器 PC 的当前值,称为基地址)相加,即得到真正的程序转移地址。由于目的地址是相对于 PC 中的基地址而言的,所以这种寻址方式称为相对寻址。与变址寻址方式不同,该偏移量有正、负号,在该机器指令中必须以补码形式给出,所转移的范围为相对于当前PC 值的 −128 ~ +127 之间。例如

```
JC  80H
```

若 C = **0**,则 PC 值不变;若 C = **1**,则以现行的 PC 为基地址加上 80H 得到转向地址。

若转移指令放在 1005H,取出操作码后 PC 指向 1006H 单元,取出偏移量后 PC 指向1007H 单元,所以计算偏移量时 PC 现行地址为 1007H,是转移指令首地址加 2(有些指令如"JB bit,rel"则加 3)。注意,指令偏移量以补码给出,所以 80H 代表着 −80H,补码运算后,就形成跳转地址 0F87H。该指令的执行过程如图 4-6 所示。

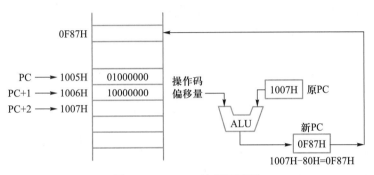

图 4-6  JC 80H 执行示意图

7. 位寻址

支持位单元存取操作是单片机的一个主要特点。位操作指令可以对位地址空间的每一位进行运算和传送操作。在进行位操作时,借助于进位标志位 C 作为位操作累加器,指令操作数直接给出该位的地址,然后根据操作码的性质对该位进行位操作。位地址与字节直接寻址中的字节地址形式完全一样,主要由操作码加以区分,使用时应注意。例如

```
MOV   C, P1.0      ;将 P1.0 的状态传送到 C
SETB  20H.6        ;将 20H 单元的第 6 位置为 1
CLR   25H          ;将 25H 位的内容清零
```

综上所述,指令的寻址方式就是寻找操作数以及确定所寻找的操作数的地址的方式。寻址方式与存储器的结构有关,例如,访问程序存储器只能用变址寻址方式;访问特殊功能寄存器只能用直接寻址方式;访问外部数据存储器只能用寄存器间接寻址方式,等等。一般来说,寻址方式越多,计算机功能越强,灵活性越大。所以寻址方式对机器的性能有重大影响。

### 4.2.3  伪指令

用户将编辑好的汇编语言源程序通过专门的软件(称为汇编程序)汇编成对应的机器语言程序时,需要有一些专门的说明性语句,例如,指定目标程序或数据存放的起始地址、给一些指定的标号赋值、在内存中预留工作单元、表示源程序结束等指令,这些指令并不产生对

应 CPU 操作的目标代码,称为伪指令(pseudo-instruction),也叫作指示性语句;相对应的,可以产生实质性操作的指令叫作指令性语句。指令性语句表示了 CPU 要进行的某种操作。

在汇编语言语句中常用符号名表示某些量,符号名出现在不同的语句中所表示的含义不同。指示性语句中的符号名可以是变量名、地址等,而在指令性语句中符号名可以是标号、常数、变量等。

在指令性语句中,标号后面有一个冒号":",它实质上是标号所在行的指令的地址。并非每条指令性语句必须有标号。如果一条指令前面有标号,则程序中其他地方就可以把这个标号作为一个目标地址,可以使用转移指令跳转到该标号处。另外,在汇编语言程序中,标号也用作子程序的名字。

下面介绍常见伪指令的使用方法。

1. 起始地址设置伪指令 ORG(ORIGIN)

起始地址设置伪指令的格式为

ORG ××××H

ORG 是起始地址设置伪指令的操作码,××××是 4 位十六进制地址。该指令表明其后紧跟的指令性语句的机器码放在以××××H 为起始地址的程序存储器单元中。

通常情况下,在程序的起始处放置一条"ORG 0000H"伪指令,表明下面开始的指令性语句从 0000H 开始存放。后面的程序段也可以用 ORG 指令指定程序段存放的起始地址。例如

```
        ORG    0000H
        LJMP   MAIN
        ORG    0003H
        LJMP   INT0_ISR
        …
        ORG    0200H
MAIN:   MOV    A,#00H
        …
```

单片机复位结束后,系统从程序存储器的第一个地址单元 0000H 开始取指令,汇编的时候需要告诉汇编程序将后面的语句经汇编后放在地址为 0000H 开始的区域,因此整个程序的起始地址用"ORG 0000H"伪指令说明。后面的"ORG 0003H"说明"LJMP INT0_ISR"语句经汇编后将被放置在地址为 0003H 开始的区域。MAIN 程序从 0200H 开始存放,换句话说,这里的标号"MAIN"既是主程序的名字,也代表地址值 0200H。

2. 数据定义伪指令

数据定义伪指令的功能是定义一个数据存储区,其类型由数据定义伪指令指定。

数据定义伪指令语句的一般格式为

[标号:]数据定义伪指令 操作数[,操作数,…]　[;注释]

方括号中的内容为可选项。伪指令后面的操作数可以不止一个;如有多个操作数,互相之间用逗号隔开。

常用的数据定义伪指令有 DB 和 DW。

(1)定义字节 DB(define byte)

DB 伪指令的一般形式为

[标号：]　DB　〈项或项表〉

其中，项或项表是指 1 个字节、数或数字串，或以引号（单引号或者双引号）括起来的 ASCII 码字符串（每个字符用 ASCII 码表示，相当于 1 个字节）。该指令的功能是把项或项表的数值存入从标号开始的连续单元中，每个操作数存放时占 1 个字节，多个操作数时，按排列顺序首先从低地址存放。

（2）定义字 DW（define word）

DW 伪指令定义的是字变量，每个字变量占 2 个字节的存储单元，2 个字节的存储单元相邻，高位字节在低地址中，低位字节在高地址中。多个操作数时，按排列顺序从低地址开始存放。例如

```
        ORG    1000H
SEG：    DB     23H          ;定义 1 个字节
        DW     1000H        ;定义 1 个字
        DB     'MCS-51'      ;定义 1 个字符串
        END
```

则　　（1000H）=23H　　　SEG 的地址为 1000H

　　　（1001H）=10H

　　　（1002H）=00H

　　　（1003H）=4DH　　　'M'的 ASCII 码

　　　（1004H）=43H　　　'C'的 ASCII 码

　　　（1005H）=53H　　　'S'的 ASCII 码

　　　（1006H）=2DH　　　'-'的 ASCII 码

　　　（1007H）=35H　　　数字 5 的 ASCII 码

　　　（1008H）=31H　　　数字 1 的 ASCII 码

数据定义伪指令 DB 或者 DW 后面的操作数可以是常数、数值表达式或 ASCII 码字符串。

汇编程序中的常数，可采用不同的数制和不同的表示方法。

① 十进制数：数字的后面加一个字母"D"（decimal），表示是十进制数；或者什么也不加，默认为是十进制数。

② 二进制数：数字的后面加一个字母"B"（binary），如 **10101001**B。

③ 十六进制数：数字的后面加一个字母"H"（hexadecimal），而且，当十六进制数字不是以数字 0~9 开始，而是以字母（A~F）开头时，前面要再加一个前导数字 0，这是为了在进行汇编时，以区别是数字，不是符号名。

④ ASCII 常数：应将字符放在单引号或双引号中，例如"A"'8'等。

汇编语言语句中的表达式为数值表达式，由数值和运算符组成，产生一个数值结果。运算符为算术运算符，常用的算术运算符有：+(加)，-(减)，*(乘)，/(除)。

使用时应注意，作为操作数部分的项或项表，若为数值，其取值范围应为 00H~0FFH。

3. 等值伪指令 EQU（equate）

其一般形式为

　　标号　EQU　表达式

其功能是将语句操作数的值赋予本语句的标号。格式中的表达式可以是 1 个常数、符号、数值表达式或地址表达式等。

　　利用 EQU 伪指令,可以用一个名字代表一个数值,或用一个较简短的名字代表一个较长的名字,如果源程序中需要多次引用某一表达式,则可利用 EQU 伪指令给其赋一个标号(名字),在以后的代码中,可用这个标号来代替上述表达式,从而使程序更加简洁,便于阅读。如欲改变表达式的值,也只需在 EQU 指令处修改一次,而不必修改多处,使程序易于调试、修改和维护。例如

```
COLUMN   EQU   32H
ROW      EQU   68H
BUFFER   EQU   40H
             ...
         MOV   A,#COLUMN
         MOV   B,#ROW
         MUL   AB
         MOV   BUFFER,A
         MOV   BUFFER+1,B
             ...
```

　　上述程序段执行后,就把 COLUMN 和 ROW 的乘积放在了单元 BUFFER 和 BUFFER+1 中。只要改变 COLUMN 和 ROW 的值就可以计算不同数据的乘积。

　　需要注意的是,在同一程序中,用 EQU 伪指令对标号赋值后,该标号的值在整个程序中不能再改变。

　　4. DATA 指令

　　其一般形式为

　　符号名　DATA　表达式

　　DATA 指令用于将一个内部 RAM 的地址赋给指定的符号名。表达式必须是一个简单表达式,其值在 00H~0FFH 之间。如

```
BUFFER   DATA   40H
```

　　定义后,可以使用类似于下面的指令对内部 RAM 40H 单元进行访问

```
MOV   BUFFER,A
```

　　DATA 伪指令与 EQU 伪指令相似,不同之处在于 DATA 伪指令定义的符号名可以先使用后定义,放在程序的开头或结尾都可以;而用 EQU 伪指令定义的符号名只能先定义,后使用。在汇编语言设计中,单片机的特殊功能寄存器就是使用 DATA 指令定义的。

　　5. XDATA 指令(extenal data)

　　其一般形式为

　　符号名　XDATA　表达式

XDATA 指令用于将一个外部 RAM 的地址赋给指定的符号名。表达式必须是一个简单表达式,其值在 0000H~0FFFFH 之间。如

```
MYDATA   XDATA   0100H
```

定义后,若要将累加器 A 的值保存到外部 RAM 0100H 单元中,可以使用下面的指令组合

```
MOV     DPTR,#MYDATA
MOVX    @DPTR,A
```

**6. 定义位命令 BIT**

其一般形式为

```
字符名称 BIT   位地址
```

用于给字符名称定义位地址。如

```
BUZZER BIT  P5.4
```

经定义后,允许在后续的指令代码中用 BUZZER 代替 P5.4。

**7. 文件包含命令 INCLUDE**

文件包含命令 INCLUDE 用于将寄存器定义文件包含于当前程序中,与 C 语言中的 #include 语句的作用类似。使用格式为

```
$INCLUDE(文件名)
```

例如,STC 公司提供了 STC8H8K64U 单片机的寄存器定义文件 STC8H. INC。使用时,在程序的开始处加入命令

```
$INCLUDE(STC8H.INC)
```

源程序代码: STC8H. INC

使用上述命令后,在用户程序中就可以使用 STC8H8K64U 单片机的特殊寄存器名称了。例如

```
MOV     IE2,#01000000B     ;允许定时器 3 中断(设置 ET3 = 1)
```

**8. 汇编结束伪指令**

其一般形式为

```
END [标号]
```

汇编程序结束时,最后一条伪指令为 END。指令格式中的标号是整个汇编语言源程序第一条可执行语句的标号。该伪指令告诉汇编程序:整个源程序结束,汇编程序停止汇编,并指出第一条指令性语句的标号。一般情况下,END 后的标号都省略不写。

一个基本的汇编语言程序如【例 4-1】所示。

【**例 4-1**】 一个基本的汇编程序

```
        ORG     0000H      ;从 0000H 开始存放程序
        LJMP    MAIN
        ORG     0200H      ;从 0200H 开始存放主程序,跳过 0200H 前面
                           ;的中断入口地址
MAIN:   MOV     A,#40H     ;演示指令,可放其他指令测试
        MOV     R0,A       ;演示指令,可放其他指令测试
        MOV     30H,A      ;演示指令,可放其他指令测试
LOOP:   NOP                ;演示指令,可放其他指令测试
        LJMP    LOOP       ;无限循环(一般主程序都使用无限循环)
        END
```

源程序代码: ex-4-1-asm1. rar

## 4.3　汇编语言指令集

本节介绍 STC8H8K64U 单片机的指令集。STC8H8K64U 单片机采用 8051 内核,指令与传统的 8051 单片机完全兼容。在学习指令集之前,强烈建议读者先学习开发环境的使用,通过验证程序运行结果的方式进行学习。常用的 Keil 集成开发环境的使用方法介绍请参见附录 D。

### 4.3.1　数据传送类指令

数据传送类指令是使用频率最高的一类指令。主要用来给单片机的内部和外部资源赋值,进行堆栈的存取操作等。数据传送类指令执行前后,对程序状态字 PSW 一般不产生影响。根据操作方式的不同,数据传送类指令分为三种:数据传送指令、数据交换指令和栈操作指令。

1. 数据传送指令

(1) MOV 指令

MOV 指令的作用区间是内部数据存储器和特殊功能寄存器。利用 R$n$ 可直接访问某工作寄存器,利用 @ R$i$ 可间接寻址内部数据 RAM 的某一字节单元,而直接寻址则可遍访内部数据 RAM(00H~7FH)和特殊功能寄存器空间,因而对于双操作数的数据传送指令允许在工作寄存器、内部数据 RAM、累加器 A 和特殊功能寄存器(SFR)任意两个之间传送 1 个字节的数据,而且立即操作数能送入上述任何单元中。此外,利用 MOV 指令还可以把 16 bit 的立即数直接送入数据指针 DPTR 中。

其格式为

MOV　目的字节,源字节

功能:把源字节操作数指定的字节变量传送到目的字节操作数指定的单元中,源字节内容不变。MOV 指令一般不影响别的寄存器或标志。

1) 立即数送累加器 A、SFR、内部 RAM、R$n$。有 4 条指令

```
MOV  A, #data8        ;A← #data8
MOV  addr8,#data8     ;(addr8)← #data8
MOV  @ Ri, #data8     ;(Ri)← #data8
MOV  Rn, #data8       ;Rn← #data8
```

其中,@ 符号表示间接寻址,R$i$ 中 $i=0$ 或 1。例如

```
MOV  R0,#60H          ;将立即数 60H 送到寄存器 R0 中
MOV  @ R0,#56H        ;将立即数 56H 送入到 R0 间接寻址的单元中
                      ;执行后 60H 单元的内容变为 56H
```

利用直接寻址可把立即数送入内部 RAM 任意单元或任一特殊功能寄存器,如

```
MOV  20H,#56H         ;将立即数 56H 送入 20H 单元中
MOV  P2,#80H          ;把立即数 80H 直接送入 P2 口中
```

2) SFR、内部数据 RAM、R$n$ 与累加器 A 传送数据。有 6 条指令

```
MOV   A, addr8          ;A←(addr8)
MOV   A, @ Ri           ;A←(Ri)
MOV   A, Rn             ;A← Rn
MOV   addr8, A          ;(addr8)← A
MOV   @ Ri, A           ;(Ri)← A
MOV   Rn, A             ;Rn←A
```

间接寻址 @R$i$ 是以 R$i$ 的内容作为地址进行寻址,由于 R$i$ 为 8 位寄存器,所以其寻址范围可为 00H~FFH。例如

```
MOV   R1, #82H
MOV   A, @ R1
```

上述指令组合对于 STC8H8K64U 单片机而言,其功能是将内部数据 RAM 的 82H 单元中的内容送到 A 中。内部 80H~FFH 的 RAM 单元,只能使用这种间接寻址方式进行访问。

欲从 DPL 取数到累加器 A,可用直接寻址方式。下面的 2 条指令是等价的

```
MOV   A, 82H            ;执行后 A 中内容将是 DPL 中的值,或者使用下面的指令
MOV   A,DPL
```

3) 内部数据 RAM、SFR、R$n$ 和内部数据 RAM 之间的数据传送。有 5 条指令

```
MOV   addr8, addr8      ;(addr8 目)← (addr8 源)
MOV   addr8,@ Ri        ;(addr8)←(Ri)
MOV   addr8, Rn         ;(addr8)←Rn
MOV   @ Ri, addr8       ;(Ri)←(addr8)
MOV   Rn, addr8         ;Rn←(addr8)
```

例如

```
MOV   60H, 50H          ;把 50H 单元的内容送到 60H 单元
```

4) 目标地址传送

其功能为把 16 位常数装入数据指针,只有一条指令

```
MOV   DPTR ,#data16
```

例如

```
MOV   DPTR ,#0150H
```

表示把 16 位常数装入数据指针。执行后,DPTR=0150H,其中 DPH=01H,DPL=50H。

（2）外部数据存储器（或扩展并行 I/O 接口）与累加器 A 传送指令——MOVX

MOVX 指令主要用于累加器 A 和外部数据 RAM 或扩展并行 I/O 接口进行数据传送。这种传送只有一种寻址方式,就是寄存器间接寻址。有两种寄存器间接寻址:

① 用 R1 或 R0 进行寄存器间接寻址。这种方式能访问外部数据存储器（或扩展并行 I/O 口）256 个字节中的 1 个字节。需使用 P2 口输出高 8 位地址。使用时,需先给 P2 和 R$i$ 赋值,然后执行 MOVX 指令。

② 用 16 位的数据存储器地址指针 DPTR 进行寄存器间接寻址。这种方法能遍访 64 KB 的外部数据存储器（或扩展并行 I/O 接口）的任何单元。

指令格式为

MOVX 目的字节,源字节

有 4 条指令

```
MOVX  A, @ DPTR        ;A←(DPTR)
MOVX  A, @ Ri          ;A←(Ri)
MOVX  @ DPTR,A         ;(DPTR)←A
MOVX  @ Ri, A          ;(Ri)←A
```

由于使用 R1 或 R0 寄存器间接寻址方式访问外部数据存储器时,寻址范围受到 256 字节限制,因此,一般使用 DPTR 寄存器间接寻址方式访问外部数据存储器。例如,若外部数据存储器单元中(0100H)= 60H,(0101H)= 2FH,则执行

```
MOV   DPTR ,#0100H
MOVX  A, @ DPTR         ;执行后,累加器 A=60H
```

（3）程序存储器向累加器 A 传送指令——MOVC

对于程序存储器的访问,单片机提供了 2 条极其有用的查表指令。这 2 条指令采用变址寻址,以 PC 或 DPTR 为基址寄存器,以累加器 A 为变址寄存器,基址寄存器与变址寄存器内容相加得到程序存储器某单元的地址值,MOVC 指令把该存储单元的内容传送到累加器 A 中。

指令格式为

```
MOVC  A ,@ A+PC        ;PC←PC+1,A←(A+PC)
MOVC  A ,@ A+DPTR      ;A←(A+DPTR)
```

功能:把累加器 A 中内容与基址寄存器（PC、DPTR）内容相加,求得程序存储器某单元地址,再把该地址单元内容送累加器 A。指令执行后不改变基址寄存器内容,由于执行 16 位加法,从低 8 位产生的进位将传送到高位去,不影响任何标志。

这 2 条指令主要用于查表,即完成从程序存储器读取数据的功能。由于 2 条指令使用的基址寄存器不同,因此使用范围也不同。以 PC 作为基址寄存器时,在 CPU 取完指令操作码时 PC 会自动加 1,指向下一条指令的第一个字节地址,这时 PC 已不是原值,而是 PC+1 值。因为累加器中的内容为 8 位无符号整数,这就使得本指令查表范围只能在以 PC 当前值开始后的 256 个字节范围内;以 DPTR 作为基址寄存器时,由于 DPTR 可以通过指令来设置,表格常数可设置在 64 KB 程序存储器的任何地址空间,而不必像"MOVC　A, @ A+PC"指令只设在 PC 值以下的 256 个单元中。由于 PC 的值不易控制,而 DPTR 可以根据需要进行赋值,因此一般使用 DPTR 作为基址寄存器。使用 DPTR 作为基址寄存器时应该注意,若 DPTR 已有它用,在将表首地址赋给 DPTR 之前必须使用 PUSH 指令进行保护（称为保护现场）,执行完查表后再使用 POP 指令予以恢复（称为恢复现场）。

【例 4-2】　试编制根据累加器 A 中的数（0~9 之间）查其平方表的子程序。

解:程序代码如下

```
GETSQ:
        PUSH  DPH
        PUSH  DPL              ;保护 DPTR 内容
        MOV   DPTR ,#TABLE     ;赋表首址→DPTR
        MOVC  A ,@ A+DPTR      ;据 A 中内容查表
        POP   DPL
```

源程序代码:

ex-4-2-

SQasm. rar

```
        POP    DPH                    ;恢复 DPTR 原内容
        RET                           ;返回
    TABLE: DB 00,01,04,09,16,25,36,49,64,81
```

其中,平方表使用 DB 伪指令定义,其作用是将它后面的值(00、01 等)存入由标号 TABLE 开始的连续单元中。若累加器 A 的原内容为 7,则执行上述程序后,返回时(执行 RET 指令)累加器的值将变为 49。为了阅读直观,在定义字节数据时采用了十进制表示。

2. 数据交换指令

数据交换指令包括字节交换指令和半字节交换指令。

(1) 字节交换指令

```
XCH   A,addr8                    ;A←→(addr8)
XCH   A,@Ri                      ;A←→(Ri)
XCH   A,Rn                       ;A←→Rn
```

上述指令把累加器 A 中内容与第二操作数所指定的工作寄存器、间接寻址或直接寻址的某单元内容互相交换。

例如,设 R0 = 20H,A = 3FH,(20H) = 75H,执行指令

```
XCH   A,@R0                      ;执行结果 A = 75H,(20H) = 3FH
```

(2) 半字节交换指令

```
XCHD   A,@Ri                     ;A_{3~0}←→(Ri)_{3~0}
```

该指令把累加器 A 的低 4 位和寄存器间接寻址的内部数据 RAM 单元的低 4 位交换,高 4 位内容不变,不影响标志位。

例如,设 R1 的内容为 30H,A 的内容为 69H,内部数据 RAM 中 30H 单元的内容为 87H,执行指令

```
XCHD   A,@R1                     ;执行结果:A = 67H,(30H) = 89H
```

3. 栈操作指令

在主程序调用子程序或中断处理过程时,需要保存返回地址(断点地址),以便在返回时能够回到调用前的程序段,继续运行原来的程序。在进入子程序或中断处理程序后,还需要保护子程序或中断处理程序所用到的通用寄存器,因为这些寄存器中可能存放着主程序正在使用和将要使用的数据。尤其是中断处理程序,它的发生时刻往往是随机的,进入中断处理程序后,使用寄存器就会覆盖掉其中的原值,这样结束中断处理后返回主程序,原来的主程序运行状态就可能已经被破坏了。即使能够继续执行程序,但数据的破坏使得程序的继续执行失去意义,后果将无法预料。所以进入子程序或中断处理程序后要保护这些寄存器中的值,叫作保护现场;子程序返回或中断处理返回前,要能够恢复这些寄存器中的值,叫作恢复现场。保存返回地址的方法是将返回地址(断点地址)保存到堆栈中,返回主程序前从堆栈中取出上述地址放回到指令计数器 PC 中,按照放回后的 PC 值,从程序存储器中取指令执行就返回到了主程序中被中断了的地方,以继续执行主程序。保护现场的方法是将寄存器的值(现场条件)先推入(PUSH)堆栈保存,然后再使用这些寄存器;返回主程序前,使用 POP 指令恢复寄存器中的值。这些功能都要通过堆栈操作来实现。其中通用寄存器的保存和恢复需要由堆栈操作指令来完成;返回地址的保存与恢复的堆栈操作都是在相应子程序的调用和返回指令的操作中自动完成的,无须再用专门的堆栈操作指令。

　　堆栈区是将内部存储器的一部分区域划作专门用于堆栈的区域。堆栈区的操作规则是后进先出(LIFO,last in first out),即最后存入的数据将被最先取出。堆栈区当前的栈顶地址用堆栈指针寄存器 SP 中的值表示,即 SP 始终指向栈顶,如图 4-7 表示。就好比地下的深洞,依次放入物体 A、B、C、D、…时,最后放入的总是在原先放入的物体的上面,取出时每次只能取出一个,而且每次只能从最上面取,即最先取出的总是最后放入的。如果人站在地面上向下看去,只能看到最上面的物体,相当于堆栈指针 SP 始终指向栈顶,当把物体取出后,指针就指向新的栈顶。当洞中是空的时,我们看到的是洞底,对于堆栈来说,当堆栈中还没有存入任何数据时,栈顶地址就是栈底地址。

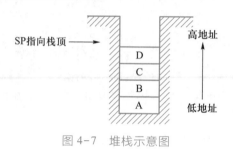

图 4-7　堆栈示意图

　　栈操作有 2 条指令

```
PUSH   addr8      ;SP←SP+1,(SP)←(addr8)
POP    addr8      ;(addr8)←(SP),SP←SP-1
```

上述 2 条指令分别完成两种基本堆栈操作,一种叫入栈(PUSH),另一种叫出栈(POP)。堆栈中的数据以后进先出的方式处理,这种后进先出的特点由堆栈指针 SP 控制,SP 自动跟踪栈顶地址。STC8H8K64U 单片机堆栈编址采用向地址增大的方向生成,即栈底占用较低地址,栈顶占用较高地址,其操作过程分为入栈操作和出栈操作。

　　① 入栈操作:SP+1→SP,指向栈顶的上一个空单元,然后把直接寻址单元的内容压入 SP 所指的单元中。

　　② 出栈操作:先弹出栈顶内容到直接寻址单元,然后 SP-1→SP,形成新的堆栈指针。

　　PUSH 和 POP 是两种方向相反的传送指令,它们常被用在保护现场和恢复现场的程序中。在程序编写中,应注意 PUSH 指令和 POP 指令一定要成对出现,并注意顺序。例如

```
PUSH   ACC        ;保护累加器 ACC 中内容
PUSH   PSW        ;保护标志寄存器内容
                  ;执行其他程序
POP    PSW        ;恢复标志寄存器内容
POP    ACC        ;恢复累加器 ACC 中内容
```

该程序执行后,累加器 ACC 和 PSW 寄存器中的内容可得到正确的恢复。若为

```
PUSH   ACC
PUSH   PSW

                  ;其他程序
POP    ACC
POP    PSW
```

则执行后,将使得 ACC 和 PSW 中的内容互换。

在数据传送类操作中应注意以下几点:

① 除了用 POP 或 MOV 指令将数据传送到 PSW 外,传送操作一般不影响标志位,当向累加器中传送数据时,会影响 PSW 中的 P 标志。

② 执行传送类指令时,把源地址单元的内容送到目的地址单元后,源地址单元中的内容不变。

③ 对特殊功能寄存器 SFR 的操作必须使用直接寻址,也就是说,直接寻址是访问 SFR 的唯一方式;对于 STC8H8K64U 内部数据 RAM 的 80H~FFH 单元只能使用@R$i$ 间接寻址方式访问。

④ 将累加器 A 压入堆栈或弹出堆栈时,应使用 PUSH ACC 和 POP ACC 指令,不能使用 PUSH A 和 POP A 指令,否则程序编译会出错。因为累加器写成 A 或 ACC 在汇编语言指令中是有区别的,使用 A 时,表示使用的是寄存器寻址方式;而使用 ACC 时,表示使用的是直接寻址方式。

### 4.3.2　逻辑操作类指令

逻辑操作类指令主要完成与、或、清 0、求反、左右移位等逻辑操作,共有 24 条。这类指令的助记符列于表 4-2 中。根据操作数的个数不同,可划分为单操作数和双操作数两种。

单操作数是专门对累加器 A 进行的逻辑操作,包括清 0、求反、左右移位等,操作结果保存在累加器 A 中。

双操作数主要是累加器 A 和第二操作数之间的逻辑与、或和异或操作。第二操作数可以是立即数、寄存器 R$n$、内部数据 RAM 单元或者 SFR,逻辑操作的结果保存在 A 中。也可将直接寻址单元作为第一操作数,和立即数、累加器 A 执行逻辑与、或和异或操作,结果存在直接寻址单元中。

表 4-2　逻辑操作类指令的助记符

| 功能 | | 指令形式 | 执行结果 |
|---|---|---|---|
| 单操作数 | 清 0 | CLR　A | A←0 |
| | 取反 | CPL　A | A←Ā |
| | 左移 | RL　A | |
| | 带进位左移 | RLC　A | |
| | 右移 | RR　A | |
| | 带进位右移 | RRC　A | |
| | 4 位环移 | SWAP　A | |

续表

| 功能 | | 指令形式 | 执行结果 |
|---|---|---|---|
| 双操作数 | 与（&）<br>或（∣）<br>异或（∧） | ANL(ORL,XRL)　A,$\begin{cases} \text{\#data8} \\ \text{addr8} \\ @Ri \\ Rn \end{cases}$<br><br>ANL(ORL,XRL)addr8,$\begin{cases} A \\ \text{\#data8} \end{cases}$ | A←A&X<br>A←A∣X<br>A←A∧X<br>addr8←addr8&X<br>addr8←addr8∣X<br>addr8←addr8∧X<br>X 代表指令格式中的第二操作数 |

1. 对累加器 A 进行的逻辑操作

对累加器 A 进行的逻辑操作包括清 0、求反和移位,分别介绍如下

```
CLR    A        ;A←0,累加器清0,即把数00H送入累加器A中
CPL    A        ;A←Ā,累加器求反,即把累加器内容按二进制位求反后送入累加器A中
RL     A        ;累加器左循环移位
RLC    A        ;累加器通过CY左循环移位
RR     A        ;累加器右循环移位
RRC    A        ;累加器通过CY右循环移位
SWAP   A        ;累加器高低半字节(即位3~0和位7~4)互换
```

左移 1 位相当于乘以 2,右移 1 位相当于除以 2。例如,若 A 的内容为 1,则

```
RL     A        ;A←02H
RL     A        ;A←04H
RL     A        ;A←08H
```

上述指令序列执行后,累加器 A=08H。若继续执行下面的指令

```
RR     A        ;A←04H
RR     A        ;A←02H
RR     A        ;A←01H,累加器内容又变为1
```

源程序代码:

ex-4-3-
div2asm.rar

通过进位标志 CY 的移位可用于检查 1 个字节中各位的状态或用于逐位输出的情况,也可构成多个字节的移位操作。

【例 4-3】　在 40H 和 41H 中存放 1 个双字节数据(即 16 位数据),高位字节数据在 41H 中,低位字节数据在 40H 中,试将其除以 2。

解:利用循环右移指令可以将 1 个字节的数据除以 2。如果将双字节数据除以 2,可以考虑使用带进位标志 CY 的循环右移指令。程序代码如下

```
CLR    C        ;先将进位标志清0,为第一次移位做准备
MOV    A,41H
RRC    A
MOV    41H,A    ;高位字节
MOV    A,40H
RRC    A
```

```
MOV    40H,A
```

指令 SWAP 用于交换 A 中低和高半字节,也可看作是 1 个 4 位循环移位指令,不影响标志。例如

```
MOV    A,#0A5H
SWAP   A          ;执行结果 A=5AH
```

#### 2. 双操作数的逻辑操作

双操作数的逻辑操作包括累加器 A 与立即数、内部存储器之间以及直接地址单元与累加器 A、立即数之间的逻辑操作。逻辑操作是按位进行的,所以,ANL 指令常用来屏蔽字节中的某些位,欲清 0 某位可**与 0**,欲保留某位可**与 1**;ORL 指令常用来使字节中的某些位置 **1**,欲保留(不变)某位可**或 0**,欲置位某位可**或 1**;XRL 指令用来对字节中某些位取反,欲取反某位可**异或 1**,欲保留某位可**异或 0**。

(1)累加器 A 与立即数、内部存储器之间的按位逻辑操作

由于逻辑**与**、**或**、**异或** 3 种基本操作指令格式和寻址方式都是一样的,故放在一起介绍。指令格式为

$$
ANL(ORL,XRL)\quad A,\begin{cases}\#data8\\ addr8\\ @Ri\\ Rn\end{cases}
$$

逻辑**与**、**或**、**异或**的定义分别如下所示。

1)**与**:A&B 代码组合　　$0×1=1×0=0×0=0$　　　;有 **0** 即 **0**

　　　　　　　　　　　　$1×1=1$　　　　　　　　;全 **1** 为 **1**

2)**或**:A|B 代码组合　　$1+0=0+1=1+1=1$　　;有 **1** 即 **1**

　　　　　　　　　　　　$0+0=0$　　　　　　　　;全 **0** 为 **0**

3)**异或**:A∧B 代码组合　$0⊕1=1⊕0=1$　　　;相异为 **1**

　　　　　　　　　　　　$0⊕0=1⊕1=0$　　　;相同为 **0**

例如,设 A 的内容为 63H,R2 的内容为 0AAH,分别执行命令(ANL、ORL、XRL)后,结果如下

```
ANL    A,R2      ;A=22H
ORL    A,R2      ;A=0EBH
XRL    A,R2      ;A=0C9H
```

(2)直接地址单元(内部 RAM、SFR)与累加器 A、立即数之间的按位逻辑操作

指令格式为

```
ANL(ORL,XRL)    addr8,A
ANL(ORL,XRL)    addr8,#data8
```

上述指令完成内部数据 RAM 或 SFR 中直接寻址单元与累加器 A、立即数之间的逻辑与(或,异或)操作,执行结果送回内部数据 RAM 或 SFR 中。

例如,设 50H 单元的内容为 0AAH,A 中内容为 15H,则顺序执行下面指令时的结果如下

```
ANL    50H,#0F0H  ;(50H)=0A0H,屏蔽 50H 单元的低 4 位(清 0)
ORL    50H,#0FH   ;(50H)=0AFH,将 50H 单元的低 4 位置 1
```

```
XRL    50H,A         ;(50H)=0BAH
```

【例 4-4】　设 2 位用 ASCII 码表示的数分别保存在 40H、41H 单元中,编程把其转换成 2 位 BCD 数,并以压缩形式存入 40H 单元中。

源程序代码:
ex-4-4-
asc2BCD.rar

解:程序如下

```
ANL    40H,#0FH      ;40H 的 ASCII 码变成 BCD 码
MOV    A,41H
ANL    A,#0FH         ;41H 的 ASCII 码变成 BCD 码
RL     A              ;左移 4 位
RL     A
RL     A
RL     A
ORL    40H,A          ;结果存 40H 单元中
```

若使用 SWAP 指令,将会使程序更简练。

```
ANL    40H,#0FH      ;40H 的 ASCII 码变成 BCD 码
MOV    A,41H
ANL    A,#0FH         ;41H 的 ASCII 码变成 BCD 码
SWAP   A              ;高、低 4 位交换
ORL    40H,A          ;结果存 40H 单元中
```

### 4.3.3　算术运算类指令

该类指令主要完成加、减、乘、除四则运算,以及增量、减量和二-十进制调整操作。除增量、减量指令外,大多数算术运算指令会影响到状态标志寄存器 PSW。表 4-3 反映了算术运算类指令对标志位的影响。

表 4-3　算术运算类指令对标志的影响

| 指令助记符 | 影响标志 | | | 备注 |
| --- | --- | --- | --- | --- |
| | CY | OV | AC | |
| ADD(加) | × | × | × | |
| ADDC(带进位加) | × | × | × | |
| SUBB(带借位减) | × | × | × | ×表示可置 1 或清 0 |
| MUL(乘) | 0 | × | | 0 表示总清 0 |
| DIV(除) | 0 | × | | |
| DA(二-十进制调整) | × | | | |

**1. 加减运算指令**

在加减运算指令中,以累加器 A 为第一操作数,并存放操作后的结果。第二操作数可以是立即数、工作寄存器、寄存器间接寻址字节或直接寻址字节。运算结果会影响溢出标志

OV、进位 CY、辅助进位 AC 和奇偶标志 P。

（1）加法指令

```
ADD    A,#data8            ;A←A+#data8
ADD    A,addr8             ;A←A+(addr8)
ADD    A,@ Ri              ;A←A+(Ri)
ADD    A,Rn                ;A←A+Rn
```

上述指令把源字节变量（立即数、直接地址单元、间接地址单元、工作寄存器内容）与累加器相加，结果保存在累加器中，影响标志 AC、CY、OV、P。CY = 1 表示有进位，CY = 0 表示无进位。例如，执行指令

```
MOV    A,#0C3H
ADD    A,#0AAH
```

运算后，CY = 1，OV = 1，AC = 0，PSW = 85H，A = 6DH。

溢出标志 OV 取决于带符号数运算，和的第 6、7 位中有一位产生进位而另一位不产生进位，则使 OV 置 1，否则 OV 被清 0。OV = 1 表示两正数相加，和变成负数；或两负数相加，和变成正数的错误结果。

（2）带进位加法指令

```
ADDC   A,#data8            ;A←A+#data 8+CY
ADDC   A,addr8             ;A←A+(addr8)+CY
ADDC   A,@ Ri              ;A←A+(Ri)+CY
ADDC   A,Rn                ;A←A+Rn+CY
```

除了相加时应考虑进位位外，其他与一般加法指令 ADD 完全相同。

例如，设累加器 A 内容为 0AAH，R0 内容为 55H，CY 内容为 1，执行指令

```
ADDC   A,R0
```

将使 A = 00000000B    AC = 1，CY = 1，OV = 0。

【例 4-5】 利用 ADDC 指令可以进行多字节加法运算。设双字节加法中，被加数的低位字节保存在 20H 单元，高位字节保存在 21H 单元（以下采用类似的保存方法）；加数放 30H、31H 单元，和存放在 40H、41H 单元，若高字节相加有进位则转 OVER 处执行。试编程实现之。

源程序代码：
ex-4-5-
ADDM.rar

解：程序代码如下

```
ADDM: MOV   A,20H          ;取低字节被加数
      ADD   A,30H          ;低位字节相加
      MOV   40H,A          ;结果送 40H 单元
      MOV   A,21H          ;取高字节被加数
      ADDC  A,31H          ;加高字节和低位来的进位
      MOV   41H,A          ;结果送 41H 单元
      JC    OVER           ;若有进位,则转 OVER 处执行
      …
OVER: …
```

2. 带借位减指令

```
SUBB    A,#data8        ;A←A-#data8-CY
SUBB    A,addr8         ;A←A-(addr8)-CY
SUBB    A,@ Ri          ;A←A-(Ri)-CY
SUBB    A,Rn            ;A←A-Rn-CY
```

在加法中,CY=1 表示有进位,CY=0 表示无进位;在减法中,CY=1 则表示有借位,CY=0 表示无借位。

OV=1 表示带符号数相减时,从 1 个正数中减去 1 个负数得出了 1 个负数,或从 1 个负数中减去 1 个正数时得出 1 个正数的错误情况。和加法类似,该标志也是由运算时,差的第 6、7 位两者借位状态经**异或**操作而得的。若运算两数为无符号数,则其溢出与否和 OV 状态无关,而靠 CY 是否为 1 予以判别,OV 仅表明带符号数运算时是否溢出。

由于减法只有带借位减 1 条指令,所以在首次进行单字节相减时,须先清借位位,以免相减后结果出错。

例如,设累加器 A 的内容为 D9H,R0 的内容为 87H,求两者相减结果。

```
CLR     C
SUBB    A,R0            ;执行后 A=52H,CY=0,OV=0
```

【例 4-6】 两字节数相减,设被减数放在 20H、21H 单元,减数放在 30H、31H 单元,差放在 40H、41H 单元。试编程实现之。

解:程序代码如下

```
SUBM: CLR     C              ;低字节减之前借位 CY 清 0
      MOV     A,20H          ;被减数送 A
      SUBB    A,30H          ;低位字节相减
      MOV     40H,A          ;结果送 40H 单元
      MOV     A,21H          ;被减数高字节送 A
      SUBB    A,31H          ;高字节相减
      MOV     41H,A          ;结果送 41H 单元
      JC      OVER           ;若有借位,则转 OVER 处执行
      …
OVER: …
```

源程序代码:
ex-4-6-
SUBM.rar

3. 乘除运算指令

乘除运算指令在累加器 A 和寄存器 B 之间进行,运算结果保存在累加器 A 和寄存器 B 中。

(1)乘法指令

乘法指令为

```
MUL    AB
```

该指令把累加器 A 和寄存器 B 中的 8 位无符号整数相乘,16 位乘积的低字节在累加器 A 中,高字节在寄存器 B 中,如果乘积大于 255(0FFH),则溢出标志位置 1,否则清 0,运算结果总使进位标志 CY 清 0。乘法指令可以用下面的竖式表示

$$
\begin{array}{r}
A \\
\times \quad B \\
\hline
B \quad A
\end{array}
$$

例如,设 $A = 82H(130)$,$B = 38H(56)$,执行指令

```
MUL    AB
```

执行后,乘积为 1C70H(7280),$A = 70H$,$B = 1CH$,$OV = \mathbf{1}$,$CY = \mathbf{0}$。

【例4-7】 利用单字节乘法指令进行多字节乘法运算。设双字节数低8位存放在30H,高8位存放在31H单元,单字节数存放在40H单元,编程实现双字节乘以单字节的运算,乘积按由低位到高位依次存放在50H、51H、52H单元中。

源程序代码:
ex-4-7-
MULM. rar

解:双字节数乘以单字节数,设双字节数用 $X$ 表示,单字节数用 $Y$ 表示,则可表示为

$$(X_2 \cdot 2^8 + X_1) \cdot Y = X_2 \cdot Y \cdot 2^8 + X_1 \cdot Y$$

利用 MUL 指令分别进行 $X_2 \cdot Y$ 和 $X_1 \cdot Y$ 的乘法运算,然后把等号右边两项移位相加即得其积。可以使用下面的竖式表示

$$
\begin{array}{r}
X_2 \quad X_1 \\
\times \qquad Y \\
\hline
(X_1 Y)\text{高}\,(X_1 Y)\text{低} \\
+(X_2 Y)\text{高}\,(X_2 Y)\text{低} \\
\hline
\text{RES2} \qquad \text{RES1} \qquad \text{RES0}
\end{array}
$$

其中,"$(X_1 Y)$低"表示的是 $X_1$ 和 $Y$ 乘积的低8位,其他符号代表的含义类似。RES0 就是"$(X_1 Y)$低",即最后结果的最低位;RES1 是"$(X_1 Y)$高+$(X_2 Y)$低"的结果;RES2 是"$(X_2 Y)$高"和由"$(X_1 Y)$高+$(X_2 Y)$低"产生的进位相加的结果。

程序代码如下

```
MOV    A,30H
MOV    B,40H
MUL    AB             ;X₁·Y
MOV    51H,B          ;积高字节存51H
MOV    50H,A          ;积低字节存50H
MOV    A,31H
MOV    B,40H
MUL    AB             ;X₂·Y
ADD    A,51H          ;X₂·Y低8位与X₁·Y高8位相加作为积的第二字节
MOV    51H,A
MOV    A,B
ADDC   A,#00H         ;最高字节加低位进位
MOV    52H,A          ;最高字节存52H单元
```

(2)除法指令

除法指令为

```
DIV    AB
```

该指令完成累加器 A 中的 8 位无符号整数除以寄存器 B 中的 8 位无符号整数,运算结果的商存放在累加器 A 中,余数在寄存器 B 中,标志位 CY 和 OV 均清 **0**。若除数(B 中内容)为 00H,则执行后 A 和 B 的值不变,并置位溢出标志 OV。除法指令可以下面的竖式表示

$$
B \enclose{longdiv}{\phantom{A}} \begin{array}{c} \text{商} \longrightarrow A \\ \overline{\phantom{AAA} A \phantom{AAA}} \\ B \times \text{商} \\ \overline{\phantom{AAAAAAAA}} \\ \text{余数} \longrightarrow B \end{array}
$$

例如,设累加器内容为 147(93H),B 寄存器内容为 13(0DH),则执行命令

```
DIV    AB                    ;将使 A=0BH,B=04H,OV=0,CY=0
```

（3）增量、减量指令

增量指令 INC 完成加 1 运算,减量运算 DEC 完成减 1 运算。这 2 条指令均不影响标志位。

1）增量指令

```
INC    A                     ;A←A+1
INC    addr8                 ;(addr8)←(addr8)+1
INC    @Ri                   ;(Ri)←(Ri)+1
INC    Rn                    ;Rn←Rn+1
INC    DPTR                  ;DPTR←DPTR+1
```

INC 指令将指定变量加 1,结果送回原地址单元,原来内容若为 0FFH,加 1 后将变成 00H,运算结果不影响任何标志位。例如,设 R0=7EH,内部数据 RAM 中(7EH)=0FFH,(7FH)=40H,则执行指令

```
INC    @R0                   ;(7EH)←00H
INC    R0                    ;R0←R0+1,执行后,R0=7FH
INC    @R0                   ;(7FH)←41H
```

2）减量指令

```
DEC    A                     ;A←A-1
DEC    addr8                 ;(addr8)←(addr8)-1
DEC    @Ri                   ;(Ri)←(Ri)-1
DEC    Rn                    ;Rn←Rn-1
```

DEC 指令将指定变量减 1,结果送回原地址单元,原地址单元内容若为 00H,减 1 后变成 0FFH,不影响任何标志位。例如,顺序执行下面程序的结果如下

```
MOV    R1,#7FH               ;R1←7FH
MOV    7EH,#00H              ;(7EH)←00H
MOV    7FH,#40H              ;(7FH)←40H
DEC    @R1                   ;(7FH)←3FH
DEC    R1                    ;R1←R1-1,执行后,R1=7EH
DEC    @R1                   ;(7EH)←0FFH
```

（4）二-十进制调整指令

二-十进制调整指令为

DA　　A

该指令的调整条件和方法是：若 $A_{3\sim0}>9$ 或 $AC=1$，则 $A_{3\sim0}\leftarrow A_{3\sim0}+06H$；若 $A_{7\sim4}>9$ 或 $CY=1$，则 $A_{7\sim4}\leftarrow A_{7\sim4}+06H$；若两个条件同时满足或者 $A_{7\sim4}=9$ 且低 4 位修正有进位，则 $A_{7\sim0}\leftarrow A_{7\sim0}+66H$。即若累加器低 4 位大于 9 或半进位位 $AC=1$，则加 06H 修正；若相加后累加器高 4 位大于 9 或进位位 $CY=1$，则加 60H 修正；若两者同时发生或高 4 位虽等于 9 但低 4 位修正时有进位，则应加 66H 修正。

指令对 BCD 码的加法进行调整。两个压缩型 BCD 码按二进制数相加，必须经过本条指令调整后才能得到正确的 BCD 码的和数（读者可以使用 87H+68H 进行测算）。由于指令要利用 AC、CY 等标志位才能起到正确的调整作用，因此它需要跟在加法（ADD、ADDC）指令后面使用。如果该指令前面没有加法指令，则执行该指令完成累加器 A 的内容的二-十进制转换。对用户而言，只要保证参加运算的两数为 BCD 码，并先对 BCD 码执行二进制加法运算（用 ADD、ADDC 指令），然后紧跟一条"DA A"指令即可。"DA A"指令不能对减法进行二-十进制调整。

【例 4-8】　设计 6 位 BCD 码加法程序。设被加数保存在内部数据 RAM 中 32H、31H、30H 单元，加数保存在 42H、41H、40H 单元，相加之和保存在 52H、51H、50H 单元，忽略相加后最高位的进位（溢出）。

源程序代码：
ex-4-8-
BCDADD. rar

解：程序代码如下

```
BCDADD: MOV    A,30H      ;第一字节加
        ADD    A,40H
        DA     A
        MOV    50H,A      ;存第一字节和(BCD码)
        MOV    A,31H      ;第二字节加
        ADDC   A,41H
        DA     A
        MOV    51H,A      ;存第二字节和(BCD码)
        MOV    A,32H      ;第三字节加
        ADDC   A,42H
        DA     A
        MOV    52H,A      ;存第三字节和(BCD码)
```

【例 4-9】　有 2 个两位十进制数，被减数保存在 30H 单元，减数保存在 40H 单元。编程实现二者的减法运算，结果存 50H 单元中。

源程序代码：
ex-4-9-
BCDSUB. rar

解：利用十进制加法调整指令作十进制减法调整，必须采用补码相加的方法，用 9AH（即十进制的 100）减去减数即得以 10 为模的减数补码。程序代码如下

```
BCDSUB: CLR    C          ;清进位位
        MOV    A,#9AH      ;求减数补码
        SUBB   A,40H
```

```
ADD    A,30H      ;进行补码相加
DA     A
MOV    50H,A      ;结果(差)存50H单元
```

### 4.3.4　位操作指令

位操作指令以位作为处理对象,分别完成位传送、位状态控制、位逻辑操作、位条件转移等功能,共有 17 条。位操作指令的操作对象是内部数据 RAM 中的位寻址区和可以位寻址的特殊功能寄存器。可被指令识别的位地址表示方式有如下几种:

① 直接用位地址(十进制或十六进制数)表示,或写成位地址表达式;
② 写成"字节地址.位号"的形式。例如 20H.1;
③ 位寄存器的定义名称,如 C、EA 等;
④ 对于可位寻址的寄存器,使用"字节寄存器名.位号"的形式。例如 P1.0,PSW.4 等;
⑤ 用户使用伪指令事先定义过的符号地址。

位操作指令的操作码助记符及对应操作数如表 4-4 所示。

表 4-4　位操作指令的操作码助记符及对应的操作数

| 操作 | 功能 | 操作码 | 操作数 | 备注 |
|---|---|---|---|---|
| 位传送 | | MOV | C, bit 或者 bit,C | 源地址和目的地址可互换 |
| 位状态控制 | 位清 0 | CLR | C 或 bit | bit 表示直接寻址位 |
| | 位取反 | CPL | | |
| | 位置位 | SETB | | |
| 位逻辑操作 | 逻辑与操作 | ANL | C&bit(或/bit) → C | /bit 表示直接寻址位的非 |
| | 逻辑或操作 | ORL | C \| bit(或/bit) → C | |
| 位跳转 | 判 CY 转移 | JC | rel | rel 为相对偏移量 |
| | | JNC | | |
| | 判直接寻址位转移 | JB | bit,rel | JNB 为 0 转移,JB 为 1 转移 |
| | | JNB | | |
| | | JBC | | 寻址位为 1 转移并清 0 该位 |

#### 1. 位传送指令

位传送指令共 2 条

```
MOV    C,bit          ;CY←(bit)
MOV    bit,C          ;(bit)←CY
```

指令的功能是把第二操作数所指出的布尔变量值传送到由第一操作数指定的布尔变量中。其中一个操作数必为位累加器(进位标志 CY),另一个可以是任何直接寻址位(bit)。指令执行结果不影响其他寄存器或标志。

例如,设内部数据 RAM 中(20H)= 79H,执行指令

MOV　C,07H　　　;07H是位地址,即字节地址20H的第7位,将使CY=0

2. 位状态控制指令

位状态控制指令包括位的清0、取反和置位,不影响其他标志。

(1) 位清0指令

位清0指令为

CLR　bit　　　　;(bit)←0

CLR　C　　　　;CY←0

例如,内部数据RAM字节地址25H单元的内容为34H(0011 0**1**00B),执行指令

CLR　2AH　　　　;2AH为字节地址25H第2位的位地址

将使25H单元的内容变为30H(0011 0**0**00B)。

(2) 位求反指令

位求反指令为

CPL　bit　　　　;(bit)←$\overline{(bit)}$

CPL　C　　　　;CY←$\overline{CY}$

例如,执行指令

MOV　25H,#5DH　;(25H)=0101 **1**101B

CPL　2BH　　　　;(25H)=0101 **0**101B

CPL　P1.2　　　;P1.2求反

(3) 位置位指令

位置位指令为

SETB bit　　　　;(bit)←1

SETB C　　　　;CY←1

例如,输出口P1原已写入了49H(**0**100 1001B),则执行

SETB　P1.7

将使P1口输出数据变为C9H(**1**100 1001B)。

3. 位逻辑操作指令

位逻辑操作有两种:位逻辑**与**指令和位逻辑**或**指令。

(1) 位逻辑**与**指令

ANL C,bit　　　;CY←CY&(bit)

ANL C,/bit　　　;CY←CY&$\overline{(bit)}$

上述指令将直接寻址位的内容或直接寻址位的内容取反后(不改变原内容)与位累加器CY进行逻辑与操作,结果保存在CY中。"/bit"表示对该寻址位内容取反后再进行位操作。ANL指令逻辑示意图如图4-8所示。

例如,当位地址(7FH)=1并且累加器中(ACC.7)=1时,进位位CY置1,否则CY清0,可编程序如下

MOV　C,7FH　　　　　;CY←(7FH)

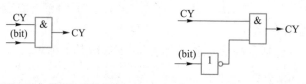

(a)　"ANL C,bit"指令执行示意图　　　　(b)　"ANL C,/bit"指令执行示意图

图 4-8　ANL 指令逻辑示意图

```
ANL  C,ACC.7          ;CY←CY& ACC.7
```

（2）位逻辑**或**指令

```
ORL  C,bit            ;CY←CY |(bit)
ORL  C,/bit           ;CY←CY |(/bit)
```

上述指令将直接寻址位的内容或直接寻址位的内容取反后(不改变原寻址内容)与位累加器 CY 进行逻辑**或**操作,结果保存在 CY 中。ORL 指令逻辑示意图如图 4-9 所示。

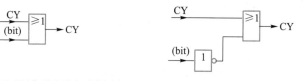

(a)　"ORL C,bit"指令执行示意图　　　　(b)　"ORL C,/bit"指令执行示意图

图 4-9　ORL 指令逻辑示意图

例如,将位地址 7FH 中的内容和累加器 ACC.7 中的内容相**或**的程序如下

```
MOV  C,7FH
ORL  C,ACC.7             ;相或的结果存 CY 中
```

**4. 位条件转移指令**

位条件转移指令分为判 CY 转移和判直接寻址位状态转移两种。

（1）判 CY 转移指令

```
JC   rel            ;若 CY = 1,则 PC←PC+rel,否则顺序执行
JNC  rel            ;若 CY = 0,则 PC←PC+rel,否则顺序执行
```

上述两条指令通过判进位标志 CY 的状态决定程序的走向,前一条若进位标志为 **1**,后一条若进位标志为 **0**,就可使程序转向目标地址,否则顺序执行下一条指令。目标地址为第二字节中的带符号的偏移量与 PC 的当前值(PC←PC+2)之和,不影响任何标志。JC 指令和 JNC 指令执行示意图如图 4-10 所示。

在实际应用中,一般在 rel 的位置写入欲跳转到的标号地址,偏移量由汇编程序自动进行计算。这样做有两个好处,一是程序的可读性好,二是不必进行偏移量的计算。

例如,程序段

```
    ADD  A,#30H            ;加法指令,影响标志位 CY
    JC   YESC             ;若 CY=1(有进位),则转 YESC;否则,继续执行
    ...

YESC:...
```

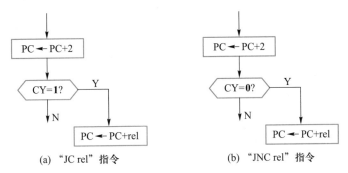

图 4-10  JC 指令和 JNC 指令执行示意图

（2）判直接寻址位转移指令

| | |
|---|---|
| JB  bit,rel | ;若(bit)=**1**,则 PC←PC+rel |
| JNB bit,rel | ;若(bit)=**0**,则 PC←PC+rel |
| JBC bit,rel | ;若(bit)=**1**,则 PC←PC+rel,且(bit)←**0** |

上述指令检测直接寻址位,若位变量为 **1**（第一、三条指令）或位变量为 **0**（第二条指令）,则程序转向目标地址去执行,否则顺序执行下条指令。目标地址为 PC 当前值(PC←PC+3)与第三字节所给带符号的相对偏移量之和。测试位变量时,不影响任何标志,前两条指令不影响原变量值;第三条指令不管原变量为何值,检测后即清 **0**。3 条指令执行示意图分别如图 4-11(a)、图 4-11(b)和图 4-11(c)所示。

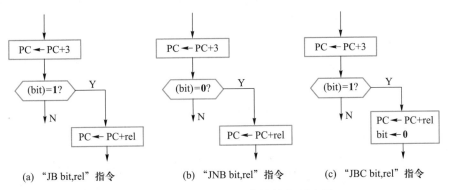

图 4-11  JB、JNB、JBC 指令执行示意图.

指令中的 rel 和判 CY 转移指令中的 rel 含义相同。

例如,指令序列

| | | |
|---|---|---|
| MOV | P1,#0CAH | ;P1←0CAH(**11001010**B) |
| MOV | A,#56H | ;A←56H(**01010110**B) |
| JB | P1.2,P12SET | ;P1.2=**0**,不转,继续执行 |
| JNB | ACC.3,ACC3CLR | ;ACC.3=**0**,转 ACC3CLR 处执行 |

P12SET: …

ACC3CLR: …

执行后,会使程序转向 ACC3CLR 处继续运行,ACC.3=**0** 不变。

指令序列

```
MOV    A,#43H              ;A←43H(01000011B)
JBC    ACC.6,ACC6CLR       ;ACC.6=1,转 ACC6CLR,且 ACC.6←0
…
ACC6CLR:…
```

执行后使程序转向 ACC6CLR 处,并把 ACC.6 清 0。

### 4.3.5　控制转移类指令

程序在运行时,除了按照指令存放的顺序依次执行指令外,还有一种指令,可以使程序不按存放的顺序执行,而是转到另外的地址去执行,这种指令包括转移指令、调用指令和返回指令。转移指令和调用指令的区别是,转移指令是跳转到新地址去,不再跳转回来;而调用指令只是暂时转到新的地址去执行一段程序,执行完这一段程序以后再跳转回来,按照调用之前的顺序继续执行程序。所以,调用指令要具有能够跳转回来并继续执行调用之前程序的功能,这些功能都是借助堆栈的操作实现的。

正是由于有控制转移类指令,才使得单片机有一定的智能作用。该类指令用于控制程序的走向,可分为两种:一种是程序转移指令,另一种称为子程序调用和返回指令。表 4-5 列出了控制转移类指令的操作码助记符及操作数。

表 4-5　控制转移类指令的操作码助记符及操作数

| 类别 | 功能 | 操作码助记符 | 操作数 | 备注 |
|---|---|---|---|---|
| 无条件转移 | 长转移 | LJMP | addr16 | addr16 表示 16 位地址 |
| | 绝对转移 | AJMP | addr11 | addr11 表示低 11 位地址数 |
| | 相对短转移 | SJMP | rel | rel 带符号的 8 位 |
| | 间接转移 | JMP | @ A+DPTR | 相对偏移量 |
| 条件转移 | 判零转移 | JZ | rel | |
| | | JNZ | | |
| | 比较转移 | CJNE | $[A, Rn, @Ri]$, #data8,rel<br>A,addr8,rel | |
| | 循环转移 | DJNZ | $Rn$,rel<br>addr8,rel | |
| 子程序调用和返回 | 长调用 | LCALL | addr16 | |
| | 绝对调用 | ACALL | addr11 | |
| | 子程序返回 | RET | | |
| 其他 | 中断返回 | RETI | | |
| | 空操作 | NOP | | |

在实际编程应用时,一般在偏移量(rel)或者跳转地址(addr16 或 addr11)的位置写入欲跳转的标号,具体跳转的目标地址由汇编程序自动进行计算。

1. 程序转移指令

(1)无条件转移指令

无条件转移指令,是使程序不按照指令的存放顺序执行,而是无条件转到另一处执行的指令,该类指令不影响标志位。实质上,无条件转移指令就是控制程序计数器 PC 从现行值转移到目标地址。指令操作码助记符中的基本部分是 JMP(转移),表示把目标地址(要转去的某段程序第一条指令的地址)送入程序计数器 PC。根据转移距离和寻址方式不同,无条件转移指令又可分为 LJMP(长转移)、AJMP(绝对转移)、SJMP(相对短转移)和 JMP(间接转移)。

① 长转移指令

```
LJMP    addr16              ;PC←addr16
```

该指令提供 16 位目标地址,将指令中第二、第三字节地址码分别装入 PC 的高 8 位和低 8 位中,程序无条件转向指定的目标地址去执行,执行结果不影响标志位。由于直接提供 16 位目标地址,所以执行这条指令可以使程序从当前地址转移到 64 KB 程序存储器地址空间的任何单元。

例如,如果在程序存储器 0000H 单元存放一条指令

```
LJMP    0200H
```

则复位后程序将跳到 0200H 单元去执行。

② 绝对转移指令

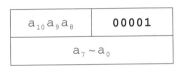

AJMP    addr11;    $a_{10}a_9a_8$ | 00001    ;PC←PC+2,$PC_{15\sim11}$ 不变

$a_7 \sim a_0$    ;$PC_{10\text{-}0}$←$addr_{10\sim0}$

第二字节存放的是低 8 位地址,第一字节 5、6、7 位存放着高 3 位地址 $a_{10} \sim a_8$。指令执行时分别把高 3 位和低 8 位地址值取出送入程序计数器 PC 的低 11 位,维持 PC 的高 5 位(PC+2 后的)地址值不变,实现 2 KB 范围内的程序转移,如图 4-12 所示。

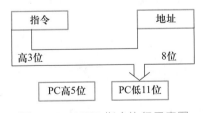

图 4-12 AJMP 指令执行示意图

AJMP 为双字节指令,当程序真正转移时 PC 值已加 2,因此,目标地址应与 AJMP 后面相邻指令的第一字节地址在同一 2 KB 范围内。如果超过了 2 KB 范围,汇编程序会提示出错。本指令不影响标志位。

③ 相对短转移指令

```
SJMP    rel        ;PC←PC+2
```

```
                         ;PC←PC+rel
```

其中,rel 为相对偏移量,是 1 个 8 位带符号数。

指令控制程序无条件转向指定地址。该指定地址由指令第二字节的相对地址和程序计数器 PC 的当前值(PC←PC+2)相加形成。目标地址可以在这条指令首地址的前-128 ~ +127 字节之间。

由于 AJMP 和 SJMP 指令的跳转范围有限,而 LJMP(长转移指令)不受跳转范围的限制,因此,一般情况下都可使用 LJMP 指令代替 AJMP 和 SJMP 指令。

④ 间接转移指令

```
JMP @ A+DPTR              ;PC←A+DPTR
```

该指令把累加器里的 8 位无符号数与基址寄存器 DPTR 中的 16 位数据相加,所得的值装入程序计数器 PC 作为转移的目标地址。执行 16 位加法时,从低 8 位产生的进位将传送到高位去。指令执行后不影响累加器和数据指针中的原内容,不影响任何标志。这是一条极其有用的多分支选择转移指令,其转移地址不是汇编或编程时确定的,而是在程序运行时动态决定的,这也是和前 3 条指令的主要区别。因此,可在 DPTR 中装入多分支转移程序的首地址,而由累加器 A 的内容来动态选择其中的某一个分支予以转移,这就可用一条指令代替众多转移指令,实现以 DPTR 内容为起始的 256 个字节范围的选择转移。

(2)条件转移指令

条件转移指令,是以执行该指令时的状态标志为条件,决定是否改变程序执行顺序的指令。换句话说,就是符合条件就转移;不符合条件就不转移,顺序执行指令。条件转移指令属于短距离相对转移,适用于与绝对地址无关的程序,跳转范围为以当前地址为中心的 -128 ~ +127 字节之内。如果转移距离超过短距离范围,则必须使用两级以上的跳转。

① 累加器判零转移指令

```
JZ    rel                ;若累加器为 0 则转移

JNZ   rel                ;若累加器不为 0 则转移
```

JZ 表示若累加器的内容为 0,则转向指定的地址,否则顺序执行下条指令;JNZ 指令刚好相反,若累加器不等于 0,则转向指定地址,否则顺序执行下条指令。转移时,PC 当前值 (PC←PC+2)与偏移量相加即得转移地址。该指令不改变累加器内容,不影响标志位。指令的执行示意图如图 4-13 所示。

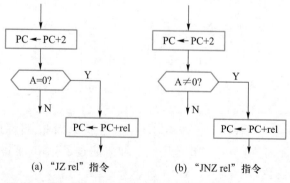

(a)"JZ rel"指令　　　　　　(b)"JNZ rel"指令

图 4-13　JZ 和 JNZ 指令执行示意图

例如,执行程序

```
        MOV     A,P0            ;P0 口内容送累加器 A
        JZ      AIS0            ;A 不为 0,则不跳转,继续执行;A＝0,则跳转到 AIS0
        DEC     A               ;A 减 1
AIS0:…
```

② 比较转移指令

CJNE （目的字节）,(源字节),rel

CJNE 指令比较前面两个操作数的大小,如果它们的值不相等则转移,相等则继续执行。这些指令均为三字节指令,PC 当前值(PC←PC+3)与指令第三字节带符号的偏移量相加即得到转移地址。如果目的字节的无符号整数值小于源字节的无符号整数值,则置位进位标志,否则清 0 进位标志,指令不影响任何一个操作数。

指令的源操作数和目的操作数有 4 种寻址方式组合,累加器可以和任何直接寻址字节或立即数比较,而任何间接寻址 RAM 单元或工作寄存器可以与立即数比较,如图 4-14 所示。

比较转移指令有 4 条

```
CJNE    A,#data8,rel
CJNE    A,addr8,rel
CJNE    @Ri,#data8,rel
CJNE    Rn,#data8,rel
```

指令的执行示意图如图 4-15 所示。

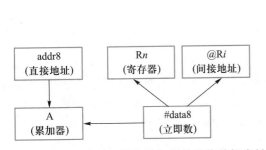

图 4-14　CJNE 指令的源操作数和目的操作数组合关系

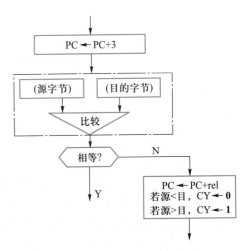

图 4-15　CJNE 指令执行示意图

由图 4-15 可见,当取完 CJNE 指令时 PC 值已是 PC←PC+3,指向了下面相邻指令的第一字节地址,然后比较源操作数和目的操作数,判断结果决定程序走向,由于取指令操作 PC 已加 3,所以程序转移范围是以 PC+3 为起始地址的-128～+127 字节单元地址。

例如,设(R7)＝53H,则执行下列指令时,将转移到 K1 执行,且 CY←1。

```
        CJNE    R7,#68H,NOTEQ    ;由于(R7)<68H,转移到 NOTEQ 执行,且 CY←1
                ...                      ;在此处理相等的情况
NOTEQ:  JC      LESS68           ;因为 CY=1,判出(R7)<68H,转 LESS68 执行
                ...
LESS68: ...
```

③ 循环转移指令

```
DJNZ    (字节),rel
```

这是一条减 1 与 0 比较指令,程序每执行一次该指令,就把第一操作数字节变量减 1,结果送回到第一操作数中,并判字节变量是否为 0,不为 0 则转移,否则顺序执行。如果第一操作数的字节变量的原值为 00H,则执行指令后,变为 0FFH,不影响任何标志。

共有 2 条指令

```
DJNZ addr8,rel
DJNZ Rn,rel
```

指令执行示意图如图 4-16 所示。由图 4-16 可以看出,循环转移的目标地址为 DJNZ 之后相邻指令的第一个字节地址与带符号的相对偏移量相加之和。由于第一操作数可以为一个工作寄存器或直接寻址字节,所以使用该指令可以很容易地构成循环,只要给直接地址或工作寄存器赋不同初值,就可方便地控制循环次数,而使用不同的工作单元或寄存器就可派生出很多条循环转移指令。

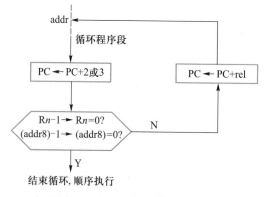

图 4-16　DJNZ 指令执行示意图

例如,可以利用 DJNZ 指令构成循环实现软件延时。软件延时就是使程序在运行时消耗时间,是经常采用的延时方法,这种方法可以节约硬件成本,使用灵活,计时精确,但是占用了 CPU 的时间,经常用于对 CPU 的使用效率要求不苛刻的情况下。

例如,当主频为 11.0592 MHz 时,下面的程序可产生 50 μs 的软件延时。

```
DELAY50US:                      ;@ 11.0592 MHz
        NOP
        NOP
        PUSH 30H
        MOV 30H,#181
```

```
NEXT:
        DJNZ 30H,NEXT
        POP 30H
        RET
```

　　另外,结合 DJNZ 指令还可以重复执行具有某种规律的程序代码。例如,多项单字节数求和:设数组长度放 R0,数组首地址存放在 R1 中,数组之和保存在 20H 单元中,假设相加的结果不大于 256。可编程

```
      CLR    A              ;A 清 0
SUMC: ADD    A,@ R1         ;相加
      INC    R1             ;地址指针增 1
      DJNZ   R0,SUMC        ;字节数减 1 不为 0 继续加
      MOV    20H,A          ;结果存 20H 单元
```

### 2. 子程序调用和返回指令

　　当一个具有特定功能的程序段在一个程序中多次被使用到时,如果在每次使用它的地方都写一遍,不仅写起来麻烦,输入程序时也费时,还容易增加出错机会。而且,如果这种程序较长,则占用程序存储器空间就会较大,也不易阅读。可以设想,如果能只把它们写入一次,需要使用它们时就调用它们一次,那不就简单了吗?

　　子程序就是用来对一系列指令进行封装而形成的一个较完整的程序模块。使用子程序可以实现模块化、可重用化及抽象化,从而有利于程序的结构化开发,使程序结构更清晰。

　　每种微处理器或者微控制器都有子程序的调用和返回指令。对于单片机来说,有两条调用指令,LCALL(长调用)及 ACALL(绝对调用),以及一条与之配对的子程序返回指令 RET。LCALL 和 ACALL 指令类似于转移指令 LJMP 和 AJMP,不同之处在于它们在转移前,要把执行完该指令后 PC 的内容自动压入堆栈,才做 addr16(或 addr11)→PC 的工作(其中 addr16 或 addr11 是子程序的首地址或称子程序入口地址)。这样设计是为了便于当子程序执行完后,CPU 可以返回到调用子程序语句的下一条语句的地址。

　　RET 指令是子程序返回指令,执行时,从堆栈中把返回地址弹回 PC,让 CPU 返回执行原主程序。由此可见,RET 指令一定在子程序中。下面分别予以介绍。

　　(1) 长调用指令

$$
\text{LCALL addr16} \quad ; \begin{cases} PC \leftarrow PC+3 \\ SP \leftarrow SP+1, (SP) \leftarrow PC_{7 \sim 0} \\ SP \leftarrow SP+1, (SP) \leftarrow PC_{15 \sim 8} \\ PC \leftarrow addr16 \end{cases}
$$

　　长调用与 LJMP 一样提供 16 位地址,可调用 64 KB 范围内所指定的子程序,由于为三字节指令,所以执行时首先 PC+3→PC 以获得下一条指令地址,并把此时 PC 内容作为返回地址压入堆栈(先压入低字节后压入高字节),堆栈指针 SP 加 2 指向栈顶,然后把目标地址 addr16 装入 PC,转去执行子程序。使用该指令可使子程序在 64 KB 范围内任意存放。指令执行不影响标志位。例如

```
      LCALL STR              ;调用 STR 子程序
```

（2）绝对调用指令

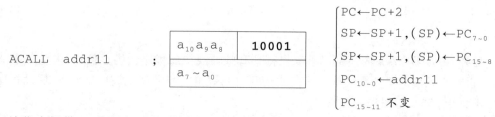

该指令提供 11 位目标地址,限在 2 KB 地址范围内调用子程序。由于是双字节指令,所以执行时 PC+2→PC 以获得下一条指令的地址,然后把该地址作为返回地址压入堆栈,其他操作与 AJMP 相同。

由于 ACALL 指令的调用范围受 2 KB 的限制,因此,一般程序中使用 LCALL 指令代替它。

（3）返回指令

$$\text{RET} \quad ; \begin{cases} PC_{15\sim8}\leftarrow(SP),SP\leftarrow SP-1 \\ PC_{7\sim0}\leftarrow(SP),SP\leftarrow SP-1 \end{cases}$$

RET 表示子程序结束需要返回主程序,所以执行该指令时,从堆栈中弹出调用子程序时压入的返回地址,使程序从调用指令（LCALL 或 ACALL）的下面相邻指令开始继续执行。

（4）中断返回指令

中断返回指令为

RETI

该指令用于中断服务子程序的返回,其执行过程类似于 RET,详见与中断有关的章节介绍。

（5）空操作指令

严格地说,空操作并没有使程序转移的功能,但仅此 1 条指令,故不单独分类,放在此处一并介绍。

```
NOP                ;PC←PC+1
```

执行本指令除了 PC 加 1 外不做任何操作,而转向下一条指令去执行,不影响任何寄存器和标志位。由于是单周期指令,所以时间上只有 1 个机器周期,常用于精确延时或时间上的等待。例如,利用 NOP 指令产生方波。

```
LOOP: CLR    P2.7          ;P2.7 清 0 输出
      NOP
      NOP                  ;空操作
      NOP
      NOP
      SETB   P2.7          ;置位 P2.7 高电平
      NOP
      NOP                  ;空操作
      NOP
      NOP
```

```
        LJMP    LOOP
```

# 4.4　汇编语言程序设计

　　程序是指令的有序集合。编写一个功能完善、完整的程序,正确性是最主要的,但整个程序占内存的空间大小,每条指令的功能、长度、执行速度等都要考虑,尽可能使其优化。一个完善的系统设计应该具有设计方案正确、程序结构规范等基本性质,这不仅给程序的设计和调试带来方便,加速调试过程,而且有益于程序的维护和升级。

## 4.4.1　汇编语言程序设计的一般步骤和基本框架

　　汇编语言程序设计的一般步骤是:
　　① 分析课题,确定算法或解题思路;
　　② 根据算法或思路画出流程图;
　　③ 根据算法要求分配资源,包括内部数据 RAM、定时器、中断等资源的分配;
　　④ 根据流程图编写程序;
　　⑤ 上机调试源程序,进而确定源程序。
　　对于复杂的程序可以按功能分为不同的模块,按模块功能确定结构。编写程序时应该采用模块化的程序设计方法。
　　为了方便读者编写 STC8H8K64U 单片机汇编语言程序并进行仿真调试,下面给出一个汇编语言程序框架。在应用中,用户代码都可以放在这个框架中进行调试。

源程序代码:
ex-asm-
frame. rar

```
$INCLUDE (STC8H.INC)   ;包含 STC8H8K64U 单片机寄存器定义头文件
;这里可以编写程序中用到的一些符号定义(使用 EQU、DATA、BIT 等伪指令)
        ORG     0000H
        LJMP    MAIN                    ;跳转到主程序
        ORG     0003H
        LJMP    INT0_ISR                ;外部中断 0 入口
        ORG     000BH
        LJMP    T0_ISR                  ;定时器 0 中断入口
        ORG     0013H
        LJMP    INT1_ISR                ;外部中断 1 入口
        ORG     001BH
        LJMP    T1_ISR                  ;定时器 1 中断入口
        ORG     0023H
        LJMP    UART1_ISR               ;串口 1 中断入口
        ORG     002BH
```

```
        LJMP    ADC_ISR              ;ADC 中断服务程序入口
        ORG     0033H
        LJMP    LVD_ISR              ;低电压检测中断服务程序入口
        ORG     0043H
        LJMP    UART2_ISR            ;串口 2 中断服务程序入口
        ORG     004BH
        LJMP    SPI_ISR              ;SPI 中断服务程序入口
        ORG     0053H
        LJMP    INT2_ISR             ;INT2 中断服务程序入口
        ORG     005BH
        LJMP    INT3_ISR             ;INT3 中断服务程序入口
        ORG     0063H
        LJMP    T2_ISR               ;定时器 2 中断服务程序入口
        ORG     0083H
        LJMP    INT4_ISR             ;INT4 中断服务程序入口
        ORG     008BH
        LJMP    UART3_ISR            ;UART3 中断服务程序入口
        ORG     0093H
        LJMP    UART4_ISR            ;UART4 中断服务程序入口
        ORG     009BH
        LJMP    T3_ISR               ;T3 中断服务程序入口
        ORG     00A3H
        LJMP    T4_ISR               ;T4 中断服务程序入口
        ORG     00ABH
        LJMP    CMP_ISR              ;比较器中断服务程序入口
        ORG     00C3H
        LJMP    I2C_ISR              ;I2C 中断服务程序入口
        ORG     00CBH
        LJMP    USB_ISR              ;USB 中断服务程序入口
        ORG     00D3H
        LJMP    PWMA_ISR             ;PWMA 中断服务程序入口
        ORG     00DBH
        LJMP    PWMB_ISR             ;PWMB 中断服务程序入口
        ORG     011BH
        LJMP    TKSU_ISR             ;触摸按键中断服务程序入口(STC8H8K64U 无
                                      该中断)
        ORG     0123H
        LJMP    RTC_ISR              ;RTC 中断服务程序入口
        ORG     012BH
```

```
    LJMP    P0_ISR                  ;P0 中断服务程序入口
    ORG     0133H
    LJMP    P1_ISR                  ;P1 中断服务程序入口
    ORG     013BH
    LJMP    P2_ISR                  ;P2 中断服务程序入口
    ORG     0143H
    LJMP    P3_ISR                  ;P3 中断服务程序入口
    ORG     014BH
    LJMP    P4_ISR                  ;P4 中断服务程序入口
    ORG     0153H
    LJMP    P5_ISR                  ;P5 中断服务程序入口
    ORG     015BH
    LJMP    P6_ISR                  ;P6 中断服务程序入口
    ORG     0163H
    LJMP    P7_ISR                  ;P7 中断服务程序入口
    ORG     017BH
    LJMP    DMA_M2M_ISR             ;DMA_M2M 中断服务程序入口
    ORG     0183H
    LJMP    DMA_ADC_ISR             ;DMA_ADC 中断服务程序入口
    ORG     018BH
    LJMP    DMA_SPI_ISR             ;DMA_SPI 中断服务程序入口
    ORG     0193H
    LJMP    DMA_UR1T_ISR            ;DMA_UR1T 中断服务程序入口
    ORG     019BH
    LJMP    DMA_UR1R_ISR            ;DMA_UR1R 中断服务程序入口
    ORG     01A3H
    LJMP    DMA_UR2T_ISR            ;DMA_UR2T 中断服务程序入口
    ORG     01ABH
    LJMP    DMA_UR2R_ISR            ;DMA_UR2R 中断服务程序入口
    ORG     01B3H
    LJMP    DMA_UR3T_ISR            ;DMA_UR3T 中断服务程序入口
    ORG     01BBH
    LJMP    DMA_UR3R_ISR            ;DMA_UR3R 中断服务程序入口
    ORG     01C3H
    LJMP    DMA_UR4T_ISR            ;DMA_UR4T 中断服务程序入口
    ORG     01CBH
    LJMP    DMA_UR4R_ISR            ;DMA_UR4R 中断服务程序入口
    ORG     01D3H
    LJMP    DMA_LCM_ISR             ;DMA_LCM 中断服务程序入口
```

```
        ORG     01DBH
        LJMP    LCM_ISR                 ;LCM 中断服务程序入口
        ORG     0300H
MAIN:
        MOV     SP,#80H                 ;设置堆栈指针(可根据实际情况进行修改)
        ;初始化内存区域内容
        ;设置有关特殊功能寄存器(SFR)的控制字
        ;根据需要开放相应的中断控制
MAINLOOP:                               ;主程序循环
        ;……
        LJMP    MAINLOOP
//---------------------------------
;下面是各个中断服务子程序
INT0_ISR:   ;外部中断 0 中断服务子程序
        ;根据需要填入处理代码,若没有处理代码,可使用后面的一条语句让单片机复位
        MOV     IAP_CONTR,#20H          ;有其他处理程序时,不要使用该语句
        RETI
T0_ISR:     ;定时器 0 中断服务子程序
        ;根据需要填入处理代码,若没有处理代码,可使用后面的一条语句让单片机复位
        MOV     IAP_CONTR,#20H          ;有其他处理程序时,不要使用该语句
        RETI
INT1_ISR:   ;外部中断 1 中断服务子程序
        ;根据需要填入处理代码,若没有处理代码,可使用后面的一条语句让单片机复位
        MOV     IAP_CONTR,#20H          ;有其他处理程序时,不要使用该语句
        RETI
T1_ISR:     ;定时器 1 中断服务子程序
        ;根据需要填入处理代码,若没有处理代码,可使用后面的一条语句让单片机复位
        MOV     IAP_CONTR,#20H          ;有其他处理程序时,不要使用该语句
        RETI
UART1_ISR:  ;串口 1 中断服务子程序
        ;根据需要填入处理代码,若没有处理代码,可使用后面的一条语句让单片机复位
        MOV     IAP_CONTR,#20H          ;有其他处理程序时,不要使用该语句
        RETI
ADC_ISR:    ;ADC 中断服务子程序
        ;根据需要填入处理代码,若没有处理代码,可使用后面的一条语句让单片机复位
        MOV     IAP_CONTR,#20H          ;有其他处理程序时,不要使用该语句
        RETI
LVD_ISR:    ;低电压检测中断服务子程序
        ;根据需要填入处理代码,若没有处理代码,可使用后面的一条语句让单片机复位
```

```
        MOV     IAP_CONTR,#20H          ;有其他处理程序时,不要使用该语句
        RETI
;请读者参照上述中断服务子程序的编写方法自行补充其他中断子程序的内容
;------------------------------
;下面可以编写其他子程序或者定义程序中所用的常数
;……
;------------------------------
        END
```

  程序框架中的中断概念将在第 6 章中介绍。如果程序中没有中断服务程序,可以将相应的中断服务程序模块删除。中断服务程序模块也可以保留,对整个程序的运行不会造成影响。

  单片机复位后,CPU 从首地址 0000H 开始取指令运行程序。

  由于地址区间 0003H~01DEH 是专门为中断处理子程序分别预留的入口地址,所以第一条指令是一条长跳转指令,跳到避开上述中断处理子程序入口地址的 0300H 地址,主程序 MAIN 从这个地址开始存放。MAIN 语句前面的伪指令"ORG 0300H"表示,以标号 MAIN 表示的主程序放在 0300H 开始的区域,当然也可以是跳到能够避开上述入口地址的其他地址。这些中断入口地址是设计单片机时决定的,编程人员无法改变。在每个入口处安排一条跳转指令,分别跳转到各自实际的中断处理子程序处,实际的中断子程序一般放在主程序的后面。每个中断处理子程序在中断处理结束后,都以中断返回指令 RETI 结尾,以便完成中断返回的功能。

  主程序的末尾是一条长跳转指令,跳转到某个合适的地方反复执行。一般的子程序不可形成死循环,但是主程序却应该是最大的死循环。无论执行哪个子程序,之后都要回到主程序,反复循环运行。例如,一般主程序中的键盘和显示子程序是反复扫描、刷新的,所以在操作时,系统对任何时刻的按键操作都应有正常的反应,这些正常的反应表现在对按键被按下时的响应、显示的刷新、输入和输出的操作等,一旦不能在主程序中形成正常的循环,或者程序受到某种干扰在某个局部进入死循环而无法回到主程序时,键盘和显示得不到反复的扫描和刷新,就无法接受键盘命令,也无法刷新显示,就会出现通常所说的死机现象。

  在程序编制以前,应该先根据系统方案绘制程序流程图。程序流程图可以简洁清晰地将程序的分支走向标示清楚,尤其是在程序复杂、编写人员较多、相互衔接容易出错的情况下,利用流程图理顺各部分关系显得尤为重要。画流程图有两个常用的结构:顺序执行的矩形框和条件分支的菱形框。

  顺序执行:某个局部功能或者顺序执行的语句使用矩形框表示,矩形框内注明程序的功能,各框之间用箭头表示执行顺序,一目了然。

  条件分支:遇到需要根据条件判断是否转移时,使用菱形框表示,菱形框内注明分支条件,不同出口表明分支的去向。当然,分支可以向后跳转,也可以向前跳转。顺序执行和条件分支两种功能如图 4-17(a)、图 4-17(b)所示。菱形框中的字数较多时,也经常采用如图 4-17(c)所示的画法。

  当程序处理的对象具有重复性规律时,可以使用循环程序设计。一个循环表示重复执行一组指令(程序段)。图 4-18 为典型循环程序结构的流程图。

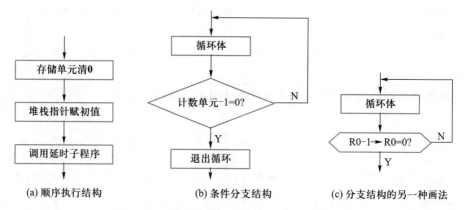

图 4-17 顺序执行和条件分支结构的流程图

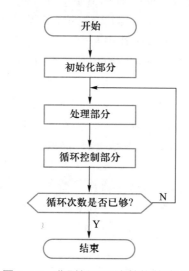

图 4-18 典型循环程序结构的流程图

## 4.4.2 典型汇编语言程序设计举例

本小节给出汇编语言程序设计的几个实例,它们比较简单,但是却具有一定的代表性。将实例中的代码放到上述给出的程序框架中,就构成了较完整的汇编语言程序,可以进行仿真调试。对于复杂算法的实现,建议读者使用 C 语言进行编写(详见第 5 章的内容)。

1. 分支程序设计

程序分支是通过条件转移指令实现的,即根据条件进行判断后决定程序的走向。条件满足则进行程序转移,不满足就顺序执行程序。

通过条件判断实现单分支程序转移的指令有 JZ、JNZ、CJNE 和 DJNZ 等。此外,还有以位状态为条件,进行程序分支的指令 JC、JNC、JB、JNB 和 JBC 等。使用这些指令,可以实现程序的条件转移。在实际应用中,常需要判断 2 个或 2 个以上的复合条件,实现多分支转移。下面举例介绍三分支程序设计。

**【例 4-10】** 编程实现下面的比较函数。设变量 $x$ 存放在 R0,求得的 $y$ 值存入 SIGN 单元。

$$y = \begin{cases} +1, & x > 37 \\ -1, & x < 37 \\ 0, & x = 37 \end{cases}$$

源程序代码:
ex-4-10-
CJNE.rar

解:可以利用 CJNE 指令和进位标志 CY 状态控制转移(JC 指令)来实现三分支转移。源程序如下

```
SIGN     EQU    50H
         ORG    0000H
         LJMP   MAIN
         ORG    0300H
MAIN:    CJNE   R0,#37,NOTEQ    ;R0 中数与 37 数比较,不相等则转 NOTEQ
         MOV    SIGN,#00H       ;若比较相等,则 SIGN←0
         LJMP   ENDME
NOTEQ:   JC     NEGA            ;两数不相等,若 R0<37 则转 NEGA
         MOV    SIGN,#01H       ;R0>37 时,SIGN←+1
         LJMP   ENDME
NEGA:    MOV    SIGN,#0FFH      ;R0<37 时,SIGN←-1(以补码形式给出)
ENDME:   SJMP   $
         END
```

可以利用多条 CJNE 指令,通过逐次比较实现多分支程序。

**2. 查表程序设计**

在计算机控制系统中,有些参数的计算非常复杂,用公式计算不仅程序长,难于计算,而且需要耗费大量时间。还有一些非线性参数,无法用一般算术运算计算出来,可能要涉及指数、对数、三角函数以及积分、微分等运算。这些运算用汇编语言编程都比较复杂,有些甚至无法建立相应的数学模型。为了解决这些问题,可以采用查表法。

所谓查表法,就是把事先计算或测得的数据按一定顺序编制成表格,查表程序根据被测参数的值或者中间结果,查出最终所需要的结果。

查表法具有程序简单、执行速度快等优点,在计算机控制系统中应用非常广泛。例如,在键盘处理程序中,查找按键相应的命令处理子程序的入口地址;在 LED 显示程序中,获得 LED 数码管的显示字模;在一些快速计算的场合,根据自变量的值,从函数表上查找出相应的函数值以及实现非线性修正、代码转换等。

常用"MOVC A,@ A+DPTR"查找程序存储器空间的代码或常数,每次传送 1 个字节。

例如,假如要显示的数据在累加器 A 中,采用共阳极 LED 显示,则可以采用查表法获得 LED 显示字模

```
         MOV    DPTR,#SEGTAB    ;获得字模表的首地址
         MOVC   A,@ A+DPTR      ;查表获得字模
         …                      ;可在此送出字模进行显示
SEGTAB:  DB     0C0H            ;0 的字模
```

| | | |
|---|---|---|
| DB | 0F9H | ;1 的字模 |
| DB | 0A4H | ;2 的字模 |
| DB | 0B0H | ;3 的字模 |
| DB | 99H | ;4 的字模 |
| DB | 92H | ;5 的字模 |
| DB | 82H | ;6 的字模 |
| DB | 0F8H | ;7 的字模 |
| DB | 80H | ;8 的字模 |
| DB | 90H | ;9 的字模 |

### 3. 循环程序设计

延时程序是典型的循环程序。下面就以延时程序为例,说明循环程序的设计方法。当对控制对象进行延时控制时,可以让单片机反复执行某段指令进行延时,以该段指令执行时间作为基本延时时间,利用循环程序控制执行该段指令的次数来控制总的延时时间长短。

为了达到准确延时的目的,可以在适当的地方加入 NOP 指令。若需要加长延时时间,可采用多重循环延时程序方法。当然,最简单的方法是在 STC 提供的 STC-ISP 工具中使用软件延时计算器获得延时程序代码,如图 4-19 所示。在工具中,选择"软件延时计算器"标签页,设置系统频率、定时长度和 8051 指令集,最后单击"生成 ASM 代码"按钮就可以生成延时子程序的汇编语言代码。这些子程序代码可以直接拷贝到用户程序中进行使用。当然,也可以形成 C 语言程序代码。虽然在形成的程序代码中使用了部分内部数据 RAM 单元(30H~31H),但是,由于在进入子程序后使用了 PUSH 指令进行保护,而在退出子程序前进行了恢复,因此,在其他程序模块中,还可以使用这些内部数据 RAM 单元。

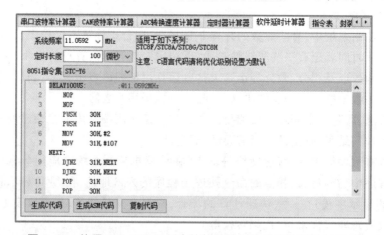

图 4-19　使用 STC-ISP 工具中的软件延时计算器产生延时程序

### 4. 16 位硬件乘除法器 MDU16 的应用

STC8H8K64U 单片机内部集成了 16 位硬件乘除法器 MDU16。MDU16 支持如下数据运算:

① 数据规格化(需要 3~20 个时钟的运算时间);

② 逻辑左移(需要 3~18 个时钟的运算时间);

③ 逻辑右移(需要 3~18 个时钟的运算时间);

④ 16 位乘以 16 位(需要 10 个时钟的运算时间);

⑤ 16 位除以 16 位(需要 9 个时钟的运算时间);

⑥ 32 位除以 16 位(需要 17 个时钟的运算时间)。

所有的操作都是基于无符号整形数据类型。

相关的寄存器如表 4-6 所示。

表 4-6  16 位硬件乘除法器 MDU16 相关的寄存器

| 符号 | 描述 | 地址 | 位地址与符号 | | | | | | | | 复位值 |
| --- | --- | --- | --- | --- | --- | --- | --- | --- | --- | --- | --- |
| | | | b7 | b6 | b5 | b4 | b3 | b2 | b1 | b0 | |
| MD3 | MDU 数据寄存器 | FCF0H | | | | MD3[7:0] | | | | | 0000,0000 |
| MD2 | MDU 数据寄存器 | FCF1H | | | | MD2[7:0] | | | | | 0000,0000 |
| MD1 | MDU 数据寄存器 | FCF2H | | | | MD1[7:0] | | | | | 0000,0000 |
| MD0 | MDU 数据寄存器 | FCF3H | | | | MD0[7:0] | | | | | 0000,0000 |
| MD5 | MDU 数据寄存器 | FCF4H | | | | MD5[7:0] | | | | | 0000,0000 |
| MD4 | MDU 数据寄存器 | FCF5H | | | | MD4[7:0] | | | | | 0000,0000 |
| ARCON | MDU 运算控制寄存器 | FCF6H | MODE[2:0] | | | SC[4:0] | | | | | 0000,0000 |
| OPCON | MDU 操作控制寄存器 | FCF7H | – | MDOV | – | – | – | – | RST | ENOP | x0xx,xx00 |

(1)操作数寄存器

MD0~MD3 为操作数 1 数据寄存器,MD4~MD5 为操作数 2 数据寄存器。

① 32 位除以 16 位除法

被除数:{MD3,MD2,MD1,MD0}          除数:{MD5,MD4}

商:{MD3,MD2,MD1,MD0}              余数:{MD5,MD4}

② 16 位除以 16 位除法

被除数:{MD1,MD0}                  除数:{MD5,MD4}

商:{MD1,MD0}                      余数:{MD5,MD4}

③ 16 位乘以 16 位乘法

被乘数:{MD1,MD0}      乘数:{MD5,MD4}      积:{MD3,MD2,MD1,MD0}

④ 32 位逻辑左移/逻辑右移

操作数:{MD3,MD2,MD1,MD0}

⑤ 32 位数据规格化

操作数:{MD3,MD2,MD1,MD0}

(2)MDU16 运算控制寄存器(ARCON)

运算控制寄存器(ARCON)用于选择 MDU16 的运算类型,各位定义见表 4-6。

MODE[2:0]:MDU 运算类型选择。

**001**:逻辑右移,将{MD3,MD2,MD1,MD0}中的数据右移 SC[4:0]位,MD3 的高位补 **0**。

**010**:逻辑左移,将{MD3,MD2,MD1,MD0}中的数据左移 SC[4:0]位,MD0 的低位补 **0**。

**011**:数据规格化,对{MD3,MD2,MD1,MD0}中的数据进行逻辑左移,将数据高位的 **0** 全部移出,使 MD3 的最高位为 **1**,逻辑左移的位数被记录在 SC[4:0]中。

**100**:16 位×16 位,{MD1,MD0}×{MD5,MD4}={MD3,MD2,MD1,MD0}。

**101**:16 位÷16 位,{MD1,MD0}÷{MD5,MD4}={MD1,MD0}余{MD5,MD4}。

**110**:32 位÷16 位,{MD3,MD2,MD1,MD0}÷{MD5,MD4}={MD3,MD2,MD1,MD0}余{MD5,MD4}。

其他:无效。

SC[4:0]:数据移动位数。当 MDU 为移动模式时,SC 用于设置左移/右移的位数;当 MDU 为数据规格化模式时,SC 为数据规格化后数据所移动的实际位数。

(3) MDU 操作控制寄存器(OPCON)

MDOV:MDU 溢出标志位(只读标志位)。在除数为 0 或者乘法的积大于 0FFFFH 时, MDOV 会被硬件自动置 **1**;当软件写 OPCON.0(EN)或者写 ARCON 时,硬件会自动清除 MDOV。

RST:软件复位 MDU 乘除单元。写 **1** 触发软件复位,MDU 复位完成后硬件自动清零。注:软件复位 MDU 乘除单元时,ARCON 寄存器的值会被清除。

ENOP:MDU 模块使能。写 **1** 触发 MDU 模块开始计算,当 MDU 计算完成后,硬件自动将 ENOP 清零。软件可以在对 ENOP 置 **1** 后,循环地查询 ENOP,当 ENOP 由 **1** 变 **0** 则表示计算完成。

【例 4-11】 一个 16 位×16 位无符号数乘法运算的实例。

解:使用 16 位硬件乘除法器 MDU16 实现的程序代码如下

源程序代码:
ex-4-11-
MDU16. rar

```
$ INCLUDE (STC8H.INC)        ;包含 STC8H8K64U 单片机寄存器定
                             ;义头文件
        ORG     0000H
        LJMP    MAIN         ;跳转到主程序
        ORG     0300H
MAIN:
        MOV     SP,#80H
        ORL     P_SW2,#80H   ;访问扩展特殊功能寄存器
        MOV     DPTR,#MD1
        MOV     A,#34H
        MOVX    @ DPTR,A
        MOV     DPTR,#MD0
        MOV     A,#67H
        MOVX    @ DPTR,A      ;被乘数赋值
        MOV     DPTR,#MD5
        MOV     A,#89H
        MOVX    @ DPTR,A
```

```
        MOV      DPTR,#MD4
        MOV      A,#45H
        MOVX     @ DPTR,A          ;乘数赋值
        MOV      DPTR,#ARCON
        MOV      A,#80H
        MOVX     @ DPTR,A          ;选择 16 位×16 位运算
        MOV      DPTR,#OPCON
        MOVX     A,@ DPTR
        ORL      A,#01H
        MOVX     @ DPTR,A          ;触发 MDU 模块开始计算
LOOPM:
        MOVX     A,@ DPTR
        ANL      A,#01H
        JNZ      LOOPM             ;等待计算完成
        MOV      DPTR,#MD3
        MOVX     A,@ DPTR
        MOV      R3,A
        MOV      DPTR,#MD2
        MOVX     A,@ DPTR
        MOV      R2,A
        MOV      DPTR,#MD1
        MOVX     A,@ DPTR
        MOV      R1,A
        MOV      DPTR,#MD0
        MOVX     A,@ DPTR
        MOV      R0,A              ;取出乘积,从高位到低位依次保存到 R3～R0 中
        SJMP     $
        END
```

5. 数据排序程序设计

数据排序是将数据块中的数据按升序或降序排列。下面以数据的升序排序为例,说明数据排序程序的设计方法。

数据升序排列常采用冒泡法。冒泡法是一种相邻数据互换的排列方法,同查找极大值的方法一样,一次冒泡即找到数据块的极大值放到数据块最后,再一次冒泡时,次大数排在倒数第二位置,多次冒泡实现升序排列。

例如,将内部 RAM 30H～37H 中的数据从小到大升序排列。

设 R7 为比较次数计数器,初值为 07H。F0 为冒泡过程中是否有数据交换的状态标志,F0 = 0 表示无交换发生,排序结束;F0 = 1 表示有互换发生,需继续循环。R0 为指向 RAM 单元的地址指针,初值为 30H。流程图如图 4-20 所示。程序如下

```
SORT:   MOV      R6,#07H
```

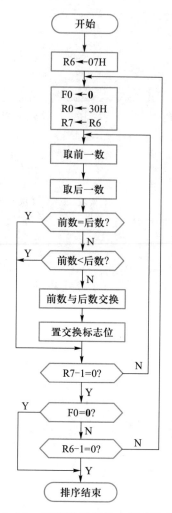

图 4-20 冒泡法数据排序程序流程图

```
GOON:   CLR    F0                  ;交换标志清 0
        MOV    R0,#30H             ;数据首址送 R0
        MOV    A,R6
        MOV    R7,A                ;各次冒泡比较次数送 R7
LOOP:   MOV    A,@ R0              ;取前数
        MOV    3BH,A               ;存前数
        INC    R0
        MOV    3AH,@ R0            ;取后数
        CJNE   A,3AH,EXCH
        LJMP   NEXT
EXCH:   JC     NEXT                ;前数小于后数不交换
        MOV    @ R0,3BH
        DEC    R0
```

```
          MOV     @R0,3AH          ;前后数交换
          INC     R0
          SETB    F0               ;置交换标志位
  NEXT:   DJNZ    R7,LOOP          ;未比较完,进行下一次比较
          JNB     F0,DONE          ;一次也没有交换,说明已经按顺序排列
          DJNZ    R6,GOON          ;更新下一轮比较次数
  DONE:   RET                      ;返回
```

## 6. 代码转换程序设计

在汇编语言程序设计中,数据输入/输出、A/D 转换、D/A 转换等常采用 BCD 码,字符的存储用 ASCII 码,算术逻辑运算采用二进制数,因此需要各种代码间的相互转换。除了用硬件逻辑实现转换外,可采用算法处理和查表方法软件实现。

（1）4 位二进制数转换为 ASCII 代码

从 ASCII 编码表可知,若 4 位二进制数小于 10,则此二进制数加上 30H 即变为相应的 ASCII 码,若大于 10(包括等于 10),则应加 37H。

入口:转换前 4 位二进制数存 R2。

出口:转换后的 ASCII 码存 R2。

```
  ASCB1:  MOV     A,R2
          ANL     A,#0FH           ;取出 4 位二进制数
          CJNE    A,#0AH,NOTA      ;影响 CY 标志,但是不改变 A 中的值
  NOTA:   JC      LOOP             ;该数<10 去 LOOP
          ADD     A,#07H           ;否则加 07H,再继续后面的加 30H
  LOOP:   ADD     A,#30H           ;加 30H
          MOV     R2,A             ;转换之 ASCII 码送 R2 中
          RET                      ;返回
```

（2）ASCII 码转换为 4 位二进制数

这是上述转换的逆过程。

入口:转换前 ASCII 码送 R2。

出口:转换后二进制数存 R2 中。

```
  BCDB1:  MOV     A,R2
          CLR     C
          SUBB    A,#30H           ;ASCII 码减 30H
          MOV     R2,A             ;得二进制数送 R2
          SUBB    A,#0AH
          JC      LOOP             ;该数<10 返回主程序
          MOV     A,R2
          SUBB    A,#07H           ;否则再减 07H
          MOV     R2,A             ;所得二进制数送 R2
  LOOP:   RET                      ;返回
```

（3）BCD 码转换为二进制数

设 BCD 码表示的 4 位十进制数分别存于 R1、R2 中,其中 R2 存千位和百位数,R1 存十位和个位数,要把其转换成二进制数,可由高位到低位逐位检查 BCD 码的数值,然后累加各十进制位对应的二进制数来实现。其中,1000 = 03E8H,100 = 0064H,10 = 000AH(个位数的 BCD 码与二进制码相同)。

入口:待转换的 BCD 码存于 R1、R2 中

| R1 | 十位数　个位数 | 低位字节 |
|---|---|---|
| R2 | 千位数　百位数 | 高位字节 |

出口:结果存在 20H、21H 单元中,其中 20H 存低字节,21H 存高字节。

```
BCDB11: MOV    20H,#00H
        MOV    21H,#00H        ;存结果单元清 0
        MOV    R3,#0E8H
        MOV    R4,#03H         ;1000 的二进制数送 R3、R4
        MOV    A,R2
        ANL    A,#0F0H         ;取千位数
        SWAP   A               ;将千位数移至低 4 位
        JZ     BRAN1           ;千位数为 0 去 BRAN1
LOOP1:  DEC    A
        LCALL  ADDT            ;千位数不为 0,加千位数二进制数
        JNZ    LOOP1
BRAN1:  MOV    R3,#64H
        MOV    R4,#00H         ;百位数的二进制数送 R3、R4
        MOV    A,R2
        ANL    A,#0FH          ;取百位数
        JZ     BRAN2           ;百位数为 0 去 BRAN2,否则继续
LOOP2:  DEC    A
        LCALL  ADDT
        JNZ    LOOP2           ;加百位数的二进制数
BRAN2:  MOV    R3,#0AH
        MOV    A,R1
        ANL    A,#0F0H         ;取十位数
        SWAP   A
        JZ     BRAN3           ;十位数为 0 去 BRAN3,否则继续
LOOP3:  DEC    A
        LCALL  ADDT
        JNZ    LOOP3           ;加十位数的二进制数
BRAN3:  MOV    A,R1
        ANL    A,#0FH
```

```
           MOV    R3,A
           LCALL  ADDT
           RET
ADDT:      PUSH   PSW
           PUSH   ACC
           CLR    C
           MOV    A,20H        ;在20H、21H单元中
           ADD    A,R3         ;累计转换结果
           MOV    20H,A
           MOV    A,21H
           ADDC   A,R4
           MOV    21H,A
           POP    ACC
           POP    PSW
           RET
```

## 习题

4-1 分别指出下列指令中的源操作数和目的操作数的寻址方式。

(1) MOV P1,20H

(2) MOV A,#30H

(3) ADD A,@R1

(4) ANL A,B

(5) MOV 33H,A

(6) SETB C

(7) CLR C

4-2 试述指令"MOV A,R0"和"MOV A,@R0"的区别。

4-3 试述指令"MOV A,20H"和"MOV A,#20H"的区别。

4-4 说明以下指令中源操作数所在的存储器类型。

(1) MOV A,#30H

(2) MOV A,30H

(3) MOVC A,@A+DPTR

(4) MOVX A,@DPTR

4-5 判断下列指令书写是否正确。

(1) MOV A,B                (6) MOV B,@DPTR

(2) MOV A,#3000H           (7) CJNE 30H,#80H,NEXT

(3) INC #20H               (8) POP A

(4) MOV 5,A                (9) PUSH ACC

(5) MOV 30H,40H            (10) SJMP 2000H

4-6 设 ACC=12H,B=64H,SP=60H,30H中存放的数据是78H,试分析下列程序执行后,

ACC、B、30H、SP 中的内容分别为多少，并画出堆栈示意图。

```
PUSH   ACC
PUSH   B
PUSH   30H
POP    ACC
POP    B
POP    30H
```

4-7　下面是一个压缩 BCD 码相加的程序，参考其设计 1 个 2 字节压缩 BCD 码加法程序。

```
BCDAD: CLR    C
       MOV    A,30H        ;A 中为加数
       ADDC   A,40H        ;实现 8 位相加
       DA     A            ;十进制调整
       MOV    30H,A        ;送回原处
       RET
```

4-8　已知在 33H~30H 中放有 1 个 32 位二进制数，要求将其转换为补码送入原地址之中。 其中高位地址放高位数据。

4-9　执行下面的指令

```
MOV A, #34H
MOV B,#40H
MUL AB
```

执行后，A 寄存器中的数据是(　　　)，B 寄存器中的数据是(　　　)。

4-10　
```
XRL    A,A
INC    A
ADDC   A,#0A6H
DA     A
```

上述指令执行后，A 的内容是(　　　)，CY 的内容是(　　　)。

4-11　假定 30H 单元开始的 4 个字节存放的是 1 个 32 位无符号数，40H 单元开始的 4 个字节存放的是另 1 个 32 位无符号数，低位地址中存放低位数据，试说明下列程序段完成什么功能。 请给每条指令后加上注释。

```
       MOV    R0,#33H
       MOV    R1,#43H
       MOV    R2,#04
LOOPA: MOV    A,@ R0
       CJNE   A,@ R1,L1
       DEC    R0
       DEC    R1
       DJNZ   R2,LOOPA
EQUAL: SJMP   L3              ;两数相等
L1:    JNC    L4              ;第一个数大
       SJMP   L5              ;第一个数小
       …
L3:…
```

```
            …
    L4：…
            …
    L5：…
            …
```

4-12 指令"DJNZ R0，LOOPN"的循环执行条件是(　　)。

(A) R0≠0 并且 R0-1 = 0　　　　　　　(B) R0≠0 或 CY = 1

(C) R0≠0 或 R0+1 = 0　　　　　　　(D) R0≠0 并且 R0-1≠ 0

4-13 已知一数据区中的数据。

STR1：　　DB 0,1

STR2：　　DB '45'

NUMB：　　DB 20

NUMW：　　DB 10H,-60H

请画出该数据区中数据存储的形式。

4-14 根据下列程序段回答问题(1)至(5)。 其中 BUF1、BUF2 均为字节存储区首址。

```
        MOV   R0,#BUF1
        MOV   R1,#BUF2
        MOV   R2,#16
LOOPA:  MOV   A,@ R0
        MOV   @ R1,A
        INC   R0
        INC   R1
        DJNZ  R2,LOOPA
```

(1) 该程序段完成了什么工作？

(2) 若将指令"MOV R2,#16"误写成"MOV R2,#0"，循环体被执行多少次？

(3) 若漏掉了指令"MOV R2,#16"，循环体执行次数能确定吗？为什么？

(4) 若漏掉了指令"INC R0"，程序运行结果如何？

(5) 若不小心将标号 LOOPA 上移了一行，即将标号标在了指令"MOV R0,#16"前，程序运行情况如何？

# 第 5 章

## 单片机的 C 语言程序设计及仿真调试

设计一个规模较小、较简单的嵌入式应用系统时，可以使用汇编语言。当程序比较复杂，而且没有很好地做注释的时候，使用汇编语言编写的程序可读性和可维护性就会很差，代码的可重用性也比较低。

随着技术的进步，目前大多数单片机的编译系统都支持 C 语言编程。使用 C 语言编程，具有编写简单、直观易读、便于维护、通用性好等特点，特别是在控制任务比较复杂或者具有大量运算的系统中，C 语言更显示出了超越汇编语言的优势。而且由于采用模块化编程，用 C 语言编写的程序具有很好的可移植性。用 C 语言编写程序比汇编语言更符合人们的思考习惯，开发者可以更专心地考虑算法而不是考虑一些细节问题。在嵌入式实时操作系统应用设计中，90%以上的代码需要使用 C 语言设计，学习单片机的 C 语言编程是使用和修改嵌入式实时操作系统的基础。本章介绍针对 8051 内核单片机的 C 语言——C51 编程语言(简称 C51)的基本语法、程序设计等内容。

## 5.1　C51 程序的基本语法

### 5.1.1　关键字

关键字是一类具有固定名称和特定含义的特殊标识符,在编写程序时,用户定义的标识符(或变量)不能与关键字相同。

1. 标准 C 语言(ANSI C)的关键字

由 ANSI C 定义的 C 语言关键字共 32 个,根据关键字的作用,可以将关键字分为数据类型关键字和流程控制关键字两大类。

(1) 数据类型关键字

① 基本数据类型

void:声明函数无返回值或无参数,声明无类型指针,显式丢弃运算结果。

char:字符型类型数据,属于整型数据的一种。

int:整型数据,通常为编译器指定的机器字长。

float：单精度浮点型数据，属于浮点数据的一种。

double：双精度浮点型数据，属于浮点数据的一种。

② 类型修饰关键字

short：修饰 int，短整型数据，可省略被修饰的 int。

long：修饰 int，长整形数据，可省略被修饰的 int。

signed：修饰整型数据，有符号数据类型。

unsigned：修饰整型数据，无符号数据类型。

③ 复杂类型关键字

struct：结构体声明。

union：共用体声明。

enum：枚举声明。

typedef：声明类型别名。

sizeof：得到特定类型或特定类型变量的大小。

④ 存储级别关键字

auto：指定为自动变量，由编译器自动分配及释放。

static：指定为静态变量，分配在静态变量区，修饰函数时，指定函数作用域为文件内部。

register：指定为寄存器变量，建议编译器将变量存储到寄存器中使用，也可以修饰函数形参，建议编译器通过寄存器而不是堆栈传递参数。

extern：指定对应变量为外部变量，即在另外的目标文件中定义。

const：与 volatile 合称"cv 特性"，指定变量不可被当前线程/进程改变（但有可能被系统或其他线程/进程改变）。

volatile：与 const 合称"cv 特性"，指定变量的值有可能会被系统或其他进程/线程改变，强制编译器每次从内存中取得该变量的值。

（2）流程控制关键字

① 跳转结构

return：用在函数体中，返回特定值（或者是 void 值，即不返回值）。

continue：结束当前循环，开始下一轮循环。

break：跳出当前循环或 switch 结构。

goto：无条件跳转语句。

② 分支结构

if：条件语句。

else：条件语句否定分支（与 if 连用）。

switch：开关语句（多重分支语句）。

case：开关语句中的分支标记。

default：开关语句中的"其他"分支，可选。

③ 循环结构

for：for 循环结构。

do：do 循环结构。

while：while 循环结构。

**2. Keil C51 编译器支持的关键字**

Keil C51 编译器除了支持 ANSI C 的关键字以外,还根据 8051 内核单片机的自身特点扩展了如下关键字。

bit:位变量声明,声明一个位变量或位类型的函数。

sbit:位变量声明,声明一个可位寻址变量。

sfr:特殊功能寄存器声明,声明一个特殊功能寄存器(8 位)。

sfr16:特殊功能寄存器声明,声明一个 16 位的特殊功能寄存器。

data:存储器类型说明,直接寻址的 8051 内部数据存储器。

bdata:存储器类型说明,可位寻址的 8051 内部数据存储器。

idata:存储器类型说明,间接寻址的 8051 内部数据存储器。

pdata:存储器类型说明,"分页"寻址的 8051 外部数据存储器。

xdata:存储器类型说明,8051 外部数据存储器。

code:存储器类型说明,8051 程序存储器。

interrupt:中断函数声明,定义一个中断函数。

reentrant:可重入函数声明,定义一个可重入函数。

using:寄存器组定义,指定使用 8051 的工作寄存器组的某一组。

## 5.1.2　一般结构

与标准 C 语言程序相同,C51 程序也由一个或多个函数构成,其中至少应包含一个主函数 main( )。一个程序中不能有多个 main( ) 函数。程序执行时,从 main( ) 函数开始执行,调用其他函数后再返回 main( )函数,被调用的函数如果位于主调函数前面可以直接调用,否则要先声明后调用,函数之间可以相互调用。C51 程序的一般结构如下。

```
预处理命令                    //以#开头的命令,用于包含头文件、定义常数等
全局变量声明   //全局变量可以被程序的所有函数使用,虽然方便传递参数,但不宜多
函数 1 的声明
……
函数 n 的声明
void main(void)              //主函数
{
    局部变量声明             //局部变量只能在所定义的函数内部引用
    可执行语句
    函数调用
    无限循环
}
//一般函数的定义
函数 1(形式参数声明)
{
    局部变量声明
```

```
    可执行语句
}
......
函数 n(形式参数声明)
{
    局部变量声明
    可执行语句
}
// 中断函数的实现
void ISRname(void) interrupt n          // n 为中断号
{
    局部变量声明
    可执行语句
}
```

C51 程序是由函数组成的,函数之间可以相互调用,但 main( )函数只能调用其他函数,不能被其他函数调用。其他函数可以是 C51 编译器提供的库函数,也可以是用户自行编写的功能函数。不管 main( )函数处于程序中什么位置,程序总是从 main( )函数开始执行。编写 C51 程序时需要注意如下几点:

① 所有函数以花括号"{"开始,以花括号"}"结束,包含在"{}"内的部分称为函数体。花括号必须成对出现,如果一个函数内有多对花括号,则最外层的花括号为函数体的范围。为了增加程序的可读性,应采用缩进方式书写。

② 建议一行写一条语句,每条语句最后必须以一个分号";"结尾。

③ 每个变量必须先定义后引用。在函数内部定义的变量为局部变量,又称为内部变量,只有定义它的那个函数才能使用。在函数外部定义的变量为全局变量,又称为外部变量,在定义它的那个程序文件中的函数都可以使用。

④ 程序语句的注释放在双斜杠"//"之后,或者放在"/*......*/"之内。

### 5.1.3 数据类型

**1. 常量和变量**

常量包括整形常量、浮点型常量、字符型常量(单引号字符,如'a')及字符串常量(双引号单个或多个字符,如"a","Happy")等。

变量是一种在程序执行过程中其值不断变化的量。使用一个变量之前,必须先进行定义。

**2. 数据类型**

数据类型是按被说明量的性质、表示形式、占据存储空间的多少和构造特点来划分的。在标准 C 语言中,数据类型可分为基本数据类型、构造数据类型、指针类型和空类型 4 大类。

(1)基本数据类型

基本数据类型是不可以再分解为其他类型的数据类型。如 char(字符型)、int(整型)、

long(长整型)、float(浮点型)等。

（2）构造数据类型

构造数据类型是根据已定义的一个或多个数据类型用构造的方法来定义的。也就是说，一个构造类型的值可以分解成若干个"成员"或"元素"。每个"成员"都是一个基本数据类型或是另一个构造类型。在 C 语言中，构造类型分为：数组类型、结构类型、联合类型。

（3）指针类型

指针是一种特殊的、具有重要作用的数据类型，用来表示某个量在内存中的地址。

（4）空类型

在调用函数时，通常应向调用者返回一个函数值。这个返回的函数值是具有一定的数据类型的，应在函数定义及函数说明中给予说明。但是，也有一类函数调用后并不需要向调用者返回函数值，这种函数可以定义为"空类型"，其类型说明符为 void。

C51 编译器除了支持上述数据类型外，还支持以下几种扩充数据类型。

（1）bit：位类型

可以定义一个位变量，但是不能定义位指针，也不能定义位数组。在 C51 程序中不仅可以定义位变量，函数的参数及返回值也可以是位变量类型。例如

```
bit finish_flag = 0;
bit testfunc(bit var1,bit var2)   //函数的参数和返回值都是位类型
{
    ......
    return(0);
}
```

所有 bit 型变量都被定位在 8051 内部 RAM 的可位寻址区(20H～2FH)，一共有 16 个字节，所以，在某个范围内最多只能声明 128 个 bit 型变量。

（2）sfr：特殊功能寄存器

用来控制中断、定时器、计数器、串口、I/O 及其他部件。可以定义单片机内部所有的 8 位特殊功能寄存器。sfr 型数据占用一个内存单片，其取值范围是 0～255。sfr 语法为

```
sfr sfr_name = int_constant;
```

如 sfr P0 = 0x80;

0x80 为 P0 口的地址，"="后为常数，这个常数就是特殊功能寄存器的地址。

（3）sfr16：16 位特殊功能寄存器

占用两个内存单元，取值范围是 0～65535，用于定义单片机内部 16 位特殊功能寄存器。

```
sfr16 DPTR = 0x82;                //指定 DPTR 的地址 DPL = 0x82,DPH = 0x83
```

（4）sbit：位寻址

用于定义可位寻址变量。可以定义单片机内部 RAM 中的可寻址位或特殊功能寄存器中的可寻址位。C51 编译器提供了一种存储器类型 bdata，带有 bdata 存储器类型的变量定位在单片机内部 RAM 的可位寻址区，可以进行字节寻址也可以进行位寻址，因此，对 bdata 类型的变量可以使用 sbit 指定其中任意位为可位寻址变量。需要注意的是，使用 bdata 和 sbit 定义的变量必须是全局变量，并且采用 sbit 定义可位寻址变量时要求基址对象的存储器类型为 bdata。sbit 变量声明方法为

```
sbit bitname=bdata 型变量或者特殊功能寄存器^bit_number;
```

其中,bitname是要定义的位变量名字,bit_number是位号,其数值范围取决于基址变量的数据类型,对于 char 型和特殊功能寄存器而言是 0~7,对于 int 型而言是 0~15,对于 long 型而言是 0~31。例如

```
unsigned char bdata flag;        //定义 flag 为 bdata 无符号字符型变量
int bdata ibase;                 //定义 ibase 为 bdata 整型变量
```

使用 sbit 定义可位寻址变量如下

```
sbit flag0=flag^0;               //定义 flag0 为 flag 的第 0 位
sbit mybit15=ibase^15;           //定义 mybit15 为 ibase 的第 15 位
sbit CY=PSW^7;                   //定义 CY 为 PSW 的第 7 位
sbit P00=P0^0;                   //定义 P0.0 口线的名称为 P00
```

对于大多数 8051 内核单片机成员,Keil 提供了一个包含标准 8051 单片机所有特殊功能寄存器和它们位定义的头文件"reg51.h"。通过包含头文件可以很容易地进行新的扩展。STC 提供了 STC8H8K64U 单片机头文件"stc8h.h",其中包含了标准 8051 单片机寄存器的定义,编程时只需包含这一个文件即可。

源程序代码:
stc8h.h

Keil C51 编译器支持的数据类型如表 5-1 所示。

表 5-1　Keil C51 编译器支持的数据类型

| 数据类型 | 位数(bit) | 字节数(byte) | 取值范围 |
|---|---|---|---|
| bit | 1 | 1/8 | **0 或 1** |
| signed char | 8 | 1 | -128~+127 |
| unsigned char | 8 | 1 | 0~255 |
| enum | 8/16 | 1or2 | -128~+127 或 -32768~+32767 |
| signed short | 16 | 2 | -32768~+32767 |
| unsigned short | 16 | 2 | 0~65535 |
| signed int | 16 | 2 | -32768~+32767 |
| unsigned int | 16 | 2 | 0~65535 |
| signed long | 32 | 4 | -2147483648~+2147483647 |
| unsigned long | 32 | 4 | 0~4294967295 |
| float | 32 | 4 | +1.175494E+38~+3.402823E+38 |
| sbit | 1 | 1/8 | **0 或 1** |
| sfr | 8 | 1 | 0~255 |
| sfr16 | 16 | 2 | 0~65535 |

### 3. 存储器类型

定义变量时,除了需要说明其数据类型外,Keil C51 编译器还允许说明变量的存储器类型,使变量能够保存在单片机内部指定的存储区域。用一个标识符作为变量名并指定其数

121

据类型和存储器类型,以便编译系统为它分配相应的存储单元。表 5-2 列出了 Keil C51 编译器支持的存储器类型。

表 5-2　Keil C51 编译器支持的存储器类型

| 存储器类型 | 取值范围 |
|---|---|
| data | 默认存储器类型,低 128 字节内部 RAM,DATA 区(00H~7FH 地址空间),访问速度最快 |
| bdata | 可位寻址内部 RAM,BDATA 区(20H~2FH 地址空间),允许位和字节混合访问 |
| idata | 256 字节内部 RAM,IDATA 区(00H~FFH 地址空间),允许访问全部内部单元 |
| pdata | 分页寻址外部 RAM,PDATA 区(0000H~FFFFH 地址空间),用"MOVX @ Ri"指令访问 |
| xdata | 外部 RAM,XDATA 区(0000H~FFFFH 地址空间),用"MOVX @ DPTR"指令访问 |
| code | 程序存储区,CODE 区(0000H~FFFFH 地址空间),用"MOVC @ A+DPTR"指令访问 |

在程序中对变量进行定义的格式为

数据类型 ［存储器类型］变量名表;

例如

```
data buffer;              //没有指定数据类型,默认为 int 型
unsigned char code numtab[16]={0xC0,0xF9,0xA4,0xB0,0x99,0x92,
0x82,0xF8,0x80,0x90,0x88,0x83,0xC6,0xA1,0x86,0x8E};
                          //定义共阳极 LED 显示字模
unsigned char xdata arr[10][40];
```

除了可以在定义变量时指定存储器类型外,还可以通过设置 Keil C51 编译器的编译模式确定变量的默认存储器类型。Keil C51 编译器有三种编译模式:SMALL、COMPACT 和 LARGE。由于在定义变量时指定存储器类型有更大的灵活性,因此一般采用默认的 SMALL 编译模式,不通过设置编译模式来确定变量的存储器类型。Keil C51 三种编译模式的详细介绍及设置过程在此从略。

4. 关于指针数据类型

指针是 C 语言中广泛使用的一种数据类型,运用指针编程是 C 语言最主要的风格之一。利用指针变量可以表示各种数据结构,能很方便地使用数组和字符串,并能像汇编语言一样处理内存地址,从而编出精练且高效的程序,指针极大地丰富了 C 语言的功能。学习指针是学习 C 语言中最重要的一环,正确理解和使用指针是掌握 C 语言的一个标志。同时,指针也是 C 语言中最为困难的一部分,在学习中除了要正确理解基本概念,还必须要多编程、多实践。指针变量的值是一个地址,这个地址不仅可以是变量的地址,也可以是其他数据结构的地址。在一个指针变量中存放一个数组或一个函数的首地址有何意义呢? 因为数组或函数都是连续存放的,通过访问指针变量取得了数组或函数的首地址,也就找到了该数组或函数。这样一来,凡是出现数组、函数的地方都可以用一个指针变量来表示,只要该指针变量中赋予数组或函数的首地址即可。在 C 语言中,一种数据类型或数据结构往往都占有一组连续的内存单元。用"地址"这个概念并不能很好地描述一种数据类型或数据结构,"指针"虽然实际上也是一个地址,但它却是一个数据结构的首地址,它"指向"一个数据结构,因而

概念更为清楚,表示更为明确。这也是引入"指针"概念的一个重要原因。

在 C 语言中规定,一个函数总是占用一段连续的内存区,而函数名就是该函数所占内存区的首地址。可以把函数的这个首地址(或称入口地址)赋予一个指针变量,使该指针变量指向该函数,然后通过指针变量就可以找到并调用这个函数。把这种指向函数的指针变量称为"函数指针变量"。

函数指针变量定义的一般形式为

类型说明符 ( * 指针变量名)();

其中"类型说明符"表示被指向函数的返回值的类型。"( * 指针变量名)"表示" * "后面的变量是定义的指针变量。最后的空括号表示指针变量所指的是一个函数。例如

int ( * pf)();

表示 pf 是一个指向函数入口的指针变量,该函数的返回值(函数值)是整型。

Keil C51 编译器支持两种指针类型:一般指针(generic pointer)和存储器指针(memory specific pointer)。一般指针的声明和使用均与标准 C 相同,同时还可以说明指针的存储类型。例如,下面的语句都声明 pt 为指向保存在外部 RAM 中 unsigned char 数据的指针,但 pt 本身的保存位置却不同。

```
unsigned char xdata *pt;          //pt 本身依存储模式存放
unsigned char xdata * data pt;    //pt 被保存在内部 RAM 中
unsigned char xdata * xdata pt;   //pt 被保存在外部 RAM 中
```

一般指针本身用 3 个字节存放,分别为存储器类型、高位偏移量和低位偏移量。基于存储器的指针,说明时即指定了存储类型,例如

```
char data * str;      //str 指向 data 区中 char 型数据
int xdata * pow;      //pow 指向外部 RAM 的 int 型整数
```

这种指针存放时,只需 1 个字节或 2 个字节就够了,因为只需存放偏移量。

### 5.1.4　运算符和表达式

运算符是告诉编译程序执行特定算术或逻辑操作的符号,表达式则是由运算符及运算对象所组成的具有特定含义的一个式子。Keil C51 编译器对数据有很强的表达和处理能力,具有十分丰富的运算符。在任意一个表达式的后面加一个分号";"就构成了一个表达式语句。C51 程序就是由多个表达式语句构成的语句集合。

按照在表达式中所起的作用不同,运算符可以分为赋值运算符、算术运算符、关系运算符、逻辑运算符、位运算符、复合赋值运算符、逗号运算符、条件运算符、指针和地址运算符、强制类型转换运算符等。

1. 赋值运算符

符号" = "为赋值运算符,它的作用是将一个数据的值或表达式的值赋给一个变量。利用赋值运算符将一个变量与一个表达式连接起来的式子成为赋值表达式,在赋值表达式的后面加一个分号";"便构成了赋值语句。

2. 算术运算符

算术运算符用于各类数值运算。包括加( + )、减(或取负值, - )、乘( * )、除(/)、取余

(或称模运算,%)、自增(++)、自减(--)共七种。

这些运算符中,加、减和乘法运算符合一般的算术运算规则,除法运算有所不同。如果是两个整数相除,其结果为整数,舍去小数部分;如果是两个浮点数相除,其结果为浮点数。取余运算要求两个运算对象均为整型数据。

用算术运算符将运算对象连接起来的式子就是算术表达式。计算一个算术表达式的值时,要按照运算符的优先级高低顺序进行。算术运算符中,取负值(-)的优先级最高,其次是乘法( * )、除法(/)和取余(%)运算符,加法(+)和减法(-)运算符的优先级最低。需要时,可在算术表达式中必要的地方采用圆括号来改变优先级,括号的优先级最高。

自增(++)运算符和自减(--)运算符的作用分别是对运算对象做加 1 和减 1 运算,并将结果赋给所操作的运算对象。运算对象只能是变量,不能是常数或者表达式。在使用中,要注意运算符的位置。例如,++i 和 i++的意义完全不同,前者为在使用 i 之前先使 i 加 1,而后者则是在使用 i 之后再使 i 加 1。在实际应用中,尽可能使用后者的方式,即 i++的形式。

3. 关系运算符

关系运算符用于比较运算。包括大于(>)、小于(<)、等于( = = )、大于等于(>=)、小于等于(<=)和不等于( ! =)六种。

前四种关系运算符具有相同的优先级,后两种关系运算符也具有相同的优先级;但前四种的优先级高于后两种。用关系运算符将两个表达式连接起来即构成关系表达式。

4. 逻辑运算符

逻辑运算符包括与(&&)、或( | | )、非( ! )3 种,用于对包含关系运算符的表达式(称为条件)进行合并或取非运算。

关系运算符和逻辑运算符通常用来判别某个或某些条件是否满足,条件满足时结果为 **1**,条件不满足时结果为 **0**。

**与**运算符(&&)表示 2 个条件同时满足时(即 2 个条件都为真时),返回结果才为真。例如,假设一个程序在条件 a<10 和 b = = 7 同时满足时,必须执行某些操作,应使用关系运算符和逻辑**与**运算符(&&)来写这个条件的代码。条件代码为

( a<10 ) && ( b = = 7 );

类似地,**或**运算符( | | )用于检查 2 个条件中是否有 1 个为真,只要有 1 个条件为真,运算结果就为真。如果上例改为:如果任一条件为真,程序需执行某些操作,则条件代码为

( a<10 ) | | ( b = = 7 );

**非**运算符( ! )表示对表达式的值取反。例如,如果变量 s 小于 10,程序需执行某些操作,则条件代码为

( s<10 )

也可以写成

( !( s>=10 ) )　　　　//s 不大于等于 10(这种写法常称为反逻辑,较少使用)

上述几种运算符的优先级依次为(由高到低):逻辑**非**→算术运算符→关系运算符→逻辑**与**→逻辑**或**。

5. 位运算符

很多系统程序常要求在位(bit)一级进行运算或处理。C 语言提供了位运算的功能,这使得 C 语言也能像汇编语言一样用来编写系统程序。C 语言提供了 6 种位运算符:按位**与**

运算符(&)、按位**或**运算符(|)、按位**异或**运算符(^)、取反运算符(~)、左移运算符(<<)和右移运算符(>>)。

位运算符的作用是按位对变量进行运算,并不改变参与运算的变量的值。若希望按位运算后改变运算变量的值,则将运算结果赋给相应的变量即可。例如,a = a<<2。另外,位运算符不能用来对浮点型数据进行操作。位运算符的优先级从高到低依次为:按位取反(~)→左移(<<)和右移(>>)→按位**与**(&)→按位**异或**(^)→按位**或**(|)。

(1)按位**与**运算符

按位**与**运算符"&"是双目运算符。其功能是参与运算的两数各对应的二进位相**与**。只有对应的 2 个二进位均为 **1** 时,结果位才为 **1**,否则为 **0**。

例如,两个 char 类型的数字 9&5 可写算式为 **00001001&00000101 = 00000001**。

按位**与**运算通常用来对某些位清 **0** 或保留某些位。例如把 int 型变量 a 的高 8 位清 **0**,保留低 8 位,可做 a&255 运算(255 的二进制数为 **0000000011111111**)。

(2)按位**或**运算符

按位**或**运算符"|"是双目运算符。其功能是参与运算的两数各对应的二进位相**或**。只要对应的 2 个二进位有 1 个为 **1** 时,结果位就为 **1**。

例如,两个 char 类型的数字 9|5 的算式为 **00001001|00000101 = 00001101**(十进制为 13)。

(3)按位**异或**运算符

按位**异或**运算符"^"是双目运算符。其功能是参与运算的两数各对应的二进位相**异或**。当 2 个对应的二进位相异时,结果为 **1**。

例如,两个 char 类型的数字 9^5 的算式为 **00001001^00000101 = 00001100**(十进制为 12)。

(4)求反运算符

求反运算符"~"为单目运算符,具有右结合性。其功能是对参与运算的数的各二进位按位求反。例如,int 型数字 ~9 的运算为 ~(**0000000000001001**),结果为 **1111111111110110**。

(5)左移运算符

左移运算符"<<"是双目运算符。其功能把"<<"左边的运算数的各二进位全部左移若干位,由"<<"右边的数指定移动的位数,高位丢弃,低位补 **0**。例如,char 类型的变量 a<<4 指把 a 的各二进位向左移动 4 位,若 a = **00000011**(十进制 3),左移 4 位后为 **00110000**(十进制 48)。

(6)右移运算符

右移运算符">>"是双目运算符。其功能是把">>"左边的运算数的各二进位全部右移若干位,">>"右边的数指定移动的位数。例如,设 char 类型的变量 a = 15,a>>2 表示把 **000001111** 右移为 **00000011**(十进制 3)。

对于有符号数,右移时,符号位将随同移动。当为正数时,最高位补 **0**;为负数时,符号位为 **1**,最高位补 **1**。

6. 复合赋值运算符

在赋值运算符"="之前加上其他双目运算符可构成复合赋值运算符。构成复合赋值表达式的一般形式为

变量 双目运算符=表达式

它等效于

变量=变量 运算符 表达式

复合赋值运算符有: += , -= , * = ,/= ,%= , <<= , >>= ,&= , ^= , ~= , |= 。

例如,a+=5 等价于 a=a+5,x * =y+7 等价于 x=x * (y+7),r%=p 等价于 r=r%p 等。复合赋值符这种写法,对初学者可能不习惯,但十分有利于编译处理,能提高编译效率并产生质量较高的目标代码。

**7. 逗号运算符**

逗号运算符用于把若干表达式组合成一个表达式(称为逗号表达式)。程序运行时,对于逗号表达式的处理,是从左至右依次计算出各个表达式的值,而整个逗号表达式的值是最右边表达式的值。在一般情况下,使用逗号表达式只是为了分别得到各个表达式的值,而并不一定要得到和使用整个逗号表达式的值。另外,要注意逗号表达式和函数中各个参数之间的逗号是完全不同的。

**8. 条件运算符**

条件运算符"?:"是一个三目运算符,用于条件求值。它要求有三个运算对象,使用它可以将三个表达式连接构成一个条件表达式。条件表达式的一般形式为

逻辑表达式 ? 表达式 1:表达式 2

其功能是,首先计算逻辑表达式的值,当逻辑表达式的值为真(非 **0** 值)时,将表达式 1 的值作为整个条件表达式的值;当逻辑表达式的值为假(**0** 值)时,将表达式 2 的值作为整个条件表达式的值。例如,条件表达式"max=(a>b)? a:b"的执行结果是将 a 和 b 中较大者赋值给变量 max。

**9. 指针和地址运算符**

变量的指针就是该变量的地址,还可以定义一个指向某个变量的指针变量。为了表示指针变量和它所指向的变量地址之间的关系,C 语言提供了两个专门的运算符:取内容运算符( * )和取地址运算符(&)。取内容和取地址运算的一般形式分别为

变量= * 指针变量

指针变量=& 目标变量

取内容运算的含义是将指针变量所指向的目标变量的值赋给等号(=)左边的变量;取地址运算的含义是将目标变量的地址赋给等号(=)左边的指针变量。例如

```
unsigned char *txp；
unsigned char txbuffer[50]；
txp = txbuffer；                          //txp 指向 txbuffer 数组的首地址
```

**10. 强制类型转换运算符**

C 语言中的圆括号"( )"也可以作为一种运算符使用,这就是强制类型转换运算符,它的作用是将表达式或变量的类型强制转换成为括号内所指定的类型。C51 中的数据类型转换分为隐式转换和显式转换。隐式转换是在对程序进行编译时由编译器自动处理的,并且只有基本数据类型(即 char、int、long 和 float)可以进行隐式转换,其他数据类型不能进行隐式转换。例如,不能把一个整型数利用隐式转换赋值给一个指针变量,在这种情况下,可以使用强制类型转换运算符进行显式转换。强制类型转换运算符的一般使用形式为

变量 =(类型)表达式

显式强制类型转换在给指针变量赋值时特别有用。例如,若想给指针变量赋初值,可以使用

```
pxdata =(char xdata * )0x3000;        //pxdata 为在 xdata 中定义的 char 类
                                      //型指针变量
```

这种方法特别适合用标识符存取绝对地址。

## 5.2 Keil C51 程序的语句

### 5.2.1 表达式语句

表达式语句是最基本的一种语句。在表达式的后面加一个分号";"就构成了表达式语句。表达式语句也可以仅由一个分号";"构成,这种语句称为空语句。空语句不执行具体的动作。程序设计时,有时需要用到空语句。例如,使用循环语句延时程序中的循环体内可以使用空语句。

### 5.2.2 条件语句

条件语句又称为分支语句,使用关键字"if"构成。C51 提供了三种形式的条件语句。

1. if 结构

```
if (条件表达式)
{
    语句体;
}
```

其中,语句体是由一条语句或多条语句构成的语句集合。其含义为:若条件表达式的值为真(非 **0** 值),则执行语句体;否则,不执行语句体。若语句体仅包含一条语句,则大括号"{}"可以没有,该条语句可以直接写到条件表达式的后面。为了保持结构上的严谨性,强烈建议读者编写程序时,保留大括号。

2. if-else 结构

```
if (条件表达式)
{
    语句体 1;
}
else
{
    语句体 2;
```

```
    }
```

其含义为:若条件表达式的值为真(非 **0** 值),则执行语句体 1;否则,执行语句体 2。

3. if-else-if 结构

```
if (条件表达式 1)
{
    语句体 1;
}
else if(条件表达式 2)
{
    语句体 2;
}
......
else if(条件表达式 m)
{
    语句体 m;
}
else
{
    语句体 n;
}
```

这种条件语句常用于实现多条件分支。

## 5.2.3　开关语句

开关语句也是一种用来实现多条件分支的语句。虽然采用条件语句也可以实现多条件分支,但是当分支较多时,条件语句的嵌套层次太多,会使程序冗长,可读性降低。开关语句直接处理多分支选择,使程序结构清晰,使用方便。开关语句使用关键字 switch 构成,其一般形式为

```
switch(表达式)
{
    case 常量表达式 1:
        语句体 1;
        break;
    case 常量表达式 2:
        语句体 2;
        break;
    ......
    case 常量表达式 n:
        语句体 n;
```

```
        break;
    default:
        语句体 d
}
```

开关语句的执行过程是,将 switch 后面表达式的值与 case 后面各个常量表达式的值逐个进行比较,若遇到匹配时,就执行 case 后面的语句体,然后执行 break 语句,break 语句又称为间断语句,其功能是终止后面语句的执行,使程序跳出 switch 语句。若无匹配的情况,则执行语句体 d。

### 5.2.4  循环语句

实际工程应用中,经常需要用到循环控制,如反复执行某个操作。在 C51 程序中用来构成循环控制的语句有 while、do-while、for 和 goto 语句。

1. while 语句

利用 while 语句构成循环结构的一般形式为

```
while(条件表达式)
{
    语句体;
}
```

其含义为:当 while 后面条件表达式的值为真(非 **0** 值)时,重复执行大括号内的语句体(在此称为循环体),一直执行到条件表达式的值变为假(**0** 值)时为止。这种循环结构是先检查条件表达式的值(检查是否满足条件),再根据检查结果决定是否执行循环体的语句。如果条件表达式的值一开始就为假,则循环体一次也不执行。

2. do-while 语句

采用 do-while 语句构成循环结构的一般形式为

```
do
{
    语句体;
}while(条件表达式);
```

这种循环结构的特点是先执行循环体语句,然后再检查条件表达式的值,若为真(非 **0** 值),则重复执行循环体语句,直到条件表达式的值变为假(**0** 值)时为止。因此,使用 do-while 语句构成的循环结构在任何条件下,循环体语句至少被执行一次。

3. for 语句

采用 for 语句构成循环结构的一般形式为

```
for([初值设定表达式];[循环条件表达式];[更新表达式])
{
    语句体;
}
```

for 语句的执行过程是,先计算初值设定表达式的值,并将其作为循环控制变量的初值,再检查循环条件表达式的结果,当条件满足时,就执行循环体语句并计算循环变量更新表达式的值,然后根据更新表达式的计算结果判断循环条件是否满足,一直进行到循环条件表达式的结果为假(0 值)时退出循环。

### 5.2.5　goto、break、continue 和 return 语句

goto 语句是一个无条件转向语句,其一般形式为

```
goto 语句标号;
```

其中,语句标号是个带冒号“:”的标识符。使用 goto 语句和 if 语句可以构成循环结构。但更常见的是在程序中使用 goto 语句从内层循环跳出外层循环。goto 语句会破坏结构化程序的设计思想,因此一般情况下尽可能避免使用 goto 语句。

break 语句也可以用于跳出循环语句,其一般形式为

```
break;
```

对于多重循环的情况,break 语句只能跳出它所处的那一层循环,而不像 goto 语句可以直接从最内层循环中跳出。break 语句只能用于开关语句和循环语句之中。

continue 是一种中断语句,其功能是中断本次循环,继续下一次循环,一般形式为

```
continue;
```

continue 语句通常和条件语句一起用在 while、do-while 和 for 语句构成的循环结构中。

return 语句用于终止函数的执行,并控制程序返回到调用该函数的位置。return 语句有两种形式

```
return(表达式);
```

```
return;
```

如果 return 语句后面带有表达式,则将表达式的值作为该函数的返回值。若 return 后面不带表达式,则只是从该函数返回,不返回任何值。一个函数中可以有多个 return 语句,但程序仅执行其中一个 return 语句而返回主调函数。一个函数的内部也可以没有 return 语句,在这种情况下,当程序执行到函数的最后一个界限符“}”处时,就自动返回主调函数。

## 5.3　函　　数

### 5.3.1　函数的定义与调用

从用户的角度来看,有两种函数:标准库函数和用户自定义函数。标准库函数是 Keil C51 编译器提供的,不需要用户进行定义,可以直接调用。用户自定义函数是用户根据自己需要编写的能够实现特定功能的函数,它必须先进行定义之后才能调用。函数定义的一般形式为

函数返回值类型 函数名(形式参数表)

```
{
    局部变量定义
    函数体语句
}
```

其中,"函数返回值类型"说明了自定义函数返回值的类型,若不需要函数返回任何值,则应写为 void。

"形式参数表"中列出的是在主调函数与被调函数之间传递数据的形式参数,形式参数的类型必须加以说明。ANSI C 标准允许在形式参数表中对形式参数的类型进行说明。如果定义的是无参数函数,则没有形式参数表,但圆括号不能省略。

"局部变量定义"是对在函数内部使用的局部变量进行定义。

"函数体语句"是为完成该函数的特定功能而设置的各种语句。

C51 程序中的函数是可以互相调用的。所谓函数调用就是在一个函数体中引用另外一个已经定义了的函数,前者称为主调函数,后者称为被调用函数。函数调用的一般形式为

[变量 = ]函数名(实际参数表);

其中,等号左边的变量是函数执行后的返回值,若函数没有返回值,则变量和等号都不写。"函数名"指出被调用的函数。"实际参数表"中可以包含多个实际参数,各个参数之间使用逗号隔开。实际参数的作用是将它的值传递给被调用函数中的形式参数。

需要注意的是,函数调用中的实际参数与函数定义中的形式参数必须在个数、类型及顺序上严格保持一致,以便将实际参数的值正确地传递给形式参数。否则,会出现编译错误,即便编译通过,在函数调用时也会产生意想不到的错误结果。如果调用的是无参数函数,则没有实际参数表,但圆括号不能省略。

在主调函数中,可以将函数调用作为另一个函数调用的实际参数。这种在调用一个函数的过程中又调用了另外一个函数的方式,称为嵌套函数调用。

与使用变量一样,在调用一个函数之前,必须对该函数的类型进行说明,即"先说明,后调用"。如果调用的是库函数,一般应在程序的开始处用预处理命令"#include"将有关函数说明的头文件包含进来。

如果调用的是用户自定义函数,而且该函数与调用它的主调函数在同一个文件中,一般应在该文件的开始处对被调函数的类型进行说明。函数说明的一般形式为

类型标识符  被调用的函数名(形式参数表);

其中,"类型标识符"说明了函数返回值的类型,"形式参数表"中说明各个形式参数的类型。

需要注意的是,函数定义与函数说明是完全不同的,二者在书写形式上也不一样,函数定义时,被定义函数名的圆括号后面没有分号";",即函数定义还没有结束,后面应接着写被定义的函数体部分。而函数说明结束时,在圆括号的后面需要有一个分号";"作为结束标志。

## 5.3.2  Keil C51 函数

C51 的函数声明对 ANSI C 做了扩展,常用的扩展包括如下几个方面。

1. 中断函数声明

中断函数通过使用 interrupt 关键字和中断号来声明。

中断服务函数的一般形式为

void 函数名(void) interrupt 中断号 [using n]

中断号告诉编译器中断服务程序的入口地址。也就是说,C51 通过中断号来区分各个不同的中断,而与中断函数的名字无关。为了便于使用,在 stc8h.h 文件中,将各个中断号进行了宏定义,如

#define　　　TMR0_VECTOR　　1　　　　　　//定时器 1 的中断号

STC8H8K64U 单片机的中断号及中断服务程序入口地址请见第 6 章。

其中 using n 用于选择单片机不同的寄存器组,n 为 0~3 的常整型数,分别选中 4 个不同寄存器组中的一个。using 是一个可选项,可以不用。不用时,由编译器自动选择一个寄存器组。

中断函数不能进行参数传递,也不能有返回值。中断函数是单片机发生中断时由硬件自动调用的,用户程序不能调用。

中断函数具体指的是哪个中断不是由函数名决定的,而由中断号决定。虽然如此,建议给相应中断函数命名时,还是起一个有意义的名字,以增加程序的可读性。

例如,串行口 1 的中断函数可以声明为

void UART1_ISR (void) interrupt UART1_VECTOR
{
　　/* 串口 1 中断服务程序的代码 */
}

上述代码声明了串行口 1 中断服务函数。其中,interrupt UART1_VECTOR 说明是串行口 1 的中断。

不仅在中断函数中可以指定寄存器组,在普通函数中也可以指定寄存器组。但实际开发时,在函数的定义中一般不指定工作寄存器区,由编译环境自行分配。

2. 指定存储模式声明

用户可以使用 small、compact 及 large 声明存储模式。例如

void fun1(void) small { }

small 说明的函数内部变量全部使用内部 RAM。关键的、经常性的、耗时的地方可以这样声明,以提高运行速度。

3. 函数的重入声明

可以在函数使用之前声明函数的可重入性,只对一个函数有效。可重入函数主要用于多任务环境中,一个可重入的函数简单来说就是可以被中断的函数,也就是说,可以在这个函数执行的任何时刻中断它。如果声明为不可重入的,说明该函数调用过程中将不可被中断。递归或可重入函数在单片机系统中容易产生问题,因为单片机和 PC 不同,PC 使用堆栈传递参数,且静态变量以外的内部变量都在堆栈中;而单片机一般使用寄存器传递参数,内部变量一般在 RAM 中,函数重入时会破坏上次调用的数据。有两种方法可以解决函数的重入问题。

第一种方法:在相应的函数前使用"#pragma disable"声明,即只允许主程序或中断之一调用该函数。

第二种方法:将函数说明为可重入的。如

```
void func(param...) reentrant;
```

Keil C51 编译后将生成一个可重入变量堆栈,然后就可以模拟通过堆栈传递变量的方法。

因为单片机内部堆栈空间的限制,C51 没有像大系统那样使用调用堆栈。一般在 C 语言的调用过程时,会把过程的参数和过程中使用的局部变量入栈。为了提高效率,C51 没有提供这种堆栈,而是提供一种压缩栈。每个过程被给定一个空间,用于存放局部变量。过程中的每个变量都存放在这个空间的固定位置。当递归调用这个过程时,会导致变量被覆盖。在某些实时应用中,非重入函数是不可取的。因为,函数调用时可能会被中断程序中断,而在中断程序中可能再次调用这个函数,所以 C51 允许将函数定义成重入函数。重入函数可被递归调用和多重调用,而不用担心变量被覆盖,因为每次函数调用时的局部变量都会被单独保存。因为这些堆栈是模拟的,重入函数一般都比较大,故运行起来也比较慢。

由于一般可重入函数由主程序和中断程序调用,所以通常中断程序使用与主程序不同的工作寄存器组。另外,对可重入函数,在相应的函数前面加上开关#pragma noaregs,以禁止编译器使用绝对寄存器寻址,可生成不依赖于寄存器组的代码。

## 5.4  预处理命令

以"#"号开头的命令是预处理命令。C 语言提供了多种预处理功能,如宏定义(#define)、文件包含(#include)、条件编译(#if)等。合理地使用预处理功能,可以使得编写的程序便于阅读、修改、移植和调试,也有利于模块化程序设计。下面介绍常用的预处理功能。

1. 宏定义(#define)

在 C 语言源程序中允许用一个标识符来表示一个字符串,称为宏。被定义为宏的标识符称为宏名。在编译预处理时,对程序中所有出现的宏名,都用宏定义中的字符串去代换,这称为宏代换或宏展开。宏代换是由预处理程序自动完成的。在 C 语言中,宏分为有参数和无参数两种。

(1)无参宏定义

无参宏的宏名后不带参数。其定义的一般形式为

#define 标识符 字符串

其中,标识符为所定义的宏名。字符串可以是常数、表达式、格式串等。符号常量的定义就是一种无参宏定义。此外,常对程序中反复使用的表达式进行宏定义。如要终止宏定义,可使用#undef 命令。

(2)带参宏定义

C 语言允许宏带有参数。在宏定义中的参数称为形式参数(简称形参),在宏调用中的参数称为实际参数(简称实参)。对带参数的宏,在调用中,不仅要宏展开,而且要用实参去代换形参。

带参宏定义的一般形式为

#define 宏名 (形参表) 字符串

在字符串中含有各个形参。带参宏调用的一般形式为

宏名 (实参表) ;

例如

#define MAX (a,b) (a>b)? a:b　　　　　//取 a 和 b 的最大数

#define 命令参数中#的作用:##是一个连接符号,用于把参数连在一起。#是"字符串化"的意思。出现在宏定义中的#是把跟在后面的参数转换成一个字符串。

例如

#define paster ( n ) printf ( "token " #n" = % d \n ", token##n )

若程序中出现"paster(9);"就相当于"printf("token 9 = %d\n",token9);"。

2. 文件包含(#include)

文件包含的一般形式为

#include "文件名"

文件包含命令的功能是把指定文件的内容插入该命令行位置,取代该命令行,从而把指定的文件和当前的源程序文件连成一个源文件。在程序设计中,文件包含是很有用的。一个较大的程序可以分为多个模块,由多个程序员分别编程。有些公用的符号常量或宏定义等可单独组成一个文件,在其他文件的开头用文件包含命令包含该文件即可使用。这样,可避免在每个文件开头都去书写那些公用量,从而节省时间,并减少出错。

包含命令中的文件名可以用双引号括起来,也可以用尖括号括起来。例如

#include "stdio.h"

#include <math.h>

二者的区别:使用尖括号表示在包含文件目录中去查找(包含目录由用户在开发环境中设置),而不在源文件目录去查找;使用双引号则表示首先在当前源文件所在的目录中查找,若未找到才到包含目录中去查找。用户编程时可根据需要选择哪一种包含命令形式,实际应用中经常采用第一种形式。

3. 条件编译(#if)

条件编译就是按不同的条件编译不同的程序部分,从而产生不同的目标代码文件。条件编译对于程序的移植和调试(可以分段调试)非常有用。特别是在操作系统的裁减中,经常使用条件编译。条件编译有三种形式,下面分别介绍。

(1) 第一种形式

#ifdef 标识符

　　程序段 1

#else

　　程序段 2

#endif

它的功能是,如果标识符已被#define 命令定义过,则对程序段 1 进行编译,否则对程序段 2 进行编译。如果没有程序段 2(它为空),本格式中的#else 可以没有。

(2) 第二种形式

#ifndef 标识符

```
    程序段 1
#else
    程序段 2
#endif
```

与第一种形式的区别是将 ifdef 改为 ifndef。它的功能是,如果标识符未被#define 命令定义过则对程序段 1 进行编译,否则对程序段 2 进行编译。这与第一种形式的功能正相反。

（3）第三种形式

```
#if 常量表达式
    程序段 1
#else
    程序段 2
#endif
```

它的功能是,如果常量表达式的值为真(非 **0**),则对程序段 1 进行编译,否则对程序段 2 进行编译。因此可以使程序在不同条件下,完成不同的功能。

条件编译当然也可以用条件语句来实现。但是用条件语句将会对整个源程序进行编译,生成的目标代码程序较长;而采用条件编译,则根据条件只编译其中的程序段 1 或程序段 2,生成的目标程序较短。如果条件选择的程序段很长,采用条件编译的方法是十分必要的。

## 5.5 单片机 C 语言程序框架及实例

为了便于学习,下面给出一个通用的 STC8H8K64U 单片机的 C51 程序框架。读者可以在适当的地方根据设计任务需要填入实现代码,便可构成较完整的 C 语言程序。

源程序代码:
ex-c-
frame.rar

```
#include"stc8h.h"                    //stc8h.h 为单片机寄存器
                                     //定义头文件

void delay(long delaytime);          //声明子函数,子函数可以有
                                     //返回值

void main(void)
{
    ……//此处可存放应用系统的初始化代码
    while(1)                         //主程序循环
    {
        //根据需要填入适当的内容
        delay(100);                  //可以调用用户自定义的子函数
    }
}
```

```
//----------各个子函数的声明-----------
void delay(long delaytime)
{
        while(delaytime>0)
          delaytime--;                          //子函数的实现代码
}
//----------各个中断函数的实现----------
void INT0_ISR(void) interrupt INT0_VECTOR  //外部中断 0 服务函数
{
    //根据需要填入程序代码
}
void INT1_ISR(void) interrupt INT1_VECTOR  //外部中断 1 服务函数
{
    //根据需要填入程序代码
}
void INT2_ISR(void) interrupt INT2_VECTOR  //外部中断 2 服务函数
{
    //根据需要填入程序代码
}
void INT3_ISR(void) interrupt INT3_VECTOR  //外部中断 3 服务函数
{
    //根据需要填入程序代码
}
void INT4_ISR(void) interrupt INT4_VECTOR  //外部中断 4 服务函数
{
    //根据需要填入程序代码
}
void TMR0_ISR(void) interrupt TMR0_VECTOR  //定时器 0 中断服务函数
{
    //根据需要填入程序代码
}
void TMR1_ISR(void) interrupt TMR1_VECTOR  //定时器 1 中断服务函数
{
    //根据需要填入程序代码
}
void TMR2_ISR(void) interrupt TMR2_VECTOR  //定时器 2 中断服务函数
{
    //根据需要填入程序代码
}
```

```
void TMR3_ISR(void) interrupt TMR3_VECTOR   //定时器 3 中断服务函数
{
    //根据需要填入程序代码
}
void TMR4_ISR(void) interrupt TMR4_VECTOR   //定时器 4 中断服务函数
{
    //根据需要填入程序代码
}
void UART1_ISR(void) interrupt UART1_VECTOR  //串口 1 中断服务函数
{
    //根据需要填入程序代码,注意中断请求标志的清 0
}
voidUART2_ISR(void) interrupt UART2_VECTOR  //串口 2 中断服务函数
{
    //根据需要填入程序代码,注意中断请求标志的清 0
}
void UART3_ISR(void) interrupt UART3_VECTOR  //串口 3 中断服务函数
{
    //根据需要填入程序代码,注意中断请求标志的清 0
}
void UART4_ISR(void) interrupt UART4_VECTOR  //串口 4 中断服务函数
{
    //根据需要填入程序代码,注意中断请求标志的清 0
}
void SPI_ISR(void) interrupt SPI_VECTOR    //SPI 中断服务函数
{
    //根据需要填入程序代码,注意中断请求标志的清 0
}
void I2C_ISR(void) interrupt I2C_VECTOR    //I2C 中断服务函数
{
    //根据需要填入程序代码,注意中断请求标志的清 0
}
void USB_ISR(void) interrupt USB_VECTOR    //USB 中断服务函数
{
    //根据需要填入程序代码,注意中断请求标志的清 0
}
void ADC_ISR(void) interrupt ADC_VECTOR    //ADC 中断服务函数
{
    //根据需要填入程序代码,注意中断请求标志的清 0
```

```
    }
    void LVD_ISR (void) interrupt LVD_VECTOR      //低电压检测中断服务函数
    {
        //根据需要填入程序代码,注意中断请求标志的清 0
    }
    void CMP_ISR (void) interrupt CMP_VECTOR      //比较器模块中断服务函数
    {
        //根据需要填入程序代码,注意中断请求标志的清 0
    }
    void PWMA_ISR (void) interrupt PWMA_VECTOR  //PWMA 模块中断服务函数
    {
        //根据需要填入程序代码,注意中断请求标志的清 0
    }
    void PWMB_ISR (void) interrupt PWMB_VECTOR  //PWMB 模块中断服务函数
    {
        //根据需要填入程序代码,注意中断请求标志的清 0
    }
    void P0_ISR (void) interrupt P0INT_VECTOR    //P0 中断服务函数
    {
        //根据需要填入程序代码,注意中断请求标志的清 0
    }
    void P1_ISR (void) interrupt P1INT_VECTOR    //P1 中断服务函数
    {
        //根据需要填入程序代码,注意中断请求标志的清 0
    }
    void P2_ISR (void) interrupt P2INT_VECTOR    //P2 中断服务函数
    {
        //根据需要填入程序代码,注意中断请求标志的清 0
    }
    void P3_ISR (void) interrupt P3INT_VECTOR    //P3 中断服务函数
    {
        //根据需要填入程序代码,注意中断请求标志的清 0
    }
    void P4_ISR (void) interrupt P4INT_VECTOR    //P4 中断服务函数
    {
        //根据需要填入程序代码,注意中断请求标志的清 0
    }
    void P5_ISR (void) interrupt P5INT_VECTOR    //P5 中断服务函数
    {
```

```
        //根据需要填入程序代码,注意中断请求标志的清 0
}
void P6_ISR (void) interrupt P6INT_VECTOR    //P6 中断服务函数
{
        //根据需要填入程序代码,注意中断请求标志的清 0
}
void P7_ISR (void) interrupt P7INT_VECTOR    //P7 中断服务函数
{
        //根据需要填入程序代码,注意中断请求标志的清 0
}
void DMA_M2M_ISR (void) interrupt DMA_M2M_VECTOR
                                        //DMA_M2M 中断服务函数
{
        //根据需要填入程序代码,注意中断请求标志的清 0
}
void DMA_ADC_ISR (void) interrupt DMA_ADC_VECTOR
                                        //DMA_ADC 中断服务函数
{
        //根据需要填入程序代码,注意中断请求标志的清 0
}
void DMA_SPI_ISR (void) interrupt DMA_SPI_VECTOR
                                        //DMA_SPI 中断服务函数
{
        //根据需要填入程序代码,注意中断请求标志的清 0
}
void DMA_UR1T_ISR (void) interrupt DMA_UR1T_VECTOR
                                        //DMA_UR1T 中断服务函数
{
        //根据需要填入程序代码,注意中断请求标志的清 0
}
void DMA_UR1R_ISR (void) interrupt DMA_UR1R_VECTOR
                                        //DMA_UR1R 中断服务函数
{
        //根据需要填入程序代码,注意中断请求标志的清 0
}
void DMA_UR2T_ISR (void) interrupt DMA_UR2T_VECTOR
                                        //DMA_UR2T 中断服务函数
{
        //根据需要填入程序代码,注意中断请求标志的清 0
```

```
    }
    void DMA_UR2R_ISR (void) interrupt DMA_UR2R_VECTOR
                                            //DMA_UR2R 中断服务函数
    {
        //根据需要填入程序代码,注意中断请求标志的清 0
    }
    void DMA_UR3T_ISR (void) interrupt DMA_UR3T_VECTOR
                                            //DMA_UR3T 中断服务函数
    {
        //根据需要填入程序代码,注意中断请求标志的清 0
    }
    void DMA_UR3R_ISR (void) interrupt DMA_UR3R_VECTOR
                                            //DMA_UR3R 中断服务函数
    {
        //根据需要填入程序代码,注意中断请求标志的清 0
    }
    void DMA_UR4T_ISR (void) interrupt DMA_UR4T_VECTOR
                                            //DMA_UR4T 中断服务函数
    {
        //根据需要填入程序代码,注意中断请求标志的清 0
    }
    void DMA_UR4R_ISR (void) interrupt DMA_UR4R_VECTOR
                                            //DMA_UR4R 中断服务函数
    {
        //根据需要填入程序代码,注意中断请求标志的清 0
    }
    void DMA_LCM_ISR (void) interrupt DMA_LCM_VECTOR
                                            //DMA_LCM 中断服务函数
    {
        //根据需要填入程序代码,注意中断请求标志的清 0
    }
    void RTC_ISR (void) interrupt RTC_VECTOR    //RTC 中断服务函数
    {
        //根据需要填入程序代码,注意中断请求标志的清 0
    }
    void LCM_ISR (void) interrupt LCM_VECTOR    //LCM 中断服务函数
    {
        //根据需要填入程序代码,注意中断请求标志的清 0
    }
```

没有用到的中断函数可以不写到程序中。

目前 Keil 各个版本的 C51 编译器均只支持 32 个中断号(0~31),对于中断号大于 31 的中断函数,编译时会报错。有人提供了一个简单的拓展工具,可将中断号拓展到 254。工具界面如图 5-1 所示。点击"打开"按钮,定位到 Keil 的安装目录后,点击"确定"即可。该工具可向作者索取。

下面举例说明单片机 C 语言程序设计方法。

源程序代码:
ex-5-1-
p60.rar

【例 5-1】 编程实现通过延时函数,由 P6.0 输出周期为 1 s 的方波信号。可以利用学习平台的指示灯进行观察。连接 8 个独立发光二极管的电路如图 5-2 所示。其中,由 $LED_0 \sim LED_7$ 构成独立发光二极管显示。

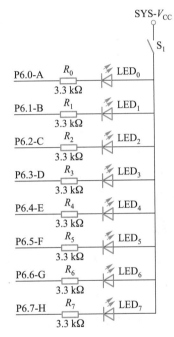

图 5-2  连接 8 个独立发光二极管的电路

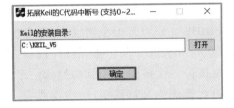

图 5-1  中断号拓展工具界面

解:C 语言程序

```
#include "stc8h.h"
void Delay500ms(void);                    //@ 11.0592 MHz
void main(void)
{
    P6M1 = 0;                             //相当于 MOV P6M1,#00H
    P6M0 = 0;
    P60 = 1;                              //相当于 SETB P6.0
    while(1)
    {
        P60 = ~ P60;                      //相当于 CPL P6.0
        Delay500ms();
```

```
        }
    }

    //延时 500 ms 子函数,该函数使用 STC-ISP 工具产生
    void Delay500ms()                              //@ 11.0592 MHz
    {
        unsigned char data i, j, k;
        i = 29;
        j = 14;
        k = 54;
        do
        {
            do
            {
                while (--k);
            } while (--j);
        } while (--i);
    }
```

从上述实例的注释中,能够看到 C 语言与汇编语言的对应关系。

【例 5-2】　单片机的程序 Flash 存储器作为 $E^2PROM$ 使用的基本操作。

利用 ISP/IAP 技术,用户可以将部分程序 Flash 存储器作为 $E^2PROM$ 使用,用于保存一些需要在应用过程中修改并且掉电不丢失的参数数据。使用时,注意不要将用户自己的程序误擦除。$E^2PROM$ 可分为若干个扇区,每个扇区包含

源程序代码:
ex-5-2-
$E^2PROM$.rar

512 字节。$E^2PROM$ 有 3 种操作方式:读、写和擦除。其中擦除操作以扇区为单位进行操作,每个扇区为 512 字节,即每执行一次擦除命令就会擦除一个扇区,而读数据和写数据都是以字节为单位进行操作的,即每执行一次读或者写命令时只能读出或者写入一个字节。

$E^2PROM$ 的写操作只能将字节中的 **1** 写为 **0**,如果需要将字节中的 **0** 写为 **1**,则必须执行扇区擦除操作。$E^2PROM$ 的读和写操作是以字节为单位进行的,而 $E^2PROM$ 的擦除操作是以扇区(512 字节)为单位进行的,在执行擦除操作时,如果目标扇区中有需要保留的数据,则必须预先将这些数据读取到 RAM 中暂存,待擦除完成后再将保存的数据和需要更新的数据一起写回 $E^2PROM$。所以在使用 $E^2PROM$ 时,建议同一次修改的数据放在同一个扇区,不是同一次修改的数据放在不同的扇区,不一定要用满。在用户程序中,可以对 $E^2PROM$ 进行字节读、字节写、扇区擦除操作。

$E^2PROM$ 的访问方式有两种:IAP 方式和 MOVC 方式。IAP 方式可对 $E^2PROM$ 执行读、写、擦除操作,但 MOVC 只能对 $E^2PROM$ 进行读操作,而不能进行写和擦除操作。无论是使用 IAP 方式还是使用 MOVC 方式访问 $E^2PROM$,首先都需要设置正确的目标地址。IAP 方式时,目标地址与 $E^2PROM$ 实际的物理地址是一致的,均是从地址 0000H 开始访问,但若要使用 MOVC 指令进行读取 $E^2PROM$ 数据时,目标地址必须是在 $E^2PROM$ 实际的物理地址的基础上加上程序大小的偏移。

（1）E²PROM 操作时间

① 读取 1 字节：4 个系统时钟（使用 MOVC 指令读取更方便快捷）。

② 编程 1 字节：30~40 μs（实际的编程时间为 6~7.5 μs，但还需要加上状态转换时间和各种控制信号的 SETUP 和 HOLD 时间）。

③ 擦除 1 扇区（512 字节）：4~6 ms。

E²PROM 操作所需时间是硬件自动控制的，用户只需要正确设置 IAP_TPS 寄存器即可。计算公式为

$$IAP\_TPS = 系统工作频率/1000000（小数部分四舍五入进行取整）$$

例如：系统工作频率为 12 MHz，则 IAP_TPS 设置为 12。

又例如：系统工作频率为 22.1184 MHz，则 IAP_TPS 设置为 22。

再例如：系统工作频率为 5.5296 MHz，则 IAP_TPS 设置为 6。

（2）相关的寄存器

① ISP/IAP 数据寄存器（IAP_DATA）

IAP_DATA 是 ISP/IAP 操作时的数据寄存器（地址为 C2H）。在进行 E²PROM 的读操作时，命令执行完成后读出的 E²PROM 数据保存在 IAP_DATA 寄存器中。在进行 E²PROM 的写操作时，执行写命令前，必须将待写入的数据存放在 IAP_DATA 寄存器中，再发送写命令。擦除 E²PROM 命令与 IAP_DATA 寄存器无关。

② ISP/IAP 地址寄存器（IAP_ADDR）

IAP_ADDR 为 E²PROM 进行读、写、擦除操作的目标地址寄存器，分为 2 个字节：IAP_ADDRH（地址为 C3H）和 IAP_ADDRL（地址为 C4H）。其中，IAP_ADDRH 保存地址的高字节，IAP_ADDRL 保存地址的低字节。注意：由于擦除是以 512 字节为单位进行操作的，所以执行擦除操作时所设置的目标地址的低 9 位是无意义的。

③ ISP/IAP 命令寄存器（IAP_CMD）

| 符号 | 地址 | b7 | b6 | b5 | b4 | b3 | b2 | b1 | b0 |
|------|------|----|----|----|----|----|----|----|----|
| IAP_CMD | C5H | – | – | – | – | – | – | CMD[1:0] | |

CMD[1:0]：发送 E²PROM 操作命令。

**00**：空操作。

**01**：读 E²PROM 命令。读取目标地址所在的 1 字节。

**10**：写 E²PROM 命令。写数据到目标地址所在的 1 字节。注意：写操作只能将目标字节中的 **1** 写为 **0**，而不能将 **0** 写为 **1**。一般当目标字节不为 FFH 时，必须先擦除。

**11**：擦除 E²PROM。擦除目标地址所在的 1 个扇区（512 字节）。注意：擦除操作会一次擦除 1 个扇区（512 字节），整个扇区的内容全部变成 FFH。

④ ISP/IAP 触发寄存器（IAP_TRIG）

IAP_TRIG（地址为 C6H）为 ISP/IAP 操作时的命令触发寄存器。在 IAPEN（IAP_CON-TR.7）= **1** 时，设置完成 E²PROM 读、写、擦除的命令寄存器、地址寄存器、数据寄存器以及控制寄存器后，每次 IAP 操作都要对 IAP_TRIG 先写入 5AH，再写入 A5H，ISP/IAP 命令才会生效。

ISP/IAP 操作完成后，IAP 地址高 8 位寄存器 IAP_ADDRH、IAP 地址低 8 位寄存器 IAP_

ADDRL 和 IAP 命令寄存器 IAP_CMD 的内容不变。如果接下来要对下一个地址的数据进行 ISP/IAP 操作,需手动将该地址的高 8 位和低 8 位分别写入 IAP_ADDRH 和 IAP_ADDRL 寄存器。

⑤ ISP/IAP 控制寄存器(IAP_CONTR)

| 符号 | 地址 | b7 | b6 | b5 | b4 | b3 | b2 | b1 | b0 |
|---|---|---|---|---|---|---|---|---|---|
| IAP_CONTR | C7H | IAPEN | SWBS | SWRST | CMD_FAIL | – | – | – | – |

IAPEN:$E^2$PROM 操作使能控制位。

**0**:禁止 $E^2$PROM 操作。

**1**:使能 $E^2$PROM 操作。

SWBS:软件复位选择控制位(需要与 SWRST 配合使用)。

**0**:软件复位后从用户代码开始执行程序。

**1**:软件复位后从系统 ISP 监控代码区开始执行程序。

SWRST:软件复位控制位。

**0**:无动作。

**1**:产生软件复位。

CMD_FAIL:$E^2$PROM 操作失败状态位,需要软件清零。

**0**:$E^2$PROM 操作正确。

**1**:$E^2$PROM 操作失败。如果送了 ISP/IAP 命令,并对 IAP_TRIG 送 5AH/A5H 触发失败,则为 **1**,需由软件清零。

⑥ $E^2$PROM 等待时间控制寄存器(IAP_TPS)

| 符号 | 地址 | b7 | b6 | b5 | b4 | b3 | b2 | b1 | b0 |
|---|---|---|---|---|---|---|---|---|---|
| IAP_TPS | F5H | – | – | IAPTPS[5:0] | | | | | |

需要根据工作频率进行设置,计算公式为

$$IAP\_TPS = 系统工作频率/1000000$$

(小数部分四舍五入进行取整)

STC8H8K64U 的 $E^2$PROM 大小可在 ISP 下载时由用户自己设置,如图 5-3 所示。用户可根据自己的需要在整个 Flash 空间中规划出任意不超过 Flash 大小的 $E^2$PROM 空间,注意:$E^2$PROM 总是从后向前进行规划的。

例如,STC8H8K64U 的 Flash 为 64 KB,若要分出其中的 4 KB 作为 $E^2$PROM 使用,则 $E^2$PROM 的物理地址为 64 KB 的最后 4 KB,物理地址为 F000H~FFFFH。如果使用 IAP 的方式进行访问,目标地址仍然从 0000H 开始,到 0FFFH 结束;如果使用 MOVC 读取,则需要从 F000H 开始,到 FFFFH 结束。

(3) Flash 存储器操作的实例

下面程序代码可实现对 0x0400 单元的擦除和读写

图 5-3　设置 $E^2$PROM 大小界面

操作。

```c
#include "stc8h.h"                            //包含 STC8H8K64U 单片机头文件
#include "intrins.h"

void IapIdle(void)                            //关闭 IAP 功能函数
{
    IAP_CONTR = 0;
    IAP_CMD = 0;                              //清除命令寄存器
    IAP_TRIG = 0;                             //清除触发寄存器
    IAP_ADDRH = 0x80;                         //将地址设置到非 IAP 区域
    IAP_ADDRL = 0;
}
unsignedchar IapRead(unsigned int addr)       //从指定的地址中读取 1 字节
{
    unsigned char dat;

    IAP_CONTR = 0x80;                         //使能 IAP
    IAP_TPS = 12;                             //设置等待参数 12 MHz
    IAP_CMD = 1;                              //设置 IAP 读命令
    IAP_ADDRL = addr;                         //设置 IAP 低地址
    IAP_ADDRH = addr >> 8;                    //设置 IAP 高地址
    IAP_TRIG = 0x5a;                          //写触发命令(5AH)
    IAP_TRIG = 0xa5;                          //写触发命令(A5H)
    _nop_();
    dat = IAP_DATA;                           //读 IAP 数据
    IapIdle();                                //关闭 IAP 功能
    return dat;
}
void IapProgram(unsigned int addr, unsigned char dat)
{
    IAP_CONTR = 0x80;                         //使能 IAP
    IAP_TPS = 12;                             //设置等待参数 12 MHz
    IAP_CMD = 2;                              //设置 IAP 写命令
    IAP_ADDRL = addr;                         //设置 IAP 低地址
    IAP_ADDRH = addr >> 8;                    //设置 IAP 高地址
    IAP_DATA = dat;                           //写 IAP 数据
    IAP_TRIG = 0x5a;                          //写触发命令(5AH)
    IAP_TRIG = 0xa5;                          //写触发命令(A5H)
    _nop_();
```

```
        IapIdle();                          //关闭 IAP 功能
    }
    void IapErase(unsigned int addr)        //擦除以 addr 开始的一个扇区
    {
        IAP_CONTR = 0x80;                   //使能 IAP
        IAP_TPS = 12;                       //设置等待参数 12 MHz
        IAP_CMD = 3;                        //设置 IAP 擦除命令
        IAP_ADDRL = addr;                   //设置 IAP 低地址
        IAP_ADDRH = addr >> 8;              //设置 IAP 高地址
        IAP_TRIG = 0x5a;                    //写触发命令(5AH)
        IAP_TRIG = 0xa5;                    //写触发命令(A5H)
        _nop_();
        IapIdle();                          //关闭 IAP 功能
    }
    void main(void)                         //main 函数
    {
        unsigned char dataread = 0, datawrite = 0;

        IapErase(0x0400);
        dataread = IapRead(0x0400);
        IapProgram(0x0400, 0x12);
        datawrite = IapRead(0x0400);
        while (1);
    }
```

　　单片机 C 语言程序的仿真调试方法和过程与汇编语言程序的仿真调试方法和过程完全相同,在此不再赘述。

# 习题

5-1　标准 C 语言中的数据类型有哪几种?

5-2　列举并说明 C 语言中的基本运算符。

5-3　Keil C 对 ANSI C 进行了哪些扩展? 在 Keil C 中如何声明中断函数?

5-4　如何在 Keil 集成环境中调试单片机的 C 语言程序? 详细叙述调试过程。

5-5　用 C 语言编写程序,点亮一盏灯,并在 Keil 集成环境中仿真。

5-6　用 C 语言编写程序:设单片机的系统时钟 $f = 11.0592$ MHz,要求在 P6.7 引脚上循环输出 0.6 s 的高电平和 0.2 s 的低电平。

5-7　编程控制一盏灯,实现灯不同速度的闪烁,每个速度闪烁 10 次,实现不同速度循环闪烁。

5-8　在学习平台上,用不同方法编写程序实现流水灯(也称为跑马灯)效果,要求:控制学习平台上的 $LED_4 \sim LED_7$ 4 个发光二极管。 先点亮 $LED_4$,然后依次点亮 $LED_5$、$LED_6$ 和

LED$_7$。 全部点亮后，再从 LED$_7$ 开始依次熄灭。 循环执行点亮和熄灭的动作。 提示：为了突出显示效果，每个动作都需要使用延时子程序。 编程可以采用移位指令、赋值、数组赋值、逐位操作等。

5-9 用一个按键控制一盏灯，要求：按下按键，灯亮；松开按键，灯灭。 提示：按键和灯分别由 P3.2 和 P6.0 连到单片机，按键部分要注意去抖动。

5-10 利用学习平台，由 1 个按键(P3.2)控制两盏灯(LED$_1$ 和 LED$_2$)，要求：按一下按键，灯 LED$_1$ 亮，灯 LED$_2$ 灭；再按一下按键，灯 LED$_1$ 灭，灯 LED$_2$ 亮；再按一下按键，灯 LED$_1$ 和灯 LED$_2$ 都亮；再按一下按键，灯 LED$_1$ 和灯 LED$_2$ 都灭；然后又是灯 LED$_1$ 亮，灯 LED$_2$ 灭……如此循环下去。

5-11 查阅资料分别用递推平均滤波法、限幅滤波法编写 C 语言程序。

# 第 6 章

# 中断

本章介绍中断的基本概念、STC8H8K64U 单片机的中断系统及其应用。

## 6.1　中断的概念

我们知道,计算机是按照事先编制好的程序运行来完成各项任务的。但是总有一些事件的发生时刻是随机的,而且这类事件一旦发生就必须立即处理。例如:

① 当计算机正在正常运行一个程序段的时候,如果有一个紧急的事件出现,又必须要立即处理这个紧急的事件。

② 计算机一边工作一边随时准备处理一个事件,但又不能确定该事件出现的确切时刻。例如,防火,防盗,系统压力、温度的异常等。

上述问题的出现需要利用中断技术来解决。中断是计算机中一个很重要的技术,它既和硬件有关,也和软件有关。正是因为有了中断技术,才使得计算机的控制功能更加灵活、效率更高,使得计算机的发展和应用大大地前进了一步,中断功能的强弱已成为衡量一台计算机功能完善与否的重要指标。

最初引进中断技术是为了增强计算机的实时性,提高计算机输入、输出的效率,改善计算机的整体性能。当计算机需要与外部设备交换一批数据时,由于外部设备的工作速度远远低于 CPU 的工作速度,每传送一组数据后,CPU 等待“很长”时间才能传送下一组数据,在等待期间 CPU 处在空运行状态,造成 CPU 的资源浪费。引入中断技术后,每传送一组数据,CPU 没有必要等待数据传送完毕,可以执行其他任务;数据传送完毕后,由外部设备向 CPU 申请中断,以告诉 CPU 数据发送完成信息,CPU 可以继续发送下一组数据。

什么是中断？先打个比方:当一位工作人员正处理文件时,电话铃响了(中断请求),他就需要在文件上正在处理的位置做一个记号(返回地址),以便接完电话回来继续处理文件,然后暂停文件处理的工作,去接电话(响应中断),并告诉对方“按某个方案办”(中断处理程序),然后,再从接听电话的状态返回到处理文件的状态(恢复中断前的状态)接着处理文件(中断返回)……再比如,当一个控制系统在正常监测和控制系统的运行时,如果工作现场某处失火,火焰传感器将传感到的失火信号送到计算机,要求计算机立即处理(中断请求),这时计算机系统应当记住当前正在运行的程序的地方(返回地址),立即暂停当前运行的程序,进入事先编好的失火报警程序段运行(响应中断),在中断程序中启动失火报警器报警(中断处理程序),然后再返回到刚才正常运行的程序继续工作(中断返回)。

所谓中断是指计算机在执行程序的过程中,出现某些事件需要立即处理时,CPU暂时中止正在执行的程序,转去执行对某种请求的处理程序。当处理程序执行完毕后,CPU再回到先前被暂时中止的程序继续执行。实现这种功能的部件称为中断系统,请示CPU中断的请求源称为中断源。中断源向CPU发出中断申请,CPU暂停当前工作转去处理中断源事件称为中断响应。对整个事件的处理过程称为中断服务。事件处理完毕CPU返回到被中断的地方称为中断返回。中断过程示意图如图6-1所示。

计算机的中断系统一般允许多个中断源,当几个中断源同时向CPU请求中断,要求为其服务的时候,就存在CPU优先响应哪一个中断源请求的问题。通常根据中断源的轻重缓急排队,优先处理最紧急事件的中断请求,即规定每一个中断源有一个优先级别。CPU总是先响应优先级别最高的中断请求。

当CPU正在处理一个中断请求的时候(执行相应的中断服务程序),发生了另外一个优先级比它更高的中断请求,CPU暂停原来中断源的服务程序,转而去处理优先级更高的中断请求,处理完以后,再回到原低优先级中断的服务程序,这样的过程称为中断嵌套。这样的中断系统称为多级中断系统,没有中断嵌套功能的中断系统称为单级中断系统。中断嵌套示意图如图6-2所示。

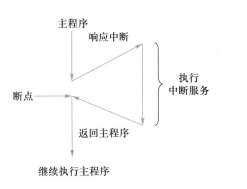

图6-1 中断过程示意图

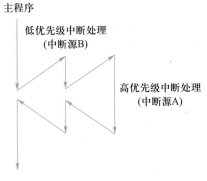

图6-2 中断嵌套示意图

计算机采用中断技术,大大提高了工作效率和处理问题的灵活性,主要表现在3个方面:
① 可及时处理控制系统中许多随机发生的事件;
② 较好地解决了快速CPU和慢速外部设备之间的矛盾,可使CPU和外部设备并行工作;
③ 具备了处理故障的能力,提高了系统自身的可靠性。

中断类似于主程序调用子程序,但它们又有区别,各自的主要特点如表6-1所示。

表6-1 中断和调用子程序之间的主要区别

| 中断 | 调用子程序 |
| --- | --- |
| 产生时刻是随机的 | 程序中事先安排好的 |
| 既保护断点(自动实现),又保护现场(需要用户编程实现) | 可只保护断点(自动实现) |
| 处理程序的入口地址是单片机硬件确定的,用户不能改变 | 子程序的入口地址是程序编排的 |

在中断系统中,还有几个相关概念。

1. 开中断和关中断

中断的开放(称为开中断或中断允许)和中断的关闭(称为关中断或中断禁止)可以通过指令设置相关特殊功能寄存器的内容来实现,这是 CPU 能否接受中断请求的关键。只有在开中断的情况下,才有可能接受中断源的请求。

2. 中断的响应

单片机响应中断请求时,由中断系统硬件控制 CPU 从主程序转去执行中断服务程序,同时把断点地址自动送入堆栈进行保护,以便执行完中断服务程序后能够返回到原来的断点继续执行主程序。各个中断请求的中断服务程序入口地址由中断系统确定。

3. 中断的撤除

在响应中断请求后,返回主程序之前,该中断请求标志应该撤除,否则,单片机执行完中断服务程序会误判为又发生了中断请求而错误地再次进入中断服务程序。单片机中有些中断请求标志会自动撤除,有些不能自动撤除,必须由用户使用相应的指令撤除。

## 6.2　单片机的中断系统及其应用

STC8H8K64U 单片机提供了 44 个中断源,它们分别是:5 个外部中断(INT0、INT1、INT2、INT3、INT4)、5 个定时器/计数器溢出中断(T0、T1、T2、T3、T4)、4 个异步串口中断(UART1、UART2、UART3、UART4)、1 个 SPI 中断、1 个 $I^2C$ 中断、1 个 USB 中断、1 个 ADC 中断、1 个低压检测(LVD)中断、1 个比较器中断、2 个 PWM 中断(PWMA 和 PWMB)、8 个端口中断(P0~P7)、12 个 DMA 中断、1 个 RTC 中断和 1 个 LCM 中断。

除外部中断 2(INT2)、外部中断 3(INT3)、定时器 T2 溢出中断、定时器 T3 溢出中断、定时器 T4 溢出中断固定是最低优先级中断外,其他的中断都具有 4 个优先级,可实现四级中断服务程序嵌套。

用户可以通过关总中断允许位(EA/IE.7)以及相应中断的允许位屏蔽相应的中断请求,也可以通过打开相应的中断允许位使 CPU 能够响应相应的中断请求;每一个中断源可以用软件独立地控制为开中断或关中断状态;大部分中断可用软件设置优先级别。高优先级的中断请求可以打断低优先级的中断;反之,低优先级的中断请求不可以打断高优先级的中断。当两个相同优先级的中断同时产生时,将由查询次序来决定系统先响应哪个中断。

### 6.2.1　中断源及其优先级管理

1. 中断源

STC8H8K64U 单片机的中断结构如图 6-3 所示。

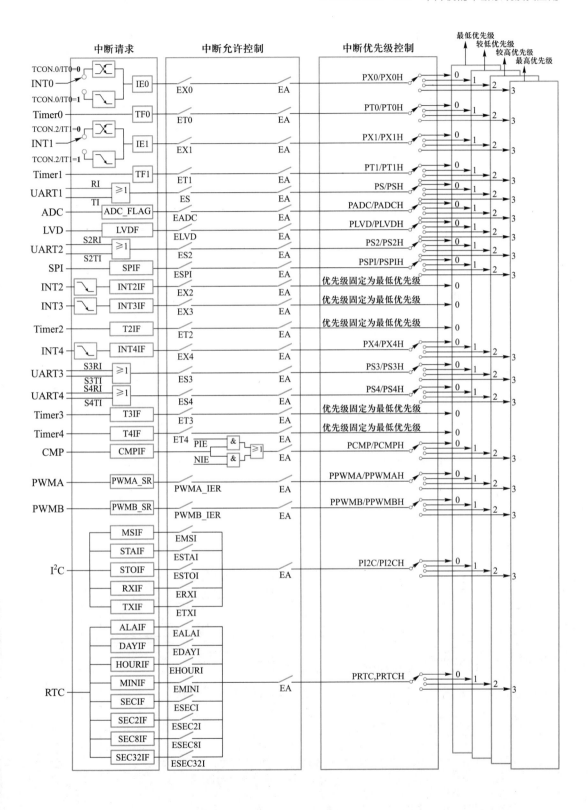

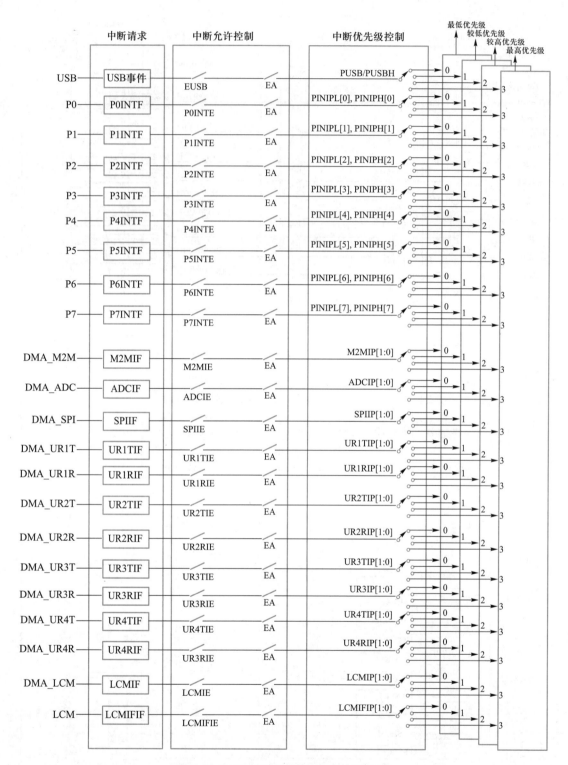

图 6-3 STC8H8K64U 单片机的中断系统

STC8H8K64U 单片机的中断源及其相关控制如表 6-2 所示。

表 6-2  **STC8H8K64U** 单片机的中断源及其相关控制

| 中断源 | 中断入口地址 | 中断次序号 | 优先级设置位 | 优先级 | 中断请求标志位 | 中断允许控制位 |
|---|---|---|---|---|---|---|
| INT0 | 0003H | 0 | PX0,PX0H | 0/1/2/3 | IE0 | EX0 |
| 定时器 T0 | 000BH | 1 | PT0,PT0H | 0/1/2/3 | TF0 | ET0 |
| INT1 | 0013H | 2 | PX1,PX1H | 0/1/2/3 | IE1 | EX1 |
| 定时器 T1 | 001BH | 3 | PT1,PT1H | 0/1/2/3 | TF1 | ET1 |
| UART1 | 0023H | 4 | PS,PSH | 0/1/2/3 | RI ∣∣ TI | ES |
| ADC | 002BH | 5 | PADC,PADCH | 0/1/2/3 | ADC_FLAG | EADC |
| LVD | 0033H | 6 | PLVD,PLVDH | 0/1/2/3 | LVDF | ELVD |
| UART2 | 0043H | 8 | PS2,PS2H | 0/1/2/3 | S2RI ∣∣ S2TI | ES2 |
| SPI | 004BH | 9 | PSPI,PSPIH | 0/1/2/3 | SPIF | ESPI |
| INT2 | 0053H | 10 | | 0 | INT2IF | EX2 |
| INT3 | 005BH | 11 | | 0 | INT3IF | EX3 |
| 定时器 T2 | 0063H | 12 | | 0 | T2IF | ET2 |
| INT4 | 0083H | 16 | PX4,PX4H | 0/1/2/3 | INT4IF | EX4 |
| UART3 | 008BH | 17 | PS3,PS3H | 0/1/2/3 | S3RI ∣∣ S3TI | ES3 |
| UART4 | 0093H | 18 | PS4,PS4H | 0/1/2/3 | S4RI ∣∣ S4TI | ES4 |
| 定时器 T3 | 009BH | 19 | | 0 | T3IF | ET3 |
| 定时器 T4 | 00A3H | 20 | | 0 | T4IF | ET4 |
| CMP | 00ABH | 21 | PCMP,PCMPH | 0/1/2/3 | CMPIF | PIE∣NIE |
| $I^2C$ | 00C3H | 24 | PI2C,PI2CH | 0/1/2/3 | MSIF | EMSI |
| | | | | | STAIF | ESTAI |
| | | | | | RXIF | ERXI |
| | | | | | TXIF | ETXI |
| | | | | | STOIF | ESTOI |
| USB | 00CBH | 25 | PUSB,PUSBH | 0/1/2/3 | USB 事件 | EUSB |
| PWMA | 00D3H | 26 | PPWMA,PPWMAH | 0/1/2/3 | PWMA_SR | PWMA_IER |
| PWMB | 00DBH | 27 | PPWMB,PPWMBH | 0/1/2/3 | PWMB_SR | PWMB_IER |

| 中断源 | 中断入口地址 | 中断次序号 | 优先级设置位 | 优先级 | 中断请求标志位 | 中断允许控制位 |
|---|---|---|---|---|---|---|
| RTC | 0123H | 36 | PRTC,PRTCH | 0/1/2/3 | ALAIF | EALAI |
| | | | | | DAYIF | EDAYI |
| | | | | | HOURIF | EHOURI |
| | | | | | MINIF | EMINI |
| | | | | | SECIF | ESECI |
| | | | | | SEC2IF | ESEC2I |
| | | | | | SEC8IF | ESEC8I |
| | | | | | SEC32IF | ESEC32I |
| P0 中断 | 012BH | 37 | PINIPL[0],PINIPH[0] | 0/1/2/3 | P0INTF | P0INTE |
| P1 中断 | 0133H | 38 | PINIPL[1],PINIPH[1] | 0/1/2/3 | P1INTF | P1INTE |
| P2 中断 | 013BH | 39 | PINIPL[2],PINIPH[2] | 0/1/2/3 | P2INTF | P2INTE |
| P3 中断 | 0143H | 40 | PINIPL[3],PINIPH[3] | 0/1/2/3 | P3INTF | P3INTE |
| P4 中断 | 014BH | 41 | PINIPL[4],PINIPH[4] | 0/1/2/3 | P4INTF | P4INTE |
| P5 中断 | 0153H | 42 | PINIPL[5],PINIPH[5] | 0/1/2/3 | P5INTF | P5INTE |
| P6 中断 | 015BH | 43 | PINIPL[6],PINIPH[6] | 0/1/2/3 | P6INTF | P6INTE |
| P7 中断 | 0163H | 44 | PINIPL[7],PINIPH[7] | 0/1/2/3 | P7INTF | P7INTE |
| DMA_M2M 中断 | 017BH | 47 | M2MIP[1:0] | 0/1/2/3 | M2MIF | M2MIE |
| DMA_ADC 中断 | 0183H | 48 | ADCIP[1:0] | 0/1/2/3 | ADCIF | ADCIE |
| DMA_SPI 中断 | 018BH | 49 | SPIIP[1:0] | 0/1/2/3 | SPIIF | SPIIE |
| DMA_UR1T 中断 | 0193H | 50 | UR1TIP[1:0] | 0/1/2/3 | UR1TIF | UR1TIE |

续表

| 中断源 | 中断入口地址 | 中断次序号 | 优先级设置位 | 优先级 | 中断请求标志位 | 中断允许控制位 |
|---|---|---|---|---|---|---|
| DMA_UR1R 中断 | 019BH | 51 | UR1RIP[1:0] | 0/1/2/3 | UR1RIF | UR1RIE |
| DMA_UR2T 中断 | 01A3H | 52 | UR2TIP[1:0] | 0/1/2/3 | UR2TIF | UR2TIE |
| DMA_UR2R 中断 | 01ABH | 53 | UR2RIP[1:0] | 0/1/2/3 | UR2RIF | UR2RIE |
| DMA_UR3T 中断 | 01B3H | 54 | UR3TIP[1:0] | 0/1/2/3 | UR3TIF | UR3TIE |
| DMA_UR3R 中断 | 01BBH | 55 | UR3RIP[1:0] | 0/1/2/3 | UR3RIF | UR3RIE |
| DMA_UR4T 中断 | 01C3H | 56 | UR4TIP[1:0] | 0/1/2/3 | UR4TIF | UR4TIE |
| DMA_UR4R 中断 | 01CBH | 57 | UR4RIP[1:0] | 0/1/2/3 | UR4RIF | UR3RIE |
| DMA_LCM 中断 | 01D3H | 58 | LCMIP[1:0] | 0/1/2/3 | LCMIF | LCMIE |
| LCM 中断 | 01DBH | 59 | LCMIFIP[1:0] | 0/1/2/3 | LCMIFIF | LCMIFIE |

用户可根据需要设置对应的中断允许位,以允许或禁止各中断源的中断请求。欲使某中断源允许中断,必须同时使 EA=1,使 CPU 开放中断。例如,如果要允许外部中断 0 中断,需要将 EX0 和 EA 都置 1;如果要允许 A/D 转换中断,则需要将 EADC 和 EA 都置 1。

通过设置优先级设置位,用户可以设置中断优先级。优先级 0 为最低,3 为最高。同一优先级的中断源同时申请中断时,按照中断次序号的大小顺序响应中断,优先响应中断次序号小的中断源。

中断请求标志分别锁存在特殊功能寄存器 TCON、AUXINTIF、SCON、S2CON、S3CON、S4CON、PCON、SPSTAT、ADC_CONTR、CMPCR1、I2CMSST、I2CSLST、PWMA_SR1、PWMA_SR2、PWMB_SR1、PWMB_SR2、P0INTF ~ P7INTF、LCMIFSTA 和 DMA 中断标志寄存器中。

(1) 外部中断和定时器溢出中断的中断请求标志

外部中断 0、外部中断 1、定时器 T0 和 T1 溢出中断的中断请求标志在定时器/计数器 T0 和 T1 的控制寄存器 TCON 中。外部中断 0(INT0)和外部中断 1(INT1)既可双边沿触发(即上升沿和下降沿都触发),也可下降沿触发。通过定时器/计数器 T0 和 T1 的控制寄存器 TCON 进行设置。外部中断 0(INT0)和外部中断 1(INT1)还可以用于将单片机从掉电模式唤醒。TCON 的各个位含义如下

| 符号 | 地址 | b7 | b6 | b5 | b4 | b3 | b2 | b1 | b0 |
|------|------|-----|-----|-----|-----|-----|-----|-----|-----|
| TCON | 88H | TF1 | TR1 | TF0 | TR0 | IE1 | IT1 | IE0 | IT0 |

① IT0：外部中断 INT0 触发方式控制位。可由软件置 **1** 或清 **0**。

**0**：上升沿和下降沿均可触发外部中断。当 INT0 引脚出现上升沿或者下降沿时，置位 IE0。

**1**：下降沿触发方式。INT0 引脚上电平由高到低负跳变时，置位 IE0。

② IE0：外部中断 INT0 请求标志。无论采取哪一种触发方式，只要满足了触发外部中断的条件，都会硬件置位 IE0，并以此来向 CPU 请求中断。当 CPU 响应中断转向中断服务程序时，由硬件自动清 **0** 中断标志。

③ IT1：外部中断 INT1 触发方式控制位，与 IT0 类似。

④ IE1：外部中断 INT1 请求标志，其意义和 IE0 相同。

外部中断输入 INT$x$、外部中断请求触发方式控制位 IT$x$ 及中断请求标志 IE$x$ 三者关系如图 6-4 所示（$x=$ **0** 或 **1**）。

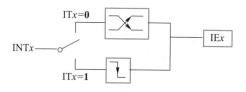

图 6-4　INT$x$、IT$x$ 与 IE$x$ 关系

⑤ TR0：定时器/计数器 T0 启动/停止控制位。

⑥ TF0：定时器/计数器 T0 的溢出中断标志。若 CPU 响应中断，在进入中断后，CPU 自动将 TF0 清 **0**。TF0 也可用软件清 **0**（查询方式）。

⑦ TR1：定时器/计数器 T1 启动/停止控制位。

⑧ TF1：定时器/计数器 T1 的中断标志，功能和 TF0 类似。

⑤~⑧与定时器/计数器有关，详细介绍请参考第 7 章。

中断标志辅助寄存器 AUXINTIF 用于保存外部中断 2~4 和定时器 T2~T4 溢出中断的中断请求标志。各位定义如下

| 符号 | 地址 | b7 | b6 | b5 | b4 | b3 | b2 | b1 | b0 |
|------|------|-----|-------|-------|-------|-----|------|------|------|
| AUXINTIF | EFH | - | INT4IF | INT3IF | INT2IF | - | T4IF | T3IF | T2IF |

INT4IF：外部中断 4 中断请求标志。中断服务程序中硬件自动清 **0**。

INT3IF：外部中断 3 中断请求标志。中断服务程序中硬件自动清 **0**。

INT2IF：外部中断 2 中断请求标志。中断服务程序中硬件自动清 **0**。

T4IF：定时器 T4 溢出中断标志。中断服务程序中硬件自动清 **0**（该位只能写，不可读）。

T3IF：定时器 T3 溢出中断标志。中断服务程序中硬件自动清 **0**（该位只能写，不可读）。

T2IF：定时器 T2 溢出中断标志。中断服务程序中硬件自动清 **0**（该位只能写，不可读）。

外部中断 2（INT2）、外部中断 3（INT3）及外部中断 4（INT4）只能下降沿触发。当相应的

中断服务程序执行后或 EX$n$ = 0( $n$ = 2,3,4),这些中断请求标志位会自动地被清 **0**。外部中断 2(INT2)、外部中断 3(INT3)及外部中断 4(INT4)可以用于将单片机从掉电模式唤醒。

当相应的中断服务程序执行后或 ET2 = **0**、ET3 = **0**、ET4 = **0**,定时器 T2、定时器 T3 和定时器 T4 的中断请求标志位会自动地被清 **0**。

（2）串口中断的中断请求标志

串口 1、串口 2、串口 3 和串口 4 的中断请求标志分别锁存在特殊功能寄存器 SCON、S2CON、S3CON 和 S4CON 中。这些中断请求标志都不能自动清 **0**,需要用户在中断服务程序中使用软件清 **0**。各位的定义如下

| 符号 | 地址 | b7 | b6 | b5 | b4 | b3 | b2 | b1 | b0 |
|------|------|------|------|------|------|------|------|------|------|
| SCON | 98H | SM0/FE | SM1 | SM2 | REN | TB8 | RB8 | TI | RI |
| S2CON | 9AH | S2SM0 | – | S2SM2 | S2REN | S2TB8 | S2RB8 | S2TI | S2RI |
| S3CON | ACH | S3SM0 | S3ST3 | S3SM2 | S3REN | S3TB8 | S3RB8 | S3TI | S3RI |
| S4CON | 84H | S4SM0 | S4ST4 | S4SM2 | S4REN | S4TB8 | S4RB8 | S4TI | S4RI |

① 串口 1 控制寄存器 SCON 中的标志位

RI:串口 1 接收中断标志。接收时,串口中断的方式是先接收再中断。RI = 1 表示串口 1 接收器已经接收到数据,该数据放在接收缓冲区,向 CPU 申请中断,以便将接收到的数据转移到预先安排好的数据区,接收缓冲区准备接收下一个数据。RI 也可以用于查询。

TI:串口 1 发送中断标志。发送时,串口中断的方式是先发送再中断。TI = 1 表示串口发送器已经发送完一个数据,向 CPU 申请中断,以便发送下一个数据。TI 也可以用于查询。

由于串口的发送中断和接收中断使用相同的入口地址,所以,CPU 响应串行中断后,首先应检测这两个中断标志位,以判断是发送中断还是接收中断。当检测结束后,应通过软件将串行口中断标志清 **0**。

其他各位,与串行通信的方式、数据格式等选项设置有关,详细内容请参考第 8 章内容。

② 串口 2 控制寄存器 S2CON 中的标志位

S2TI 和 S2RI 是串口 2 的发送中断标志和接收中断标志,与寄存器 SCON 对应位的含义和功能类似,在此,不做详细描述。

③ 串口 3 控制寄存器 S3CON 中的标志位

S3TI 和 S3RI 是串口 3 的发送中断标志和接收中断标志,与寄存器 SCON 对应位的含义和功能类似,在此不再详细描述。

④ 串口 4 控制寄存器 S4CON 中的标志位

S4TI 和 S4RI 是串口 4 的发送中断标志和接收中断标志,与寄存器 SCON 对应位的含义和功能类似,在此不再详细描述。

（3）电源控制寄存器 PCON 中的标志位

电源控制寄存器 PCON 的各位定义如下

| 符号 | 地址 | b7 | b6 | b5 | b4 | b3 | b2 | b1 | b0 |
|------|------|------|------|------|------|------|------|------|------|
| PCON | 87H | SMOD | SMOD0 | LVDF | POF | GF1 | GF0 | PD | IDL |

LVDF 是低电压检测标志位,同时也是低电压检测中断请求标志位。在正常工作和空闲工作状态时,如果内部工作电压 $V_{cc}$ 低于低电压检测门槛电压,低电压中断请求标志位(LVDF/PCON.5)自动置 1,与低电压检测中断是否被允许无关。即在内部工作电压 $V_{cc}$ 低于低电压检测门槛电压时,不管有没有允许低电压检测中断,LVDF/PCON.5 都自动为 1。该位要用软件清 0,清 0 后,如内部工作电压 $V_{cc}$ 低于低电压检测门槛电压,该位又被自动设置为 1。

在进入掉电工作状态前,如果低电压检测电路未被允许可产生中断,则在进入掉电模式后,该低电压检测电路不工作以降低功耗。如果设置允许可产生低电压检测中断(相应的中断允许位是 ELVD/IE.6,中断请求标志位是 LVDF/PCON.5),则在进入掉电模式后,该低电压检测电路继续工作,在内部工作电压 $V_{cc}$ 低于低电压检测门槛电压后,产生低电压检测中断,可将单片机从掉电状态唤醒。

（4）SPI 状态寄存器 SPSTAT 中的标志位

SPI 状态寄存器 SPSTAT 的各位定义如下

| 符号 | 地址 | b7 | b6 | b5 | b4 | b3 | b2 | b1 | b0 |
|---|---|---|---|---|---|---|---|---|---|
| SPSTAT | CDH | SPIF | WCOL | - | - | - | - | - | - |

SPIF 是 SPI 传输完成标志。当一次传输完成时,SPIF 被置位。此时,如果允许 SPI 中断(ESPI = 1,EA = 1),将产生中断。当 SPI 处于主模式且 SSIG = 0 时,如果 $\overline{SS}$ 为输入并被驱动为低电平,SPIF 也将置位,表示"模式改变"。SPIF 标志需要通过软件向其写入 1 而清 0。

WCOL 位的作用以及 SPI 模块的详细介绍请参见第 8 章内容。

（5）ADC 控制寄存器 ADC_CONTR 中的标志位

ADC 控制寄存器 ADC_CONTR 的各位定义如下

| 符号 | 地址 | b7 | b6 | b5 | b4 | b3 | b2 | b1 | b0 |
|---|---|---|---|---|---|---|---|---|---|
| ADC_CONTR | BCH | ADC_POWER | ADC_START | ADC_FLAG | ADC_EPWMT | ADC_CHS[3:0] | | | |

ADC_FLAG 是 A/D 转换结束标志位。A/D 转换完成后,ADC_FLAG = 1。此时,若允许 A/D 转换中断(EADC = 1,EA = 1),则由该位申请产生中断,也可以由软件查询该标志位判断 A/D 转换是否结束。不管是 A/D 转换完成后由该位申请产生中断,还是由软件查询该标志位 A/D 转换是否结束,当 A/D 转换完成后,ADC_FLAG = 1,一定要软件清 0。

（6）PWM 中断的中断请求标志

PWMA 状态寄存器 PWMA_SR1 和 PWMA_SR2 的各位定义如下

| 符号 | 地址 | b7 | b6 | b5 | b4 | b3 | b2 | b1 | b0 |
|---|---|---|---|---|---|---|---|---|---|
| PWMA_SR1 | FEC5H | BIF | TIF | COMIF | CC4IF | CC3IF | CC2IF | CC1IF | UIF |
| PWMA_SR2 | FEC6H | - | - | - | CC4OF | CC3OF | CC2OF | CC1OF | - |

BIF:PWMA 刹车中断请求标志。需要软件清 0。

TIF:PWMA 触发中断请求标志。需要软件清 0。

COMIF:PWMA 比较中断请求标志。需要软件清 0。

CC4IF:PWMA 通道 4 发生捕获比较中断请求标志。需要软件清 **0**。

CC3IF:PWMA 通道 3 发生捕获比较中断请求标志。需要软件清 **0**。

CC2IF:PWMA 通道 2 发生捕获比较中断请求标志。需要软件清 **0**。

CC1IF:PWMA 通道 1 发生捕获比较中断请求标志。需要软件清 **0**。

UIF:PWMA 更新中断请求标志。需要软件清 **0**。

CC4OF:PWMA 通道 4 发生重复捕获中断请求标志。需要软件清 **0**。

CC3OF:PWMA 通道 3 发生重复捕获中断请求标志。需要软件清 **0**。

CC2OF:PWMA 通道 2 发生重复捕获中断请求标志。需要软件清 **0**。

CC1OF:PWMA 通道 1 发生重复捕获中断请求标志。需要软件清 **0**。

PWMB 状态寄存器 PWMB_SR1 和 PWMB_SR2 的各位定义如下

| 符号 | 地址 | b7 | b6 | b5 | b4 | b3 | b2 | b1 | b0 |
|---|---|---|---|---|---|---|---|---|---|
| PWMB_SR1 | FEE5H | BIF | TIF | COMIF | CC8IF | CC7IF | CC6IF | CC5IF | UIF |
| PWMB_SR2 | FEE6H | – | – | – | CC8OF | CC7OF | CC6OF | CC5OF | – |

BIF:PWMB 刹车中断请求标志。需要软件清 **0**。

TIF:PWMB 触发中断请求标志。需要软件清 **0**。

COMIF:PWMB 比较中断请求标志。需要软件清 **0**。

CC8IF:PWMB 通道 8 发生捕获比较中断请求标志。需要软件清 **0**。

CC7IF:PWMB 通道 7 发生捕获比较中断请求标志。需要软件清 **0**。

CC6IF:PWMB 通道 6 发生捕获比较中断请求标志。需要软件清 **0**。

CC5IF:PWMB 通道 5 发生捕获比较中断请求标志。需要软件清 **0**。

UIF:PWMB 更新中断请求标志。需要软件清 **0**。

CC8OF:PWMB 通道 8 发生重复捕获中断请求标志。需要软件清 **0**。

CC7OF:PWMB 通道 7 发生重复捕获中断请求标志。需要软件清 **0**。

CC6OF:PWMB 通道 6 发生重复捕获中断请求标志。需要软件清 **0**。

CC5OF:PWMB 通道 5 发生重复捕获中断请求标志。需要软件清 **0**。

（7）比较器中断的中断请求标志

比较器中断请求标志保存在比较控制寄存器 CMPCR1 中。CMPCR1 的各位定义如下

| 符号 | 地址 | b7 | b6 | b5 | b4 | b3 | b2 | b1 | b0 |
|---|---|---|---|---|---|---|---|---|---|
| CMPCR1 | E6H | CMPEN | CMPIF | PIE | NIE | PIS | NIS | CMPOE | CMPRES |

CMPIF:比较器中断请求标志。需要软件清 **0**。

（8）I²C 中断的中断请求标志

I²C 状态寄存器 I2CMSST 和 I2CSLST 的各位定义如下

| 符号 | 地址 | b7 | b6 | b5 | b4 | b3 | b2 | b1 | b0 |
|---|---|---|---|---|---|---|---|---|---|
| I2CMSST | FE82H | MSBUSY | MSIF | – | – | – | – | MSACKI | MSACKO |
| I2CSLST | FE84H | SLBUSY | STAIF | RXIF | TXIF | STOIF | TXING | SLACKI | SLACKO |

MSIF:I$^2$C 主机模式中断请求标志。需要软件清 **0**。

ESTAI:I$^2$C 从机接收 START 事件中断请求标志。需要软件清 **0**。

ERXI:I$^2$C 从机接收数据完成事件中断请求标志。需要软件清 **0**。

ETXI:I$^2$C 从机发送数据完成事件中断请求标志。需要软件清 **0**。

ESTOI:I$^2$C 从机接收 STOP 事件中断请求标志。需要软件清 **0**。

（9）端口中断的中断请求标志

端口中断标志寄存器的各位定义如下

| 符号 | 地址 | b7 | b6 | b5 | b4 | b3 | b2 | b1 | b0 |
|---|---|---|---|---|---|---|---|---|---|
| P0INTF | FD10H | P07INTF | P06INTF | P05INTF | P04INTF | P03INTF | P02INTF | P01INTF | P00INTF |
| P1INTF | FD11H | P17INTF | P16INTF | P15INTF | P14INTF | P13INTF | P12INTF | P11INTF | P10INTF |
| P2INTF | FD12H | P27INTF | P26INTF | P25INTF | P24INTF | P23INTF | P22INTF | P21INTF | P20INTF |
| P3INTF | FD13H | P37INTF | P36INTF | P35INTF | P34INTF | P33INTF | P32INTF | P31INTF | P30INTF |
| P4INTF | FD14H | P47INTF | P46INTF | P45INTF | P44INTF | P43INTF | P42INTF | P41INTF | P40INTF |
| P5INTF | FD15H | – | – | P55INTF | P54INTF | P53INTF | P52INTF | P51INTF | P50INTF |
| P6INTF | FD16H | P67INTF | P66INTF | P65INTF | P64INTF | P63INTF | P62INTF | P61INTF | P60INTF |
| P7INTF | FD17H | P77INTF | P76INTF | P75INTF | P74INTF | P73INTF | P72INTF | P71INTF | P70INTF |

P$nx$INTF:端口中断请求标志位（$n=0\sim7,x=0\sim7$）

**0**:P$n.x$ 口没有中断请求

**1**:P$n.x$ 口有中断请求,若允许中断,则会进入中断服务程序。标志位需软件清 **0**。

（10）LCM 中断的中断请求标志

LCM 接口状态寄存器的各位定义如下

| 符号 | 地址 | b7 | b6 | b5 | b4 | b3 | b2 | b1 | b0 |
|---|---|---|---|---|---|---|---|---|---|
| LCMIFSTA | FE53H | – | – | – | – | – | – | – | LCMIFIF |

LCMIFIF:LCM 中断请求标志。需要软件清 **0**。

（11）DMA 中断标志

DMA 中断标志寄存器的各位定义如下

| 符号 | 地址 | b7 | b6 | b5 | b4 | b3 | b2 | b1 | b0 |
|---|---|---|---|---|---|---|---|---|---|
| DMA_M2M_STA | FA02H | – | – | – | – | – | – | – | M2MIF |
| DMA_ADC_STA | FA12H | – | – | – | – | – | – | – | ADCIF |
| DMA_SPI_STA | FA22H | – | – | – | – | – | TXOVW | RXLOSS | SPIIF |
| DMA_UR1T_STA | FA32H | – | – | – | – | – | TXOVW | – | UR1TIF |
| DMA_UR1R_STA | FA3AH | – | – | – | – | – | – | RXLOSS | UR1RIF |
| DMA_UR2T_STA | FA42H | – | – | – | – | – | TXOVW | – | UR2TIF |
| DMA_UR2R_STA | FA4AH | – | – | – | – | – | – | RXLOSS | UR2RIF |
| DMA_UR3T_STA | FA52H | – | – | – | – | – | TXOVW | – | UR3TIF |

续表

| 符号 | 地址 | b7 | b6 | b5 | b4 | b3 | b2 | b1 | b0 |
|------|------|----|----|----|----|----|----|----|----|
| DMA_UR3R_STA | FA5AH | – | – | – | – | – | – | RXLOSS | UR3RIF |
| DMA_UR4T_STA | FA62H | – | – | – | – | – | TXOVW | – | UR4TIF |
| DMA_UR4R_STA | FA6AH | – | – | – | – | – | – | RXLOSS | UR4RIF |
| DMA_LCM_STA | FA72H | – | – | – | – | – | – | TXOVW | LCMIF |

M2MIF：DMA_M2M(存储器到存储器 DMA)中断请求标志。需要软件清 **0**。

ADCIF：DMA_ADC(ADC DMA)中断请求标志。需要软件清 **0**。

SPIIF：DMA_SPI(SPI DMA)中断请求标志。需要软件清 **0**。

UR1TIF：DMA_UR1T(串口 1 发送 DMA)中断请求标志。需要软件清 **0**。

UR1RIF：DMA_UR1R(串口 1 接收 DMA)中断请求标志。需要软件清 **0**。

UR2TIF：DMA_UR2T(串口 2 发送 DMA)中断请求标志。需要软件清 **0**。

UR2RIF：DMA_UR2R(串口 2 接收 DMA)中断请求标志。需要软件清 **0**。

UR3TIF：DMA_UR3T(串口 3 发送 DMA)中断请求标志。需要软件清 **0**。

UR3RIF：DMA_UR3R(串口 3 接收 DMA)中断请求标志。需要软件清 **0**。

UR4TIF：DMA_UR4T(串口 4 发送 DMA)中断请求标志。需要软件清 **0**。

UR4RIF：DMA_UR4R(串口 4 接收 DMA)中断请求标志。需要软件清 **0**。

LCMIF：DMA_LCM(LCM 接口 DMA)中断请求标志。需要软件清 **0**。

2. 中断的允许、禁止及优先级

(1) 中断的允许和禁止

STC8H8K64U 单片机中没有专门的开中断和关中断指令,中断的允许和禁止是通过设置相关寄存器的控制位实现的,置 **1** 允许中断,清 **0** 禁止中断。单片机复位后各个中断允许控制位均被清 **0**,禁止所有中断。单片机对中断源的允许和禁止由两级控制组成,即总控制和对每个中断源的分别控制。总控制用于决定整个中断系统是允许还是禁止,通过设置 IE 寄存器的最高位 EA 实现。当整个中断系统禁止时,CPU 不响应任何中断请求。对于每个中断源的分别控制是在中断系统允许的前提下,决定某一个中断源是允许还是禁止。与中断允许有关的特殊功能寄存器及其控制位如表 6-3 所示。

表 6-3  与中断允许有关的特殊功能寄存器及其控制位

| 寄存器 | 地址 | b7 | b6 | b5 | b4 | b3 | b2 | b1 | b0 |
|--------|------|----|----|----|----|----|----|----|----|
| IE | A8H | EA | ELVD | EADC | ES | ET1 | EX1 | ET0 | EX0 |
| IE2 | AFH | EUSB | ET4 | ET3 | ES4 | ES3 | ET2 | ESPI | ES2 |
| INTCLKO | 8FH | – | EX4 | EX3 | EX2 | – | T2CLKO | T1CLKO | T0CLKO |
| CMPCR1 | E6H | CMPEN | CMPIF | PIE | NIE | PIS | NIS | CMPOE | CMPRES |
| I2CMSCR | FE81H | EMSI | – | – | – | MSCMD[3:0] | | | |
| I2CSLCR | FE83H | – | ESTAI | ERXI | ETXI | ESTOI | – | – | SLRST |
| PWMA_IER | FEC4H | BIE | TIE | COMIE | CC4IE | CC3IE | CC2IE | CC1IE | UIE |

续表

| 寄存器 | 地址 | b7 | b6 | b5 | b4 | b3 | b2 | b1 | b0 |
|---|---|---|---|---|---|---|---|---|---|
| PWMB_IER | FEE4H | BIE | TIE | COMIE | CC8IE | CC7IE | CC6IE | CC5IE | UIE |
| P0INTE | FD00H | P07INTE | P06INTE | P05INTE | P04INTE | P03INTE | P02INTE | P01INTE | P00INTE |
| P1INTE | FD01H | P17INTE | P16INTE | P15INTE | P14INTE | P13INTE | P12INTE | P11INTE | P10INTE |
| P2INTE | FD02H | P27INTE | P26INTE | P25INTE | P24INTE | P23INTE | P22INTE | P21INTE | P20INTE |
| P3INTE | FD03H | P37INTE | P36INTE | P35INTE | P34INTE | P33INTE | P32INTE | P31INTE | P30INTE |
| P4INTE | FD04H | P47INTE | P46INTE | P45INTE | P44INTE | P43INTE | P42INTE | P41INTE | P40INTE |
| P5INTE | FD05H | – | – | P55INTE | P54INTE | P53INTE | P52INTE | P51INTE | P50INTE |
| P6INTE | FD06H | P67INTE | P66INTE | P65INTE | P64INTE | P63INTE | P62INTE | P61INTE | P60INTE |
| P7INTE | FD07H | P77INTE | P76INTE | P75INTE | P74INTE | P73INTE | P72INTE | P71INTE | P70INTE |
| LCMIFCFG | FE50H | LCMIFIE | – | LCMIFIP[1:0] | | LCMIFDPS[1:0] | | D16_D8 | M68_I80 |
| DMA_M2M_CFG | FA00H | M2MIE | – | TXACO | RXACO | M2MIP[1:0] | | M2MPTY[1:0] | |
| DMA_ADC_CFG | FA10H | ADCIE | – | – | – | ADCMIP[1:0] | | ADCPTY[1:0] | |
| DMA_SPI_CFG | FA20H | SPIIE | ACT_TX | ACT_RX | – | SPIIP[1:0] | | SPIPTY[1:0] | |
| DMA_UR1T_CFG | FA30H | UR1TIE | – | – | – | UR1TIP[1:0] | | UR1TPTY[1:0] | |
| DMA_UR1R_CFG | FA38H | UR1RIE | – | – | – | UR1RIP[1:0] | | UR1RPTY[1:0] | |
| DMA_UR2T_CFG | FA40H | UR2TIE | – | – | – | UR2TIP[1:0] | | UR2TPTY[1:0] | |
| DMA_UR2R_CFG | FA48H | UR2RIE | – | – | – | UR2RIP[1:0] | | UR2RPTY[1:0] | |
| DMA_UR3T_CFG | FA50H | UR3TIE | – | – | – | UR3TIP[1:0] | | UR3TPTY[1:0] | |
| DMA_UR3R_CFG | FA58H | UR3RIE | – | – | – | UR3RIP[1:0] | | UR3RPTY[1:0] | |
| DMA_UR3R_CFG | FA60H | UR4TIE | – | – | – | UR4TIP[1:0] | | UR4TPTY[1:0] | |
| DMA_UR4R_CFG | FA68H | UR4RIE | – | – | – | UR4RIP[1:0] | | UR4RPTY[1:0] | |
| DMA_LCM_CFG | FA70H | LCMIE | – | – | – | LCMIP[1:0] | | LCMPTY[1:0] | |

　　下面仅介绍与中断允许相关的控制位。相关的位设置为 1 时,允许对应的中断;否则,禁止对应的中断。

　　① 中断允许寄存器 IE

　　EA:中断允许总控制位。

　　ELVD:低电压检测中断允许控制位。

　　EADC:ADC 中断允许控制位。

　　ES:串口 1 中断允许控制位。

　　ET1:定时器 T1 溢出中断允许控制位。

　　EX1:外部中断 INT1 中断允许控制位。

　　ET0:定时器 T0 溢出中断允许控制位。

　　EX0:外部中断 INT0 中断允许控制位。

　　② 中断允许寄存器 IE2

　　EUSB:USB 中断允许位。

　　ET4:定时器 T4 溢出中断允许控制位。

　　ES4:串口 4 中断允许控制位。

　　ET3:定时器 T3 溢出中断允许控制位。

　　ES3:串口 3 中断允许控制位。

　　ET2:定时器 T2 溢出中断允许控制位。

　　ESPI:SPI 中断允许控制位。

　　ES2:串行口 2 中断允许控制位。

　　③ 外部中断使能和时钟输出寄存器 INT_CLKO

　　其中,EX4、EX3 和 EX2 用于设置是否允许外部中断 4、外部中断 3 和外部中断 2 中断,它们只能下降沿触发。

　　④ 比较器控制寄存器 1(CMPCR1)

　　PIE:比较器上升沿中断允许位。

　　NIE:比较器下降沿中断允许位。

　　⑤ $I^2C$ 控制寄存器(I2CMSCR、I2CSLCR)

　　EMSI:$I^2C$ 主机模式中断允许位。

　　ESTAI:$I^2C$ 从机接收 START 事件中断允许位。

　　ERXI:$I^2C$ 从机接收数据完成事件中断允许位。

　　ETXI:$I^2C$ 从机发送数据完成事件中断允许位。

　　ESTOI:$I^2C$ 从机接收 STOP 事件中断允许位。

　　⑥ PWMA 中断使能寄存器(PWMA_IER)

　　BIE:PWMA 刹车中断允许位。

　　TIE:PWMA 触发中断允许位。

　　COMIE:PWMA 比较中断允许位。

　　CC4IE:PWMA 捕获比较通道 4 中断允许位。

　　CC3IE:PWMA 捕获比较通道 3 中断允许位。

CC2IE:PWMA 捕获比较通道 2 中断允许位。

CC1IE:PWMA 捕获比较通道 1 中断允许位。

UIE:PWMA 更新中断允许位。

⑦ PWMB 中断使能寄存器(PWMB_IER)

BIE:PWMB 刹车中断允许位。

TIE:PWMB 触发中断允许位。

COMIE:PWMB 比较中断允许位。

CC8IE:PWMB 捕获比较通道 8 中断允许位。

CC7IE:PWMB 捕获比较通道 7 中断允许位。

CC6IE:PWMB 捕获比较通道 6 中断允许位。

CC5IE:PWMB 捕获比较通道 5 中断允许位。

UIE:PWMB 更新中断允许位。

⑧ 端口中断使能寄存器

P$nx$INTE:端口中断使能控制位($n=0\sim7,x=0\sim7$)。

⑨ LCM 接口配置寄存器(LCMIFCFG)

LCMIFIE:LCM 接口中断允许位。

⑩ DMA 中断使能寄存器

M2MIE:DMA_M2M(存储器到存储器 DMA)中断允许位。

ADCIE:DMA_ADC(ADC DMA)中断允许位。

SPIIE:DMA_SPI(SPI DMA)中断允许位。

UR$n$TIE:DMA_UR$n$T(串口 $n$ 发送 DMA)中断允许位($n=1,2,3,4$)。

UR$n$RIE:DMA_UR$n$R(串口 $n$ 接收 DMA)中断允许位($n=1,2,3,4$)。

LCMIE:DMA_LCM(LCM 接口 DMA)中断允许位。

(2) 中断的优先级

除外部中断 2(INT2),外部中断 3(INT3),定时器 T2、定时器 T3、定时器 T4 溢出中断固定为最低优先级外,通过设置特殊功能寄存器(IP/IPH、IP2/IP2H 和 IP3/IP3H)中的相应位,STC8H8K64U 单片机的其他所有中断请求源的中断优先级可设为四级,实现四级中断服务程序嵌套。中断优先级相关的特殊功能寄存器及其控制位如表 6-4 所示。对应的 2 个二进制位设置规则如下。

**00**:中断优先级为 0 级(最低级);

**01**:中断优先级为 1 级(较低级);

**10**:中断优先级为 2 级(较高级);

**11**:中断优先级为 3 级(最高级)。

单片机复位后,优先级寄存器中的相关位全部清 **0**,所有中断源均设置为最低优先级。

表 6-4　与中断优先级有关的特殊功能寄存器及其控制位

| 寄存器 | 地址 | b7 | b6 | b5 | b4 | b3 | b2 | b1 | b0 |
|---|---|---|---|---|---|---|---|---|---|
| IP | B8H | – | PLVD | PADC | PS | PT1 | PX1 | PT0 | PX0 |
| IPH | B7H | – | PLVDH | PADCH | PSH | PT1H | PX1H | PT0H | PX0H |

| 寄存器 | 地址 | b7 | b6 | b5 | b4 | b3 | b2 | b1 | b0 |
|--------|------|-----|-----|------|-----|-------|--------|------|------|
| IP2 | B5H | PUSB | PI2C | PCMP | PX4 | PPWMB | PPWMA | PSPI | PS2 |
| IP2H | B6H | PUSBH | PI2CH | PCMPH | PX4H | PPWMBH | PPWMAH | PSPIH | PS2H |
| IP3 | DFH | – | – | – | – | – | PRTC | PS4 | PS3 |
| IP3H | EEH | – | – | – | – | – | PRTCH | PS4H | PS3H |

① 中断优先级寄存器 IP 和 IPH

PLVDH,PLVD:低电压检测中断优先级控制位。

PADCH,PADC:ADC 中断优先级控制位。

PSH,PS:串行口 1 中断优先级控制位。

PT1H,PT1:定时器 T1 溢出中断优先级控制位。

PX1H,PX1:外部中断 1 中断优先级控制位。

PT0H,PT0:定时器 T0 溢出中断优先级控制位。

PX0H,PX0:外部中断 0 中断优先级控制位。

② 第二中断优先级寄存器 IP2 和 IP2H

PUSBH,PUSB:USB 中断优先级控制位。

PI2CH,PI2C:$I^2C$ 中断优先级控制位。

PCMPH,PCMP:比较器中断优先级控制位。

PX4H,PX4:外部中断 4 中断优先级控制位。

PPWMBH,PPWMB:PWMB 中断优先级控制位。

PPWMAH,PPWMA:PWMA 中断优先级控制位。

PSPIH,PSPI:SPI 中断优先级控制位。

PS2H,PS2:串口 2 中断优先级控制位。

③ 第三中断优先级寄存器 IP3 和 IP3H

PRTCH,PRTC:RTC 中断优先级控制位。

PS4H,PS4:串口 4 中断优先级控制位。

PS3H,PS3:串口 3 中断优先级控制位。

每一个中断源都可以由软件设定优先级的高低。在低优先级中断服务程序运行期间,如果来了一个高优先级的中断请求,除非在低优先级的服务程序中关中断或禁止某些高优先级的中断请求,否则将允许高优先级的中断请求中断低优先级的中断服务程序,转去执行高优先级的中断服务程序,高优先级的中断服务程序执行完之后再回来继续执行被暂停的低优先级的中断服务程序。低级或同级的中断请求不能中断正在执行的中断服务程序。

中断服务程序执行到 RETI 指令时,结束中断服务程序的执行,返回被中断的程序后再执行一条指令才能响应新的中断请求。STC8H8K64U 单片机对中断优先级的处理原则是:

低优先级中断可被高优先级中断所中断,反之不能;

任何一种中断,一旦得到响应,不会再被它的同级中断所中断。

同一优先级的中断源同时申请中断时,按照中断次序号顺序响应中断。这相当于在每个优先级内,还同时存在另一个辅助优先级结构(称为默认的优先级)。

### 6.2.2 单片机中断处理过程

#### 1. 单片机响应中断的条件和过程

当中断源向 CPU 发出中断请求时,如果中断的条件满足,CPU 将进入中断响应周期。单片机响应中断的条件是:

① 中断源有请求;

② 相应的中断允许位设置为 1,参考图 6-3 所示的中断系统结构设置相关的控制位;

③ 无同级或高级中断正在处理;

④ CPU 中断开放(EA=1)。

在每个指令周期的最后一个时钟周期,CPU 对各中断源采样,并设置相应的中断标志位。CPU 在下一个指令周期的最后一个时钟周期按优先级顺序查询各中断标志,如查到某个中断标志为 1,将在下一个指令周期按优先级的高低顺序响应中断并进行处理。

CPU 响应中断时,将执行如下操作:

① 当前正被执行的指令执行完毕;

② PC 值被压入堆栈;

③ 现场保护;

④ 阻止同级别其他中断;

⑤ 将中断服务程序的入口地址(中断向量地址)装载到程序计数器 PC;

⑥ 执行相应的中断服务程序。

在中断服务程序(interrupt service routine,简称 ISR)中完成和该中断相应的一些操作。在汇编语言程序中,中断服务程序 ISR 以"RETI"指令结束;在 C 语言程序中,中断服务程序以最外层的大括号"}"结束。中断服务程序结束后,将 PC 值从堆栈中取回,并恢复原来的中断设置,之后从程序的断点处继续执行。

STC8H8K64U 单片机各个中断源所对应的中断服务程序入口地址在表 6-2 中列出。

从表 6-2 中可以看出,许多中断入口地址之间只相隔 8 个单元,如果中断服务程序的长度少于 8 个字节,可以直接存放到入口地址开始的存储区中。但是一般中断服务程序的长度都超过 8 个字节,这时可以将中断服务程序存放到存储器的其他区域,在中断入口处安排一条转移指令 LJMP,转向真正的中断服务程序。例如

```
ORG        0003H          ;外部中断 0 入口地址
LJMP       INT0_ISR
...                       ;其他程序代码
INT0_ISR:                 ;外部中断 0 服务程序
...
RETI
```

这样,当 CPU 响应外部中断 0 的中断请求时,PC 指针指向 0003H 单元,执行"LJMP INT0_ISR"指令后,转入执行程序存储器的 INT0_ISR 标号处的外部中断 0 服务程序。

使用 C 语言编写单片机中断应用程序时,用中断号区分每一个中断。例如

void INT0_ISR(void) interrupt 0{}　　　//外部中断 0 中断函数

void TMR0_ISR (void) interrupt 1{}　　//定时器 T0 溢出中断函数

为了便于使用,将上述中断向量号使用#define 语句进行了定义(在 stc8h. h 文件中)。例如

#define　INT0_VECTOR　　0

INT0 的中断函数就可以写为

void INT0_ISR (void) interrupt INT0_VECTOR {}

在程序的运行过程中,并不是任何时刻都可以响应中断请求。出现下列情况时,CPU 不会响应中断请求:

① 中断允许总控制位 EA＝0 或发出中断请求的中断源所对应的中断允许控制位为 0;

② CPU 正在执行一个同级或更高级的中断服务程序;

③ 当前执行指令的时刻不是指令周期的最后一个时钟周期;

④ 正在执行的指令是中断返回指令"RETI"或者是访问 IE 或 IP 的指令时,CPU 至少要再执行一条指令才能响应中断请求。

2. 中断服务

中断服务程序从入口地址开始执行,直到执行返回指令"RETI"或遇到中断服务程序的最后一个"}"为止。中断服务程序结束时,由栈顶弹出断点地址送程序计数器 PC,从而返回被中断的程序。中断服务程序由四个部分组成,即保护现场、中断服务、恢复现场以及中断返回。

由于在主程序中一般都会用到累加器 A 和程序状态字寄存器 PSW,所以在现场保护时一般都需要使用"PUSH ACC"指令和"PUSH PSW"指令分别保护 A 和 PSW,其他寄存器根据使用情况决定是否需要保护。在 C 语言程序中不需要进行现场保护。

在编写中断服务程序时应注意以下三点:

① 单片机响应中断后,不会自动关闭中断系统。如果用户程序不希望出现中断嵌套,则必须在中断服务程序的开始处关闭中断,禁止更高优先级的中断请求中断当前的服务程序。

② 为了保证保护现场和恢复现场能够连续进行,可在保护现场和恢复现场之前先关中断,当现场保护或现场恢复结束后,再根据实际需要决定是否需要开中断。

③ 中断请求的撤除。中断源向 CPU 发出中断请求后,中断请求信号分别锁存在相应的特殊功能寄存器中。当某个中断源的请求被 CPU 响应后,应将相应的中断请求标志清除。CPU 在处理中断结束并返回到主程序后,如果中断请求标志没有及时清除,一次中断请求会引起 CPU 多次甚至反复响应该中断源的中断请求,从而使 CPU 进入死循环。撤除过早,有可能中断尚未响应,造成请求信号的丢失;撤除过晚,可能引起多次中断。所以,及时撤除中断请求是很重要的。对于不同的中断源,清除中断请求信号的方法不同。除了定时器溢出中断和外部中断的中断请求标志不需要用户清 0 外,其他中断源的中断请求标志均需要由用户通过软件清 0。

### 6.2.3　中断程序编程举例

使用单片机的中断功能时,首先应该对中断系统进行初始化,也就是设置相关特殊功能寄存器中的各个控制位,完成开中断和中断优先级的设置。

在单片机响应中断之后,还必须考虑中断请求标志的撤除,有些中断请求标志能够由硬件自动撤除(清 **0**),有些中断请求标志需要用户在中断服务程序中用软件清 **0**。

【例 6-1】　利用 INT0 引入单脉冲,每来一个负脉冲,将连接到 P4.6 和 P4.7 的发光二极管循环点亮。外部中断 INT0 和 INT1 的电路连接如图 3-30 所示。$LED_{10}$ 和 $LED_{11}$ 的电路连接如图 6-5 所示。$LED_{10}$ 和 $LED_{11}$ 同时可以作为串口 2 的通信指示。

源程序代码:

ex-6-1-
int0. rar

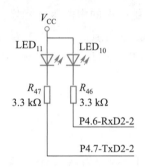

图 6-5　$LED_{10}$ 和 $LED_{11}$ 的电路连接

解:利用 INT0 的下降沿触发中断。汇编语言程序如下

```
$INCLUDE (STC8H.INC)
LED10    EQU    P4.6
LED11    EQU    P4.7
         ORG    0000H
         LJMP   MAIN
         ORG    0003H
         LJMP   INT0_ISR
         ORG    0300H
MAIN:    MOV    SP,#70H
         MOV    P4M0, #0c0H    ;设置 P4.6 和 P4.7 的工作模式为推挽输出模式
         MOV    P4M1, #00H
         SETB   LED10
         CLR    LED11
         SETB   IT0            ;设置下降沿触发中断
         SETB   EX0            ;开放外部中断 0
         SETB   EA             ;开放总中断
         SJMP   $              ;等待,本指令相当于"HERE:LJMP  HERE"
INT0_ISR:
```

```
        CPL     LED10
        CPL     LED11
        RETI
        END
```

对应的 C 语言版本如下

```c
#include "stc8h.h"              //包含寄存器定义头文件
sbit LED10 = P4^6;
sbit LED11 = P4^7;
void main(void)
{
    P4M0 = 0xc0;
    P4M1 = 0x0;                //设置 P4.6 和 P4.7 的工作模式为推挽输出模式
    LED10 = 1;
    LED11 = 0;
    IT0 = 1;
    EX0 = 1;
    EA = 1;
    while(1);                  //循环等待
}
void INT0_ISR(void) interrupt INT0_VECTOR
{
    LED10 = ~LED10;
    LED11 = ~LED11;
}
```

由以上例子可以发现 C 语言程序与汇编语言程序的对应关系。

【例 6-2】 利用上升沿和下降沿均可触发中断的外部中断,可以检测脉冲跳变的次数,也可以检测按键的按下与弹起操作。下面的例子可以统计从 INT1 引脚输入脉冲的跳变次数。

解:汇编语言程序如下

源程序代码:
ex-6-2-
int1. rar

```
$INCLUDE  (STC8H.INC)
        ORG     0000H       ;主程序入口
        LJMP    MAIN
        ORG     0013H       ;外部中断 1 入口
        LJMP    INT1_ISR
        ORG     0300H       ;主程序
MAIN: MOV      SP,#7FH
        CLR     A           ;假设脉冲的跳变次数保存在累加器 ACC 中
        CLR     IT1         ;设外部中断 1 为上升沿和下降沿均可触发的方式
        SETB    EX1         ;外部中断 1 开中断
```

```
        SETB    EA              ;CPU 开中断
        SJMP    $               ;原地踏步,等待中断发生
;外部中断 1 处理子程序:
INT1_ISR:
        INC     A               ;统计脉冲跳变次数
                                ;可以在这个地方读入 INT1/P3.3 引脚的电平
                                ;从而判断本次中断是上升沿中断还是下降沿中断
        RETI                    ;返回
        END
```

对应的 C 语言程序如下

```c
#include"stc8h.h"               //包含寄存器定义头文件
unsigned char p_cnt = 0;        //统计脉冲跳变次数变量
void main (void)
{
    IT1 = 0;                    //外部中断 1 为上升沿和下降沿均可触发的方式
    EX1 = 1;                    //允许外部中断 1
    EA  = 1;                    //允许总的中断
    while(1);                   //等待中断
}
void INT1_ISR (void) interrupt INT1_VECTOR      //外部中断 1 函数
{
    p_cnt++;                                    //统计脉冲跳变次数
}
```

【例 6-3】　外部中断 2 的使用。编程实现:每来一次外部中断 2,连接 P6.0 的发光二极管状态反转。

解:外部中断 2~4 的使用方法与外部中断 0 和 1 的使用方法类似,区别在于外部中断 2~4 只能是下降沿触发,并且要注意开放中断的方法。

源程序代码:
ex-6-3-int2. rar

外部中断 INT2 的电路连接如图 3-30 所示。连接 P6.0 的发光二极管的电路如图 5-2 所示。

汇编语言程序如下

```
$INCLUDE (STC8H.INC)  ;包含寄存器定义文件
;主程序:
        ORG     0000H           ;主程序入口
        LJMP    MAIN
        ORG     0053H           ;外部中断 2 入口
        LJMP    INT2_ISR
        ORG     0300H           ;主程序
MAIN:MOV        SP,#7FH
        MOV     P6M0,#0ffH
```

```
    MOV     P6M1,#00H              ;设置 P6 口的工作模式为推挽输出模式
    ORL     INTCLKO,  #10H         ;开放外部中断 2
    SETB    EA                     ;CPU 开中断
    SJMP    $                      ;原地踏步,等待中断发生
;外部中断 2 处理子程序:
INT2_ISR:
    CPL     P6.0
    RETI                           ;返回
    END
```

对应的 C 语言程序如下

```c
#include"stc8h.h"              // 包含寄存器定义头文件
void main (void)
{
    P6M0 = 0xff;
    P6M1 = 0x00;               // 设置 P6 口的工作模式为推挽输出模式
    INTCLKO |= 0x10;           // 允许外部中断 2
    EA =1;                     // 允许总的中断
    while(1);                  // 等待中断
}
void INT2_ISR (void) interrupt INT2_VECTOR      // 外部中断 2 函数
{
    P60 = ~ P60;
}
```

外部中断 3 和外部中断 4 的使用方法和外部中断 2 的使用方法完全相同,读者用到的时候,可以参考上述例程。

【例 6-4】　除了传统的外部中断外,STC8H8K64U 单片机还支持 I/O 接口的中断,即 P0～P7 口都可以引起中断,且支持 4 种中断模式:下降沿中断、上升沿中断、低电平中断、高电平中断。每组 I/O 接口都有独立的中断入口地址,且每个 I/O 接口可独立设置中断模式。

源程序代码:
ex-6-4-
p54int.rar

下面以 P5.4 的中断为例,说明 I/O 接口中断的使用方法。在学习平台中,P5.4 连接 SW14 按钮,可以使用该按钮进行测试。电路如图 3-29 所示。

编程实现:每当 P5.4 按下时,连接 P6.0 的发光二极管状态反转。

解:C 语言程序如下

```c
#include "stc8h.h"
void main(void)
{
    P_SW2 |= 0x80;                    // 使能访问 XFR
    P6M0 = 0xff; P6M1 = 0x00;         // 设置 P6 口的工作方式为推挽输出模式
    P5M0 = 0x00; P5M1 = 0x00;         // 设置 P5 口的工作方式为准双向口模式
```

```
        P5IM0 = 0x00;                //下降沿中断
        P5IM1 = 0x00;
        P5INTE = 0xff;               //使能 P5 口中断
        P60 = 1;
        EA = 1;
        while(1);
    }
void P5INT_isr(void) interrupt P5INT_VECTOR
    {
        unsigned char intf;

        intf = P5INTF;
        if (intf)
        {
            P5INTF = 0x00;
            if (intf & 0x10)
            {
                //P5.4 口中断
                P60 = ~P60;
            }

        }
    }
```

请读者自行写出对应的汇编语言程序。

由以上例子可以看出,使用 C 语言编写单片机程序具有简洁、易读等特点,可以大大提高单片机应用程序的开发效率。由上述例子也可以看出 C 语言与汇编语言的对应关系。为了节省篇幅,并考虑到工程实用性,从第 7 章开始,不再介绍例题的汇编语言代码,只给出 C 语言实现代码。

### 6.2.4　中断使用过程中需要注意的问题

在嵌入式系统中,中断是一种很有效的事件处理方式。但是,如果使用中断不当,往往会出现一些意想不到的结果。为了获得正确的结果可能要花费大量的调试时间,而且中断服务子程序的错误是比较难以发现和纠正的。为了避免发生类似的问题,下面介绍中断使用过程中需要注意的问题。

1. 寄存器保护

由于中断请求的发生时刻是随机的,所以在主程序的执行过程中,在任何地方都有可能发生中断请求并进入中断处理程序,因此,必须保证在任何时候都要做好中断现场的保护工作。例如,主程序是

```
        CLR    C
        MOV    A,#25H
        ADDC   A,#10H
        ...
```

中断处理程序是

```
        MOV    A,#0FFH
        ADD    A,#41H
        RETI
```

以上程序中,如果没有发生中断,主程序中的累加器将会得到 35H,而且 C=0。然而,如果主程序在执行 MOV 指令后发生一个中断请求并被响应,将出现什么状况呢? 如上所设,在中断处理期间,进位标志被置位(C=1),累加器的值变为 40H,当中断处理结束,程序重新回到主程序继续运行时,将把中断处理程序中的结果 A=40H,C=1 带回到主程序来,继续运行原来被打断的主程序。ADDC 将把 10H 加到 40H 上,由于进位标志的置位,再加上一个附加的 C=1H,那么累加器在执行结束时将得到 51H。

如果这样,累加器似乎得到了一个错误的结果,25H 加上 10H 怎么会等于 51H 呢? 这显然是不合理的。实际上,这是因为中断处理程序段中使用了累加器 A,进位标志 C 也在中断程序中被改变了,为此,必须保证在中断结束后累加器的值不发生变化。所以,必须在中断开始时和中断结束时使用 PUSH 和 POP 指令对被打断的主程序的现场进行保护和恢复。例如,在中断处理程序中应当修改为类似于下面的代码

```
        PUSH   ACC              ;保护现场
        PUSH   PSW
        MOV    A,#0FFH
        ADD    A,#41H
        MOV    30H,A            ;将运算结果保存在 30H 中
        POP    PSW              ;恢复现场
        POP    ACC
        RETI
```

可以看到,中断处理子程序的核心是 MOV 指令和 ADD 指令。显然,MOV 指令和 ADD 指令修改了累加器 ACC,ADD 指令也修改了进位标志位 C。为了确保主程序的状态不被中断所干扰,即中断前后寄存器的值不被改变,通常使用 PUSH 指令将中断执行前的值压入堆栈(保护现场)。中断处理结束,返回到主程序之前将中断处理程序的结果保存在 30H 中,再通过 POP 指令将中断执行前 ACC 和 PSW 的值送回原处(恢复现场)。中断返回后,因为寄存器的值与中断执行之前的值相同,那么主程序就不会有什么不同,也就不会产生错误的结果,中断程序运算的结果保存在 30H 也不会丢失。

通常情况下,在中断处理子程序中,需要保护那些在主程序中用到,而其中的数值在从中断返回后还需要继续使用的,因而不应被中断处理子程序修改内容的寄存器。例如,如果在主程序中用到 DPTR,并且不想被别的子程序修改内容,在中断处理程序中也用到 DPTR,此时,就应该在中断处理子程序中使用 PUSH 和 POP 指令对 DPTR 加以保护和恢复。即在中断处理程序中加入类似于下面的代码

```
PUSH     DPH
PUSH     DPL
;其他代码
POP      DPL
POP      DPH
RETI
```

如果用 C 语言编写中断处理程序,通常开发环境本身会自动进行寄存器保护,因此用户不必再编写现场保护代码。

2. 使用中断常出现的问题

如果使用了中断之后,整个程序出现不能正确地执行或不能达到预期的目标的现象,应该检查与中断有关的内容,主要是在以下几个方面:

① 寄存器保护。保证所有前面提及的寄存器被保护。如果忘记保护主程序使用的寄存器,可能会产生错误结果。如果寄存器未按预期的愿望改变其中的值或者出现错误的值,这很可能是因为寄存器没有被保护。

② 忘记恢复被保护的值。中断返回前忘记将保护数据从堆栈中弹出。例如将 ACC、B 和 PSW 压入堆栈进行保护,随后在中断返回前忘记恢复 B 中的值,因此将在堆栈中留下 B 中的数值作为栈顶的数值。在使用 RETI 指令的时候,单片机将使用 B 中的值作为返回地址,将产生不可预料的混乱结果。

③ 中断返回使用了 RET 而不是 RETI 指令。中断返回应使用 RETI 指令,而有时错用了 RET 指令。RET 指令虽然也能控制 PC 返回到原来中断的地方,但 RET 指令没有清 0 中断优先级状态触发器的功能,中断控制系统会认为中断仍在进行,其后果是与此同级或低级的中断请求将不被响应。若发现中断仅仅执行了一次,而无法进行第二次的中断处理,那么应该检查子程序是否正确使用了 RETI 指令。

④ 中断程序尽量短小。中断处理子程序应该尽量短小,这样其执行速度更快。例如,接收串口中断的处理程序应该从 SBUF 中读一个字节,并且将其复制到用户定义的临时缓冲区中,然后退出中断程序,缓冲区中数据的进一步处理应由主程序来进行。中断的时间消耗越少,那么在中断发生时就可以更快地响应和处理其他的中断。

⑤ 注意中断标志的清除问题。某些中断的中断标志不是在响应相应中断时由硬件自动清除的,用户需要在中断处理程序返回前,使用指令将中断标志位清 0,否则,中断返回后,还将产生一次新的中断。例如,串行通信中断、ADC 中断、SPI 中断、低电压检测中断、比较器中断以及 PWM 中断等。

## 习题

6-1　什么是中断?比较中断与子程序调用的区别。

6-2　简述 STC8H8K64U 单片机的中断源。 怎样开放和禁止中断?怎么设置优先级?什么是中断嵌套?

6-3　外部触发有几种中断触发方式?如何选择中断源的触发方式?

6-4　简述 STC8H8K64U 单片机的中断响应条件及过程。

6-5　编写中断处理程序时，应该注意哪些事项？

6-6　在学习平台中，外部中断 0 连接 SW15 按钮，如图 3-30 所示。 编写程序，利用外部中断 0 完成外部脉冲上升沿的统计计数。

6-7　在学习平台中，外部中断 1 连接 SW16 按钮，如图 3-30 所示。 编写程序，利用外部中断 1 完成外部脉冲上升沿和下降沿的统计计数。

6-8　编程实现：使用外部中断 3 完成外部脉冲下降沿的统计计数。

# 第 7 章

# 定时器/计数器

> STC8H8K64U 单片机内部集成了五个 16 位的定时器/计数器（T0、T1、T2、T3 和 T4），不仅可以方便地用于定时控制，而且还可以用作分频器和用于事件记录；另外，可以设置使用可编程时钟输出功能，用于给外部器件提供时钟；此外，还可用作串口的波特率发生器。
>
> 本章介绍 STC8H8K64U 单片机定时器/计数器的结构、工作原理及应用，可编程时钟输出功能的应用。最后介绍 RTC 实时时钟及其应用。

## 7.1　定时器/计数器及其应用

### 7.1.1　定时器/计数器的结构及工作原理

STC8H8K64U 单片机定时器/计数器的逻辑结构如图 7-1 所示。

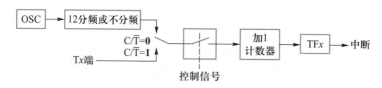

图 7-1　定时器/计数器的逻辑结构（$x = 0 \sim 4$）

由图 7-1 可见，定时器/计数器的核心是一个加 1 计数器，加 1 计数器的脉冲有两个来源，一个是外部脉冲源（T$x$ 端），另一个是系统的时钟振荡器（oscillator，OSC）。计数器对这两个脉冲源之一进行输入计数，每输入一个脉冲，计数值加 1。当计数到计数器为全 1 时，再输入一个脉冲就使计数值回 0，同时从最高位溢出一个脉冲使相应的标志位 TF$x$ 置 1，作为计数器的溢出中断标志。T2、T3 和 T4 的溢出中断标志对用户是不可见的。如果定时器/计数器工作于定时状态，则表示定时时间到；若工作于计数状态，则表示计数回 0。所以，加 1 计数器的基本功能是对输入脉冲进行计数，至于其工作于定时还是计数状态，则取决于脉冲源。当脉冲源为时钟振荡器（等间隔脉冲序列）时，在每个时钟周期寄存器加 1，由于计数脉冲为一时间基准,所以脉冲数乘以脉冲间隔时间就是定时时间,因此为定时功能。当脉冲源为间隔不等的外部脉冲时,就是外部事件的计数器,寄存器在其对应的外输入端 T$x$ 有一个 **1→0** 的跳变时加 1。外部输入信号的速率是不受限制的,但必须保证给出的电平在变化前至少被采样一次。

如图 7-1 所示,有两个模拟的位开关:前者决定定时器/计数器工作方式是定时还是计数;后者在控制信号的作用下,决定脉冲源是否加到计数器输入端,即决定加 1 计数器的开启与运行。

### 7.1.2  定时器/计数器的相关寄存器

定时器/计数器的功能是通过设置相关的特殊功能寄存器实现的。与定时器/计数器有关的特殊功能寄存器包括:定时器工作方式控制寄存器 TMOD、定时器控制寄存器 TCON、辅助寄存器 AUXR、外部中断使能和时钟输出寄存器 INTCLKO 以及定时器 3 和定时器 4 工作方式控制寄存器 T4T3M。

单片机的 CPU 与定时器/计数器相关特殊功能寄存器的关系如图 7-2 所示。16 位的加 1 计数器由两个 8 位的特殊功能寄存器 TH$x$(高 8 位)和 TL$x$(低 8 位)组成($x = 0 \sim 4$),下同。

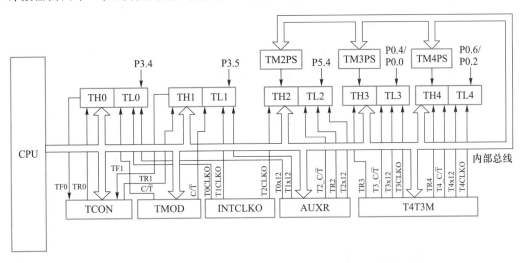

图 7-2  CPU 与定时器/计数器相关特殊功能寄存器的关系图

图中,TH0(地址为 8CH)为 T0 重装值寄存器高字节,TL0(地址为 8AH)为 T0 重装值寄存器低字节,TH1(地址为 8DH)为 T1 重装值寄存器高字节,TL1(地址为 8BH)为 T1 重装值寄存器低字节,TH2(地址为 D6H)为 T2 重装值寄存器高字节,TL2(地址为 D7H)为 T2 重装值寄存器低字节,TH3(地址为 D4H)为 T3 重装值寄存器高字节,TL3(地址为 D5H)为 T3 重装值寄存器低字节,TH4(地址为 D2H)为 T4 重装值寄存器高字节,TL4(地址为 D3H)为 T4 重装值寄存器低字节,这些寄存器复位值均为 00H。

除了传统的 12 分频外,定时器 T2~T4 还另外设置了时钟预分频器,分别为:TM2PS(地址为 FEA2H)、TM3PS(地址为 FEA3H)和 TM4PS(地址为 FEA4H)。通过预分频器,使得定时器 T2~T4 的定时范围扩展为 24 位。

其他相关的特殊功能寄存器及其控制位如表 7-1 所示。其中,带有 C/$\overline{T}$ 符号的控制位用于选择计数功能或定时功能,TR*x* 用于启动或停止定时器/计数器。T*xx*12 用于设置是否 12 分频。T*x*CLKO 用于设置是否允许时钟输出功能。通过设置 T3T4PIN 寄存器的 T3T4SEL 位,T3/T3CLKO 和 T4/T4CLKO 的引脚可切换,详见第 3 章。

表 7-1　与定时器/计数器有关的其他特殊功能寄存器

| 寄存器 | 地址 | b7 | b6 | b5 | b4 | b3 | b2 | b1 | b0 |
|---|---|---|---|---|---|---|---|---|---|
| TMOD | 89H | GATE | $C/\overline{T}$ | M1 | M0 | GATE | $C/\overline{T}$ | M1 | M0 |
| TCON | 88H | TF1 | TR1 | TF0 | TR0 | IE1 | IT1 | IE0 | IT0 |
| AUXR | 8EH | T0x12 | T1x12 | UART_M0x6 | TR2 | T2_C/T | T2x12 | EXTRAM | S1ST2 |
| INTCLKO | 8FH | – | EX4 | EX3 | EX2 | – | T2CLKO | T1CLKO | T0CLKO |
| T4T3M | D1H | TR4 | $T4\_C/\overline{T}$ | T4x12 | T4CLKO | TR3 | $T3\_C/\overline{T}$ | T3x12 | T3CLKO |

**1. 定时器工作方式控制寄存器 TMOD**

其中,b3~b0 为 T0 的控制字段,b7~b4 为 T1 的控制字段。

① GATE:门控位。GATE 用于选通控制。GATE = 1 时,只有当 P3.3(INT1)或 P3.2(INT0)为高电平且 TR1 或 TR0 置 1,T1 或 T0 才能启动计数;GATE = 0 时,只要 TR1 或 TR0 被置 1,T1 或 T0 就启动计数。

② $C/\overline{T}$:功能选择位。$C/\overline{T}$ = 1 时,选择计数器功能(对 T0 或 T1 引脚的负跳变进行计数);$C/\overline{T}$ = 0 时,选择定时器功能(对时钟周期或其 12 分频进行计数)。

③ M1 和 M0:方式选择控制位。定时器的方式选择如表 7-2 所示。

表 7-2　定时器/计数器的方式选择

| M1 | M0 | 工作方式 | 功能说明 |
|---|---|---|---|
| **0** | **0** | 0 | 16 位自动装载的定时器/计数器 |
| **0** | **1** | 1 | 16 位定时器/计数器 |
| **1** | **0** | 2 | 可自动装入的 8 位计数器 |
| **1** | **1** | 3 | T1:停止计数;<br>T0:不可屏蔽中断的 16 位自动重装载定时器/计数器 |

对于方式 0~2,定时器/计数器 T0 和定时器/计数器 T1 的结构和工作过程是相同的。

当 T0 工作于方式 3(不可屏蔽中断的 16 位自动重装载模式)时,不需要 EA = 1,只需 ET0 = 1 就能打开 T0 的中断。此模式下,T0 中断与总中断使能位 EA 无关,一旦 T0 中断被允许后,T0 中断的优先级就是最高的,它不能被其他任何中断所打断,而且该中断允许后既不受 EA 的控制也不再受 ET0 的控制,清零 EA 或 ET0 都不能关闭 T0 的中断。工作于该方式的 T0 可用于实时操作系统的节拍定时器。

注意:TMOD 寄存器不能进行位寻址,设置时只能对整个寄存器赋值。

**2. 定时器控制寄存器 TCON**

① TF1:T1 溢出标志位。T1 的计数初值可由指令任意预置。T1 启动计数后,从计数初值开始加 1 计数。作为定时器使用时,加 1 计数脉冲来自单片机内部的时钟电路;作为计数

器使用时,加 1 计数脉冲来自单片机外部从引脚 P3.5 输入的脉冲。当计数器计到最大值,再加 1 导致最高位产生进位而溢出时,由硬件置 TF1 为 **1**,并向 CPU 请求中断,当 CPU 响应中断时,由硬件清 **0**。TF1 也可以由程序查询或清 **0**。

② TR1:T1 的运行控制位。该位由软件置位和清 **0**。当 GATE(TMOD.7)= **0** 时,TR1 = **1** 启动 T1 开始计数,TR1 = **0** 停止 T1 计数。当 GATE(TMOD.7)= **1** 时,TR1 = **1** 且 INT1 输入高电平时,才允许 T1 计数。

③ TF0:T0 溢出标志位。含义和功能与 TF1 相似。

④ TR0:T0 的运行控制位。含义和功能与 TR1 相似。

TCON 的 0~3 位与外部中断有关,请参见第 6 章。

3. 辅助寄存器 AUXR

辅助寄存器 AUXR 主要用来设置定时器 T0 和 T1 的速度和 T2 的功能以及串口 UART 的波特率控制等。

通过设置特殊功能寄存器 AUXR 中相关的位,定时器 T0 和 T1 可以 12 分频,也可不进行 12 分频。

与定时器相关的控制位如下。

① T0x12:T0 速度控制位。

**0**:T0 的速度是传统 8051 单片机定时器的速度,即 12 分频。

**1**:T0 的速度是传统 8051 单片机定时器速度的 12 倍,即不分频。

② T1x12:T1 速度控制位。

**0**:T1 的速度是传统 8051 单片机定时器的速度,即 12 分频。

**1**:T1 的速度是传统 8051 单片机定时器速度的 12 倍,即不分频。

如果 UART 串口用 T1 作为波特率发生器,T1x12 位决定 UART 串口是 12T 还是 1T。

③ TR2:T2 运行控制位。

**0**:不允许 T2 运行;

**1**:允许 T2 运行。

④ T2_C/$\overline{\text{T}}$:控制 T2 用作定时器或计数器。

**0**:用作定时器(计数脉冲从内部系统时钟输入);

**1**:用作计数器(计数脉冲从 P3.1/T2 引脚输入)。

⑤ T2x12:T2 速度控制位。

**0**:T2 每 12 个时钟计数一次;

**1**:T2 每 1 个时钟计数一次。

T2 除了作为一般定时器/计数器使用外,主要用于串行口的波特率发生器。如果 UART 串口用 T2 作为波特率发生器,T2x12 位决定 UART 串口是 12T 还是 1T。

UART_M0x6 和 S1ST2 用于控制 UART 串口的速度。具体内容请参见第 8 章。

EXTRAM 用于设置是否允许使用内部 8192 字节的扩展 RAM。

4. 外部中断使能和时钟输出寄存器 INTCLKO

T2CLKO、T1CLKO、T0CLKO 是与时钟输出有关的位,详细信息请参见 7.2 节。

5. 定时器 T3 和定时器 T4 工作方式控制寄存器 T4T3M

① TR4:T4 运行控制位。TR4 = **0** 时,不允许 T4 运行;TR4 = **1** 时,允许 T4 运行。

② T4_C/$\overline{T}$:控制 T4 用作定时器或计数器。T4_C/$\overline{T}$ = 0 时,用作定时器(计数脉冲从内部系统时钟输入);T4_C/$\overline{T}$ = 1 时,用作计数器(计数脉冲从 P0.6/T4 或 P0.2/T4_2 引脚输入)。

③ T4x12:T4 速度控制位。T4x12 = 0 时,T4 的速度是传统 8051 单片机定时器的速度,即 12 分频;T4x12 = 1 时,T4 的速度是传统 8051 单片机定时器速度的 12 倍,即不分频。

④ T4CLKO:是否允许将 P0.7 或 P0.3 脚配置为 T4 的时钟输出 T4CLKO。

**1**:允许将 P0.7 或 P0.3 脚配置为 T4 的时钟输出 T4CLKO,输出时钟频率 = T4 溢出率/2;

**0**:不允许将 P0.7 或 P0.3 脚配置为 T4 的时钟输出 T4CLKO。

⑤ TR3:T3 运行控制位。TR3 = 0 时,不允许 T3 运行;TR3 = 1 时,允许 T3 运行。

⑥ T3_C/$\overline{T}$:控制 T3 用作定时器或计数器。T3_C/$\overline{T}$ = 0 时,用作定时器(计数脉冲从内部系统时钟输入);T3_C/$\overline{T}$ = 1 时,用作计数器(计数脉冲从 P0.4/T3 或 P0.0/T3_2 引脚输入)。

⑦ T3x12:T3 速度控制位。T3x12 = 0 时,T3 的速度是传统 8051 单片机定时器的速度,即 12 分频。T3x12 = 1 时,T3 的速度是传统 8051 单片机定时器速度的 12 倍,即不分频。

⑧ T3CLKO:是否允许将 P0.5 或 P0.1 脚配置为 T3 的时钟输出 T3CLKO。

除了上述寄存器以外,还有与定时器中断的特殊功能寄存器详见第 6 章。

### 7.1.3　定时器/计数器的工作方式

1. T1 和 T0 的工作方式

通过对寄存器 TMOD 中 M1、M0 的设置,T0 有 4 种不同的工作方式,T1 有 3 种不同的工作方式。T0 和 T1 的内部结构相同,下面以 T0 为例进行介绍。

当 TMOD 中的 M1M0 = 00 时,T0 工作于方式 0(16 位自动重装模式)。T0 工作方式 0 的原理框图如图 7-3 所示。

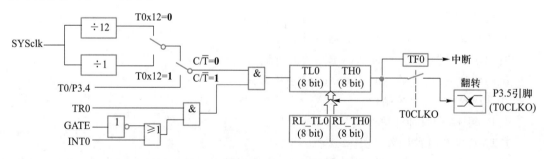

图 7-3　T0 工作方式 0 的原理框图

当 GATE = 0 时,如 TR0 = 1,则 T0 开始计数。GATE = 1 时,允许由外部输入 INT0 和 TR0 一起控制 T0 是否开始计数,这样可实现脉宽测量。

当 C/$\overline{T}$ = 0 时,多路开关连接到系统时钟的分频输出,T0 对内部系统时钟计数,工作在定时模式。当 C/$\overline{T}$ = 1 时,多路开关连接到外部脉冲输入引脚 T0/P3.4,T0 工作在计数模式。

STC8H8K64U 单片机的定时器有两种计数速率:一种是 12T 模式,每 12 个时钟加 1,与传统 8051 单片机相同;另一种是 1T 模式,每个时钟加 1,速度是传统 8051 单片机的 12 倍。T0 的速率由特殊功能寄存器 AUXR 中的 T0x12 决定,如果 T0x12 = **0**,T0 则工作在 12T 模式;如果 T0x12 = **1**,T0 则工作在 1T 模式。

T0 有两个隐藏的寄存器 RL_TH0 和 RL_TL0。RL_TH0 与 TH0 共有同一个地址,RL_TL0 与 TL0 共有同一个地址。当 TR0 = **0** 即 T0 停止工作时,对 TL0 写入的内容会同时写入 RL_TL0,对 TH0 写入的内容也会同时写入 RL_TH0。当 TR0 = **1** 即 T0 启动运行时,对 TL0 写入的内容不会写入 RL_TL0,对 TH0 写入的内容不会写入 RL_TH0。这样便巧妙地实现了 16 位重装定时器。

当 T0 工作在方式 0 时,[TL0,TH0]的溢出不仅置位 TF0,而且会自动将[RL_TL0,RL_TH0]的内容重新装入[TL0,TH0]。

当 T0CLKO = **1** 时,T1/P3.5 引脚配置为 T0 的时钟输出 T0CLKO。

自动装载时间常数的工作模式中,用户不需要在中断服务程序中重载定时常数,可产生高精度的定时时间,适合用作较精确的定时脉冲信号发生器,如波特率发生器等。特别是工作方式 0(16 位自动重装模式),实际工程中应用更加方便,因此,建议读者尽量使用工作方式 0 进行定时器的应用设计。

由于 T0 的工作方式 0 能实现方式 1 和方式 2 的所有功能,在学习和工程应用中,T0 和 T1 的工作方式 0 已经完全能够满足需要。因此,对于 T0 和 T1 的工作方式 1 和工作方式 2 在此不做介绍,感兴趣的读者可参阅传统 8051 单片机教材中的相关内容或者产品手册。

2. T2、T3 和 T4 的工作方式

T2、T3 和 T4 的工作方式固定为 16 位自动重装模式,它们的内部结构和使用方法相同。下面以 T2 为例介绍,T2 的原理框图如图 7-4 所示。T2 可以当定时器/计数器使用,也可以用作串口的波特率发生器或可编程时钟输出源。

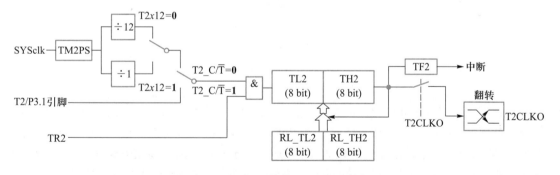

图 7-4   定时器/计数器 T2 的原理框图

T2 的工作方式与 T0 的工作方式 0 类似,不同之处主要体现在 T2 多了一个 8 位预分频器 TM2PS,定时器 2 的时钟 = SYSclk÷(TM2PS+1)。读者可参照上述内容自行学习。

### 7.1.4   定时器/计数器量程的扩展

用户可以使用 STC8H8K64U 单片机中提供的定时器/计数器方便地实现定时和对外部事件计数。在实际应用中,定时时间或计数值常常超过定时器/计数器本身的定时或计数能力,特别是当单片机的系统时钟频率较高时,定时能力就更为有限。为了满足需要,经常需要对单片机的定时和计数能力进行扩展。定时能力和计数能力扩展的方法相同,在此主要讨论定时能力的扩展,计数能力的扩展可参考定时能力扩展的方法进行。

**1. 定时器的最大定时能力**

当工作于定时状态时,定时器/计数器对时钟周期进行计数,若对时钟进行 12 分频,则每 12 个时钟周期计数一次。当晶振频率为 11.0592 MHz,采用 12 分频时,计数的单位时间为

$$单位时间\ T_u = \frac{12}{晶振频率} = \frac{12}{11059200}\ s$$

定时时间为 $T_c = X T_u$。其中,$T_u$ 为单位时间,$T_c$ 为定时时间,$X$ 为所需计数次数。

STC8H8K64U 单片机的定时器/计数器是对脉冲不断加 1 进行计数的,是加 1 计数器。因此,不能直接将实际的计数值作为计数初值送入计数寄存器 THx、TLx 中。使用工作模式 0 时,必须将实际计数值以 $2^{16}$ 为模求补,以补码作为计数初值设置 THx 和 TLx。即应装入计数器/定时器的初值为

$$N = 2^{16} - \frac{T_c}{T_u}$$

例如:已知 $T_u = \dfrac{12}{11059200}\ s$,要求定时 $T_c = 10\ ms$,则 $\dfrac{T_c}{T_u} = \dfrac{10\ ms}{\dfrac{12}{11059200}\ s} = 9216$。

对工作模式 0,时间常数为 $2^{16} - 9216 = 56320 = DC00H$(THx 装入 DCH,TLx 装入 00H)。设系统时钟频率为 11.0592 MHz,12 分频时,16 位定时器的最大定时能力为

$$T = (2^{16} - 0) \times \frac{12}{11059200}\ s \approx 71.11\ ms$$

**2. 定时量程的扩展**

定时量程的扩展分为软件扩展和硬件扩展两种方法。

(1) 软件扩展方法

软件扩展方法是在定时器中断服务程序中对定时器中断请求进行计数,当中断请求的次数达到要求的值时才进行相应的处理。例如,某事件的处理周期为 1 s,由于受到最大定时时间的限制,无法一次完成定时,此时可以将定时器的定时时间设为以 10 ms 为单位,启动定时器后,每一次定时器溢出中断将产生 10 ms 的定时。进入中断服务程序后,对定时器的中断次数进行计数,每计数 100 次进行一次事件的处理,则可实现 1 s 的定时效果。软件扩展方法是最常用的方法。

(2) 硬件扩展方法

硬件扩展方法可以使用外接通用定时器芯片对单片机的定时能力进行扩展,也可以利用单片机自身的资源对定时能力进行扩展。例如,将两个定时器串联起来使用(其中,一个工作于定时模式,另一个工作于计数模式,请读者分析其最大定时时间)。由于该扩展方法占用较多的资源,故较少采用。

### 7.1.5　定时器/计数器编程举例

由于定时器/计数器是可编程的,所以在任何一个定时器/计数器开始计数或定时之前,必须对其写入相应的控制字。选择定时器的工作模式,把初值写入 $TH_x$、$TL_x$ 控制计数长度,将 $TR_x$ 置 **1** 或清 **0** 实现启动或停止计数。在运行过程中,还可以读出 $TH_x$、$TL_x$ 和 $TF_x$ 的内容来随时查询定时器/计数器的状态。

一般定时器/计数器的应用采用中断方式,因此编程时主要考虑两点:一是正确初始化,包括写入控制字、时间常数的计算并装入;二是中断服务程序的编写,在中断服务程序中编写实现需要定时完成的任务代码。

定时器/计数器初始化部分的一般步骤大致如下:

① 设置工作模式,将控制字写入 TMOD 寄存器(对于 T0 和 T1)或 AUXR 寄存器(对于 T2)或 T4T3M 寄存器(对于 T3 和 T4);

② 设置分频方式,即设置 $Txx12$ 控制位,默认的情况是 12 分频(兼容传统 8051 单片机),如果使用传统 8051 单片机模式,可以不进行设置;

③ 计算定时/计数初值,并将其装入 $TL_x$、$TH_x$ 寄存器;

④ 置位 $ET_x$ 和 EA 允许定时器/计数器中断(如果需要);

⑤ 置位 $TR_x$ 以启动定时/计数。

④和⑤的顺序可以互换,对于系统不会产生较大影响。对于定时器的应用,STC 提供的 STC-ISP 软件中有工具可以生成相应的初始化代码。打开 STC-ISP 软件后,选择"定时器计算器"标签页,如图 7-5 所示。

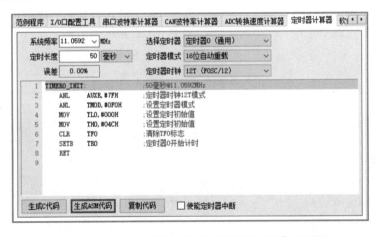

图 7-5　STC-ISP 软件中的"定时器计算器"标签页

在"系统频率"下拉框中选择系统频率;在"选择定时器"下拉框中选择所用的定时器;在"定时长度"编辑框中输入定时长度并选择定时单位(微秒、毫秒或秒);在"定时器模式"下拉框中选择定时器的工作方式(默认方式为方式 0～16 位自动重载);在"定时器时钟"下拉框中选择 12T 或 1T。设置完成后,可以单击"生成 ASM 代码"按钮生成汇编语言初始化子程序代码,或者单击"生成 C 代码"按钮生成 C 语言初始化子函数代码。生成初始化代码后,可单击"复制代码"按钮将它们复制到用户程序中使用。

源程序代码：
ex-7-1-t0-
p47. rar

【例 7-1】　设系统时钟频率为 11.0592 MHz, 利用 T0 定时, 每隔 0.5 s 将 P4.7 的状态取反。可以通过学习平台的 LED 显示进行观察。

解：由于所需的定时时间 0.5 s 超过了定时器的定时能力（时钟频率为 11.0592 MHz, 12 分频时, 16 位定时器的最长定时时间约为 71.11 ms）, 所以无法采用定时器直接实现 0.5 s 的定时。这时可以将定时器的定时时间设为 50 ms, 在中断服务程序中对定时器溢出中断请求的次数进行计数, 当计够 10 次时, 将 P4.7 的状态取反, 否则直接返回主程序, 从而达到 0.5 s 的定时。

选择 T0 工作于模式 0, 方式字为 00H。系统时钟频率为 11.0592 MHz, 12 分频时, 定时时间为 50 ms 的计数初值为

$$X = M - \frac{T_c}{T_u} = 2^{16} - (50 \times 10^{-3}) \div \left( \frac{12}{11.0592} \times 10^{-6} \right) = 65536 - 46080 = 4C00H$$

读者可以使用 STC-ISP 软件中的"定时器计算器"工具验证上述计数初值计算的正确性。

C 语言实现程序如下

```
#include"stc8h.h"              //包含单片机的寄存器定义文件
unsigned char i;              //声明计数变量。C 语言程序中尽量不要使用 ACC
voidTimer0_Init (void);       //T0 初始化子函数
void main (void)
{
    //SP = 0x7F;               //使用 C 语言设计程序时, 可以不设置堆栈指针
    P4M0 = 0x80;
    P4M1 = 0x0;                //设置 P4.7 的工作模式为推挽输出模式
    Timer0_Init();             //调用 T0 初始化子函数
    i = 10;                    //计数变量赋初值
    ET0 = 1;                   //允许 T0 中断
    EA = 1;                    //开放总的中断
    while(1);                  //等待中断
}
void Timer0_Init (void)        //50 毫秒@ 11.0592 MHz
{
    AUXR &= 0x7F;              //定时器时钟 12T 模式
    TMOD &= 0xF0;             //设置定时器模式(模式 0)
    TL0 = 0x00;               //设置定时初值
    TH0 = 0x4C;               //设置定时初值
    TF0 = 0;                  //清除 TF0 标志
    TR0 = 1;                  //定时器 T0 开始计时
}
void TMR0_ISR (void) interrupt TMR0_VECTOR //定时器 T0 中断函数
{
```

```
        i--;                    //计数变量减 1
        if(i==0){               //若减到 0,则将 P4.7 取反
            P47 = ! P47;        //将 P4.7 取反
            i = 10;             //重新给计数变量赋值
        }
    }
```

T1 和 T0 的使用方式完全类似。对于 1T 模式定时器的使用,请读者自行实验学习。

【例 7-2】 设时钟频率为 11.0592 MHz,使用定时器 T2 定时,每 100 ms 中断一次,使连接 P4.7 的指示灯亮 0.5 s,灭 0.5 s;使用定时器 T0 定时,每 10 ms 中断,使连接 P4.6 的指示灯亮 0.5 s,灭 0.5 s。

源程序代码: ex-7-2-t0t2.rar

解:C 代码如下

```
#include "stc8h.h"            //包含单片机的寄存器定义文件
sbit LED10=P4^6;              //指示灯控制引脚定义
sbit LED11=P4^7;              //指示灯控制引脚定义
unsigned char msnum,t0cnt;    //中断计数
void Timer0_Init(void);       //T0 初始化子函数声明
void Timer2_Init(void);       //T2 初始化子函数声明
void main(void)
{
    P_SW2 |= 0x80;            //扩展寄存器(XFR)访问使能
    P4M0 = 0xc0;
    P4M1 = 0x00;             //设置 P4.7 和 P4.6 的工作模式为推挽输出模式
    msnum=5;
    t0cnt=50;
    Timer0_Init();           //调用 T0 初始化子程序
    Timer2_Init();           //调用 T2 初始化子程序
    IE2 |= 0x04;             //允许 T2 中断
    EA = 1;                  //开放 CPU 中断
    while (1);               //循环等待中断
}
void  TMR2_ISR(void)  interrupt TMR2_VECTOR //T2 中断服务函数
{
    msnum--;
    if(msnum==0)
    {
        msnum=5;
        LED11 = ~LED11;
    }
}
```

```
void Timer2_Init(void)          //100 ms@ 11.0592 MHz
{

    TM2PS = 0x01;                   //设置定时器时钟预分频
    AUXR &= 0xFB;                   //定时器时钟 12T 模式
    T2L = 0x00;                     //设置定时初始值,也可以使用 TL2
    T2H = 0x4C;                     //设置定时初始值,也可以使用 TH2
    AUXR |= 0x10;                   //定时器 T2 开始计时
    IE2 |= 0x04;                    //使能定时器 T2 中断
}

void TMR0_ISR(void) interrupt TMR0_VECTOR   //T0 中断服务函数
{
    t0cnt--;
    if(t0cnt==0)
    {
        t0cnt=50;
        LED10 = ~LED10;
    }
}

void Timer0_Init(void)          //10 ms@ 11.0592 MHz
{
    AUXR &= 0x7F;                   //定时器时钟 12T 模式
    TMOD &= 0xF0;                   //设置定时器模式
    TL0 = 0x00;                     //设置定时初始值
    TH0 = 0xDC;                     //设置定时初始值
    TF0 = 0;                        //清除 TF0 标志
    TR0 = 1;                        //定时器 T0 开始计时
    ET0 = 1;                        //使能定时器 T0 中断
}
```

其中,"P_SW2 |= 0x80; // 扩展寄存器(XFR)访问使能"这一条语句非常关键,要访问 STC8H8K64U 单片机的扩展特殊通能寄存器,必须置位 P_SW2 中的最高位(EAXFR = 1)。为了确保 STC8H8K64U 单片机的特有功能能够使用,建议用户在所有的程序中都加入这一行代码!

为了便于观察,例 7-2 两指示灯的亮灭规律相同。与 C 语言程序对应的汇编语言代码,请读者自行编写。

## 7.2   可编程时钟输出模块及其应用

在控制系统中,有时需要为单片机外部的器件提供时钟控制,为此,STC8H8K64U 单片机提供了 6 路可编程时钟输出功能,分别是:MCLKO/P5.4 或 P1.6、T0CLKO/P3.5、T1CLKO/P3.4、T2CLKO/P1.3、T3CLKO/P0.5 或 P0.1 和 T4CLKO/P0.7 或 P0.3。只有内部 *RC* 时钟频率为 12 MHz 以下时,MCLKO 才能正常输出。通过设置相关寄存器,MCLKO、T3CLKO 和 T4CLKO 引脚可切换,详见第 3 章。

### 7.2.1   可编程时钟输出的相关寄存器

可编程时钟输出的相关寄存器及其控制位如表 7-3 所示。

表 7-3   可编程时钟输出的相关寄存器及其控制位

| 寄存器 | 地址 | b7 | b6 | b5 | b4 | b3 | b2 | b1 | b0 |
|---|---|---|---|---|---|---|---|---|---|
| MCLKOCR | FE05H | MCKO_S | MCLKODIV[6:0] | | | | | | |
| INTCLKO | 8FH | − | EX4 | EX3 | EX2 | − | T2CLKO | T1CLKO | T0CLKO |
| T4T3M | D1H | TR4 | T4_C/$\overline{\text{T}}$ | T4x12 | T4CLKO | TR3 | T3_C/$\overline{\text{T}}$ | T3x12 | T3CLKO |

#### 1. 主时钟输出

单片机的主时钟可以是内部高精度 *RC* 时钟,也可以是外部输入的时钟或外部晶体振荡产生的时钟。主时钟输出的时钟源是系统时钟经过 MCLKODIV 分频后得到的时钟。

主时钟的输出频率由主时钟输出控制寄存器(MCLKOCR)的 MCLKODIV[6:0]控制,设置如表 7-4 所示。

表 7-4   主时钟的输出频率设置

| MCLKODIV[6:0] | 系统时钟分频输出频率 |
|---|---|
| 0000000 | 不输出时钟 |
| 0000001 | SYSclk/1 |
| 0000010 | SYSclk /2 |
| 0000011 | SYSclk /3 |
| ... | ... |
| 1111110 | SYSclk /126 |
| 1111111 | SYSclk /127 |

**2. T4CLKO、T3CLKO、T2CLKO、T1CLKO 和 T0CLKO 的时钟输出**

T4CLKO、T3CLKO、T2CLKO、T1CLKO 和 T0CLKO 的时钟输出分别由 T4 和 T3 工作方式控制寄存器 T4T3M 中的 T4CLKO、T3CLKO 位与外部中断使能和时钟输出寄存器 INTCLKO 的 T2CLKO、T1CLKO 和 T0CLKO 位控制。为了便于描述,将这些位归结为 $TxCLKO (x = 0 \sim 4)$。当 $TxCLKO = 0$ 时,不允许时钟输出功能;当 $TxCLKO = 1$ 时,允许相应的时钟输出功能,输出时钟频率为定时器/计数器的溢出率/2,相应地,定时器需要工作在自动重装模式,不允许定时器中断,以免 CPU 反复进中断。

使用定时器/计数器的时钟输出功能,可以对系统时钟或外部输入脉冲进行非常灵活的分频输出。

### 7.2.2 可编程时钟输出的编程实例

（1）如果要使用主时钟输出,例如,从 P5.4 输出时钟信号,频率是 SYSclk,只需加入下面的语句即可

```
MOV MCLKOCR,#01H        ;在汇编语言程序中
MCLKOCR = 0x01;         // 在 C 语言程序中
```

（2）如果需要从 T4CLKO、T3CLKO、T2CLKO、T1CLKO 或 T0CLKO 引脚输出时钟,需要在用户程序中进行下面的设置:

① 设置定时器/计数器的工作模式;

② 设置 16 位重装载值(分别设置 TL$x$ 和 TH$x$);

③ 启动定时器/计数器工作(将 TR$x$ 设置为 1);

④ 将 T$x$CLKO 位置 1,让定时器/计数器的溢出在对应引脚上输出时钟。

下面举例说明如何使用 STC8H8K64U 单片机的可编程时钟输出功能。

**【例 7-3】** 设时钟频率 SYSclk = 11.0592 MHz,设计程序,从 T0(P3.4)引脚输出频率为 19.2 kHz 的时钟。

源程序代码:

ex-7-3-
t1clko.rar

解:使用 STC8H8K64U 单片机的可编程时钟输出功能完成所需要求。在下面的程序设计中(在此只给出 C 语言程序),T1 均工作在 1T 模式。

程序编写如下

```
#include "stc8h.h"            //包含单片机的寄存器定义头文件
voidmain(void)
{
    P3M0 = 0x10;
    P3M1 = 0x00;              //设置 P3.4 的工作模式为推挽输出模式
    TMOD = 0x00;             //T1 工作在方式 0,16 位自动重装模式
    AUXR = AUXR |0x40;       //T1 工作在 1T 模式
//设置 T1 的 16 位自动重装计数初值,输出时钟频率 11059200/2/288 Hz =
19200 Hz
    TH1 = (65536-288)>>8;
    TL1 = (65536-288);
```

```
    TR1 = 1;                        // 启动 T1 开始计数,对系统时钟进行分频输出
    INTCLKO =INTCLKO|0x02;  // 允许时钟输出
// 至此时钟已经输出,用户可以通过示波器观看到输出的时钟频率
    while(1);
}
```

【例 7-4】　设时钟频率为 11.0592 MHz,使用 T2 的时钟输出功能,使 P1.3
口输出 38.4 kHz 的方波。

源程序代码:
ex-7-4-
t2clko.rar

解:C 语言代码如下

```
#include "stc8h.h"          // 包含单片机的寄存器定义头文件
#define T38_4KHz 0xfff4      // 38.4kHz 定时常数(65536 - 11059200/
                            // 12/38400/2)

void main(void)
{
    P1M0 = 0x08 ;
    P1M1 = 0x00 ;            // 设置 P1.3 的工作模式为推挽输出模式
    TH2 = T38_4KHz>>8;      // 设置 T2 重装时间常数的高字节
    TL2 = T38_4KHz;         // 设置 T2 重装时间常数的低字节
    AUXR = 0x10;            // 启动定时器 T2
    INTCLKO |= 0x04;        // 允许 T2 时钟输出
    while (1);              // 循环
}
```

读者可以参照上述例程进行其他定时器/计数器的时钟输出功能学习。

## 7.3　RTC 实时时钟

除了传统的定时器外,STC8H8K64U 单片机内部集成一个实时时钟控制电路(real_time clock,简称 RTC),有如下特性。

① 低功耗:RTC 模块工作电流低至 2μA@ VCC = 3.3 V、3 μA@ VCC = 5.0 V(典型值)。

② 长时间跨度:支持 2000~2099 年,并自动判断闰年。

③ 闹钟:支持一组闹钟设置。

④ 支持多个中断:

一组闹钟中断(每天中断一次,中断的时间点为闹钟寄存器所设置的任意时/分/秒);

日中断(每天中断一次,中断的时间点为每天的 0 时 0 分 0 秒);

小时中断(每小时中断一次,中断的时间点为分和秒均为 0,即整点时);

分钟中断(每分钟中断一次,中断的时间点为秒为 0,即分钟寄存器发生变化时);

秒中断(每秒中断一次,中断的时间点为秒寄存器发生变化时);

1/2 s 中断(每 1/2 s 中断一次);

1/8 s 中断（每 1/8 s 中断一次）；

1/32 s 中断（每 1/32 s 中断一次）。

⑤ 支持掉电唤醒。

本节介绍 RTC 相关的寄存器及其应用。

### 7.3.1 RTC 的相关寄存器

RTC 的相关寄存器及其控制位如表 7-5 所示。

表 7-5　**RTC** 的相关寄存器及其控制位

| 寄存器 | 描述 | 地址 | b7 | b6 | b5 | b4 | b3 | b2 | b1 | b0 |
|---|---|---|---|---|---|---|---|---|---|---|
| RTCCR | RTC 控制寄存器 | FE60H | – | – | – | – | – | – | – | RUNRTC |
| RTCCFG | RTC 配置寄存器 | FE61H | – | – | – | – | – | – | RTCCKS | SETRTC |
| RTCIEN | RTC 中断使能寄存器 | FE62H | EALAI | EDAYI | EHOURI | EMINI | ESECI | ESEC2I | ESEC8I | ESEC32I |
| RTCIF | RTC 中断请求寄存器 | FE63H | ALAIF | DAYIF | HOURIF | MINIF | SECIF | SEC2IF | SEC8IF | SEC32IF |
| ALAHOUR | RTC 闹钟的小时值 | FE64H | – | – | – | | | | | |
| ALAMIN | RTC 闹钟的分钟值 | FE65H | – | – | | | | | | |
| ALASEC | RTC 闹钟的秒值 | FE66H | – | – | | | | | | |
| ALASSEC | RTC 闹钟的 1/128 秒值 | FE67H | – | | | | | | | |
| INIYEAR | RTC 年初始化 | FE68H | – | | | | | | | |
| INIMONTH | RTC 月初始化 | FE69H | – | – | – | – | | | | |
| INIDAY | RTC 日初始化 | FE6AH | – | – | – | | | | | |
| INIHOUR | RTC 小时初始化 | FE6BH | – | – | – | | | | | |
| INIMIN | RTC 分钟初始化 | FE6CH | – | – | | | | | | |
| INISEC | RTC 秒初始化 | FE6DH | – | – | | | | | | |
| INISSEC | RTC1/128 秒初始化 | FE6EH | – | | | | | | | |

| 寄存器 | 描述 | 地址 | b7 | b6 | b5 | b4 | b3 | b2 | b1 | b0 |
|---|---|---|---|---|---|---|---|---|---|---|
| YEAR | RTC 的年计数值 | FE70H | – | | | | | | | |
| MONTH | RTC 的月计数值 | FE71H | – | – | – | – | | | | |
| DAY | RTC 的日计数值 | FE72H | – | – | – | | | | | |
| HOUR | RTC 的小时计数值 | FE73H | – | – | – | | | | | |
| MIN | RTC 的分钟计数值 | FE74H | – | – | | | | | | |
| SEC | RTC 的秒计数值 | FE75H | – | – | | | | | | |
| SSEC | RTC 的 1/128 秒计数值 | FE76H | – | | | | | | | |

1. RTC 控制寄存器(RTCCR)

RUNRTC:RTC 模块控制位。

**0**:关闭 RTC,RTC 停止计数;      **1**:使能 RTC,并开始 RTC 计数。

2. RTC 配置寄存器(RTCCFG)

RTCCKS:RTC 时钟源选择。

**0**:选择外部 32.768 kHz 时钟源(需先软件启动外部 32 kHz 晶振);

**1**:选择内部 32 kHz 时钟源(需先软件启动内部 32 kHz 振荡器)。

SETRTC:设置 RTC 初始值。

**0**:无意义。

**1**:触发 RTC 寄存器初始化。当 SETRTC 设置为 1 时,硬件会自动将寄存器 INIYEAR、INIMONTH、INIDAY、INIHOUR、INIMIN、INISEC、INISSEC 中的值复制到寄存器 YEAR、MONTH、DAY、HOUR、MIN、SEC、SSEC 中。初始化完成后,硬件会自动将 SETRTC 位清 **0**。

3. RTC 中断使能寄存器(RTCIEN)

EALAI:闹钟中断使能位。

**0**:关闭闹钟中断;      **1**:使能闹钟中断。

EDAYI:一日(24 小时)中断使能位。

**0**:关闭一日中断;      **1**:使能一日中断。

EHOURI:一小时(60 分钟)中断使能位。

**0**:关闭小时中断;      **1**:使能小时中断。

EMINI:一分钟(60 秒)中断使能位。

**0**:关闭分钟中断;      **1**:使能分钟中断。

ESECI:一秒中断使能位。

0：关闭秒中断；　　　　　　　　　　　　1：使能秒中断。

ESEC2I：1/2 秒中断使能位。

0：关闭 1/2 秒中断；　　　　　　　　　　1：使能 1/2 秒中断。

ESEC8I：1/8 秒中断使能位。

0：关闭 1/8 秒中断；　　　　　　　　　　1：使能 1/8 秒中断；

ESEC32I：1/32 秒中断使能位。

0：关闭 1/32 秒中断；　　　　　　　　　1：使能 1/32 秒中断。

4. RTC 中断请求寄存器(RTCIF)

ALAIF：闹钟中断请求位。需软件清 0,软件写 1 无效。

DAYIF：一日(24 小时)中断请求位。需软件清 0,软件写 1 无效。

HOURIF：一小时(60 分钟)中断请求位。需软件清 0,软件写 1 无效。

MINIF：一分钟(60 秒)中断请求位。需软件清 0,软件写 1 无效。

SECIF：一秒中断请求位。需软件清 0,软件写 1 无效。

SEC2IF：1/2 秒中断请求位。需软件清 0,软件写 1 无效。

SEC8IF：1/8 秒中断请求位。需软件清 0,软件写 1 无效。

SEC32IF：1/32 秒中断请求位。需软件清 0,软件写 1 无效。

5. RTC 闹钟设置寄存器(ALAHOUR、ALAMIN、ALASEC、ALASSEC)

ALAHOUR：设置每天闹钟的小时值。

ALAMIN：设置每天闹钟的分钟值。

ALASEC：设置每天闹钟的秒值。

ALASSEC：设置每天闹钟的 1/128 秒值。

注意：这些寄存器设置的值不是 BCD 码,而是十六进制码,比如需要设置小时值 20 到 ALAHOUR,则需使用如下代码进行设置

```
MOV     DPTR,#ALAHOUR
MOV     A,#14H
MOVX    @ DPTR,A
```

6. RTC 实时时钟初始值设置寄存器(INIYEAR、INIMONTH、INIDAY、INIHOUR、INIMIN、INISEC、INISSEC)

INIYEAR：设置当前实时时间的年值。有效值范围 00~99,对应 2000 年~2099 年。

INIMONTH：设置当前实时时间的月值。有效值范围 1~12。

INIDAY：设置当前实时时间的日值。有效值范围 1~31。

INIHOUR：设置当前实时时间的小时值。有效值范围 00~23。

INIMIN：设置当前实时时间的分钟值。有效值范围 00~59。

INISEC：设置当前实时时间的秒值。有效值范围 00~59。

INISSEC：设置当前实时时间的 1/128 秒值。有效值范围 00~127。

注意：这些寄存器设置的值不是 BCD 码,而是十六进制码,比如需要设置 20 到 INI-YEAR,则需使用如下代码进行设置

```
MOV     DPTR,#INIYEAR
MOV     A,#14H
```

```
MOVX    @ DPTR,A
```
当用户设置完成上面的初始值寄存器后,用户还需要向 SETRTC 位(RTCCFG.0)写 **1** 来触发硬件将初始值装载到 RTC 实时时钟计数器中。

7. RTC 实时时钟计数寄存器(YEAR、MONTH、DAY、HOUR、MIN、SEC、SSEC)

YEAR:当前实时时间的年值。

MONTH:当前实时时间的月值。

DAY:当前实时时间的日值。

HOUR:当前实时时间的小时值。

MIN:当前实时时间的分钟值。

SEC:当前实时时间的秒值。

SSEC:当前实时时间的 1/128 秒值。

注意:① 这些寄存器的值不是 BCD 码,而是十六进制码。

② YEAR、MONTH、DAY、HOUR、MIN、SEC 和 SSEC 均为只读寄存器,若需要对这些寄存器执行写操作,必须通过寄存器 INIYEAR、INIMONTlH、INIDAT、INIHOU、INIMIN、INISEC、INISSEC 和 SETRTC 来实现。

### 7.3.2  RTC 的应用举例

使用 RTC 时,主要工作包括初始化和中断服务程序的编写。一般的初始化步骤如下:

① 选择时钟源(内部 32 kHz 的时钟或者外部 32 kHz 的时钟)(设置 RTCCFG 寄存器);

② 设置 RTC 实时时钟初始值寄存器,触发 RTC 寄存器初始化(设置 INIYEAR、INIMONTH、INIDAY、INIHOUR、INIMIN、INISEC、INISSEC 和 RTCCFG 寄存器);

③ 使能 RTC 相关中断(设置 RTCIEN 寄存器相关位);

④ 使能 RTC(设置 RTCCR 寄存器);

⑤ 使能总中断(EA=**1**)。

可以在中断服务程序中实现所需的功能,也可以在中断服务程序中设置标志,在主程序的循环中根据标志状态编写所需的功能代码。

【例 7-5】  利用 RTC 的秒中断,实现连接 P6.0 的 LED 状态反转。

解:由于本例不涉及 RTC 的年月日日历问题,因此,初始化过程的第 2 步可以省略。C 语言的实现代码如下

源程序代码:

ex-7-5-rtc-

P60. rar

```
#include "stc8h.h"
void main(void)
{
    P_SW2 |= 0x80;                          //使能 XFR 访问
    P6M1 = 0;
    P6M0 = 0;
    //选择内部 32 kHz
    IRC32KCR = 0x80;                        //启动内部 32 kHz 振荡器
    while(!(IRC32KCR & 0x01));              //等待时钟稳定
```

```
    RTCCFG |= 0x02;                     //选择内部 32 kHz 作为 RTC 时钟源
    RTCIEN = 0x08;                      //使能 RTC 秒中断
    RTCCR = 0x01;                       //使能 RTC
    EA = 1;
    while(1);
}
void RTC_ISR() interrupt RTC_VECTOR
{
    if(RTCIF & 0x08)                    //判断是否秒中断
    {
        RTCIF &= ~0x08;                 //清中断标志
        P60 = ~P60;
    }
}
```

源程序代码：
ex-7-6-rtc-
datetime. rar

【例 7-6】　利用 8 位数码 LED 轮换显示当前的日期和时间,2 秒钟轮换一次。8 位数码 LED 显示的电路如图 7-6 所示。

解:RTC 的使用方法如前所述。数码 LED 的显示需要使用扫描方式,在本例中,使用定时器 T0 定时 1 ms,以此时间作为刷新数码 LED 的扫描时间,即在 1 ms 的中断服务程序中,实现数码 LED 的刷新显示。完整的 C 语言代码如下(感兴趣的读者,可以参照 C 语言代码自行写出汇编语言代码)

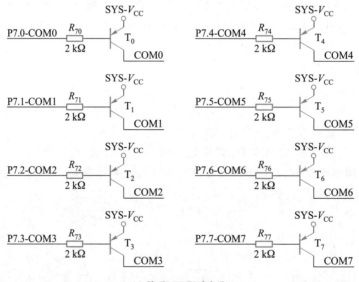

(a) 数码LED驱动电路

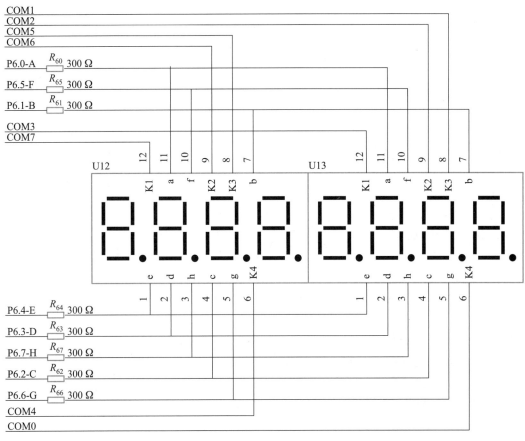

(b) 数码LED显示连接电路

图 7-6   数码 LED 显示电路

```
#include "stc8h.h"

#define DIS_DOT                   0x20
#define DIS_BLACK                 0x10
#define DIS_                      0x11
typedef   unsigned char           u8;

u8 code t_display[]={             //LED 显示字模
//0  1   2   3   4   5   6   7   8   9   A   B   C   D   E   F
   0x3F,0x06,0x5B,0x4F,0x66,0x6D,0x7D,0x07,0x7F,0x6F,0x77,0x7C,
0x39,0x5E,0x79,0x71,
//black -   H   J   K   L   N   o   P   U    t   G   Q   r   M   y
   0x00,0x40,0x76,0x1E,0x70,0x38,0x37,0x5C,0x73,0x3E,0x78,0x3d,
0x67,0x50,0x37,0x6e,
//0.1.2.3.4.5.6.7.8.9.-1
```

```
        0xBF,0x86,0xDB,0xCF,0xE6,0xED,0xFD,0x87,0xFF,0xEF,0x46};
    u8 code T_COM[] = {0x01,0x02,0x04,0x08,0x10,0x20,0x40,0x80};
//位码

    u8   LED8[8];                          //显示缓冲
    u8   display_index;                    //显示位索引
    bit B_1ms;                             //1 ms 标志
    void Timer0_Init(void);                //1 ms@ 11.0592MHz
    void RTC_config(void);
    void  DisplayDate(void);
    void  DisplayTime(void);
    void main(void)
    {
        P_SW2 |= 0x80;                     //使能 XFR 访问
        P6M1 = 0xff;   P6M0 = 0xff;        //设置为漏极开路(实验箱加了上拉电阻到
                                           //3.3 V)
        P7M1 = 0x00;   P7M0 = 0x00;        //设置为准双向口
        display_index = 0;
        Timer0_Init();
        RTC_config();
        EA = 1;
        while(1)
        {
            if(B_1ms)                      //1ms 到
            {
                B_1ms = 0;
                if(SEC%2 == 0)             //1 s 到
                {
                    DisplayDate();
                }
                else
                {
                    DisplayTime();
                }
            }
        }
    }
    void Timer0_Init(void)                 //1 ms@ 11.0592MHz
    {
```

```
    AUXR & = 0x7F;                          //定时器时钟12T 模式
    TMOD & = 0xF0;                          //设置定时器模式
    TL0 = 0x66;                             //设置定时初始值
    TH0 = 0xFC;                             //设置定时初始值
    TF0 = 0;                                //清除 TF0 标志
    TR0 = 1;                                //定时器 T0 开始计时
    ET0 = 1;                                //使能定时器 T0 中断
}
void RTC_config(void)
{
    //选择外部 32 kHz
    X32KCR = 0xc0;                          //启动外部 32 kHz 晶振
    while (! (X32KCR & 0x01));              //等待时钟稳定
    RTCCFG & = ~0x02;                       //选择外部 32 kHz 作为 RTC 时钟源
    INIYEAR = 23;                           //Y:2023
    INIMONTH = 10;                          //M:10
    INIDAY = 31;                            //D:31
    INIHOUR = 9;                            //H:09
    INIMIN = 5;                             //M:05
    INISEC = 50;                            //S:50
    INISSEC = 0;                            //S/128:0
    RTCCFG |= 0x01;                         //触发 RTC 寄存器初始化
    RTCCR = 0x01;                           //RTC 使能
}
void  DisplayDate(void)
{
    LED8[0] = 2;
    LED8[1] = 0;
    LED8[2] = YEAR /10;
    LED8[3] = YEAR % 10;
    LED8[4] = MONTH /10;
    LED8[5] = MONTH % 10;
    LED8[6] = DAY /10;
    LED8[7] = DAY % 10;
}
void  DisplayTime(void)
{
    if(HOUR >= 10)  LED8[0] = HOUR /10;
    else            LED8[0] = DIS_BLACK;
```

197

```
    LED8[1] = HOUR % 10;
    LED8[2] = DIS_;
    LED8[3] = MIN /10;
    LED8[4] = MIN % 10;
    LED8[5] = DIS_;
    LED8[6] = SEC /10;
    LED8[7] = SEC % 10;
}

//显示扫描函数
void DisplayScan(void)
{
    P7 = ~T_COM[7-display_index];
    P6 = ~t_display[LED8[display_index]];
    display_index++;
    if(display_index >= 8)    display_index = 0;    //8位结束回0
}

//Timer0 1ms 中断函数
void TMR0_ISR (void) interrupt TMR0_VECTOR
{
    DisplayScan();                      //1ms 扫描显示一位
    B_1ms = 1;                          //1ms 标志
}
```

## 习题

7-1　简述 STC8H8K64U 单片机的定时器/计数器各工作方式的特点。

7-2　如何对定时器的定时范围进行扩展?

7-3　设计程序从 P4.6 输出周期为 2 s 的方波。

7-4　设计程序通过 P4.6 和 P4.7 分别输出周期为 200 μs 和 400 μs 的方波。

7-5　使用定时器 T0,从 P4.7 输出周期为 4 ms 的方波,输出 500 个方波后停止。

7-6　某十字路口,东西方向车流量较小,南北方向车流量较大。 东西方向上绿灯亮 30 s,南北方向上绿灯亮 40 s,绿灯向红灯转换中间黄灯亮 5 s 且闪烁,红灯在最后 5 s 闪烁。 图 7-7 为十字路口交通灯示意图。 虽然十字路口有 12 只红绿灯,但同一个方向上的同色灯(如灯 1 与灯 7)同时动作,应作为一个输出,所以共有 6 个输出。 由于一个方向上亮绿灯或黄灯时,另一个方向上肯定亮红灯,所以亮红灯可不作为一个单独的时间状态。 根据要求,画出电路原理图,并设计十字路口交通灯控制程序。

7-7　利用学习平台,T0 工作于 16 位自动重装模式,中断频率为 1 000 Hz,中断函数从 P4.7 输出 500 Hz 方波信号。 T1 工作于 16 位自动重装模式,中断频率为 2 000 Hz,中断函数从 P4.6 输出 1 000 Hz 方波信号。 T2 工作于 16 位自动重装模式,中断频率为 3 000 Hz,中断函数从 P6.0 输出 1 500 Hz 方波信号。 利用示波器测量所产生方波信号是否正确。

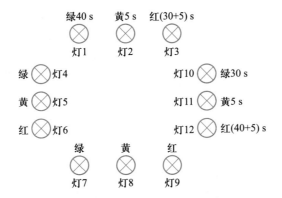

图 7-7 十字路口交通灯示意图

# 第 8 章

# 数据通信

> 通信技术在计算机控制系统中越来越重要。 本章介绍数据通信的一般概念、常见的串行通信技术和并行通信技术。 详细介绍目前实际工程中常见的 RS485 串行通信、SPI 通信、$I^2C$ 通信等接口的原理及应用。

## 8.1  通信的有关概念

计算机的 CPU 与外部设备之间,以及计算机和计算机之间的信息交换称为通信。通信分为并行通信和串行通信。并行通信通常是以字节(byte)或字节的倍数为传输单位,一次传送一个或一个以上字节的数据,数据的各位同时进行传送,适合于外部设备与计算机之间进行近距离、大量和快速的信息交换。计算机内部的各个总线传输数据时就是以并行方式进行的。并行通信的特点就是传输速度快,但当距离较远、位数较多时,通信线路复杂且成本高。在串行通信中,通信双方使用两根或三根数据信号线相连,同一时刻,数据在一根数据信号线上一位一位地顺序传送,每一位数据都占据一个固定的时间长度。与并行通信相比,串行通信的优点是传输线少、成本低、适合远距离传送及易于扩展,缺点是速度较慢。并行通信和串行通信的连接示意图如图 8-1 所示。

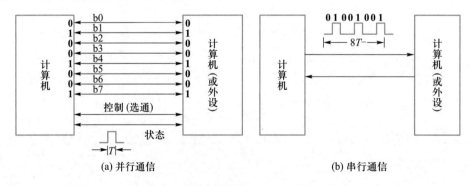

图 8-1  并行通信和串行通信的连接示意图

## 8.1.1  串行通信的相关概念

**1. 串行通信的分类**

**（1）按照串行数据的同步方式分类**

按照串行数据的同步方式，串行通信可以分为同步通信和异步通信两类。

**① 异步通信**

在异步通信（asynchronous communication）方式中，接收器和发送器使用各自的时钟，它们的工作是非同步的。在异步传送中，每一个字符要用起始位和停止位作为字符开始和结束的标志，以字符为单位一个个地发送和接收。典型的异步通信格式如图 8-2 所示。

异步传送时，每个字符的组成格式如下：首先用一个起始位表示字符的开始；后面紧跟着的是字符的数据字，数据字通常是 7 位或 8 位数据（低位在前，高位在后），在数据字中可根据需要加入奇偶校验位；最后是停止位，其长度可以是 1 位、1.5 位或 2 位。串行传送的数据字加上成帧信号的起始位和停止位就形成了一个串行传送的帧。起始位用逻辑 **0** 低电平表示，停止位用逻辑 **1** 高电平表示。图 8-2（a）所示为数据字为 7 位的 ASCII 码，第 8 位是奇偶校验位，加上起始位、停止位，一个字符帧由 10 位组成。形成帧信号后，字符便一个一个地进行传送。

在异步传送中，字符间隔不固定，在停止位后可以加空闲位，空闲位用高电平表示，用于等待发送。这样，接收和发送可以随时进行，不受时间的限制。图 8-2（b）为有空闲位的情况。

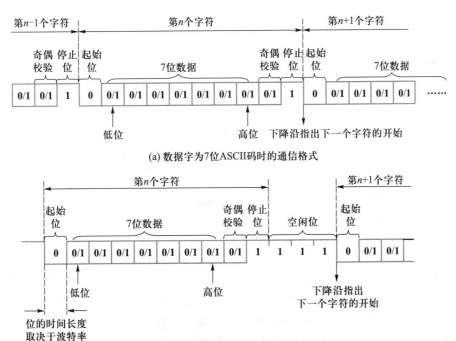

(a) 数据字为7位ASCII码时的通信格式

(b) 有空闲位时的通信格式

图 8-2  异步通信格式

在异步数据传送中,通信双方必须约定好两项事宜:

(a) 字符格式。包括字符的编码形式、奇偶校验以及起始位和停止位的规定。

(b) 通信速率。通信速率通常使用比特率来表示。在数字通信中,比特率是数字信号的传输速率,它用单位时间内传输的二进制代码的有效位(bit)数来表示,其单位为每秒比特数(bit/s)、每秒千比特数(kbit/s)或每秒兆比特数(Mbit/s)来表示。

在描述通信速率中,还经常遇到波特率这个概念。波特率指数据信号对载波的调制速率,它用单位时间内载波调制状态改变次数来表示,其单位为波特(Baud)。波特率与比特率的关系是比特率=波特率×单个调制状态对应的二进制位数。在信息传输通道中,携带数据信息的信号单元叫码元,每秒钟通过信道传输的码元数称为码元传输速率,简称波特率。波特率是传输通道频宽的指标。例如,数据传送速率为 120 字符/秒(这个速率可以称为波特率),而每一个字符为 10 位,则其传送的比特率为 10×120 = 1200 位/秒。在后面的描述中,为了适应习惯用法,将比特率和波特率统一使用波特率来表示。

② 同步通信

同步通信(synchronous communication)是一种连续串行传送数据的通信方式,一次通信只传送一帧信息。这里的信息帧和异步通信中的字符帧不同,通常含有若干个数据字符,根据控制规程,数据格式分为面向字符及面向比特两种。

(a) 面向字符型的数据格式

面向字符型的同步通信数据格式可采用单同步、双同步和外同步三种数据格式,如图 8-3 所示。

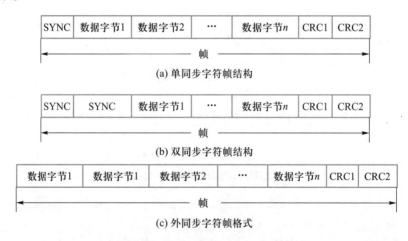

图 8-3  面向字符型同步通信数据格式

单同步和双同步均由同步字符(SYNC)、数据字符和校验字符 CRC 等三部分组成。单同步是指在传送数据之前先传送一个同步字符,双同步则先传送两个同步字符。其中,同步字符位于帧结构的开头,用于确认数据字符的开始(接收端不断地对传输线采样,并把采样到的字符和双方约定的同步字符比较,只有比较成功后才会把后面接收到的字符加以存储);数据字符在同步字符之后,个数不受限制,由所需传输的数据块长度决定;校验字符有 1~2 个,位于帧结构末尾,用于接收端对接收到的数据字符的正确性校验。外同步通信的数据格式中没有同步字符,而是用一条专用控制线来传送同步字符,使接收端及发送端实现同步。当每一帧信息结束时均用两个字节的循环冗余校验码 CRC 为结束。

在同步通信中,同步字符可以采用统一标准格式,也可由用户约定。在单同步字符帧结构中,同步字符常采用 ASCII 码中规定的 SYN(即 16H)代码,在双同步字符帧结构中,同步字符一般采用国际通用标准代码 EB90H。

(b)面向比特型的数据格式

根据同步数据链路控制规程(SDLC),面向比特型的数据每帧由 6 个部分组成。第 1 部分是开始标志"7EH";第 2 部分是一个字节的地址场;第 3 部分是一个字节的控制场;第 4 部分是需要传送的数据,数据都是位(bit)的集合;第 5 部分是两个字节的循环冗余校验码 CRC;最后部分又是"7EH",作为结束标志。面向比特型的数据格式如图 8-4 所示。

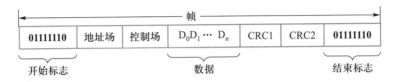

图 8-4　面向比特型同步通信数据格式

在 SDLC 规程中不允许在数据段和 CRC 段中连续出现 6 个 **1**,否则会误认为是结束标志。要求在发送端进行检验,当连续出现 5 个 **1** 时,则立即插入一个 **0**,到接收端要将这个插入的 **0** 去掉,恢复原来的数据,保证通信的正常进行。

同步通信的数据传输速率较高,通常可达 56 000 bit/s 或更高,适用于传送信息量大、传送速率高的系统,其缺点是要求发送时钟和接收时钟保持严格同步,故发送时钟除应和发送波特率保持一致外,还要求把它同时传送到接收端去。

(2)按照数据的传送方向分类

按照数据传送方向,串行通信可分为单工、半双工和全双工 3 种方式。

如果串行数据传送是在两个通信端之间进行的,则称为点-点通信方式。其数据传送的方式有如图 8-5 所示的几种情况。图 8-5(a)为单工通信方式(simplex),A 为发送站,B 为接收站,数据只能由 A 发至 B,而不能由 B 传送到 A。单工通信类似无线电广播,电台发送信号,收音机接收信号,收音机永远不能发送信号。图 8-5(b)为半双工通信方式(Half Duplex),数据可以从 A 发送到 B,也可以由 B 发送到 A。不过,由于使用一根线连接,发送和接收不可能同时进行,同一时间只能作一个方向的传送,其传送方向由收发控制开关 K 来控制。半双工通信方式类似对讲机,某时刻 A 发送 B 接收,另一时刻 B 发送 A 接收,双方不能同时进行发送和接收。图 8-5(c)为全双工通信方式(full duplex)。在这种方式中,分别用两根独立的传输线来连接发送方和接收方,A、B 既可同时发送,又可同时接收。全双工通信方式类似电话机,双方可以同时进行数据的发送和接收。

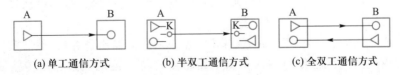

(a) 单工通信方式　　　　(b) 半双工通信方式　　　　(c) 全双工通信方式

图 8-5　点-点串行通信方式

图 8-6 所示为主从多终端通信方式。主机 A 可以向多个从机终端(B、C、D、…)发出信

息。在 A 允许的条件下,可以控制管理 B、C、D 等在不同的时间向 A 发出信息。根据数据传送的方向又分为多终端半双工通信方式和多终端全双工通信方式。

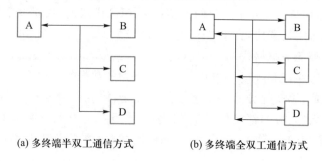

(a) 多终端半双工通信方式　　　(b) 多终端全双工通信方式

图 8-6　主从多终端通信方式

### 2. 串行接口

串行通信中的数据是一位一位依次传送的,而计算机系统或计算机终端中数据是并行传送的。因此,发送端必须把并行数据变成串行才能在线路上传送,接收端接收到的串行数据又需要变换成并行数据才可以进一步处理。上述并→串或串→并的转换既可以用软件实现,也可用硬件实现。由于用软件实现会增加 CPU 的负担,目前往往用硬件(串行接口)完成这种转换。串行接口通过系统总线和 CPU 相连,如图 8-7 所示。

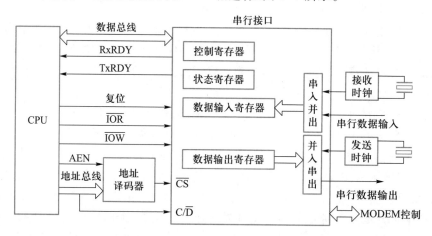

图 8-7　CPU 与串行接口的连接

串行接口主要由控制寄存器、状态寄存器、数据输入寄存器和数据输出寄存器 4 部分组成。

① 数据输入寄存器。在输入过程中,串行数据一位一位地从传输线进入串行接口的接收移位寄存器,经过串入并出电路的转换,当接收完一个字符之后,数据就从接收移位寄存器传送到数据输入寄存器,等待 CPU 读取。

② 数据输出寄存器。当 CPU 输出数据时,先送到数据输出寄存器,然后数据由输出寄存器传到发送移位寄存器,经过并入串出电路转换一位一位地通过输出传输线送到外部设备。

③ 状态寄存器。状态寄存器用来存放外部设备运行的状态信息,CPU 通过访问这个寄存器来了解某个外部设备的状态,进而控制外部设备的工作,以便与外部设备进行数据交换。

④ 控制寄存器。串行接口中有一个控制寄存器,CPU 对外部设备设置的工作方式命令、操作命令都存放在控制寄存器中,通过控制寄存器控制外部设备运行。

本质上讲,所有的串行接口电路都是以并行数据形式与 CPU 接口,而以串行数据形式与外部逻辑接口,其基本工作原理是:串行发送时,CPU 通过数据总线把 8 位并行数据送到数据输出寄存器,然后送给并行输入/串行输出移位寄存器,并在发送时钟和发送控制电路控制下通过串行数据输出端一位一位串行发送出去。起始位和停止位是由串行接口在发送时自动添加上去的。串行接口发送完一帧后产生中断请求,CPU 响应后可以把下一个字符送到发送数据缓冲器。

串行接收时,串行接口监视串行数据输入端,并在检测到有一个低电平(起始位)时就开始一个新的字符接收过程。串行接口每接收到 1 位二进制数据位后就使接收移位寄存器(即串行输入/并行输出寄存器)左移一次,连续接收到一个字符后将其并行传送到数据输入寄存器,并产生中断促使 CPU 从中取走所接收的字符。

常见的串行接口芯片称为通用异步接收器/发送器 UART(universal asynchronous receiver/transmitter),其内部结构如图 8-8 所示。

在 UART 中设置有出错标志,一般有三种。

(1) 奇偶错误(parity error)

为了检测传送中可能发生的错误,UART 在发送时会检查每个要传送的字符中的 **1** 的个数,自动在奇偶校验位上添加 **1** 或 **0**,使得 **1** 的总和(包括奇偶校验位)在偶校验时为偶数,奇校验时为奇数。UART 在接收时会检查字符中的每一位(包括奇偶校验位),计算其中 **1** 的总和是否符合奇偶检验的要求,以确定是否发生传送错误。

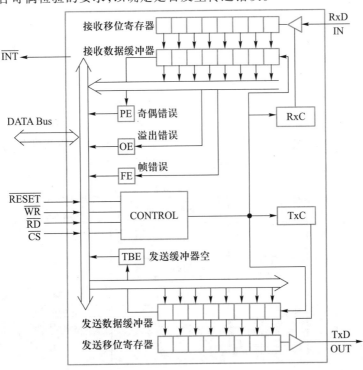

图 8-8　硬件 UART 的内部结构

（2）帧错误（frame error）

虽然接收端和发送端的时钟没有直接的联系，但是因为接收端总是在每个字符的起始位处进行一次重新定位，因此，必须要保证每次采样都对应一个数据位。只有当接收时钟和发送时钟的频率相差太大，从而引起在起始位之后刚采样几次就造成错位时，才出现采样造成的接收错误。如果遇到这种情况，就会出现停止位（按规定停止位应为高电平）为低电平（此情况下，未必每个停止位都是低电平），从而引起信息帧格式错误，帧错误标志 FE 置位。

（3）溢出（丢失）错误（overrun error）

UART 是一种双缓冲器结构的部件。UART 接收端接收到第一个字符后便放入接收数据缓冲器，然后继续从 RxD 线上接收第二个字符，并等待 CPU 从接收数据缓冲器中取走第一个字符。如果 CPU 很忙，一直没有机会取走第一个字符，以致接收到的第二字符进入接收数据缓冲器而造成第一个字符被丢失，于是产生了溢出错误，UART 自动使溢出错误标志 OE 置位。

### 8.1.2　并行通信的相关概念

1. 并行接口

实现并行通信的接口电路，称为并行接口。根据并行接口的特点可以分为输入并行接口、输出并行接口和输入/输出并行接口。并行通信以同步方式传输，其特点是：传输速度快，硬件开销大，只适合近距离传输。跟所有的接口一样，一个并行接口的信息传输中包括状态信息、控制信息和数据信息。

① 状态信息。状态信息表示外部设备当前所处的工作状态。例如，准备好信号 READY =1 表示输入接口已经准备好，可以和 CPU 交换数据；忙信号 BUSY=1 表示接口正在传输信息，CPU 需要等待。

② 控制信息。控制信息由 CPU 发出，用于控制外部设备接口的工作方式以及外部设备的启动和复位等。

③ 数据信息。数据信息是 CPU 与并行接口交换的主要内容。

状态信息、控制信息和数据信息通过总线传送，这些信息在外部设备接口中分别存放在不同端口寄存器中。接口电路需要几个端口相互配合，才能协调外部设备的工作。一个典型的并行接口与 CPU、外部设备连接图如图 8-9 所示。

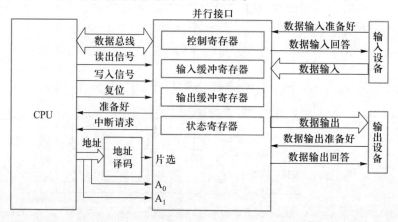

图 8-9　典型并行接口与 CPU、外部设备连接图

**2. 并行接口的组成**

一个并行接口电路通常由输入缓冲寄存器、输出缓冲寄存器、状态寄存器和控制寄存器组成。

① 输入缓冲寄存器。输入缓冲寄存器主要功能是负责接收设备送来的数据,CPU 通过读操作指令执行读操作,从输入缓冲寄存器读取数据。

② 输出缓冲寄存器。输出缓冲寄存器主要功能是负责接收 CPU 送来的数据,如果设备处于空闲状态,则从输出缓冲寄存器取走数据,接口通知 CPU 进行下一次输出操作。

③ 状态寄存器。状态寄存器用来存放外部设备运行的状态信息,CPU 通过访问状态寄存器来了解外部设备状态,进而控制外部设备的工作。

④ 控制寄存器。并行接口中有一个控制寄存器,CPU 对外部设备设置的工作方式命令、操作命令都存放在控制寄存器中,通过控制寄存器控制外部设备的运行。

⑤ 数据信息。数据信息是 CPU 与并行接口交换的主要内容。

**3. 并行通信接口的基本输入/输出工作过程**

① 输入过程。外部设备首先将并行传输的数据放到外部设备与接口之间的数据总线上,并使"数据输入准备好"状态选通信号有效,该选通信号使数据传输到接口的输入缓冲寄存器内。当数据写入输入缓冲寄存器后,接口使"数据输入回答"信号有效,作为对外部设备输入的响应。外部设备收到此信号后,便撤销输入数据和"数据输入准备好"信号。

数据到达接口后,接口在状态寄存器中设置"输入准备好"状态位,以便 CPU 进行查询;接口也可以在此时向 CPU 发送中断请求,表示数据已输入到接口。CPU 既可以用查询程序方式,也可以用程序中断方式来读取接口中的数据。CPU 从输入缓冲寄存器中读取数据后,接口自动清除状态寄存器中"数据输入准备好"状态位,并使数据总线处于高阻状态。至此,一个数据的传送结束。

② 输出过程。当外部设备从接口取走数据后,接口就会将状态寄存器中"数据输出准备好"状态位置 **1**,表示 CPU 当前可以向接口输出数据,这个状态位可供 CPU 进行查询。接口此时也可以向 CPU 发中断请求。CPU 既可以用查询程序方式,也可以用程序中断方式向接口输出数据。

当 CPU 将数据送到输出缓冲寄存器后,接口自动清除"数据输出准备好"状态位,并将数据送往外部设备的数据线上,同时,接口将给外部设备发送"启动信号"来启动外部设备接收数据。外部设备被启动后,开始接收数据,并向接口发"数据输出回答"信号。接口收到此信号,便将状态寄存器中的"数据输出准备好"状态位置 **1**,以便 CPU 输出下一个数据。

## 8.2 串 行 接 口

### 8.2.1 单片机的串行接口

STC8H8K64U 单片机具有 4 个串行通信接口(习惯上称为串口,如串口 1、串口 2、串口 3

和串口 4）。每个串口由 2 个数据缓冲器、1 个移位寄存器、1 个串行控制寄存器和 1 个波特率发生器等组成。每个串口的数据缓冲器由串行接收缓冲器和发送缓冲器构成,接收缓冲器和发送缓冲器共用一个地址号,但在物理上是独立的。接收缓冲器只能读出数据,不能写入数据,而发送缓冲器则只能写入数据,不能读出数据。STC8H8K64U 单片机的串口 1 既可以用于异步串行通信,也可以构成同步移位寄存器。串口 1 与传统 8051 单片机的串口完全兼容。串口 2、串口 3 和串口 4 的结构、工作原理与串口 1 类似,只能用于异步串行通信。

　　STC8H8K64U 单片机的串口 1 有 4 种工作模式,有的工作模式的波特率是可变的。用户用软件编程的方法在串行控制寄存器中写入相应的控制字节,即可改变串口 1 的工作模式和波特率。串口 2、串口 3 和串口 4 都只有两种工作模式,这两种方式的波特率都是可变的。用户可用软件选择不同的工作模式,并设置不同的波特率。主机可通过查询或中断方式对接收/发送进行程序处理,使用十分灵活。

　　STC8H8K64U 单片机串口 1 对应的引脚是 TxD 和 RxD,串口 2 对应的引脚是 TxD2 和 RxD2,串口 3 对应的引脚是 TxD3 和 RxD3,串口 4 对应的引脚是 TxD4 和 RxD4。通过设置相关的特殊功能寄存器,串口引脚可以切换。详细内容请参见第 3 章相关介绍。

　　1. 串口的寄存器

　　除了与中断和定时器相关的特殊功能寄存器外,新出现的与串口有关的特殊功能寄存器如表 8-1 所示。

表 8-1　新出现的与串口有关的特殊功能寄存器

| 寄存器 | 地址 | b7 | b6 | b5 | b4 | b3 | b2 | b1 | b0 | 复位值 |
|---|---|---|---|---|---|---|---|---|---|---|
| SCON | 98H | SM0/FE | SM1 | SM2 | REN | TB8 | RB8 | TI | RI | **00000000B** |
| SBUF | 99H | | | | | | | | | **00000000B** |
| S2CON | 9AH | S2SM0 | **0** | S2SM2 | S2REN | S2TB8 | S2RB8 | S2TI | S2RI | **00000000B** |
| S2BUF | 9BH | | | | | | | | | **00000000B** |
| S3CON | ACH | S3SM0 | S3ST3 | S3SM2 | S3REN | S3TB8 | S3RB8 | S3TI | S3RI | **00000000B** |
| S3BUF | ADH | | | | | | | | | **00000000B** |
| S4CON | 84H | S4SM0 | S4ST4 | S4SM2 | S4REN | S4TB8 | S4RB8 | S4TI | S4RI | **00000000B** |
| S4BUF | 85H | | | | | | | | | **00000000B** |
| PCON | 87H | SMOD | SMOD0 | LVDF | POF | GF1 | GF0 | PD | IDL | **00110000B** |
| AUXR | 8EH | T0x12 | T1x12 | UART_M0x6 | TR2 | $T2\_C/\overline{T}$ | T2x12 | EXTRAM | S1ST2 | **00000000B** |
| SADDR | A9H | | | | | | | | | **00000000B** |
| SADEN | B9H | | | | | | | | | **00000000B** |

　　（1）串口 1 控制寄存器 SCON

　　SCON（地址为 98H,复位值为 00H）用于确定串口 1 的工作模式和控制串口 1 的某些功能,也可用于发送和接收第 9 个数据位（TB8、RB8）,并设有接收和发送中断标志（RI 及 TI）位。

① SM0/FE：PCON 寄存器中的 SMOD0 位为 **1** 时，该位用于帧错误检测，当检测到一个无效停止位时，通过 UART 接收器设置该位。它必须由软件清 **0**。PCON 寄存器中的 SMOD0 为 **0** 时，该位和 SM1 一起指定串口 1 的工作模式，如表 8-2 所示（SYSclk 为系统工作时钟频率）。

表 8-2　串口 1 的工作模式

| SM0 | SM1 | 模式 | 说明 | 波特率 |
|---|---|---|---|---|
| **0** | **0** | 0 | 移位寄存器工作模式 | 当 UART_M0x6 = **0** 时，波特率是 SYSclk/12<br>当 UART_M0x6 = **1** 时，波特率是 SYSclk/2 |
| **0** | **1** | 1 | 8 位数据位的 UART 工作模式 | 串口 1 用 T1 作为波特率发生器且 T1 工作于模式 0（16 位自动重载模式）或串口 1 用 T2 作为波特率发生器时，波特率是（T1 的溢出率或 T2 的溢出率）/4 |
| **1** | **0** | 2 | 9 位数据位的 UART 工作模式 | $\dfrac{2^{SMOD}}{64} \times SYSclk$ |
| **1** | **1** | 3 | 9 位数据位的 UART 工作模式 | 串口 1 用 T1 作为波特率发生器且 T1 工作于模式 0（16 位自动重载模式）或串口 1 用 T2 作为波特率发生器时，波特率是（T1 的溢出率或 T2 的溢出率）/4 |

注：当 T1 工作于模式 0 且 T1x12 = **0** 时，T1 的溢出率 = SYSclk/12/( 65536 -[RL_TH1,RL_TL1])；

当 T1 工作于模式 0 且 T1x12 = **1** 时，T1 的溢出率 = SYSclk / (65536-[RL_TH1,RL_TL1])。

当 AUXR.2/T2x12 = **0** 时，T2 的溢出率 = SYSclk/12/(65536-[RL_TH2,RL_TL2])；

当 AUXR.2/T2x12 = **1** 时，T2 的溢出率 = SYSclk/(65536-[RL_TH2,RL_TL2])。

当串口 1 使用 T1 作为波特率发生器时，T1 工作于模式 2（8 位自动重载模式）与传统 8051 单片机完全相同，并且由于 T1 模式 0 完全能够满足模式 2 时的波特率要求，因此，本书不讨论 T1 模式 2 下的波特率设置方法，感兴趣的读者可参阅手册或其他参考书。

② SM2：多机通信控制位。单片机在进行多机通信时，串口 1 工作于模式 2 或模式 3，SM2 位是进行主-从多机通信的控制位。当进行主从式通信时，开始各个从机都应置 SM2 = **1**。主机发出的第一帧信息是地址帧信息（数据帧的第 9 数据位为 1），此时各个从机接收到地址帧信息后都能产生中断，并进入各自的中断服务程序。只有被寻址的从机（地址与从主机发出的地址号相符）在中断服务程序中使 SM2 = **0**，为从机接收主机发出的数据帧信息（第 9 数据位为 0）做准备。而其他从机仍然维持 SM2 = **1**，对主机以后发出的数据帧信息，将不会产生中断申请，从而不会接收后续的数据帧信息。

在模式 2 或模式 3 中，如果 SM2 位为 **0** 且 REN 位为 **1**，接收机处于地址帧筛选被禁止状态。不论收到的 RB8 为 **0** 或 **1**，均可使接收到的信息进入 SBUF，并使 RI = **1**，此时 RB8 通常为校验位。

模式 1 和模式 0 为非多机通信方式，SM2 应设置为 **0**。

③ REN：允许接收控制位。

**1**：允许串口 1 接收数据；

**0**：禁止串口 1 接收数据。

④ TB8：在模式 2 和模式 3 时，它是要发送的第 9 个数据位，按需要由软件进行置位或清 **0**。该位可用作数据的奇偶校验位，或在多机通信中用作地址帧/数据帧的标志位（TB8＝**1/0**）。

⑤ RB8：在模式 2 和模式 3 时，它是接收到的第 9 位数据，作为奇偶检验位或地址帧/数据帧标志位。在模式 1 时，若 SM2＝**0**，则 RB8 是接收到的停止位。在模式 0 时，不使用 RB8。

⑥ TI：发送中断请求标志位。在模式 0 时，当串行发送数据字第 8 位结束时由内部硬件置位，向 CPU 申请发送中断。CPU 响应中断后，必须用软件清 **0**。在其他方式时，在停止位开始发送时由硬件置位。同样，必须用软件清 **0**。

⑦ RI：接收中断标志位。在模式 0 时，当串行接收数据字第 8 位结束时由内部硬件置位。在其他方式时，RI 在接收到停止位的中间时刻由硬件置位（例外情况见 SM2 说明）。RI 也必须用软件清 **0**。

当一帧数据发送完成时，发送中断标志 TI 被置位，接着发生串口中断，进入串口中断服务程序。但 CPU 事先并不能分辨是 TI 还是 RI 的中断请求，必须在中断服务程序中用位测试指令加以判别。因此，中断标志位 TI 及 RI 均不能自动清 **0**，必须在中断服务程序中使用清中断标志位指令，撤销中断请求状态，否则原先的中断标志位状态又将表示有中断请求。

（2）串口 2 控制寄存器 S2CON

寄存器 S2CON 用于确定串口 2 的操作方式和控制串口 2 的某些功能，也可用于发送和接收第 9 个数据位（S2TB8、S2RB8），并设有接收和发送中断标志位（S2RI 及 S2TI）。

其中，S2SM0 用于指定串口 2 的工作模式，如表 8-3 所示。

表 8-3　串口 2 的工作模式

| S2SM0 | 模式 | 功能说明 | 波特率 |
| --- | --- | --- | --- |
| **0** | 0 | 8 位 UART，波特率可变 | （T2 的溢出率）/4 |
| **1** | 1 | 9 位 UART，波特率可变 | （T2 的溢出率）/4 |

注：当 T2x12＝**1** 时，T2 的溢出率＝SYSclk /（65536-[RL_TH2,RL_TL2]）；

当 T2x12＝**0** 时，T2 的溢出率＝SYSclk / 12 /（65536-[RL_TH2,RL_TL2]）。

式中 RL_TH2 是 TH2 的重装载寄存器，RL_TL2 是 TL2 的重装载寄存器。

寄存器 S2CON 的其他各个位与寄存器 SCON 的各个位含义和功能都类似，读者可以进行对比学习，在此不再赘述。

（3）串口 3 控制寄存器 S3CON

寄存器 S3CON 用于确定串口 3 的工作模式和控制串口 3 的某些功能，也可用于发送和接收第 9 个数据位（S3TB8、S3RB8），并设有接收和发送中断标志位（S3RI 及 S3TI）。其中，S3SM0 用于指定串口 3 的工作模式，具体见表 8-4。

表 8-4　串口 3 的工作模式

| S3SM0 | 模式 | 功能说明 | 波特率 |
| --- | --- | --- | --- |
| **0** | 0 | 8 位 UART，波特率可变 | （T2 的溢出率）/4 或（T3 的溢出率）/4 |
| **1** | 1 | 9 位 UART，波特率可变 | （T2 的溢出率）/4 或（T3 的溢出率）/4 |

注：T3 的溢出率＝$SYSclk / 12^{1-T3x12} /（65536 - [RL\_TH3,RL\_TL3]）$。

式中 RL_TH3 是 TH3 的重装载寄存器，RL_TL3 是 TL3 的重装载寄存器；T3x12 是 T4T3M 寄存器的 b1 位。

S3ST3：串口 3 波特率发生器选择位。

**0**：选择 T2 作为串口 3 的波特率发生器；

**1**：选择 T3 作为串口 3 的波特率发生器。

寄存器 S3CON 的其他位和寄存器 SCON 各个位的功能类似，在此不再赘述。

（4）串口 4 控制寄存器 S4CON

寄存器 S4CON 用于确定串口 4 的工作模式和控制串口 4 的某些功能，也可用于发送和接收第 9 个数据位（S4TB8、S4RB8），并设有接收和发送中断标志位（S4RI 及 S4TI）。其中，S4SM0 用于指定串口 4 的工作模式，具体见表 8-5。

表 8-5  串口 4 的工作模式

| S4SM0 | 模式 | 功能说明 | 波特率 |
| --- | --- | --- | --- |
| **0** | 0 | 8 位 UART，波特率可变 | （T2 的溢出率）/4 或（T4 的溢出率）/4 |
| **1** | 1 | 9 位 UART，波特率可变 | （T2 的溢出率）/4 或（T4 的溢出率）/4 |

注：T4 的溢出率 = SYSclk / $12^{1-T4x12}$/（ 65536-[RL_TH4,RL_TL4]）。

式中，RL_TH4 是 TH4 的重装载寄存器，RL_TL4 是 TL4 的重装载寄存器；T4x12 是 T4T3M 寄存器的 b5 位。

S4ST4：串口 4 波特率发生器选择位。

**0**：选择 T2 作为串口 4 的波特率发生器；

**1**：选择 T4 作为串口 4 的波特率发生器。

寄存器 S3CON 的其他位和寄存器 SCON 各个位的功能类似，在此不再赘述。

注意：当串口 2、串口 3 和串口 4 的波特率相同时，它们可以共享波特率发生器，此时建议选择 T2 作为它们的波特率发生器。只有在串口 3 和串口 4 与串口 2 的波特率不同时，才建议串口 3 选择 T3 作为波特率发生器，串口 4 选择 T4 作为波特率发生器。

（5）掉电控制寄存器 PCON

PCON 中的 SMOD 用于设置串口 1 模式 1、模式 2 和模式 3 的波特率是否加倍。

① SMOD：串行口波特率系数控制位。复位时，SMOD＝**0**。

**0**：模式 1、模式 2 和模式 3 的波特率不加倍；

**1**：使模式 1、模式 2 和模式 3 的波特率加倍。

注意：若在模式 1 和模式 3 中使用 T1 工作于模式 0，则波特率与 SMOD 无关。

② SMOD0：帧错误检测有效控制。复位时，SMOD0＝**0**。

**0**：SCON 寄存器中的 SM0/FE 位用于 SM0 功能，和 SM1 一起指定串口 1 的工作模式；

**1**：SCON 寄存器中的 SM0/FE 位用于 FE（帧错误检测）功能。

（6）辅助寄存器 AUXR

辅助寄存器 AUXR 中的 EXTRAM 用于设置是否允许使用内部扩展 RAM。

① UART_M0x6：串口 1 模式 0 的通信速度设置位。

**0**：串口 1 模式 0 的速度是传统 8051 单片机串口的速度，即 12 分频；

**1**：串口 1 模式 0 的速度是传统 8051 单片机串口速度的 6 倍，即 2 分频。

② S1ST2：串口 1 波特率发生器选择位。

**0**：选择 T1 作为串口 1 的波特率发生器；

**1**：选择 T2 作为串口 1 的波特率发生器。

注意:STC8H8K64U 单片机的串口 2 只能使用 T2 作为波特率发生器,不能选择 T1 作为波特率发生器;串口 1 可以选择 T1 作为波特率发生器,也可以选择 T2 作为波特率发生器。

AUXR 中的 T1x12 位和 T2x12 位用于控制 UART 串口速度是 12T 还是 1T,一般取默认值即可。

(7) 从机地址控制寄存器

为了方便多机通信,STC8H8K64U 单片机设置了从机地址控制寄存器 SADEN 和 SAD-DR,可实现自动地址识别功能。其中,SADEN 是从机地址掩码允许寄存器,SADDR 是从机地址寄存器。

自动地址识别功能的典型应用是多机通信领域,其主要原理是从机通过硬件比较功能来识别来自主机串口数据流中的地址信息,通过寄存器 SADDR 和 SADEN 设置本机的从机地址,硬件自动对从机地址进行过滤,当来自主机的从机地址信息与本机所设置的从机地址相匹配时,硬件产生串口中断;否则硬件自动丢弃串口数据,而不产生中断。当众多处于空闲模式的从机连接在一起时,只有从机地址相匹配的从机才会从空闲模式唤醒,从而可以大大降低从机 MCU 的功耗,即使从机处于正常工作状态也可避免不停地进入串口中断而降低系统执行效率。

要使用串口的自动地址识别功能,首先需要将参与通信的单片机的串口通信模式设置为模式 2 或者模式 3(通常都选择波特率可变的模式 3,因为模式 2 的波特率是固定的,不便于调节),并开启从机 SCON 的 SM2 位。对于串口模式 2 或者模式 3 的 9 位数据位中,第 9 位数据(存放在 RB8 中)为地址/数据的标志位,当第 9 位数据为 **1** 时,表示前面的 8 位数据(存放在 SBUF 中)为地址信息。当 SM2 被设置为 **1** 时,从机会自动过滤掉非地址数据(第 9 位为 **0** 的数据),而对 SBUF 中的地址数据(第 9 位为 **1** 的数据)自动与 SADDR 和 SADEN 所设置的本机地址进行比较,若地址相匹配,则会将 RI 置 1,并产生中断,否则不予处理本次接收的串口数据。

从机地址的设置是通过 SADDR 和 SADEN 两个寄存器进行设置的。SADDR 为从机地址寄存器,里面存放本机的从机地址。SADEN 为从机地址屏蔽位寄存器,用于设置地址信息中的忽略位。

例如,SADDR = **11001010**,SADEN = **10000001**,则匹配地址为 **1xxxxxx0**。即,只要主机送出的地址数据中的 b0 为 **0** 且 b7 为 **1** 就可以和本机地址相匹配。

再例如,SADDR = **11001010**;SADEN = **00001111**;则匹配地址为 xxxx**1010**。即,只要主机送出的地址数据中的低 4 位为 **1010** 就可以和本机地址相匹配,而高 4 位可以为任意值。

主机可以使用广播地址(FFH)同时选中所有的从机来进行通信。

(8) 数据缓冲器

数据缓冲器用于保存要发送的数据或者从串口接收到的数据。写数据缓冲器的操作完成待发送数据的加载,读数据缓冲器的操作可获得已接收到的数据。串口 1 的数据缓冲器是 SBUF,串口 2 的数据缓冲器是 S2BUF,串口 3 的数据缓冲器是 S3BUF,串口 4 的数据缓冲器是 S4BUF。

串行通道内设有数据寄存器。在所有的串行通信模式中,在写入数据缓冲器信号的控制下,把数据装入相同的 9 位移位寄存器,前面 8 位为数据字节,其最低位为移位寄存器的输出位。根据不同的工作模式,自动将 1 或 TB8 的值装入移位寄存器的第 9 位,并进行发送。

串行通道的接收寄存器是一个输入移位寄存器。对于串口 1,在模式 0 和模式 1 时它的字长为 8 位,其他模式时为 9 位。对于串口 2、3、4,模式 0 时为 8 位,模式 1 时为 9 位。当一个字符接收完毕,移位寄存器中的数据字节装入串行接收数据缓冲器 SBUF 中,其第 9 位则装入 SCON 寄存器的 RB8 位。如果 SM2 使得已接收的数据无效,则 RB8 位和 SBUF 缓冲器中的内容不变。

串口 2、3、4 的接收过程和串口 1 类似,在此不再赘述。

正是由于接收通道内设有输入移位寄存器和数据缓冲器,从而能使一帧接收完将数据由移位寄存器装入数据缓冲器后,可立即开始接收下一帧信息,CPU 应在该帧接收结束前从数据缓冲器中将数据取走,否则前一帧数据将丢失。数据缓冲器以并行方式送往内部数据总线。

串口的发送缓冲器只能写入,不能读出;接收缓冲器只能读出,不能写入。因此,每个串口的两个缓冲器共用一个地址号。

2. 串口的工作模式

(1)串口 1 的工作模式

STC8H8K64U 单片机的串口 1 有 4 种工作模式,通过设置 SCON 寄存器的 SM0 和 SM1 进行选择。现分别加以介绍。

① 模式 0——移位寄存器模式

模式 0 为半双工方式,又称为同步移位寄存器输出方式。在这种模式下,TxD 引脚输出同步移位时钟,RxD 用于发送和接收串行数据。串行口输出端可直接与移位寄存器相连,也可用作扩展 I/O 接口或外接同步输入、输出设备。该模式下的数据帧为 8 位,低位在先,高位在后,没有起始位和停止位。

由于模式 0 在实际工程中很少使用,详细介绍在此略去。

② UART 方式

UART 通信有 3 种工作模式。

(a)模式 1——8 位可变波特率方式

模式 1 提供异步全双工通信,适合于点到点的通信。每个数据帧长度为 10 位:1 个起始位(低电平)、8 个数据位和 1 个停止位(高电平)。传输的数据位首先是起始位,然后是 8 位数据(低位在前),最后一位是停止位。起始位和停止位是在发送时自动插入的。接收时,停止位进入 SCON 的 RB8 位。TxD 为发送数据引脚,RxD 为接收数据引脚。串口 1 工作模式 1 的功能结构示意图及其数据接收/发送时序图如图 8-10 所示。

模式 1 的发送过程:发送数据时,数据由串行发送端 TxD 输出。当单片机执行一条写 SBUF 的指令时,就启动串行通信的发送,写 SBUF 指令还把 1 装入发送移位寄存器的第 9 位,并通知 TX 控制器开始发送。发送各位的定时时间由 16 分频计数器同步。

移位寄存器将数据不断右移送 TxD 端口发送,在数据的左边不断移入 0 做补充。当数据的最高位移到移位寄存器的输出位置,紧跟其后的是第 9 位 **1**,在它的左边各位全为 **0**,这个状态条件,使 TX 控制器做最后一次移位输出,然后使允许发送信号 $\overline{\text{SEND}}$ 失效,完成一帧信息的发送,并置位中断请求位 TI,即 TI = **1**,向 CPU 请求中断处理。

模式 1 的接收过程:当软件置位接收允许标志位 REN,即 REN = 1 时,接收器便以选定

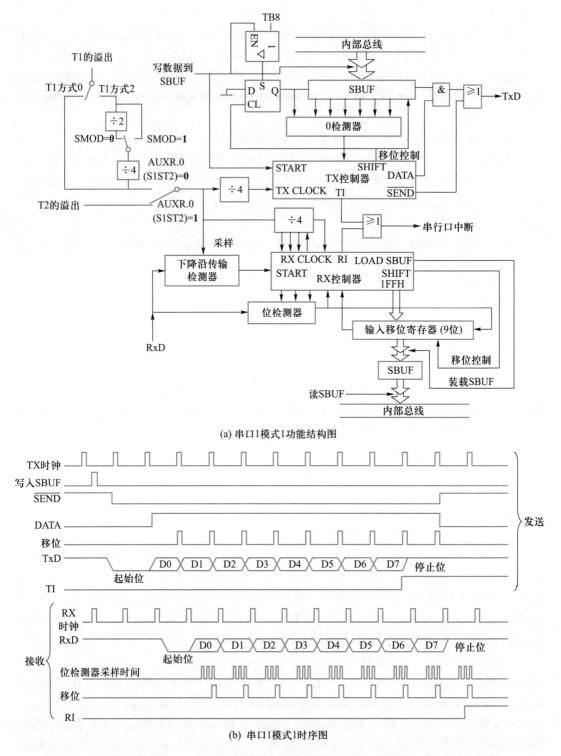

(a) 串口1模式1功能结构图

(b) 串口1模式1时序图

图 8-10　串口 1 工作模式 1 的功能结构及其数据接收/发送时序图

波特率的 16 分频的速率采样串行接收端 RxD,当检测到 RxD 端从 **1** 到 **0** 的负跳变时就启动接收器准备接收数据,并立即复位 16 分频计数器,将 1FFH 值装入移位寄存器。复位 16 分频计数器的目的是使它与输入位时间同步。16 分频计数器将每位的接收时间均 16 等分,在每位时间的 7、8、9 状态由检测器对 RxD 端进行采样,经"三中取二"后的值作为本次所接收的值,即 3 次采样至少 2 次相同的值,以此消除干扰影响,提高可靠性。在起始位,如果接收到的值不为 **0**(低电平),则起始位无效,复位接收电路,并重新检测 **1→0** 的跳变。如果接收到的起始位有效,则将它输入移位寄存器,并接收本帧的其余信息。

接收的数据从接收移位寄存器的右边移入,已装入的 1FFH 向左边移出,当起始位 **0** 移到移位寄存器的最左边时,使 RX 控制器做最后一次移位,完成一帧的接收。若同时满足:

RI = **0**;

SM2 = **0** 或接收到的停止位为 **1**。

则接收到的数据有效,数据载入 SBUF,停止位进入 RB8,置位 RI,向 CPU 请求中断,若上述两条件不能同时满足,则接收到的数据作废并丢弃,无论条件满足与否,接收器重新检测 RxD 端上的 **1** 到 **0** 的跳变,继续下一帧的接收。接收有效,在响应中断后,必须由软件将 RI 清 **0**。通常情况下,串口工作于模式 1 时,SM2 设置为 **0**。

串行通信模式 1 的波特率是可变的,波特率由 T1 或 T2 的溢出率决定。定时器/计数器的溢出率定义为:单位时间(秒)内定时器/计数器溢出的次数。

串口 1 用 T1 作为波特率发生器且 T1 工作于模式 0(16 位自动重载模式)时

$$串口 1 的波特率 = (T1 的溢出率)/4$$

注意:此时波特率与 SMOD 无关。

当 T1 工作于模式 0 且 T1x12 = **0** 时,T1 的溢出率 = SYSclk/12/( 65536-[RL_TH1,RL_TL1]),此时

$$串口 1 的波特率 = SYSclk/12/( 65536-[RL\_TH1,RL\_TL1])/4$$

当 T1 工作于模式 0 且 T1x12 = **1** 时,T1 的溢出率 = SYSclk / ( 65536-[RL_TH1,RL_TL1]),此时

$$串口 1 的波特率 = SYSclk/ ( 65536-[RL\_TH1,RL\_TL1])/4$$

其中,RL_TH1 是 TH1 的自动重载寄存器,RL_TL1 是 TL1 的自动重载寄存器。

串口 1 用 T2 作为波特率发生器且 T2x12 = **0** 时,T2 的溢出率 = SYSclk/12/(65536-[RL_TH2,RL_TL2]),此时

$$串口 1 的波特率 = SYSclk/12/( 65536-[RL\_TH2,RL\_TL2])/4$$

当 T2x12 = **1** 时,T2 的溢出率 = SYSclk/(65536-[RL_TH2,RL_TL2]),此时

$$串口 1 的波特率 = SYSclk/ ( 65536-[RL\_TH2,RL\_TL2])/4$$

其中,RL_TH2 是 TH2 的自动重载寄存器,RL_TL2 是 TL2 的自动重载寄存器。

(b) 模式 2——9 位固定波特率方式

模式 2 提供异步全双工通信,适合于固定波特率的多机通信。每个数据字节长度为 11 位:1 个起始位、8 个数据位(低位在前)、1 个可编程的第 9 位(TB8/RB8)和 1 个停止位。与模式 1 相比,每帧增加了一个第 9 位。发送时,第 9 位数据由 TB8 提供,可以置位也可以清 **0**。TB8 既可作为多机通信中的地址数据标志位,也可以作为奇偶校验位(将 PSW 寄存器中的奇偶校验位 P 的值装入 TB8)。接收时,第 9 位数据进入 RB8 位。TxD/P3.1 为发送端口,RxD/P3.0 为接收端口。

模式 2 的波特率为 $\dfrac{2^{\mathrm{SMOD}}}{64} \times \mathrm{SYSclk}$。

PCON 寄存器中的 SMOD 为波特率加倍位, 当 SMOD = 1 时, 波特率为 SYSclk/32; 当 SMOD = 0 时, 波特率为 SYSclk/64。

由于模式 2 的波特率设置不够灵活, 在实际工程中很少使用, 在此不做详细介绍。

(c) 模式 3——9 位可变波特率方式

该模式适合于多机通信。模式 3 的每个数据字节长度为 11 位: 1 个起始位、8 个数据位 (低位在前)、1 个可编程的第 9 位 (TB8/RB8) 和 1 个停止位。发送时, 第 9 位数据由 TB8 确定, 可以置位也可以清 0。TB8 既可作为多机通信中的地址数据标志位, 又可作为数据的奇偶校验位 (将 PSW 中的奇偶校验位 P 的值装入 TB8)。接收时, 第 9 位数据进入 RB8 位。TxD/P3.1 为发送端口, RxD/P3.0 为接收端口。

模式 3 和模式 1 一样, 其波特率可通过软件对 T1 或 T2 的设置进行波特率的选择, 是可变的。模式 3 的波特率计算方法与模式 1 的方法相同, 在此从略。

串行口工作模式 3 的功能结构及其数据接收/发送时序图如图 8-11 所示。

由图 8-11 可知, 模式 3 和模式 1 相比, 除发送时由 TB8 提供给移位寄存器第 9 位数据不同外, 其功能结构和数据接收/发送操作过程及时序和模式 1 基本相同。

发送过程: CPU 执行数据写入发送缓冲器 SBUF 的指令即可启动发送 (如"MOV SBUF, A")。串行口自动将发送缓冲器中的内容送入发送移位寄存器。发送移位寄存器先发送一个起始位, 接着按程序设定的字符代码, 先低位后高位。数据字加上奇偶校验位或可控位 (模式 3 中即为程序设定的 TB8 位的值), 再发送停止位, 从而完成一帧的发送。串行数据均由 TxD 端输出, 发送完毕, 将发送中断标志位 TI 置 1, 以供查询及向 CPU 申请中断之用。CPU 的响应中断后必须在中断服务程序中使 TI 清 0。

接收过程: 接收数据由 RxD 端输入, 串行口以所选定波特率的 16 倍速率采样 RxD 端状态。当 RxD 端电平由 1 到 0 跳变时, 就启动接收器。串行口按程序规定的格式接收一帧代码, 并把此码的数据位拼成并行码送入接收缓冲器中 (在模式 1 时, 把停止位送入 RB8; 在模式 3 时, 把程控的第 9 位数据送入 RB8), 等待 CPU 取走。为保证可靠无误, 对每一数据位进行连续 3 次采样, 取 3 次采样中至少 2 次值相同。接收完毕, 置接收中断标志 RI = 1。CPU 的响应中断后必须在中断服务程序中使 RI 清 0。

当接收器接收完一帧信息后必须同时满足:

RI = 0;

SM2 = 0 或者 SM2 = 1, 并且接收到的第 9 数据位 RB8 = 1。

当上述两条件同时满足时, 才将接收到的移位寄存器的数据装入 SBUF 和 RB8 中, 并置位 RI, 向 CPU 请求中断处理。如果上述条件有一个不满足, 则刚接收到移位寄存器中的数据无效而丢失, 也不置位 RI。无论上述条件满足与否, 接收器又重新开始检测 RxD 输入端的跳变信息, 接收下一帧的输入信息。

在模式 3 中, 接收到的停止位与 SBUF、RB8 和 RI 无关。

在模式 3 中, 通过软件对 SCON 中的 SM2、TB8 的设置以及通信协议的约定, 为多机通信提供了方便。

在实际应用中, 应根据实际需要选择串口的工作模式。由于模式 1 和模式 3 的波特率

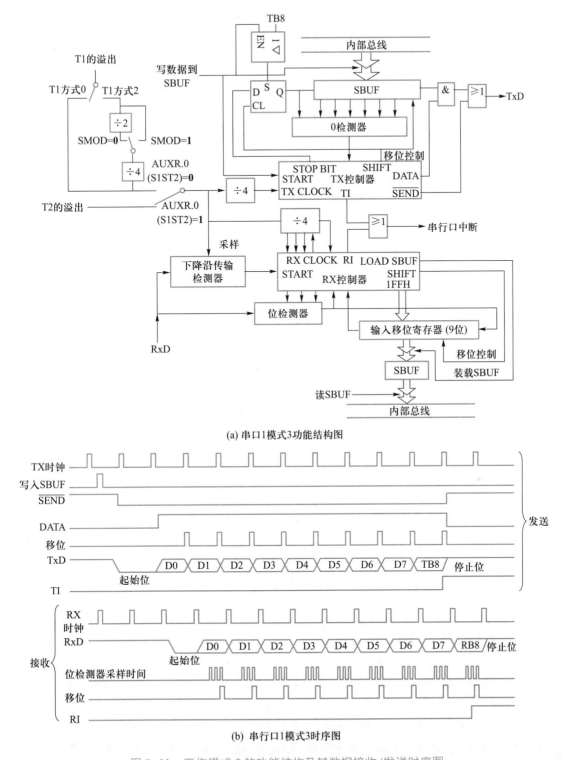

(a) 串口1模式3功能结构图

(b) 串行口1模式3时序图

图 8-11  工作模式 3 的功能结构及其数据接收/发送时序图

可以通过定时器控制,通信波特率的设定比较灵活,因此模式 1 和模式 3 使用较多,其中,模式 1 常用于点对点通信的情况,而模式 3 常用于多机通信的情况。

表 8-6 给出了串口 1 工作模式一览表。

表 8-6　串口 1 工作模式一览表

| 有关信号 | | 模式 0 | 模式 1 | 模式 2、3 |
|---|---|---|---|---|
| SM0　SM1 | | **0　0** | **0　1** | 模式 2:**1　0**;模式 3:**1　1** |
| 输出<br>(发送) | TB8 | 没用 | 没用 | 发送的第 9 位数据 |
| | 发送位 | 8 位 | 10 位 | 11 位 |
| | 数据 | 8 位 | 8 位 | 8 位 |
| | RxD | 输出串行数据 | — | — |
| | TxD | 输出同步脉冲 | 输出发送数据 | 输出发送数据 |
| | 波特率 | SYSclk/12 或<br>SYSclk/2 | 可变 | 模式 2:$\dfrac{2^{SMOD}}{64}$×系统工作频率<br><br>模式 3:同模式 1 |
| | 中断 | 发送完,置中断标志 TI=**1**,响应后必须由软件清 **0** | | |
| 输入<br>(接收) | RB8 | 没用 | 若 SM2=**0**,接收停止位 | 接收发送的第 9 位数据 |
| | REN | 允许串行接收 REN=**1** | | |
| | SM2 | SM2=**0** | 通常 SM2=**0** | 主从串行通信时从机 SM2=**1**,接收数据时 SM2=**0** |
| | 接收位 | 8 位 | 10 位 | 11 位 |
| | 数据 | 8 位 | 8 位 | 8 位 |
| | 波特率 | 同发送情况 | | |
| | 接收<br>条件 | 无要求 | RI=**0** 且 SM2=**0** 或停止<br>位=**1** | RI=**0** 且 SM2=**0** 或接收的第<br>9 个数据=**1** |
| | 中断 | 接收完毕,置中断标志 RI=**1**,响应后必须由软件清 **0** | | |
| | RxD | 串行数据输入端 | 串行数据输入端 | |
| | TxD | 同步信号输出端 | — | |

模式 1 与模式 3 的异同点如下。

① 模式 1 是 8 位数据字的异步通信接口,串行口发送/接收共 10 位信息,第 0 位为起始位,1~8 位是数据位,最后是停止位;模式 3 是 9 位数据字的异步通信接口,1 位起始位,8 位数据位,第 9 位是可程控位,最后是停止位,共有 11 位信息。

② 模式 1 和模式 3 的波特率是可变的,其波特率取决于 T1 或 T2 的溢出率,若 T1 采用模式 2,则波特率还取决于特殊功能寄存器 PCON 中 SMOD 位的值,SMOD 是 **1** 还是 **0** 决定波特率是否加倍。

此外,在模式 3 中还可通过控制 TB8,使传送中的第 9 位数据可以作为多机通信中的地址/数据标志位,或作为数据的奇偶校验位。若 TB8 作为奇偶校验位,在数据写入 SBUF 之

前,先将数据的奇偶位写入 TB8。示例代码如下(假设要发送的数据保存在 R2 中)

```
MOV    A,R2        ;取数据
MOV    C,P
MOV    TB8,C       ;将数据的奇偶位写入 TB8
MOV    SBUF,A      ;数据写入到发送缓冲器,启动发送器
```

编写接收程序时,均应使 REN = 1,允许串行接收。只有在最后的移位脉冲产生并同时满足下列条件时,接收数据才会装入 SBUF 和 RB8 并置位 RI:

对于模式 1,SM2 = 0 或接收到的停止位 = 1;

对模式 2、3,SM2 = 0 或接收到的第 9 位数据 = 1。

图 8-12 给出了几种常用的串行通信典型帧格式。

| ASCII终端设备格式 | 起始位 | b0 | b1 | b2 | b3 | b4 | b5 | b6 | b7 | 奇偶校验位 | 停止位 |
|---|---|---|---|---|---|---|---|---|---|---|---|
| 双机通信帧格式 | 起始位 | b0 | b1 | b2 | b3 | b4 | b5 | b6 | b7 | b8 | 停止位 |
| 多机通信帧格式 | 起始位 | b0 | b1 | b2 | b3 | b4 | b5 | b6 | b7 | ADDRESS/DATA | 停止位 |

图 8-12 串行通信典型帧格式

(2) 串口 2、3、4 的工作模式

串口 2、3、4 只有两种工作模式,它们都是 UART 方式。

① 模式 0

10 位数据通过 RxDn(n = 2,3,4,下同)接收,通过 TxDn 发送。一帧数据包含一个起始位(0),8 个数据位和一个停止位(1)。接收时,停止位进入特殊功能寄存器 SnCON 的 SnRB8 位。波特率由 T2(或 T3 或 T4)的溢出率决定。下面以使用 T2 作为波特率发生器为例说明波特率的计算,使用 T3 或 T4 作为波特率发生器时,波特率的计算方法类似。

当 T2 工作在 1T 模式(T2x12 = 1)时,T2 的溢出率 = SYSclk/(65536 − [RL_TH2, RL_TL2]),此时

$$波特率 = SYSclk / (65536 − [RL\_TH2, RL\_TL2]) / 4$$

当 T2 工作在 12T 模式(T2x12 = 0)时,T2 的溢出率 = SYSclk/12/(65536 − [RL_TH2, RL_TL2]),此时

$$波特率 = SYSclk /12/ (65536 − [RL\_TH2, RL\_TL2]) / 4$$

其中,RL_TH2 是 TH2 的自动重载寄存器,RL_TL2 是 TL2 的自动重载寄存器。

② 模式 1

11 位数据通过 TxDn 发送,通过 RxDn 接收。一帧数据包含一个起始位(0),8 个数据位,一个可编程的第 9 位和一个停止位(1)。发送时,第 9 位数据来自特殊功能寄存器 SnCON 的 SnTB8 位。接收时,第 9 位数据进入特殊功能寄存器 SnCON 的 SnRB8 位。

波特率的计算方法与模式 0 相同,在此略。

3. 多处理机通信

下面以使用串口 1 为例,说明多机通信的过程。

串口控制寄存器 SCON 中的 SM2 位为模式 2 和模式 3 工作时进行多机通信的控制位。这种多机通信方式一般为"一台主机,多台从机"系统,主机发送的信息可被各从机接收,而从机只能对主机发送信息,从机间互相不能直接通信。典型的多机通信结构图如图 8-13 所示。

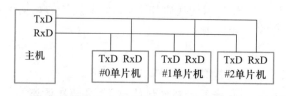

图 8-13　多机通信系统示意图

多机系统中,从机由初始化程序将串口置成工作模式 2 或 3,SM2 = 1,REN = 1,使从机先处于只能接收地址帧信息(第 9 数据位为 1)的状态,当从机接收到主机发出的地址帧信息后,串行口可向 CPU 申请中断。

当主机和某一从机通信时,主机应先发出一帧包含某从机地址的信息给各从机(TB8 = 1)。当各从机接收到主机发出的地址帧信息后,自动将第 9 数据位状态 1 送到 SCON 控制寄存器的 RB8 位,并将中断标志 RI 置 1,产生中断。各 CPU 响应中断后均进入中断服务程序,在服务程序中把主机送来的地址号与本从机的地址号相比较,若地址相等,则使本机的SM2 置 0,为接收主机接着发送来的数据帧(第 9 数据位为 0)做准备。而地址号不符的其他从机仍然维持 SM2 = 1 的状态,对主机发出的数据帧信息不予理睬,不产生中断标志 RI。只有与主机发出的地址信息相符的从机,才可接收以后的数据帧信息,从而实现了主从一对一通信。

主机在发送完呼叫地址帧后(TB8 = 1),接着发送一连串的数据帧(TB8 = 0)。

当主机要和另一个从机通信时,则再发送呼叫地址帧(TB8 = 1),呼叫其他从机,原先被寻址的从机经分析得知主机在呼叫其他从机时,恢复其 SM2 = 1,对其后主机发送的数据帧不予理睬。

使用串口 2、串口 3 或串口 4 进行多机通信的方法与此类似,仅把 SCON 中的 SM2、REN、TB8 和 RB8 换成对应串口控制寄存器中的对应位即可。

4. 波特率的设定

(1) 串口 1 波特率的设定

串口 1 工作于模式 1 和 3 时,波特率是可变的,可以通过编程改变 T1 或者 T2 的溢出率来确定波特率。

编程时应注意,当定时器作为波特率发生器使用时,应禁止定时器产生中断(ET1 = 0 或者 ET2 = 0)。典型用法是将定时器设置工作在自动重载时间常数的定时方式。设置完成后,启动定时器(TR1 = 1 或 TR2 = 1)。

串口 1 用 T1 作为波特率发生器且 T1 工作于模式 0(16 位自动重载模式)作为波特率发生器时

波特率 = (定时器 1 的溢出率)/4 = $\mathrm{SYSclk}/12^n/(65536 - [\mathrm{RL\_TH1}, \mathrm{RL\_TL1}])/4$

其中,12T 模式时,T1x12 = 0,$n$ = 1;1T 模式时,T1x12 = 1,$n$ = 0(后同)。RL_TH1 是 TH1 的自动重载寄存器,RL_TL1 是 TL1 的自动重载寄存器。

注意:此时波特率与 SMOD 无关。

使用 T2 作为波特率发生器时

串口 1 的波特率 = $\mathrm{SYSclk}/12^n/(65536 - [\mathrm{RL\_TH2}, \mathrm{RL\_TL2}])/4$

其中,RL_TH2 是 TH2 的自动重载寄存器,RL_TL2 是 TL2 的自动重载寄存器。

（2）串口 2、串口 3 和串口 4 的波特率设定

对于串口 2、串口 3 和串口 4,具体使用 T2、T3 或 T4 中的哪一个定时器作为波特率发生器前面已有详细叙述。在此,以 T2 作为波特率发生器为例

$$波特率 = SYSclk/12^n/(65536-[RL\_TH2,RL\_TL2])/4$$

常用的串行口波特率、系统时钟以及定时器工作于 16 位自动载模式时的重装时间常数之间的关系如表 8-7 所示。读者在设计系统时,可以直接从表中查得所需设置的时间常数。

表 8-7　常用波特率与系统时钟及重装时间常数之间的关系

| 时钟频率/MHz | 波特率/(bit/s) | 时间常数(12T) | 时间常数(1T) |
|---|---|---|---|
| 18.432 | 115200 | FFFDH | FFD8H |
| | 57600 | FFF9H | FFB0H |
| | 38400 | FFF6H | FF88H |
| | 19200 | FFECH | FF10H |
| | 9600 | FFD8H | FE20H |
| | 4800 | FFB0H | FC40H |
| | 2400 | FF60H | F880H |
| 22.1184 | 115200 | FFFCH | FFD0H |
| | 57600 | FFF8H | FFA0H |
| | 38400 | FFF4H | FF70H |
| | 19200 | FFE8H | FFE0H |
| | 9600 | FFD0H | FDC0H |
| | 4800 | FFA0H | FB80H |
| | 2400 | FF40H | F700H |
| | 1200 | FE80H | EE00H |
| 11.0592 | 115200 | FFFEH | FFE8H |
| | 57600 | FFFCH | FFD0H |
| | 38400 | FFFAH | FFB8H |
| | 19200 | FFF4H | FF70H |
| | 9600 | FFE8H | FEE0H |
| | 4800 | FFD0H | FDC0H |
| | 2400 | FFA0H | FB80H |
| | 1200 | FF40H | F700H |

STC-ISP 工具中提供了波特率计算器功能,能够根据用户设置直接生成串口初始化代码,如图 8-14 所示。

在图 8-14 中,用户只需要进行系统频率、UART 选择、波特率、UART 数据位、波特率发生器、定时器时钟等选项的设置,然后单击"生成 C 代码"或者"生成 ASM 代码"按钮即可生成 C 语言初始化子函数或者汇编语言初始化程序,单击"复制代码"按钮可将所生成的代码复制到粘贴板中,用户可直接将代码粘贴到自己的程序中。

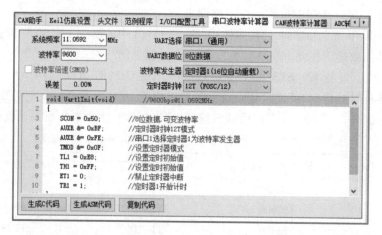

图 8-14 STC-ISP 软件提供的波特率计算器功能

**5. 串口通信应用举例**

下面分别说明 STC8H8K64U 单片机串口通信的编程要点。在编程应用中,虽然可以采用查询方式进行通信,但是为了进行实时任务处理,一般采用中断方式进行串行通信程序设计。

(1) 串口 1 的编程要点

① 设置串行口的工作模式。设置 SCON 寄存器的 SM0 和 SM1 的内容。若需要串行口具有接收功能,则置 REN=1。

② 设置正确的波特率。

(a) 使用 T1 作为波特率发生器时,需要设置 T1 的工作模式和时间常数(设定 TMOD 和 TH1、TL1 寄存器的内容),启动 T1(置 TR1=1)。

(b) 使用 T2 作为波特率发生器时,需要设置 T2 寄存器和相应的位,包括:T2 自动重载寄存器 TH2 和 TL2、T2_C/$\overline{\text{T}}$ 位、T2x12 位、SMOD 位。启动 T2(置 TR2=1)。

③ 设置串口 1 的中断优先级(设置 PS 寄存器的内容,也可以不设置,取默认值),设置相应的中断控制位(ES 和 EA)。

④ 如要串口 1 发送,将数据送入 SBUF。

⑤ 编制串行中断服务程序,在中断服务程序中要有清除中断标志指令(将 TI 和 RI 清 0)。

(2) 串口 2 的编程要点

① 设置串口 2 的工作模式。设置 S2CON 寄存器中的 S2SM0 位。如需要串口 2 具有接收功能,则置 S2REN=1。

② 设置串口 2 的波特率。串口 2 只能使用 T2 作为波特率发生器,设置内容包括:TH2 和 TL2、T2_C/$\overline{\text{T}}$ 位、T2x12 位。启动 T2(置 TR2=1)。

③ 设置串口 2 的中断优先级(设置 PS2,也可以不设置,取默认值),设置打开相应的中断控制位(ES2 和 EA)。

④ 如要串口 2 发送,将数据送入 S2BUF。

⑤ 编制串行中断服务程序,在中断服务程序中要设置清除中断标志指令(分别是接收完成标志 S2RI 和发送完成标志 S2TI)。

（3）串口3和串口4的编程要点

串口3和串口4的编程要点与串口2类似,请读者自行总结。

下面举例说明12T模式下,STC8H8K64U单片机串行通信程序的开发方法。

【例8-1】 设有甲、乙两台单片机,系统时钟为11.0592 MHz。编写程序,使两台单片机间实现如下串行通信功能。

甲机(发送机):将首址为 ADDRT 的 128 B 外部 RAM 数据块顺序向乙机发送;

源程序代码:
ex-8-1-
UART-a. rar

乙机(接收机):将接收的数据顺序存放在以首址为 ADDRR 的外部 RAM 中。

进行双机通信时,二者的 TxD 和 RxD 信号线应交叉连接,即甲机的 TxD 连接乙机的 RxD;甲机的 RxD 连接乙机的 TxD,并且电源地线要连接到一起。通信波特率设置为 9 600 bit/s。

解:甲机发送数据的程序流程如图 8-15 所示。

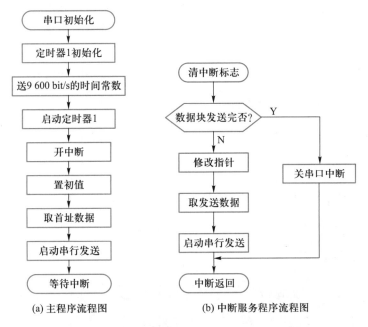

(a) 主程序流程图        (b) 中断服务程序流程图

图 8-15 甲机发送程序流程图

甲机的 C 语言程序

```
#include"stc8h.h"                    //包含单片机寄存器定义文件
unsigned char xdata ADDRT[128];      //在外部 RAM 区定义 128 个单元
unsigned char num = 0;               //声明计数变量
unsigned char * psend;               //指向发送数据区的指针
void main (void)                     //主程序
{
    SCON = 0x40;                     //置串口工作模式 1
    AUXR = 0x0;                      //选择 T1 作为波特率发生器,12T
```

223

```
    TMOD = 0x00;                         //T1 为工作模式 0
    TH1 = 0xff;                          //产生 9 600 bit/s 的时间常数
    TL1 = 0xe8;

    TR1 = 1;                             //启动 T1
    ES = 1;                              //串口开中断
    EA = 1;                              //开中断
    psend = ADDRT;                       //设置发送数据缓冲器指针
    SBUF = * psend;                      //发送第一个数据
    while(1);                            //等待中断
}
void UART1_ISR(void) interrupt UART1_VECTOR
    //UART1_VECTOR 是串口 1 的中断号 4 的宏定义,在 stc8h.h 中进行了声明
{
    TI = 0;                              //清发送中断标志
    num++;                               //修改计数变量值
    if(num = = 0x7F) ES = 0;             //判断是否发送完,若已完,则关中断
    else                                 //否则,修改指针,发送下一个数据
    {
        psend++;
        SBUF = * psend;
    }
}
```

乙机接收数据的程序流程如图 8-16 所示。接收方和发送方的波特率必须相同。

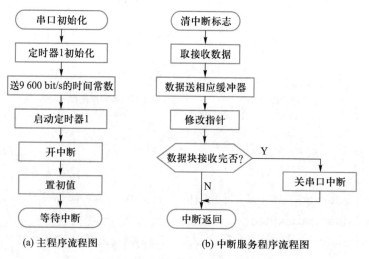

(a) 主程序流程图　　　　　(b) 中断服务程序流程图

图 8-16　乙机接收数据流程图

乙机对应的 C 语言程序请读者参照主机的 C 语言程序自行编写。

【例 8-2】 多机通信编程举例。

现用简单实例说明多机串行通信中从机的基本工作过程,实际应用中还需要考虑通信的规范协议,有些协议很复杂,在此不加以考虑。并且,一般情况下,最好使用 RS485 接口进行多机通信。假设系统晶振频率为 11.0592 MHz。波特率选为 9 600 bit/s。

源程序代码:
ex-8-2-
UART-m. rar

设多机单工通信示意图如图 8-17 所示。编程实现如下功能。

主机:先向从机发送一帧地址信息,然后再向从机发送 10 个数据信息。

源程序代码:
ex-8-2-
UART-s. rar

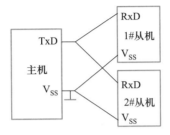

图 8-17 多机单工通信示意图

从机:接收主机发来的地址帧信息,并与本机的地址号相比较,若不符合,仍保持 SM2 =
1;若相等,则使 SM2 清 0,准备接收后续的数据信息,直至接收完 10 个数据信息。

解:主机和从机的程序流程如图 8-18 所示。

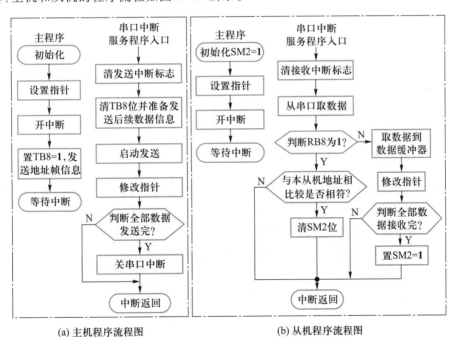

图 8-18 多机单工通信流程图

主机的 C 语言程序

```
#include"stc8h.h"                    //包含单片机寄存器定义文件
```

```c
unsigned char xdata ADDRT[10];      //保存数据的外部 RAM 单元
unsigned char SLAVE;                //保存从机地址号的变量
unsigned char num = 0, * mypdata;
void main (void)
{
        SCON = 0xC0;
        TMOD = 0x0;
        TH1 = 0xff;
        TL1 = 0xe8;
        mypdata = ADDRT;
        SLAVE = 5;              //定义从机地址,在此假设从机地址为 5
        TR1 = 1;
        ES = 1;
        EA = 1;
        TB8 = 1;
        SBUF = SLAVE;          //发送从机地址
        while(1);              //等待中断
}
void UART1_ISR(void) interrupt UART1_VECTOR
{
        TI = 0;
        TB8 = 0;
        SBUF = * mypdata;      //发送数据
        mypdata++;            //修改指针
        num++;
        if(num == 0x0a) ES = 0;
}
```

从机的 C 语言程序

```c
#include"stc8h.h"              //包含单片机寄存器定义文件
unsigned char xdata ADDRR[10];
unsigned char SLAVE,num = 0x0a,rdata, * mypdata;
void main (void)
{
    SCON = 0xf0;
    AUXR = 0x0;
    TMOD = 0x0;
    TH1 = 0xff;
    TL1 = 0xe8;
    mypdata = ADDRR;
```

```
    SLAVE = 5;                      //设定从机地址
    TR1 = 1;
    ES = 1;
    EA = 1;
    while(1);                       //等待中断
}
void UART1_ISR(void) interrupt UART1_VECTOR
{
    RI = 0;
    rdata = SBUF;                   //将接收缓冲器的数据保存到 rdata 变量中
    if(RB8)                         //RB8 = 1 说明收到的信息是地址
    {
        if(rdata == SLAVE)          //如果地址相等,则 SM2 = 0
            SM2 = 0;
    }
    else                            //接收到的信息是数据
    {
        * mypdata = rdata;
        mypdata++;
        num--;
        if(num == 0x00)             //所有数据接收完毕
            SM2 = 1;                //令 SM2 = 1,为下一次接收地址信息做准备
    }
}
```

进行多机通信时应注意,只有在从机启动以后,处于接收状态,主机才能开始发送信息。

【例 8-3】　串口 1 使用 T2 作为波特率发生器的串行通信实例。利用计算机向单片机发送一个数据,单片机收到数据后,将数据按位取反后回发给计算机。该实例可以使用学习平台进行测试。

解:单片机的 C 语言程序如下

源程序代码:
ex-8-3-
uart1-t2. rar

```
#include"stc8h.h"                  //包含寄存器定义文件
void Uart1Init(void);
void main(void)
{
    P_SW1 = 0xc0;   //为了使用 USB 调试,将串口 1 切换到[P4.3/RxD_4,P4.4/TxD_4]
    P4M0 = 0x10;
    P4M1 = 0x00;    //设置 P4.3 的工作模式为准双向口模式,P4.4 的工作模式为
                    //推挽输出
    Uart1Init();    //串口 1 初始化
    ES = 1;         //允许串口 1 中断
```

```
    EA = 1;              //开总中断
    while(1);
}
void Uart1Init(void)    //9600bit/s@ 11.0592 MHz。本函数参考自 STC-
                          ISP 工具
{
    SCON = 0x50;         //8 位数据,可变波特率
    AUXR |= 0x01;        //串口 1 选择定时器 T2 为波特率发生器
    AUXR &= 0xFB;        //定时器时钟 12T 模式
    T2L = 0xE8;          //设置定时初始值,使用 T2L 或 TL2 都可以
    T2H = 0xFF;          //设置定时初始值,使用 T2H 或 TH2 都可以
    AUXR |= 0x10;        //定时器 T2 开始计时
}
void UART1_ISR(void) interrupt UART1_VECTOR
{
    unsigned charrec_data;
    if(RI==1)
    {
        RI=0;
        rec_data=SBUF;
        SBUF=~rec_data;
    }
    else
        TI=0;
}
```

请读者自行编写对应的汇编语言程序。

【例 8-4】　串口 2 的使用实例。利用串口 2 发送一组数据。晶振频率
SYSclk=22.1184 MHz,波特率为 115 200 bit/s,8 个数据位,1 个停止位。发送数
据以 **0** 作为结束标志。可以在计算机上使用串口助手进行查看。

解:假设使用 1T 模式,下面给出 C 语言的实现代码。

源程序代码:
ex-8-4-
uart2. rar

```
#include "stc8h.h"
unsigned char teststr[]={"STC8H Uart2 Test! \n"};
char bdata bittest;      //保存中断标志
sbit TIbit=bittest^1;   //第 1 位
sbit RIbit=bittest^0;   //第 0 位
unsigned char str_index;
void Uart2Init(void);  //9 600 bit/s@ 11.0592 MHz
void main(void)
{
```

```
    P_SW2 |= 0x80;          //扩展寄存器(XFR)访问使能
    P_SW2 |= 1;             //UART2切换到[P4.6/RxD2_2,P4.7/TxD2_2]
    P4M1 = 0x0;
    P4M0 = 0x0;             //设置P口工作模式为准双向口模式
    Uart2Init();
    IE2 |= 0x01;            //允许UART2中断
    EA = 1;
    str_index = 0;
    S2BUF = teststr[str_index];
    while(1);
}
void Uart2Init(void)    //9 600 bit/s@ 11.0592 MHz
{
    S2CON = 0x50;          //8位数据,可变波特率
    AUXR &= 0xFB;          //定时器时钟12T模式
    T2L = 0xE8;            //设置定时初始值,也可以使用TL2
    T2H = 0xFF;            //设置定时初始值,也可以使用TH2
    AUXR |= 0x10;          //定时器T2开始计时
}
void UART2_ISR(void) interrupt UART2_VECTOR    //串口2中断服务程序
{
    bittest = S2CON;
    if (RIbit)
    {
        RIbit = 0;
    }
    else
    {
        TIbit = 0;
        str_index++;
        if (teststr[str_index] == 0)IE2^=0xfe;    //关串口2中断
        else S2BUF = teststr[str_index];
    }
    S2CON = bittest;       //清0中断标志
}
```

串口3和串口4的使用方法与串口2类似,请读者自行实验。

### 8.2.2　RS485 串行通信接口

RS485 串行通信接口具有通信距离长、速率较高等特点,具有多点、双向通信能力,即允许多个发送器连接到同一条总线上,同时增加了发送器的驱动能力和冲突保护特性。RS485标准只规定了平衡发送器和接收器的电特性,而没有规定接插件、传输电缆和应用层通信协议。RS485 数据信号采用差分传输方式,也称作平衡传输,它使用一对双绞线,将其中一线定义为 A,另一线定义为 B,A、B 之间的正电平在 +2 ~ +6 V,表示逻辑状态 **1**;负电平在 −6 ~ −2 V,表示逻辑状态 **0**。RS485 标准的最大传输距离约为 1 200 m,最大传输速率为 10 Mbit/s。通常,RS485 网络采用平衡双绞线作为传输介质。平衡双绞线的长度与传输速率成反比,只有在 20 kbit/s 速率以下,才可能使用规定最长的电缆长度。只有在很短的距离下才能获得最高传输速率。一般来说,100 m 长的双绞线最大传输速率仅为 1 Mbit/s。如果采用光电隔离方式,传输速率一般还会受到光电隔离器件响应速度的限制。利用 RS485 标准,可以建立一个相对经济、具有高噪声抑制和高传输速率的通信平台,该平台同时具有传输距离远、共模范围宽、控制方便等优点。

目前,在工程应用的现场网络中,RS485 半双工异步通信总线被广泛应用在集中控制枢纽与分散控制单元之间通信的场合,这就是常说的一对多的多机通信,用一台计算机作为主机,通过 RS485 连接现场的控制单元。网络结构如图 8-19 所示。

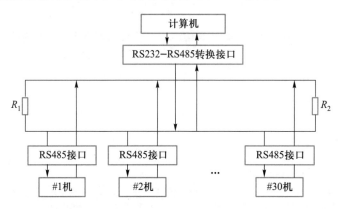

图 8-19　主从结构的 RS485 网络结构图

其中,$R_1$ 和 $R_2$ 称为终端电阻,电阻值一般选为 120 Ω。计算机通常称为上位机或主机,各个测控单元称为下位机或从机。目前的 RS485 总线网络中,一台主机最多可以连接 256 个从机。

在图 8-19 中,RS485 接口芯片可以使用半双工传输的 MAX3082(或者其他 RS485 接口芯片,如 MAX487)。MAX3082 构成的典型的半双工通信电路图如图 8-20 所示。

其中,MCU-RxD 可连接单片机的 RxD(P3.0)引脚,MCU-TxD 连接单片机的 TxD(P3.1)引脚,收发控制由 P4.1 引脚控制(也可以使用单片机的其他 I/O 引脚)。收发控制就是控制 MAX3082 当前的工作状态是发送数据还是接收数据。$R_t$ 为终端电阻,标准值为 120 Ω,应根据该节点是否为终端节点确定是否安装。编写单片机的串行通信程序时,除了设置收发控制引脚以确定是发送数据还是接收数据外,其他代码与编写一般的串行通信程序相同。在

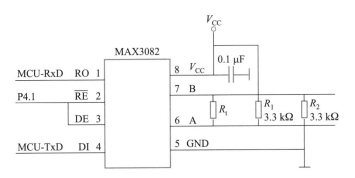

图 8-20 MAX3082 的结构及典型的半双工通信电路图

图 8-20 中,单片机接收数据时,应通过指令将 P4.0 清 **0**;单片机发送数据时,应通过指令将 P4.0 置 **1**。

连接计算机的 RS232 和 RS485 转换电路如图 8-21 所示。也可以使用现成的 USB 转 RS485 模块实现计算机与 RS485 设备的连接。

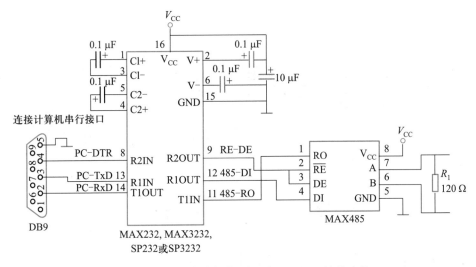

图 8-21 连接计算机的 RS232 和 RS485 转换电路

该电路首先通过 MAX485 芯片将单片机侧经远距离传输的电流环信号转换成 TTL/ CMOS 标准的电平信号,然后经 MAX232 芯片将 TTL/CMOS 电平信号转换成 RS232 电平,通过 DB9 插头和计算机的串行接口连接。整个转换电路采用外接的+5 V 电源供电。$R_1$ 为终端电阻。

在进行计算机上的程序编写过程中,需要注意的是计算机串行口 DB9 连接器第 4 脚 DTR 信号的控制。在发送数据时,将串行接口的 DTR 置为低电平[在 Visual C++中,使用串行口控件 MSComm 的 SetDTREnable(FALSE) 函数或者使用 API 函数 EscapeCommFunction 进行设置,具体的函数使用方法请参阅相关资料],则 MAX232 芯片的第 9 脚 R2OUT 输出为高电平,从而将 MAX485 置为发送状态;同理,当数据发送完毕后,应将串行口的 DTR 引脚置为高电平[在 Visual C++中,使用串行口控件 MSComm 的 SetDTREnable(TRUE) 函数或者使用 API 函数 EscapeCommFunction 进行设置],则 MAX232 芯片的第 9 脚 R2OUT 输出为低电平,从而将 MAX485 置为接收状态,为计算机从下位机接收数据做准备。计算机串行通信程序的详细设计可以参考相关书籍,在此从略。

### 8.2.3  SPI 通信接口

1. SPI 接口简介

STC8H8K64U 集成了串行外设接口(serial peripheral interface,简称 SPI)。SPI 接口既可以和其他微处理器通信,也可以与具有 SPI 兼容接口的器件,如存储器、A/D 转换器、D/A 转换器、LED 或 LCD 驱动器等进行同步通信。SPI 接口有两种操作模式:主模式和从模式。在主模式中支持高达 3 Mbit/s 的速率;从模式时速度无法太快,速度在 SYSclk/8 以内较好。此外,SPI 接口还具有传输完成标志和写冲突标志保护功能。

2. STC8H8K64U 单片机 SPI 接口的结构

STC8H8K64U 单片机的 SPI 接口功能框图如图 8-22 所示。

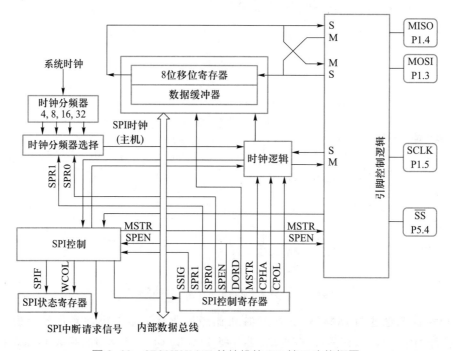

图 8-22  STC8H8K64U 单片机的 SPI 接口功能框图

SPI 的核心是一个 8 位移位寄存器和数据缓冲器,数据可以同时发送和接收。在 SPI 数据的传输过程中,发送和接收的数据都存储在数据缓冲器中。

对于主模式,若要发送一个字节数据,只需将这个数据写到 SPDAT 寄存器(数据缓冲器)中。主模式下 $\overline{\text{SS}}$ 信号不是必需的。但是在从模式下,必须在 $\overline{\text{SS}}$ 信号变为有效并接收到合适的时钟信号后,方可进行数据的传输。在从模式下,如果一个字节传输完成后,$\overline{\text{SS}}$ 信号变为高电平,这个字节立即被硬件逻辑标记为接收完成,SPI 接口准备接收下一个数据。

任何 SPI 控制寄存器的改变都将复位 SPI 接口,并清除相关寄存器。

**3. SPI 接口的数据通信**

（1）SPI 接口的信号

SPI 接口由 MOSI（与 P1.3 共用）、MISO（与 P1.4 共用）、SCLK（与 P1.5）和 $\overline{SS}$（与 P5.4 共用）4 根信号线构成。SPI 接口的引脚可以切换。

MOSI（master out slave in，主出从入）：主器件的输出和从器件的输入，用于主器件到从器件的串行数据传输。根据 SPI 规范，多个从机共享一根 MOSI 信号线。在时钟边界的前半周期，主机将数据放在 MOSI 信号线上，从机在该边界处获取该数据。

MISO（master in slave out，主入从出）：从器件的输出和主器件的输入。用于实现从器件到主器件的数据传输。SPI 规范中，一个主机可连接多个从机，因此，主机的 MISO 信号线会连接到多个从机上，或者说，多个从机共享一根 MISO 信号线。当主机与一个从机通信时，其他从机应将其 MISO 引脚驱动置为高阻状态。

SCLK（SPI clock，串行时钟信号）：串行时钟信号是主器件的输出和从器件的输入，用于同步主器件和从器件之间在 MOSI 和 MISO 线上的串行数据传输。当主器件启动一次数据传输时，自动产生 8 个 SCLK 时钟周期信号给从机。在 SCLK 的每个跳变处（上升沿或下降沿）移出一位数据。所以，一次数据传输可以传输一个字节的数据。

SCLK、MOSI 和 MISO 通常用于将两个或更多个 SPI 接口器件连接在一起。数据通过 MOSI 信号线由主机传送到从机，通过 MISO 信号线由从机传送到主机。SCLK 信号在主模式时为输出，在从模式时为输入。如果 SPI 接口被禁止，即特殊功能寄存器 SPCTL 中的 SPEN＝0（复位值），这些引脚都可作为 I/O 接口使用。

$\overline{SS}$（slave select，从机选择信号）：这是一个输入信号。主器件用它来选择处于从模式的 SPI 接口器件。主模式和从模式下，$\overline{SS}$ 的使用方法不同。在主模式下，SPI 接口只能有一个主机，不存在主机选择问题，$\overline{SS}$ 不是必需的。主模式下通常将主机的 $\overline{SS}$ 引脚通过 10 kΩ 的上拉电阻接高电平。每一个从机的 $\overline{SS}$ 接主机的 I/O 接口，由主机控制电平高低，以便主机选择从机。在从模式下，不论发送还是接收，$\overline{SS}$ 信号必须有效。因此在一次数据传输开始之前必须将 $\overline{SS}$ 拉为低电平。SPI 主机可以使用 I/O 接口选择一个 SPI 器件作为当前的从机。

（2）SPI 接口的数据通信方式

STC8H8K64U 单片机 SPI 接口的数据通信方式有 3 种：单主机-单从机方式、双器件方式（器件可互为主机和从机）和单主机-多从机方式。

① 单主机-单从机方式

单主机-单从机方式的连接如图 8-23 所示。

在图 8-23 中，从机的 SSIG（SPCTL.7）为 0，$\overline{SS}$ 用于选择从机。主机可使用任何端口位控制从机的 $\overline{SS}$ 引脚。主机 SPI 与从机 SPI 的 8 位移位寄存器连接成一个循环的 16 位移位寄存器。当主机程序向 SPDAT 寄存器写入一个字节时，立即启动一个连续的 8 位移位通信过程：主机的 SCLK 引脚向从机的 SCLK 引脚发出一串脉冲，在这串脉冲的驱动下，主机 SPI 的 8 位移位寄存器中的数据移到了从机 SPI 的 8 位移位寄存器中。与此同时，从机 SPI 的 8 位移位寄存器中的数据移到了主机 SPI 的 8 位移位寄存器中。由此，主机既可向从机发送

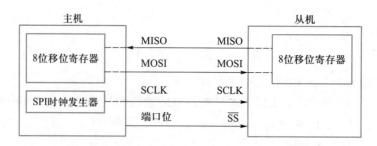

图 8-23　SPI 接口的单主机-单从机方式的连接

数据,又可读从机中的数据。

② 双器件方式

双器件方式也称为互为主从方式,其连接如图 8-24 所示。

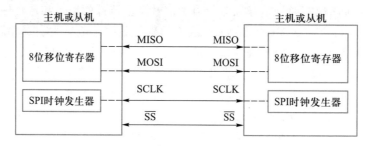

图 8-24　SPI 接口的双器件方式的连接

在图 8-24 中,两个器件可互为主从。没有发生 SPI 操作时,两个器件都可配置为主机(MSTR = 1),将 SSIG 清 0 并将 P5.4($\overline{SS}$)配置为准双向模式。当其中一个器件启动传输时,可将 P5.4 配置为输出并驱动为低电平,强制另一个器件变为从机。

双方初始化时将自己设置成忽略 $\overline{SS}$ 引脚的 SPI 从模式。当一方要主动发送数据时,先检测 $\overline{SS}$ 引脚的电平,如果 $\overline{SS}$ 脚是高电平,就将自己设置成忽略 $\overline{SS}$ 引脚的主模式。通信双方平时将 SPI 设置成没有被选中的从模式。在该模式下,MISO、MOSI、SCLK 均为输入,当多个单片机的 SPI 接口以此模式并联时不会发生总线冲突。这种特性在互为主从、一主多从等应用中很有用。注意,互为主从模式时,双方 SPI 的传输速率必须相同。如果使用外部晶体振荡器,双方的晶体频率也要相同。

③ 单主机-多从机方式

单主机-多从机方式的连接如图 8-25 所示。

在图 8-25 中,从机的 SSIG(SPCTL. 7)为 0,从机通过对应的 $\overline{SS}$ 信号被选中。SPI 主机可使用任何端口位控制从机的 $\overline{SS}$。

STC8H8K64U 单片机进行 SPI 通信时,主机和从机模式的配置由 SPEN、SSIG 和 MSTR 联合控制。主机和从机模式的选择配置如表 8-8 所示。主机模式下 $\overline{SS}$ 引脚可配置为输入或准双向模式。

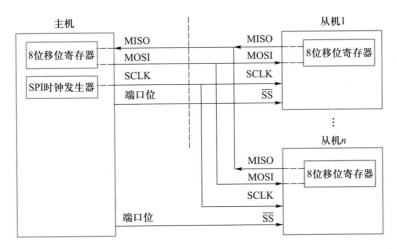

图 8-25  SPI 接口的单主机-多从机方式的连接

表 8-8  主机和从机模式的配置

| 控制位 | | | | 通信端口 | | | 说明 |
|---|---|---|---|---|---|---|---|
| SPEN | SSIG | MSTR | $\overline{SS}$ | MISO | MOSI | SCLK | |
| **0** | × | × | × | 输入 | 输入 | 输入 | 关闭 SPI 功能，$\overline{SS}$/MOSI/MISO/SCLK 均为普通 I/O |
| **1** | 0 | 0 | 0 | 输出 | 输入 | 输入 | 从机模式，且被选中 |
| **1** | 0 | 0 | 1 | 高阻 | 输入 | 输入 | 从机模式，但未被选中 |
| **1** | 0 | 1→0 | 0 | 输出 | 输入 | 输入 | 不忽略 $\overline{SS}$ 且 MSTR 为 1 时为主机模式；当 $\overline{SS}$ 引脚被拉低时，MSTR 将被硬件自动清 0，工作模式将被被动设置为从机模式 |
| **1** | 0 | 1 | 1 | 输入 | 高阻 | 高阻 | 主机模式，空闲状态 |
| | | | | | 输出 | 输出 | 主机模式，激活状态 |
| **1** | 1 | 0 | × | 输出 | 输入 | 输入 | 从机模式 |
| **1** | 1 | 1 | × | 输入 | 输出 | 输出 | 主机模式 |

（3）SPI 接口的数据通信过程

在 SPI 通信中，数据传输总是由主机启动的。如果 SPI 使能（SPEN＝1），主机对 SPDAT 寄存器的写操作将启动 SPI 时钟发生器和数据的传输。在数据写入 SPDAT 之后的半个到一个 SPI 位时间后，数据将出现在 MOSI 引脚。

需要注意的是，主机可以通过将对应从机的 $\overline{SS}$ 引脚驱动为低电平实现与之通信。写入主机 SPDAT 寄存器的数据从 MOSI 引脚移出发送到从机的 MOSI 引脚。同时，从机的数据从 MISO 引脚移出发送到主机的 MISO 引脚。

传输完一个字节后，SPI 时钟发生器停止，传输完成标志（SPIF）置位并产生一个中断（如果 SPI 中断使能）。主机和从机的两个移位寄存器可以看作一个 16 位循环移位寄存器。当数据从主机移位传送到从机的同时，数据也以相反的方向移入。这意味着在一个移位周期中,主机和从机的数据相互交换。

（4）SPI 中断

如果允许 SPI 中断,发生 SPI 中断时,CPU 就会跳转到中断服务程序的入口地址 004BH 处执行中断服务程序。在中断服务程序中,必须把 SPI 中断请求标志清 **0**。

（5）写冲突

SPI 在发送时为单缓冲,在接收时为双缓冲。这样在前一次发送尚未完成之前,不能将新的数据写入移位寄存器。当发送过程中对数据寄存器进行写操作时,WCOL 位将置位以指示数据冲突。在这种情况下,当前发送的数据继续发送,而新写入的数据将丢失。

接收数据时,接收到的数据传送到一个并行读数据缓冲区,这样将释放移位寄存器以进行下一个数据的接收。但必须在下个字符完全移入之前从数据寄存器中读出接收到的数据,否则前一个接收数据将丢失。

WCOL 可通过软件向其写入 **1** 而清 **0**。

（6）数据格式

时钟相位控制位 CPHA 用于设置采样和改变数据的时钟边沿。不同的 CPHA,SPI 从机和主机对应的传输数据格式如图 8-26~图 8-29 所示。

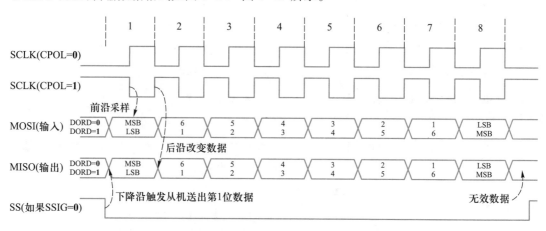

图 8-26　CPHA = **0** 时 SPI 从机传输数据格式

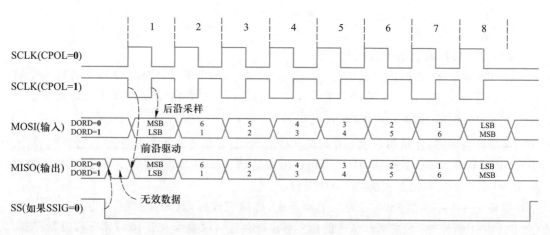

图 8-27　CPHA = **1** 时 SPI 从机传输数据格式

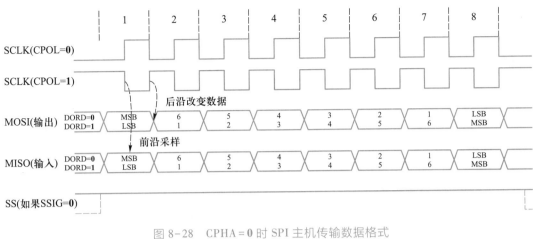

图 8-28　CPHA＝0 时 SPI 主机传输数据格式

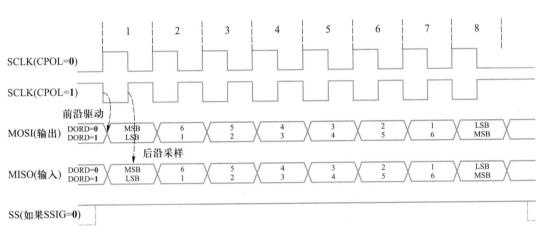

图 8-29　CPHA＝1 时 SPI 主机传输数据格式

　　SPI 接口的时钟信号线 SCLK 有 Idle 和 Active 两种状态：Idle 状态是指在不进行数据传输的时候(或数据传输完成后)SCLK 所处的状态；Active 是与 Idle 相对的一种状态。

　　时钟极性控制位 CPOL 允许用户设置时钟极性。

　　如果 CPOL＝0，Idle 状态＝低电平，Active 状态＝高电平。

　　如果 CPOL＝1，Idle 状态＝高电平，Active 状态＝低电平。

　　主机总是在 SCLK＝Idle 状态时，将下一位要发送的数据置于数据线 MOSI 上。

　　从 Idle 状态到 Active 状态的转变，称为 SCLK 前沿。

　　从 Active 状态到 Idle 状态的转变，称为 SCLK 后沿。

　　一对 SCLK 前沿和后沿构成一个 SCLK 时钟周期，一个 SCLK 时钟周期传输 1 位数据。

　　(7) SPI 时钟预分频器选择

　　SPI 时钟预分频器选择是通过 SPCTL 寄存器中的 SPR1 和 SPR0 位实现的。详见特殊功能寄存器 SPCTL 的介绍。

　　4. SPI 接口的应用举例

　　(1) SPI 相关的特殊功能寄存器

　　与 SPI 接口有关的特殊功能寄存器如表 8-9 所示。

表 8-9　与 SPI 接口有关的特殊功能寄存器

| 寄存器 | 地址 | b7 | b6 | b5 | b4 | b3 | b2 | b1 | b0 | 复位值 |
|--------|------|------|------|------|------|------|------|------|------|--------|
| SPICTL | CEH | SSIG | SPEN | DORD | MSTR | CPOL | CPHA | SPR1 | SPR0 | 00000100B |
| SPSTAT | CDH | SPIF | WCOL | – | – | – | – | – | – | 00xxxxxxB |
| SPDAT | CFH | | | | | | | | | 00000000B |

① SPI 控制寄存器(SPCTL)

(a) SSIG:$\overline{SS}$ 引脚忽略控制位。

**0**:由 $\overline{SS}$ 脚用于确定器件为主机还是从机;

**1**:由 MSTR 位确定器件为主机还是从机。

(b) SPEN:SPI 使能位。

**0**:SPI 被禁止,所有 SPI 引脚都作为 I/O 接口使用;

**1**:SPI 使能。

(c) DORD:设定数据发送和接收的位顺序。

**0**:数据字的最高位(MSB)最先传送;

**1**:数据字的最低位(LSB)最先传送。

(d) MSTR:SPI 主/从模式选择位。

设置主机模式:

若 SSIG = **0**,则 $\overline{SS}$ 引脚必须为高电平且设置 MSTR 为 **1**;

若 SSIG = **1**,则只需要设置 MSTR 为 **1**(忽略 $\overline{SS}$ 引脚的电平)。

设置从机模式:

若 SSIG = **0**,则 $\overline{SS}$ 引脚必须为低电平(与 MSTR 位无关);

若 SSIG = **1**,则只需要设置 MSTR 为 **0**(忽略 $\overline{SS}$ 引脚的电平)。

(e) CPOL:SPI 时钟极性控制位。

**0**:SPI 空闲时 SCLK = **0**,SCLK 的前时钟沿为上升沿而后沿为下降沿;

**1**:SPI 空闲时 SCLK = **1**,SCLK 的前时钟沿为下降沿而后沿为上升沿。

(f) CPHA:SPI 时钟相位选择控制位。

**0**:数据在 $\overline{SS}$ 为低时驱动到 SPI 口线,在 SCLK 的后时钟沿被改变,并在前时钟沿被采样(SSIG 必须为 **0**);

**1**:数据在 SCLK 的前时钟沿驱动到 SPI 口线,SPI 模块在后时钟沿采样。

(g) SPR1:与 SPR0 联合构成 SPI 时钟速率选择控制位。

(h) SPR0:与 SPR1 联合构成 SPI 时钟速率选择控制位。SPI 时钟频率的选择如表 8-10 所示。

表 8-10　SPI 时钟频率的选择

| SPR1 | SPR0 | 时钟(SCLK) | SPR1 | SPR0 | 时钟(SCLK) |
|------|------|-----------|------|------|-----------|
| **0** | **0** | SYSclk /4 | **1** | **0** | SYSclk /16 |
| **0** | **1** | SYSclk /8 | **1** | **1** | SYSclk /32 |

② SPI 状态寄存器(SPSTAT)

(a) SPIF:SPI 传输完成标志。

当一次传输完成时,SPIF 被置位。此时,如果 SPI 中断被打开[即 ESPI(IE2.1)= 1,EA (IE.7)= 1],将产生中断。当 SPI 处于主模式且 SSIG = 0 时,如果 $\overline{SS}$ 为输入并被驱动为低电平,SPIF 也将置位,表示"模式改变"。

SPIF 标志通过软件向其写入 **1** 而清 **0**。

(b) WCOL:SPI 写冲突标志。

当一个数据正在传输时,又向数据寄存器 SPDAT 写入数据,WCOL 将置位。

WCOL 标志通过软件向其写入 **1** 而清 **0**。

③ SPI 数据寄存器(SPDAT)

保存 SPI 通信数据字节。

除了上述寄存器以外,P_SW1 中的 SPI_S[1:0]用于设置 SPI 模块的引脚切换(详见第 3章,在此不再重复)。

(2) 编程实例

SPI 接口的使用包括 SPI 接口的初始化和 SPI 中断服务程序的编写。

SPI 接口的初始化包括以下几个方面。

① 设置与 SPI 接口有关的 I/O 接口工作模式。

② 通过 SPI 控制寄存器 SPCTL 设置:$\overline{SS}$ 引脚的控制、SPI 使能、数据传送的位顺序、设置为主机或从机、SPI 时钟极性、SPI 时钟相位、SPI 时钟选择。具体内容请参见 SPI 控制寄存器 SPCTL 介绍。

③ 清 **0** SPI 状态寄存器 SPSTAT 中的标志位 SPIF 和 WCOL(向这两个标志位写 **1** 即可清 **0**)。

④ 开放 SPI 中断(IE2 中的 ESPI = **1**,注意:IE2 寄存器不能位寻址)。

⑤ 开放总中断(IE 中的 EA = **1**)。

SPI 中断服务程序根据实际需要进行编写。唯一需要注意的是,在中断服务程序中需要将标志位 SPIF 和 WCOL 清 **0**,因为 SPI 中断标志不会自动清除。

下面以单主机-单从机通信方式的应用为例说明 SPI 接口的使用方法。

【例 8-5】　利用 STC8H8K64U 单片机对 W25X40CL 进行读写操作。

解:大容量的串行 Flash 存储器在实际工程中得到了应用,可用来保存生产数据、语音数据、汉字字库等。W25X40CL 是一款容量为 4 Mbit 的高速存储器,工作电压为 2.3 ~ 3.6 V。W25X40CL 阵列分为 2048 个可编程页面,每个页面256 字节。最多可以一次编程 256 字节。W25X40CL 一次性可擦除的空间大小可以为一个扇区(4 KB,共 128 个)、32 KB 的块(共 16 个)、64 KB 的块(共 8 个)

源程序代码:
ex-8-5-SPI-
W25X40. rar

或整芯片擦除。较小的 4 KB 扇区擦除模式为需要数据和参数存储的应用程序提供了更大的灵活性。具有超过 100000 个擦除/写入周期。其引脚分布图如图 8-30 所示。

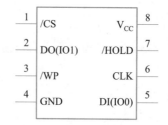

图 8-30　W25X40CL 的引脚分布图

（1）W25X40CL 的 SPI 接口

W25X40CL 支持标准 SPI 接口和高性能双通道 SPI 接口。

标准 SPI 接口由四个信号组成：串行时钟（CLK）、片选信号（/CS）、串行数据输入 DI 和串行数据输出 DO。CLK 引脚提供串行输入和输出操作的时钟。

在 CLK 的上升沿，利用标准 SPI 的指令通过 DI 输入引脚将指令、地址或数据串行写入器件；在 CLK 下降沿，通过 DO 输出引脚从器件读取数据或状态。SPI 总线操作支持模式 0 和模式 3。模式 0 和模式 3 的主要区别是，SPI 主机处于不对串行 Flash 器件进行数据传输的待机状态下时，CLK 信号的状态不同。模式 0 下，在/CS 的下降沿和上升沿，CLK 信号通常为低电平；而模式 3 下，在/CS 的下降沿和上升沿，CLK 信号通常为高电平。

当使用"快速读双输出"指令（3Bh）和"快速读双 I/O"指令（BBh）时，W25X40CL 支持双 SPI 操作。这些指令允许以两倍或三倍于普通串行 Flash 器件的速度传输数据到器件或从器件中读取数据。当执行双 SPI 指令时，DI 和 DO 引脚变为双向的 I/O 引脚：IO0 和 IO1。双通道 SPI 指令使用双向 I/O 引脚在 CLK 的上升沿向器件串行写入指令、地址或数据，在 CLK 的下降沿读取数据或状态。

标准 SPI 接口支持高达 104 MHz 的时钟频率。当使用快速读取双输出指令时，操作频率相当于双 SPI 的 208 MHz。这样的传输速率可与 8 位或 16 位并行闪存的传输速率相媲美。连续读取模式使得用户可以利用 16 个时钟的指令开销来读取 24 位地址，使用很少的内存进行有效的存储器访问，从而允许真正的 XIP（execute in place，就地执行）操作。

（2）片选信号

片选信号（/CS）用于使能或者禁止对器件的操作。当/CS 为高电平时，器件不被选中，串行数据输出引脚（DO、IO0 或者 IO1）为高阻态。当/CS 变为低电平时，器件被选中，可以对器件写入命令或者读出数据。器件上电后，在一条新的指令被接受之前，/CS 引脚必须由高电平变为低电平。这个引脚一般通过一个上拉电阻连接 $V_{CC}$。

（3）保持功能

/HOLD 引脚为保持输入引脚，它可以使得器件被选中时处于暂停状态。要启动/HOLD 条件，/CS 必须为低电平以选中器件。如果 CLK 已是低电平，则在/HOLD 信号的下降沿激活/HOLD 条件；如果 CLK 不是低电平，则在 CLK 的下一个下降沿激活/HOLD 条件。CLK 为低电平时，在/HOLD 信号的上升沿终止/HOLD 条件；如果 CLK 不是低电平，则在 CLK 的下一个下降沿终止/HOLD 条件。在/HOLD 条件期间，串行数据输出 DO 引脚将变为高阻态，

DI 和 CLK 引脚上的信号将被忽略。在此期间,/CS 应保持低电平。当/HOLD 变为高电平时,可继续对器件进行操作。当多个器件共享 SPI 的数据和时钟信号时,/HOLD 功能非常有用。

（4）数据保护

为了避免存储器中的数据受到破坏,W25X40CL 提供了几种保护数据的手段：

① 当 $V_{CC}$ 低于一定阈值时,器件复位；

② 上电后禁止延时写；

③ 写允许/禁止指令；

④ 编程和擦除后,自动写禁止；

⑤ 使用状态寄存器实现软件和硬件写保护(/WP 引脚)；

⑥ 使用掉电指令实现写保护。

上电后,状态寄存器 WEL(write enable latch) 被置为 **0**,器件自动处于写禁止状态。在页编程、扇区擦除、整片擦除或写状态寄存器指令能够执行之前,必须先发出写使能指令。完成编程、擦除或写指令后,WEL 自动被设置为写禁止状态(被清 **0**)。

使用写状态寄存器指令,并置位状态寄存器保护位(status register protect,SRP)和块保护位(TB、BP2、BP1 和 BP0),可以实现软件控制的写保护功能,可实现从小至 4 KB 的扇区到整个芯片的只读功能。与写保护引脚/WP 配合使用,实现硬件控制的允许或禁止状态寄存器的改变。

另外,掉电指令提供了一种额外的写保护机制。

/WP 引脚低电平有效。

W25X40CL 的内部结构框图如图 8-31 所示。

（5）控制和状态寄存器

读状态寄存器可以获得 Flash 存储器的状态,例如器件是写允许、写禁止还是写保护的状态。写状态寄存器指令可以配置器件的写保护功能。

状态寄存器各个位的定义如下：

| b7 | b6 | b5 | b4 | b3 | b2 | b1 | b0 |
|----|----|----|----|----|----|----|----|
| SRP | – | TB | BP2 | BP1 | BP0 | WEL | BUSY |

SRP:状态寄存器保护位。

**0**:/WP 引脚控制无效(软件保护,缺省值)。执行写使能指令后,将使 WEL 位为 **1**。

**1**:硬件保护。若/WP 引脚为低电平,则状态寄存器被锁定,不能写入；若/WP 引脚为高电平,则状态寄存器被解锁,可以写入,执行写使能指令后,将使 WEL 位为 **1**。

TB:顶部/底部位。该位用于控制块保护位(BP2、BP1 和 BP0)从顶部保护(TB = 0,缺省值)还是从底部保护(TB = 1)。保护范围如表 8-11 所示。在发出写使能指令后,执行写状态寄存器指令可以置位 TB 位。如果 SRP 位为 **1** 并且/WP 引脚为低电平,则不能写 TB 位。

BP2, BP1, BP0:块保护位。块保护位(BP2、BP1 和 BP0)提供写保护控制和状态。这些位可以通过写状态寄存器指令进行设置。可将部分或者全部存储器设置为保护状态(不被编程和擦除)。缺省情况下,这些位为 **0**,没有存储器被保护。如果 SRP 位为 **1** 并且/WP 引脚为低电平,则不能写这些位。

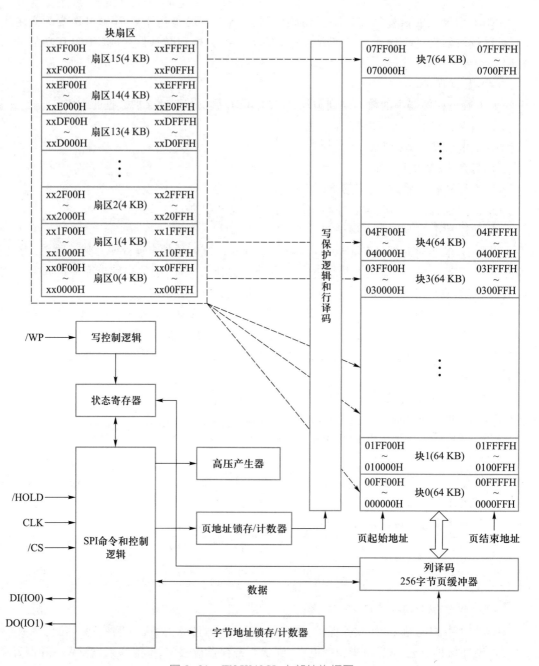

图 8-31　W25X40CL 内部结构框图

表 8-11　**Flash** 存储器保护范围

| 状态寄存器的块保护位 | | | | W25X40CL 存储器保护范围 | | | |
|---|---|---|---|---|---|---|---|
| TB | BP2 | BP1 | BP0 | 块 | 地址范围 | 大小 | 保护部分 |
| x | **0** | **0** | **0** | 无 | 无 | 无 | 无 |

续表

| 状态寄存器的块保护位 | | | | W25X40CL 存储器保护范围 | | | |
|---|---|---|---|---|---|---|---|
| TB | BP2 | BP1 | BP0 | 块 | 地址范围 | 大小 | 保护部分 |
| **0** | **0** | **0** | **1** | 7 | 070000H~07FFFFH | 64 KB | 上部的 1/8 |
| **0** | **0** | **1** | **0** | 6 和 7 | 060000H~07FFFFH | 128 KB | 上部的 1/4 |
| **0** | **0** | **1** | **1** | 4 到 7 | 040000H~07FFFFH | 256 KB | 上部的 1/2 |
| **1** | **0** | **0** | **1** | 0 | 000000H~00FFFFH | 64 KB | 下部的 1/8 |
| **1** | **0** | **1** | **0** | 0 和 1 | 000000H~01FFFFH | 128 KB | 下部的 1/4 |
| **1** | **0** | **1** | **1** | 0 到 3 | 000000H~03FFFFH | 256 KB | 下部的 1/2 |
| x | **1** | x | x | 0 到 7 | 000000H~07FFFFH | 512 KB | 全部 |

x:无关,**0** 或 **1** 皆可。

WEL:写使能锁存位。写使能锁存位是只读位。当执行写使能指令后,该位置 **1**。当器件写禁止时,该位清 **0**。上电或者执行下述指令后将进入写禁止状态:写禁止、页编程、扇区擦除、块擦除、整芯片擦除、写状态寄存器。

BUSY:忙标志。该位是只读位。当器件正在执行页编程、扇区擦除、块擦除、整芯片擦除或写状态寄存器指令时,该位被置 **1**。在这期间,除了读状态寄存器指令,器件将忽略后续的指令。页编程、擦除或写状态寄存器的指令执行完成后,BUSY 位被清 **0**,指示器件已准备好执行后续的指令。

（6）指令

W25X40CL 的指令集包含 20 条基本指令,这些指令完全由 SPI 总线控制。20 条基本指令如表 8-12 所示。

指令在片选信号/CS 的下降沿触发。由时钟驱动进入 DI 引脚的第一个数据字节是指令码。在时钟的上升沿采样 DI 引脚的数据,从最高位开始。指令的长度从单个字节到几个字节不等,后面紧跟地址字节、数据字节、虚字节（不必关心的字节）或者它们的组合。在/CS 的上升沿完成指令的执行。每条指令的时序图请参见 W25X40CL 的数据手册。所有的读指令可以在任何时钟驱动位后执行,而所有的写、编程、擦除指令必须在字节边界（一个完整的 8 位数据传输后/CS 变高）执行,否则该指令将被终止。这可以进一步保护器件不被误写。另外,在执行页编程、擦除或者写状态寄存器指令时,除了读状态寄存器指令,其他指令将被忽略,直到页编程、擦除或写周期结束。

执行 ABH、90H 或者 92H 指令时,读取的 W25X40CL 的 8 位 ID 为 12H;执行 9FH 指令时,读取的 W25X40CL 的 16 位 ID 为 3013H。

表 8-12 W25X40CL 的指令集

| 指令名称 | 第 1 个字节（指令码） | 第 2 个字节 | 第 3 个字节 | 第 4 个字节 | 第 5 个字节 | 第 6 个字节 | N 个字节 |
|---|---|---|---|---|---|---|---|
| 写允许 | 06H | | | | | | |
| 对状态寄存器写允许 | 50H | | | | | | |
| 写禁止 | 04H | | | | | | |
| 读状态寄存器 | 05H | S7～S0（先传输高位） | | | | | |
| 写状态寄存器 | 01H | S7～S0 | | | | | |
| 读数据 | 03H | A23～A16 | A15～A8 | A7～A0 | D7～D0 | 下一个字节 | 连续 |
| 快速读 | 0BH | A23～A16 | A15～A8 | A7～A0 | 虚字节 | D7～D0 | （下一个字节）继续 |
| 快速读双输出 | 3BH | A23～A16 | A15～A8 | A7～A0 | 虚字节 | D7～D0,… | （每 4 个时钟 1 个字节）连续 |
| 快速读双 I/O | BBH | A23～A8 | A7～A0,M7～M0 | D7～D0,… | | | |
| 页编程 | 02H | A23～A16 | A15～A8 | A7～A0 | D7～D0 | 下一个字节 | 最多 256 个字节 |
| 扇区擦除（4KB） | 20H | A23～A16 | A15～A8 | A7～A0 | | | |
| 块擦除（32KB） | 52H | A23～A16 | A15～A8 | A7～A0 | | | |
| 块擦除（64KB） | D8H | A23～A16 | A15～A8 | A7～A0 | | | |
| 整芯片擦除 | C7H/60H | | | | | | |
| 掉电 | B9H | | | | | | |
| 掉电动作释放/器件 ID | ABH | 虚字节 | 虚字节 | 虚字节 | ID7～ID0 | | |
| 制造商/器件 ID | 90H | 虚字节 | 虚字节 | 00H | M7～M0 | ID7～ID0 | |
| 通过双 I/O 读取制造商/器件 ID | 92H | A23～A8 | A7～A0,M[7:0] | MF[7:0],ID[7:0] | | | |

续表

| 指令名称 | 第1个字节（指令码） | 第2个字节 | 第3个字节 | 第4个字节 | 第5个字节 | 第6个字节 | N个字节 |
|---|---|---|---|---|---|---|---|
| JEDEC ID | 9FH | 制造商 M7~M0 | 存储器类型 ID15~ID8 | 容量 ID7~ID0 | | | |
| 读唯一ID | 4BH | 虚字节 | 虚字节 | 虚字节 | 虚字节 | ID63~ID0 | |

　　W25X40CL器件的数据写入操作只能在空或已擦除的单元内进行,所以大多数情况下,在进行写入操作之前必须先执行擦除。

　　STC8H8K64U单片机连接W25X40CL的电路图如图8-32所示。

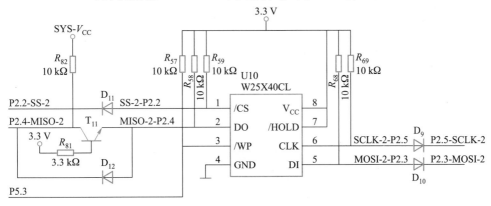

图8-32　STC8H8K64U单片机连接W25X40CL的电路图

下面的实例代码说明如何对Flash存储器进行扇区擦除、写入、读出的操作。

```
#include "stc8h.h"          //包含此头文件后,不需要再包含"reg51.h"头文件
#include "intrins.h"

#define ISWRITING 1          //为了控制是否需要擦除和写入
typedef    unsigned char   u8;
typedef    unsigned int    u16;
typedef    unsigned long   u32;

#define SPIF    0x80         //SPI传输完成标志,写入1清0
#define WCOL    0x40         //SPI写冲突标志,写入1清0

u8xdata    tmp[5];
u32Flash_addr;

/*************串行FLASH引脚声明***************/
sbit    SF_CS    = P2^2;    //PIN1
sbit    SF_DO    = P2^4;    //PIN2
```

```c
sbit    SF_DI  = P2^3;      //PIN5
sbit    SF_SCK = P2^5;      //PIN6

void  delay_ms(u8 ms);

void  SPI_init(void);
u8    FlashCheckID(void);
u8    CheckFlashBusy(void);
void  FlashWriteEnable(void);
void  FlashChipErase(void);
void  FlashSectorErase(u32 addr);
void  SPI_Read_Nbytes( u32 addr, u8 *buffer, u16 size);
u8    SPI_Read_Compare(u32 addr, u8 *buffer, u16 size);
void  SPI_Write_Nbytes(u32 addr, u8 *buffer,  u8 size);

u8  W_Buffer[5],R_Buffer[5];

void main(void)
{
  u8   SF_ID,i;

  P_SW2 |= 0x80;   //扩展寄存器(XFR)访问使能
  P2M1 = 0x3c;
  P2M0 = 0x3c;    //设置 P2.2~P2.5 为漏极开路
  P5M1 = 0x0c;
  P5M0 = 0x0c;    //设置 P5.2、P5.3 为漏极开路
  delay_ms(10);
  SPI_init();
  EA = 1;          //允许总中断
  Flash_addr = 0x001000;
  SF_ID=FlashCheckID();      //该函数将读出芯片 ID 为 0x12,为 W25X40CL
#ifdef ISWRITE
  FlashSectorErase(0x001000); //擦除块 0 扇区 1
  //写入 5 个字节的数据
  for(i=0; i<5; i++)
  {
    tmp[i] = 0xff;
    W_Buffer[i]=i+0x20;            //W_Buffer 保存测试数据
  }
```

```
i = SPI_Read_Compare(Flash_addr,tmp,5);   //检测要写入的空间是否为空
if( i > 0 )
{
  //如果要写入的地址为非空,不能写入,需要先擦除
}
else
{
  SPI_Write_Nbytes(Flash_addr,W_Buffer,5);     //写 5 个字节
  i = SPI_Read_Compare(Flash_addr,W_Buffer,5); //比较写入的数据
  if( i == 0 )
  {
    //写入正确
  }
  else
  {
    //写入错误的处理
  }
}
#endif
  SPI_Read_Nbytes(Flash_addr,R_Buffer,5);          //读取 5 个字节
  while(1);
}
//============================================================
void delay_ms(u8 ms)
{
  u16i;
  do{
    i = 22118400L /13000;
    while(--i)   ;   //14T 循环
  }while(--ms);
}
//----- SPI 相关函数 -----------
void SPI_init(void)
{
  SPCTL =  0xd2;       //11010010
            //忽略 S̄S̄ 引脚功能,使用 MSTR 确定器件是主机还是从机
            //使能 SPI 功能;先传输数据高位(MSB);设置主机模式
            //SCLK 空闲时为低电平,前沿为上升沿,后沿为下降沿
            // S̄S̄ 引脚为低电平驱动第一位数据并在 SCLK 的后沿改变数据
```

247

```
                        //SPI 时钟频率选择, 16 分频
    P_SW1 = (P_SW1 & 0xf3) | 0x04;    //SPI 口切换到:P2.2 P2.3 P2.4 P2.5
    SF_SCK = 0;                        //设置时钟的初始电平为低
    SF_DI = 1;
    SPSTAT = SPIF + WCOL;              //清 0 SPIF 和 WCOL 标志
}
void SPI_WriteByte(u8 out)         //SPI 写 1 个字节
{
  SPDAT = out;
  while((SPSTAT & SPIF) = = 0);
  SPSTAT = SPIF + WCOL;              //清 0 SPIF 和 WCOL 标志
}
u8 SPI_ReadByte(void)              //SPI 读 1 个字节
{
  SPDAT = 0xff;
  while((SPSTAT & SPIF) = = 0);
  SPSTAT = SPIF + WCOL;              //清 0 SPIF 和 WCOL 标志
  return (SPDAT);
}
//------ FLASH 相关宏定义 ---------
#define SFC_WREN          0x06  //串行 Flash 命令集(具体说明请参见数据手册)
#define SFC_RDSR          0x05
#define SFC_READ          0x03
#define SFC_RDID          0xAB
#define SFC_PAGEPROG      0x02
#define SFC_SECTORER      0x20              //扇区擦除指令
#define SFC_CHIPER        0xC7
#define SPI_CS_High()  SF_CS  = 1      // 置位 CS
#define SPI_CS_Low()   SF_CS  = 0      // 清 0 CS
//------ FLASH 相关函数 -----------
u8 FlashCheckID(void)          //检测器件 ID
{
  u8 id;

  SPI_CS_Low();
  SPI_WriteByte(SFC_RDID);            //发送读取 ID 指令
  SPI_WriteByte(0x00);                //空读 3 个字节
  SPI_WriteByte(0x00);
  SPI_WriteByte(0x00);
```

```
  id =SPI_ReadByte();            //读取设备 ID
  SPI_CS_High();
  return(id);
}
u8 CheckFlashBusy(void)    //检测 Flash 的忙状态:1-忙;0-空闲
{
  u8 dat;

  SPI_CS_Low();
  SPI_WriteByte(SFC_RDSR);            //发送读取状态指令
  dat = SPI_ReadByte();              //读取状态
  SPI_CS_High();
  return (dat);                      //状态值的 b0 即为忙标志
}
void Flash WriteEnable(void)        //使能 Flash 写指令
{
  while(CheckFlashBusy() > 0);      //Flash 忙检测
  SPI_CS_Low();
  SPI_WriteByte(SFC_WREN);          //发送写使能指令
  SPI_CS_High();
}
void FlashSectorErase(u32 addr)     //擦除扇区,一个扇区 4 KB
{
  FlashWriteEnable();               //使能 Flash 写指令
  SPI_CS_Low();
  SPI_WriteByte(SFC_SECTORER);      //发送扇区擦除指令
  SPI_WriteByte(((u8 *)&addr)[1]);//设置起始地址
  SPI_WriteByte(((u8 *)&addr)[2]);
  SPI_WriteByte(((u8 *)&addr)[3]);
  SPI_CS_High();
}
//--------从 Flash 中读取数据函数 ---------
/*入口参数:
  addr  :地址参数
  buffer:缓冲从 Flash 中读取的数据
  size  :数据块大小
出口参数:  无 */
void SPI_Read_Nbytes(u32 addr, u8 *buffer, u16 size)
{
```

```
   if(size == 0)   return;
   while(CheckFlashBusy() > 0);          //Flash 忙检测
   SPI_CS_Low();                         //选中器件
   SPI_WriteByte(SFC_READ);              //发出读指令
   SPI_WriteByte(((u8 *)&addr)[1]);      //设置起始地址
   SPI_WriteByte(((u8 *)&addr)[2]);
   SPI_WriteByte(((u8 *)&addr)[3]);
   do{
     *buffer =SPI_ReadByte();            //读取一个字节并保存到缓冲区中
     buffer++;
   }while(--size);                       //循环读所需的字节数
   SPI_CS_High();                        //取消器件选中
}
/* * * * * * * * * * * * * * * * * * * * * * * * * * * * * * * * * * * * * *
读出 n 个字节,跟指定的数据进行比较, 错误返回 1,正确返回 0
* * * * * * * * * * * * * * * * * * * * * * * * * * * * * * * * * * * * * */
u8 SPI_Read_Compare(u32 addr, u8 *buffer, u16 size)
{
   u8   j;
   if(size == 0)   return 2;
   while(CheckFlashBusy() > 0);          //Flash 忙检测
   j = 0;
   SPI_CS_Low();                         //使能器件
   SPI_WriteByte(SFC_READ);              //发出读指令
   SPI_WriteByte(((u8 *)&addr)[1]);      //设置起始地址
   SPI_WriteByte(((u8 *)&addr)[2]);
   SPI_WriteByte(((u8 *)&addr)[3]);
   do
   {
     if(*buffer ! =SPI_ReadByte())       //接收一个字节并保存到缓冲区
     {
       j = 1;
       break;
     }
     buffer++;
   }while(--size);              //一直读取到所要求的字节数为止
   SPI_CS_High();              //禁用器件
   return j;
}
```

```
//---------写数据到 Flash 中的函数 ---------
/*入口参数:
  addr   :地址参数
  buffer :缓冲需要写入 Flash 的数据
  size   :数据块大小
出口参数:无 */
void SPI_Write_Nbytes(u32 addr, u8 *buffer, u8 size)
{
  if(size == 0)   return;
  while(CheckFlashBusy() > 0);           //Flash 忙检测
  FlashWriteEnable();                    //使能 Flash 写指令
  SPI_CS_Low();                          //使能器件
  SPI_WriteByte(SFC_PAGEPROG);           //发送页编程指令
  SPI_WriteByte(((u8 *)&addr)[1]);       //设置起始地址
  SPI_WriteByte(((u8 *)&addr)[2]);
  SPI_WriteByte(((u8 *)&addr)[3]);
  do{
    SPI_WriteByte(*buffer++);            //连续页内写
    addr++;
    if((addr & 0xff) == 0) break;
  }while(--size);
  SPI_CS_High();                         //禁用器件
}
```

对于单主机-多从机通信方式的应用,一般使用主单片机的 I/O 接口控制从器件的 $\overline{SS}$,一个连接实例如图 8-33 所示。

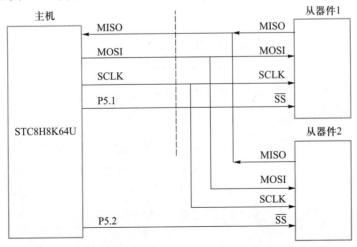

图 8-33  单主机-多从机 SPI 通信连接实例

分别用 P5.1 和 P5.2 选中从器件 1 和从器件 2,每一时刻只有一个从器件被选中。主单片机与#1 从器件和#2 从器件分时进行通信。在进行 SPI 通信之前,主单片机首先使用 I/O 接口选中某个从器件,然后再进行 SPI 通信。从这个意义上讲,和 UART 的多机通信过程类似。详细的编程代码,请读者自行思考。

### 8.2.4 $I^2C$ 通信接口

**1. $I^2C$ 总线简介**

$I^2C$(inter-integrated circuit)总线是由 Philips 公司开发的串行总线,用于连接微控制器及其外围设备。$I^2C$ 总线产生于 20 世纪 80 年代,最初为音频和视频设备开发,如今主要在服务器管理中使用,其中包括单个组件状态的通信。例如,管理员可对各个组件进行查询,以管理系统的配置或掌握组件的功能状态,如电源和系统风扇。可随时监控内存、硬盘、网络、系统温度等多个参数,增加了系统的安全性,方便了管理。

**2. $I^2C$ 总线的特点**

$I^2C$ 总线最主要的优点是其简单性和有效性。由于接口直接在组件之上,因此 $I^2C$ 总线占用的空间非常小,减少了电路板的空间和芯片引脚的数量,降低了互联成本。总线的长度可高达 25 ft(1 ft=30.48 cm),并且能够以 10 kbit/s 的最大传输速率支持 40 个组件。$I^2C$ 总线的另一个优点是,它支持多个主器件(multimastering),主器件也称为主机,其中任何能够进行发送和接收的设备都可以成为主机。一个主机能够控制信号的传输和时钟频率。当然,在任何时间点上只能有一个主机。

$I^2C$ 总线有 3 种模式,分别为标准模式(100 kbit/s)、快速模式(400 kbit/s)和高速模式(3.4 Mbit/s),寻址方式有 7 位和 10 位方式。

**3. $I^2C$ 的术语**

$I^2C$ 的一些术语列于表 8-13 中。

表 8-13 $I^2C$ 术语

| 名称 | 描述 |
| --- | --- |
| Transmitter | 发送者:向总线发送数据的电路 |
| Receiver | 接收者:从总线上接收数据的电路 |
| Master | 主机:启动数据传输、产生时钟信号和结束数据传输的电路 |
| Slave | 从机:被主机寻址的电路 |
| Multi-master | 多主机结构:在不破坏信息的情况下,同一时刻有多个主机试图控制总线 |
| Arbitration | 仲裁:在有多个主机试图同时控制总线时,为了不破坏信息,在某一时刻确保只有一个主机控制总线的过程 |
| Synchronization | 同步:同步两个或更多电路时钟信号的过程 |

**4. $I^2C$ 总线的工作原理**

$I^2C$ 是一种串行总线的外设接口,采用同步方式串行接收或发送信息,两个设备在同一个时钟下工作。I²C 总线只用两根线:串行数据 SDA(serial data)线、串行时钟 SCL(serial clock)线。

由于 I²C 只有一根数据线,因此,信息的发送和接收只能分时进行。

I²C 总线上的所有器件的 SDA 线并接在一起,所有器件的 SCL 线并接在一起,且 SDA 线和 SCL 线必须通过上拉电阻连接到正电源。当总线空闲时,两条线都是高电平。

I²C 总线的数据传输协议比 SPI 总线复杂,因为 I²C 总线器件没有片选控制线,所以 I²C 总线数据传输的开始必须由主器件产生通信的开始条件(START 条件);通信结束时,由主器件产生通信的停止条件(STOP 条件)。

当 SCL 为高时,使用 SDA 的变化标识开始条件和停止条件。如果 SDA 由 **1** 变到 **0**,则产生 START 条件;如果 SDA 由 **0** 变到 **1**,则产生 STOP 条件。所有连接到总线上的器件都会识别并响应 START 条件和 STOP 条件。START 条件和 STOP 条件时序如图 8-34 所示。

SDA 线上的数据在 SCL 高电平期间必须保持稳定,否则会被误认为产生开始条件或结束条件,只有在 SCL 低电平期间才能改变 SDA 线上的数据。I²C 总线的数据传输波形图如图 8-35 所示。

图 8-34　START 条件和 STOP 条件时序

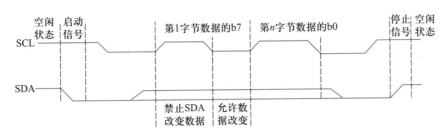

图 8-35　I²C 总线的数据传输波形图

I²C 总线上的所有器件均并联在这条总线上,如何进行两个器件之间的通信而不影响其他器件呢? 就像电话机一样,只有拨通各自的号码才能工作,所以每个器件都有唯一的地址。在信息的传输过程中,I²C 总线上并接的每个器件既是主器件(或发送器),又是从器件(或接收器),这取决于它所要完成的功能。主器件发出的信息分为地址码和数据两部分,地址码用来选址,即接通将要通信的从器件;数据是主器件要传输给从器件的具体信息。

具体来讲,一旦有一个主机产生了一个 START 条件,总线便不再空闲。主机接着发出 7 位从机地址和 1 位读写标志(R/$\overline{\text{W}}$),共 8 个数据位。在包含多个主机的系统中,在从机地址传输之前,可能需要一段用于总线竞争和仲裁的时间。

从机要接收数据,R/$\overline{\text{W}}$ 必须为 **0**;如果 R/$\overline{\text{W}}$ = 1,表示它将准备发送数据。对于某些 I²C 设备,如存储器,有必要先向从机写一个内部地址,然后再读或写数据字节。在这种情况下,START 条件可以重新产生。

主机产生了 8 个 SCL 脉冲后,把 SDA 输出置高电平,并产生第 9 个时钟脉冲。如果被寻址的从机做出响应,从机将把 SDA 线拉成低电平,这表示一个确认位(ACK)。如果被寻址的从机保持 SDA 线为高电平,主机就认为从机没有确认(NOACK,有的资料写为 NACK)本次数据传输。

数据传输的时序如图 8-36 所示。

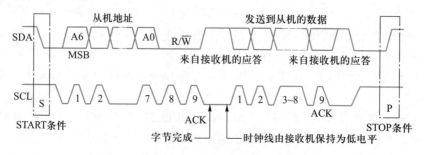

图 8-36　数据传输的时序

一旦被寻址的从机产生了 NOACK 信号而不是正常的 ACK 信号,多字节数据传输过程就会被中止。另外,在确认位之后,从机在执行本地处理时,有可能将 SCL 线拉低。这种情况在作为从机的微控制器执行耗时较长的中断服务程序时经常发生。如果 SCL 保持为低,主机需要等待。

如果主机发出带有 R/$\overline{\text{W}}$ 位为 1 的从机地址,当从机使用 ACK 响应时,从机就变为一个主机发送者。然后,从机向主机提供数据,但每次在第 9 个时钟脉冲时,释放 SDA 线并采样由主机提供的确认位。典型情况下,如果主机希望收到更多的数据,就会产生 ACK 信号;如果是最后一个字节,则产生 NOACK 信号以通知从机。

$I^2C$ 的确认位时序如图 8-37 所示。

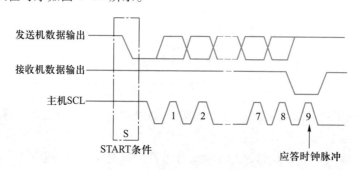

图 8-37　$I^2C$ 的确认位时序

目前,有很多半导体集成电路上都集成了 $I^2C$ 接口。带有 $I^2C$ 接口的单片机有 STC8H8K64U、CYGNAL 的 C8051F0×× 系列、Philips 的 P87LPC7×× 系列、MICROCHIP 的 PIC16C6×× 系列等,市场上流行的 ARM 微控制器也大多集成了 $I^2C$ 接口。很多外围器件如存储器、监控芯片、实时时钟芯片等也提供 $I^2C$ 接口。如串行 $E^2PROM$ AT24C×× 系列、实时时钟芯片 PCF8563 等。

**5. 总线基本操作**

$I^2C$ 规程运用主/从双向通信。器件发送数据到总线上,则定义为发送器,器件接收数据则定义为接收器。主器件和从器件都可以工作于接收和发送状态。

总线必须由主器件(通常为微控制器)控制,主器件产生串行时钟(SCL)控制总线的传输方向,并产生起始和停止条件。

(1)控制字节

在起始条件之后,必须是器件的控制字节,其中高 4 位为器件类型识别符(不同的芯片类型有不同的定义,$E^2PROM$ 一般应为 **1010**),接着 3 位为器件地址,最后 1 位为读写位,当为 **1** 时为读操作,为 **0** 时为写操作,如图 8-38 所示。

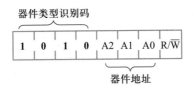

图 8-38 控制字节配置

(2)写操作

写操作分为字节写和页面写两种操作,对于页面写,根据芯片的一次装载的字节不同有所不同。写入字节指令每次只能向芯片中的一个地址写入一个字节的数据。首先发送开始位来通知芯片开始进行指令传输,然后传送设置好的器件地址字节,$R/\overline{W}$ 位置置 **0**,接着是分开传送 16 位地址的高低字节,再传送要写入的数据,最后发送停止位表示本次指令结束。写入单个字节的时序图如图 8-39 所示。

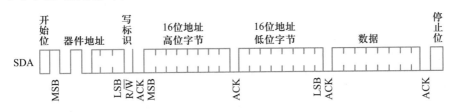

图 8-39 写入单个字节的时序图

页面写入模式的操作基本和字节写入模式一样,不同的是它需要发送第一个字节的地址,然后一次性发送多个字节的写入数据后,再发送停止位。写入过程中其余的地址增量由芯片内部完成。页面写入的时序图如图 8-40 所示。无论哪种写入方式,指令发送完成后,芯片内部开始写入,这时 SDA 都会被芯片拉高,直到写入完成后 SDA 才会重新变为有效,在编写用户程序时可以在写入的时候不停发送伪指令并查询是否有 ACK 返回,如果有 ACK 返回则可以进行下一步操作。

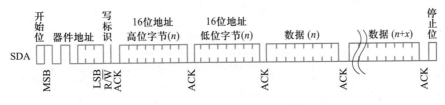

图 8-40 页面写入的时序图

（3）读操作

读操作有三种基本操作：读当前地址、读任意地址和连续读取。

① 读当前地址

这种读取模式是读取当前芯片内部的地址指针指向的数据。每次读写操作后，芯片会把最后一次操作过的地址作为当前的地址。在这里要注意的是在 CPU 接收完芯片传送的数据后不必发送低电平的 ACK 给芯片，而是直接拉高 SDA 等待一个时钟后发送停止位。读当前地址时序图如图 8-41 所示。

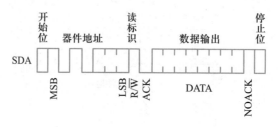

图 8-41  读当前地址时序图

② 读任意地址

读当前地址可以说是读的基本指令，读任意地址时只是在这个基本指令之前加一个"伪操作"，这个伪操作传送一个写指令，但这个写指令在地址传送完成后就要结束，这时芯片内部的地址指针指到这个地址上，再用读当前地址指令就可以读出该地址的数据。读任意地址的时序图如图 8-42 所示。

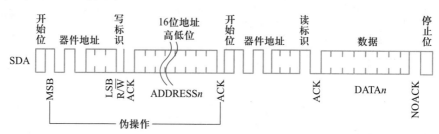

图 8-42  读任意地址的时序图

③ 连续读取

连续读取操作时，只要在上述两种读取方式下芯片传送完读取数据后，CPU 回应给芯片一个低电平的 ACK 应答，那么芯片地址指针自动加一并传送数据，直到 CPU 不回应（NO-ACK）并停止操作。连续读取的时序图如图 8-43 所示。

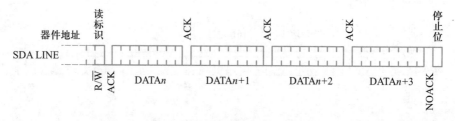

图 8-43  连续读取的时序图

6. STC8H8K64U 单片机集成的 I²C 总线控制器

STC8H8K64U 单片机内部集成了一个 I²C 串行总线控制器,使用 SCL(串行时钟)和 SDA(串行数据)两线进行同步通信。通过相关特殊功能寄存器的设置,可将 SCL 和 SDA 切换到不同的 I/O 接口上,以方便用户将一组 I²C 总线当作多组进行分时复用。

STC8H8K64U 单片机的 I²C 总线提供了两种操作模式:主机模式(SCL 为输出口,发送同步时钟信号)和从机模式(SCL 为输入口,接收同步时钟信号)。

与标准 I²C 协议相比较,STC8H8K64U 单片机的 I²C 总线忽略了如下两种机制:

① 发送起始信号(START)后不进行仲裁;

② 时钟信号(SCL)停留在低电平时不进行超时检测。

I²C 串行总线控制器工作在从机模式时,SDA 引脚的下降沿信号可以唤醒进入掉电模式的 MCU。(注意:由于 I²C 传输速度比较快,MCU 唤醒后第一包数据一般是不正确的。)

(1) STC8H8K64U 单片机 I²C 串行总线控制器的寄存器

STC8H8K64U 单片机 I²C 串行总线控制器的寄存器如表 8-14 所示。

表 8-14 STC8H8K64U 单片机 I²C 串行总线控制器的寄存器

| 寄存器 | 地址 | b7 | b6 | b5 | b4 | b3 | b2 | b1 | b0 |
|--------|------|-----|-----|-----|-----|-----|-----|-----|-----|
| I2CCFG | FE80H | ENI2C | MSSL | MSSPEED[5:0] | | | | | |
| I2CMSCR | FE81H | EMSI | – | – | – | MSCMD[3:0] | | | |
| I2CMSST | FE82H | MSBUSY | MSIF | – | – | – | – | MSACKI | MSACKO |
| I2CSLCR | FE83H | – | ESTAI | ERXI | ETXI | ESTOI | | | SLRST |
| I2CSLST | FE84H | SLBUSY | STAIF | RXIF | TXIF | STOIF | TXING | SLACKI | SLACKO |
| I2CSLADR | FE85H | I2CSLADR[7:1] | | | | | | | MA |
| I2CTXD | FE86H | | | | | | | | |
| I2CRXD | FE87H | | | | | | | | |
| I2CMSAUX | FE88H | – | – | – | – | – | – | – | WDTA |

① I²C 配置寄存器(I2CCFG)

ENI2C:I²C 功能使能控制位。

**0**:禁止 I²C 功能; **1**:允许 I²C 功能。

MSSL:I²C 工作模式选择位。

**0**:从机模式; **1**:主机模式。

MSSPEED[5:0]:I²C 总线速度(等待时钟数)控制。

$$I^2C 总线速度 = SYSclk / 2 / (MSSPEED * 2 + 4)$$

只有当 I²C 模块工作在主机模式时,MSSPEED 参数设置的等待参数才有效。

例如,当 24 MHz 的工作频率下需要 400K 的 I²C 总线速度时

$$MSSPEED = (24M / 400K / 2 - 4) / 2 = 13$$

② I²C 主机控制寄存器(I2CMSCR)

EMSI:主机模式中断使能控制位。

**0**:关闭主机模式的中断；　　　　　　　　**1**:允许主机模式的中断

MSCMD[3:0]:主机命令。

**0000**:待机,无动作。

**0001**:起始命令。发送 START 信号。如果当前 $I^2C$ 控制器处于空闲状态,即 MSBUSY (I2CMSST.7)为 **0**,写此命令会使控制器进入忙状态,硬件自动将 MSBUSY 状态位置 **1**,并开始发送 START 信号;若当前 $I^2C$ 控制器处于忙状态,写此命令可触发发送 START 信号。

**0010**:发送数据命令。写此命令后,$I^2C$ 总线控制器会在 SCL 引脚上产生 8 个时钟,并将 I2CTXD 寄存器里面数据按位送到 SDA 引脚上(先发送高位数据)。

**0011**:接收 ACK 命令。写此命令后,$I^2C$ 总线控制器会在 SCL 引脚上产生 1 个时钟,并将从 SDA 端口上读取的数据保存到 MSACKI(I2CMSST.1)。

**0100**:接收数据命令。写此命令后,$I^2C$ 总线控制器会在 SCL 引脚上产生 8 个时钟,并将从 SDA 端口上读取的数据依次左移到 I2CRXD 寄存器(先接收高位数据)。

**0101**:发送 ACK 命令。写此命令后,$I^2C$ 总线控制器会在 SCL 引脚上产生 1 个时钟,并将 MSACKO(I2CMSST.0)中的数据发送到 SDA 端口。

**0110**:停止命令。发送 STOP 信号。写此命令后,$I^2C$ 总线控制器开始发送 STOP 信号。信号发送完成后,硬件自动将 MSBUSY 状态位清 **0**。

**0111**:保留。

**1000**:保留。

**1001**:起始命令+发送数据命令+接收 ACK 命令。此命令为命令 **0001**、命令 **0010**、命令 **0011** 三个命令的组合,下此命令后控制器会依次执行这三个命令。

**1010**:发送数据命令+接收 ACK 命令。此命令为命令 **0010**、命令 **0011** 两个命令的组合,下此命令后控制器会依次执行这两个命令。

**1011**:接收数据命令+发送 ACK(0)命令。此命令为命令 **0100**、命令 **0101** 两个命令的组合,下此命令后控制器会依次执行这两个命令。注意:此命令所返回的应答信号固定为 ACK(0),不受 MSACKO 位的影响。

**1100**:接收数据命令+发送 NOACK(1)命令。此命令为命令 **0100**、命令 **0101** 两个命令的组合,下此命令后控制器会依次执行这两个命令。注意:此命令所返回的应答信号固定为 NOACK(1),不受 MSACKO 位的影响。

③ $I^2C$ 主机辅助控制寄存器(I2CMSAUX)

WDTA:主机模式时 $I^2C$ 数据自动发送允许位。

**0**:禁止自动发送；　　　　　　　　**1**:使能自动发送。

若自动发送功能被使能,当 MCU 执行完成对 I2CTXD 数据寄存器的写操作后,$I^2C$ 控制器会自动触发 **1010** 命令,即自动发送数据并接收 ACK 信号。

④ $I^2C$ 主机状态寄存器(I2CMSST)

MSBUSY:主机模式时 $I^2C$ 控制器状态位(只读位)。

**0**:控制器处于空闲状态；　　　　　　　　**1**:控制器处于忙碌状态。

当 $I^2C$ 控制器处于主机模式时,在空闲状态下,发送完成 START 信号后,控制器便进入到忙碌状态,忙碌状态会一直维持到成功发送完成 STOP 信号,之后状态会再次恢复到空闲状态。

MSIF:主机模式的中断请求位(中断标志位)。当处于主机模式的 I²C 控制器执行完成寄存器 I2CMSCR 中 MSCMD 命令后产生中断信号,硬件自动将此位置 **1**,向 CPU 发请求中断,响应中断后 MSIF 位必须用软件清 **0**。

MSACKI:主机模式时,发送 **0011** 命令到 I2CMSCR 的 MSCMD 位后所接收到的 ACK 数据(只读位)。

MSACKO:主机模式时,准备要发送出去的 ACK 信号。当发送 **0101** 命令到 I2CMSCR 的 MSCMD 位后,控制器会自动读取此位的数据当作 ACK 信号发送到 SDA。

⑤ I²C 从机控制寄存器(I2CSLCR)

ESTAI:从机模式时接收到 START 信号中断允许位。

**0**:禁止从机模式时接收到 START 信号时发生中断;

**1**:使能从机模式时接收到 START 信号时发生中断。

ERXI:从机模式时接收到 1 字节数据后中断允许位。

**0**:禁止从机模式时接收到 1 字节数据后发生中断;

**1**:使能从机模式时接收到 1 字节数据后发生中断。

ETXI:从机模式时发送完成 1 字节数据后中断允许位。

**0**:禁止从机模式时发送完成 1 字节数据后发生中断;

**1**:使能从机模式时发送完成 1 字节数据后发生中断。

ESTOI:从机模式时接收到 STOP 信号中断允许位。

**0**:禁止从机模式时接收到 STOP 信号时发生中断;

**1**:使能从机模式时接收到 STOP 信号时发生中断。

SLRST:该位用于对从机模式的状态进行复位,例如主机发送一半数据出现故障时,从机会继续等待后续信号,这时候就可以对这一位置 **1**,对从机状态进行复位。

**0**:不对从机状态进行复位;

**1**:对从机状态进行复位。

⑥ I²C 从机状态寄存器(I2CSLST)

SLBUSY:从机模式时 I²C 控制器状态位(只读位)。

**0**:控制器处于空闲状态;          **1**:控制器处于忙碌状态。

当 I²C 控制器处于从机模式时,在空闲状态下,接收到主机发送 START 信号后,控制器会继续检测之后的设备地址数据,若设备地址与当前 I2CSLADR 寄存器中所设置的从机地址相同时,控制器便进入到忙碌状态,忙碌状态会一直维持到成功接收到主机发送 STOP 信号,之后状态会再次恢复到空闲状态。

STAIF:从机模式时接收到 START 信号后的中断请求位。从机模式的 I²C 控制器接收到 START 信号后,硬件会自动将此位置 **1**,并向 CPU 发请求中断,响应中断后 STAIF 位必须用软件清 **0**。STAIF 被置 **1** 的时间点如图 8-44 所示。

RXIF:从机模式时接收到 1 字节的数据后的中断请求位。从机模式的 I²C 控制器接收到 1 字节的数据后,在第 8 个时钟的下降沿时硬件会自动将此位置 **1**,并向 CPU 发请求中断,响应中断后 RXIF 位必须用软件清 **0**。

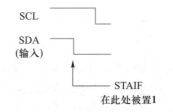

图 8-44  STAIF 被置 **1** 的时间点

RXIF 被置 **1** 的时间点如图 8-45 所示。

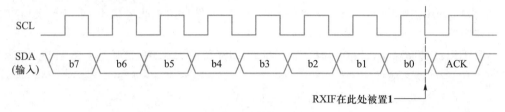

图 8-45　RXIF 被置 **1** 的时间点

TXIF:从机模式时发送完成 1 字节的数据后的中断请求位。从机模式的 I$^2$C 控制器发送完成 1 字节的数据并成功接收到 1 位 ACK 信号后,在第 9 个时钟的下降沿时硬件会自动将此位置 **1**,并向 CPU 发请求中断,响应中断后 TXIF 位必须用软件清 **0**。TXIF 被置 **1** 的时间点如图 8-46 所示。

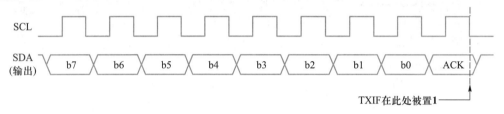

图 8-46　TXIF 被置 **1** 的时间点

STOIF:从机模式时接收到 STOP 信号后的中断请求位。从机模式的 I$^2$C 控制器接收到 STOP 信号后,硬件会自动将此位置 **1**,并向 CPU 发请求中断,响应中断后 STOIF 位必须用软件清 **0**。

SLACKI:从机模式时,接收到的 ACK 数据。

SLACKO:从机模式时,准备要发送出去的 ACK 信号。

例如,传输设备地址的波形图如图 8-47 所示。

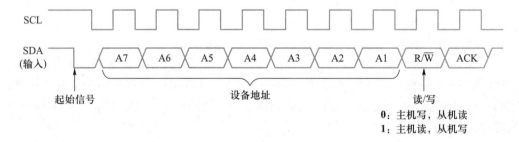

图 8-47　传输设备地址的波形图

⑦ I$^2$C 从机地址寄存器(I2CSLADR)

I2CSLADR[7:1]:从机设备地址。

当 I$^2$C 控制器处于从机模式时,控制器在接收到 START 信号后,会继续检测接下来主机发送出的设备地址数据以及读写信号。当主机发送出的设备地址与 I2CSLADR[7:1]中所设置的从机设备地址相同时,控制器才会向 CPU 发出中断请求,请求 CPU 处理 I$^2$C 事件;否则,若设备地址不同,I$^2$C 控制器继续监控,等待下一个起始信号,对下一个设备地址继续比较。

MA:从机设备地址比较控制。

**0**:设备地址必须与 I2CSLADR[7:1]相同;

**1**:忽略 I2CSLADR[7:1]中的设置,接受所有的设备地址。

I²C 总线协议规定 I²C 总线上最多可挂载 128 个 I²C 设备(理论值),不同的 I²C 设备用不同的 I²C 从机设备地址进行识别。I²C 主机发送完成起始信号后,发送的第一个数据(DATA0)的高 7 位即为从机设备地址(DATA0[7:1]为 I²C 设备地址),最低位为读写信号。当 I²C 设备从机地址寄存器 MA(I2CSLADR.0)为 **1** 时,表示 I²C 从机能够接收所有的设备地址,此时主机发送的任何设备地址,即 DATA0[7:1]为任何值,从机都能响应。当 I²C 设备从机地址寄存器 MA(I2CSLADR.0)为 **0** 时,主机发送的设备地址 DATA0[7:1]必须与从机的设备地址 I2CSLADR[7:1]相同时才能访问此从机设备。

⑧ I²C 数据寄存器(I2CTXD,I2CRXD)

I2CTXD 是 I²C 发送数据寄存器,存放将要发送的 I²C 数据。

I2CRXD 是 I²C 接收数据寄存器,存放接收完成的 I²C 数据。

(2) STC8H8K64U 单片机 I²C 串行总线控制器的应用实例

I²C 接口的使用包括 I²C 接口的初始化和 I²C 中断服务程序的编写。

主机模式的 I²C 接口的初始化包括以下几个方面:

① 设置与 I²C 接口有关的 I/O 接口工作模式;

② 选择 I²C 引脚,使能 I²C 主机模式并设置速度(I2CCFG);

③ 清 **0** 相关标志位(I2CMSST);

④ 如果需要,开放 I²C 中断(I2CMSCR 中的 EMSI=**1**);

⑤ 开放总中断(IE 中的 EA=**1**)。

I²C 中断服务程序根据实际需要进行编写。唯一需要注意的是,在中断服务程序中需要将标志位 MSIF 清 **0**。

下面以单片机对 AT24C02 的操作为例说明 I²C 接口的应用。

AT24C02 是一个 2K 位串行 CMOS E²PROM,内部含有 256 个 8 位字节。AT24C02 有一个 16 字节页写缓冲器。该器件通过 I²C 总线接口进行操作,数据传送速率为 400 kHz,工作电压为 2.7~7 V,具有 8 字节页写缓冲区和片内防误擦除写保护。具有 100 万次擦写周期,数据保存可达 100 年。

STC8H8K64U 和 AT24C02 的电路连接如图 8-48 所示。

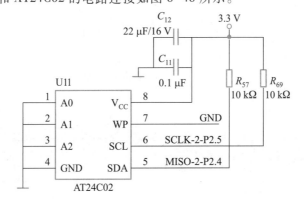

图 8-48　STC8H8K64U 和 AT24C02 的电路连接

【例 8-6】 通过硬件 $I^2C$ 接口读取 AT24C02 前 8 个字节数据,将读取的数据加 1 后写回 AT24C02 前 8 个字节。

解:根据图 8-38 的地址格式和图 8-47 的电路连接可知,AT24C02 的写地址为 0xA0,读地址为 0xA1。采用查询方式查询 $I^2C$ 命令是否执行完。完整的 C 语言代码如下

源程序代码:
ex-8-6-
$I^2C$. rar

```c
#include "stc8h.h"              //包含此头文件后,不需要再包含
                               //"reg51.h"头文件
#include "intrins.h"
typedef    unsigned char   u8;
typedef    unsigned int    u16;
#define SLAW    0xA0
#define SLAR    0xA1
void WriteNbyte(u8 addr, u8 *p, u8 number);
void ReadNbyte( u8 addr, u8 *p, u8 number);
void delay_ms(u8 ms);
void main(void)
{
    u8   i;
    u8   tmp[8];

    P_SW2 |= 0x80;              //扩展寄存器(XFR)访问使能
    P2M1 = 0x3c;   P2M0 = 0x3c;//设置 P2.2~P2.5 为漏极开路
    P_SW2 |= 0x10;             //I²C 选择 P2.4,P2.5
    I2CCFG = 0xe0;            //使能 I²C 主机模式
    I2CMSST = 0x00;
    ReadNbyte(0, tmp, 8);      //读取开始的 8 个字节
    for(i=0; i<8; i++)
    {
        tmp[i] += 1;
    }
    WriteNbyte(0, tmp, 8);     //写入 8 个字节
    delay_ms(500);
    ReadNbyte(0, tmp, 8);      //读出内容验证
    while(1);
}
//================================================
void delay_ms(u8 ms)
{
    u16i;
```

```
    do{
        i = 24000000L /10000;
        while(--i);    //10T per loop
    }while(--ms);
}
void Wait()
{
    while(! (I2CMSST & 0x40));  //等待标志位
    I2CMSST &= 0xbf;            //将标志位清零
}
void Start()
{
    I2CMSCR = 0x01;            //发送 START 命令
    Wait();
}
void SendData(char dat)
{
    I2CTXD =dat;              //写数据到数据缓冲区
    I2CMSCR = 0x02;          //发送 SEND 命令
    Wait();
}
void RecvACK()
{
    I2CMSCR = 0x03;          //发送读 ACK 命令
    Wait();
}char RecvData()
{
    I2CMSCR = 0x04;          //发送 RECV 命令
    Wait();
    return I2CRXD;
}
void SendACK()
{
    I2CMSST = 0x00;          //设置 ACK 信号
    I2CMSCR = 0x05;          //发送 ACK 命令
    Wait();
}
void SendNOACK()
{
```

```
    I2CMSST = 0x01;              //设置 NOACK 信号
    I2CMSCR = 0x05;              //发送 NOACK 命令
    Wait();
}
void Stop()
{
    I2CMSCR = 0x06;              //发送 STOP 命令
    Wait();
}
void Write Nbyte(u8 addr, u8 *p, u8 number)
                                //写入多个字节
{
    Start();                    //发送起始命令
    SendData(SLAW);             //发送设备地址+写命令
    RecvACK();
    SendData(addr);             //发送存储地址
    RecvACK();
    do
    {
        SendData(*p++);
        RecvACK();
    }
    while(--number);
    Stop();                     //发送停止命令
}
void ReadNbyte(u8 addr, u8 *p, u8 number)
                                //读取多个字节
{
    Start();                    //发送起始命令
    SendData(SLAW);             //发送设备地址+写命令
    RecvACK();
    SendData(addr);             //发送存储地址
    RecvACK();
    Start();                    //发送起始命令
    SendData(SLAR);             //发送设备地址+读命令
    RecvACK();
    do
    {
        *p =RecvData();
```

```
    p++;
    if(number ! = 1) SendACK();
                            //发送 ACK
}
while(--number);
SendNOACK();                //发送 NOACK
Stop();                     //发送停止命令
}
```

中断方式的程序设计和汇编语言的程序编写,请读者自行思考。

使用 I²C 总线时应注意以下几点:

① 严格按照时序图的时序要求进行操作;

② 若与口线上带内部上拉电阻的单片机接口连接,可以不外加上拉电阻;

③ 为了配合相应的传输速率,在对口线操作的指令后可用 NOP 指令加一定的延时。

## 📝 习题

8-1 通信的基本方式有哪几种? 各有什么特点?

8-2 简述典型异步通信数据帧的格式。

8-3 什么是波特率? 如何计算和设置串行通信的波特率?

8-4 简述 STC8H8K64U 单片机串行接口的工作方式。

8-5 串口 1 控制器 SCON 中 TB8、RB8 起什么作用? 在什么方式下使用?

8-6 设置串口 1 工作于模式 3,波特率为 9 600 bit/s,系统主频为 11.059 2 MHz,允许接收数据,串口开中断,试编写初始化程序实现上述要求。 若将串口改为模式 1,应如何修改初始化程序?

8-7 编写一段通过 RS485 通信接口转换,实现 STC8H8K64U 单片机与 PC 通信的程序。

8-8 简述 STC8H8K64U 单片机 SPI 口的特点。

# 第 9 章

## 模拟量模块

随着数字电子技术及计算机技术的广泛普及与应用，数字信号的传输与处理日趋普遍。然而，自然形态下的物理量多以模拟量的形式存在，如温度、湿度、压力、流量、速度等，实际生产、生活和科学实验中还会遇到化学量、生物量（包括医学）等。从信号工程的角度来看，要进行信号的计算机处理，上述所有的物理量、化学量和生物量等都需要使用相应的传感器，将其转换成电信号（称为模拟量），然后将模拟量转换为计算机能够识别处理的数字量，再进行信号的传输、处理、存储、显示和控制。同样，计算机控制外部设备时，如电动调节阀、调速系统等，需要将计算机输出的数字信号变换成外部设备能够接受的模拟信号。实现模拟量转换成数字量的器件称为模数转换器（analog to digital converter，ADC），也称为 A/D 转换器；将数字量转换成模拟量的器件称为数模转换器（digital to analog converter，DAC），也称为 D/A 转换器。以单片机为核心，具有模拟量输入和输出的应用系统结构如图 9-1 所示。

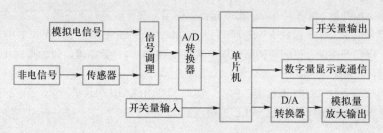

图 9-1　具有模拟量输入输出的单片机系统

在此，应注意传感器和变送器的区别。传感器是一种把非电量转变成电信号的器件，而检测仪表在模拟电子技术条件下，一般包括传感器、检测点取样设备及放大器（进行抗干扰处理及信号传输），当然还有电源及现场显示部分（可选择）。电信号一般分为连续量、离散量两种，实际上还可分成模拟量、开关量、脉冲量等，模拟信号一般采用 4~20 mA DC 的标准信号传输。数字化过程中，常常把传感器和微处理器及通信网络接口封装在一个器件（称为检测仪表）中，完成信息获取、处理、传输、存储等功能。在自动化系统中经常把检测仪表称为变送器，如温度变送器、压力变送器等。

ADC 和 DAC 器件种类繁多，性能各异，使用方法也不尽相同。有些单片机集成了 ADC，甚至集成了 DAC。本章首先介绍模数转换器的工作原理及性能指标；然后介绍 STC8H8K64U 单片机片内集成的模数转换模块的结构和使用方法。STC8H8K64U 单片机集成了比较器，属于模拟量处理范畴，因此将 STC8H8K64U 单片机集成的比较器内容纳入本章一并介绍。

# 9.1 模数转换器的工作原理及性能指标

## 9.1.1 模数转换器的工作原理

根据转换的工作原理不同,模数转换器可以分为计数比较式、逐次逼近式和双积分式。计数比较式模数转换器结构简单,价格便宜,转换速度慢,较少采用。下面主要介绍逐次逼近式和双积分式模数转换器的工作原理。

1. 逐次逼近式模数转换器的工作原理和特点

逐次逼近式模数转换器的组成框图如图 9-2 所示。

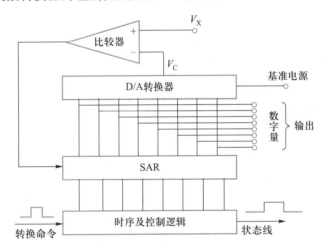

图 9-2 逐次逼近式模数转换器的组成框图

逐次逼近式模数转换器主要由逐次逼近寄存器 SAR、D/A 转换器、比较器、时序及控制逻辑等部分组成。

逐次逼近式模数转换器工作时,逐次把设定在 SAR 中的数字量所对应的 D/A 转换器输出的电压,与要被转换的模拟电压进行比较,比较时从 SAR 中的最高位开始,逐位确定各数码位是 1 还是 0,其工作过程如下。

当模数转换器收到"转换命令"并清除 SAR 寄存器后,控制电路先设定 SAR 中的最高位为 **1**,其余位为 **0**,此预测数据被送至 D/A 转换器,转换成电压 $V_C$,然后将 $V_C$ 与输入模拟电压 $V_X$ 在高增益的比较器中进行比较,比较器的输出为逻辑 0 或逻辑 1。如果 $V_X \geqslant V_C$,说明此位置 1 是对的,应予保留;如果 $V_X < V_C$,说明此位置 1 不合适,应予清除。按该方法继续对次高位进行转换、比较和判断,决定次高位应取 1 还是取 0。重复上述过程,直至确定 SAR 最低位为止。该过程完成后,状态线改变状态,表示已完成一次完整的转换,SAR 中的内容就是与输入的模拟电压对应的二进制数字代码。

逐次逼近式模数转换器是采样速率低于 5 Mbit/s 的中高分辨率 ADC 应用的常见结构,

逐次逼近式 ADC 的分辨率一般为 8~16 位,具有低功耗、小尺寸等特点。

2. 双积分式模数转换器的工作原理和特点

双积分式模数转换器转换方法的抗干扰能力比逐次逼近式模数转换器强。这个方法的基础是测量两个时间:一个是模拟输入电压向电容充电的固定时间;另一个是在已知参考电压下放电所需的时间。模拟输入电压与参考电压的比值就等于上述两个时间值之比。双积分式模数转换器的组成框图如图 9-3 所示。

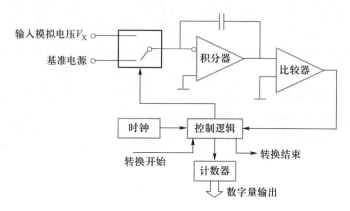

图 9-3　双积分式模数转换器的组成框图

双积分式模数转换器具有精度高、抗干扰能力强的特点,在实际工程中得到了应用。而由于逐次逼近式模数转换技术能很好地兼顾速度和精度,故在 16 位以下的模数转换器中逐次逼近式模数转换器使用得更多。

## 9.1.2　模数转换器的性能指标

A/D 转换器是实现单片机数据采集的常用外围器件。A/D 转换器的品种繁多,性能各异,在设计数据采集系统时,首先碰到的问题就是如何选择合适的 A/D 转换器以满足系统设计的要求。选择 A/D 转换器需要综合考虑多项因素,如系统技术指标、成本、功耗、安装等。可以根据以下指标选择 A/D 转换器。

1. 分辨率

分辨率是 A/D 转换器能够分辨最小信号的能力,表示数字量变化一个相邻数码对应的输入模拟电压变化量。分辨率越高,转换时对输入模拟信号变化的反应就越灵敏。例如,8 位 A/D 转换器能够分辨出满刻度的 1/256,若满刻度输入电压为 5 V,则 8 位 A/D 转换器能够分辨出输入电压变化的最小值为 19.531 25 mV。

分辨率常用 A/D 转换器输出的二进制位数表示。一般把 8 位以下的 ADC 器件归为低分辨率 ADC 器件,9~12 位的 ADC 器件称为中分辨率 ADC 器件,13 位以上的 ADC 器件称为高分辨率 ADC 器件。10 位以下的 ADC 器件误差较大。因此,目前 ADC 器件的精度基本上都是 10 位或以上的。由于模拟信号先经过测量装置,再经 A/D 转换器转换后才进行处理,因此,总误差是由测量误差和量化误差共同构成的。A/D 转换器的精度应与测量装置的精度相匹配。也就是说,一方面要求量化误差在总误差中所占的比重要小,使它不显著地扩大测量误差;另一方面必须根据目前测量装置的精度水平,对 A/D 转换器的位数提出恰当的要求。常见的 A/D 转换器有 8 位、10 位、12 位、14 位和 16 位等。

2. 通道

有的单芯片内部含有多个 ADC 模块,可同时实现多路信号的转换;常见的多路 ADC 器件只有一个公共的 ADC 模块,由一个多路转换开关实现分时转换。

3. 基准电压

基准电压有内、外基准和单、双基准之分。

4. 转换速度

A/D 转换器从启动转换到转换结束,输出稳定的数字量,需要一定的转换时间,这个时间称为转换时间。转换时间的倒数就是每秒钟能完成的转换次数,称为转换速度。A/D 转换器的型号不同,转换时间不同。逐次逼近式单片 A/D 转换器转换时间的典型值为 $1.0 \sim 200\ \mu s$。

应根据输入信号的最高频率来确定 ADC 转换速度,保证转换器的转换速度要高于系统要求的采样频率。确定 A/D 转换器的转换速度时,应考虑系统的采样速度。例如,如果用转换时间为 $100\ \mu s$ 的 A/D 转换器,则其转换速度为 10 kHz。根据采样定理和实际需要,一个周期波形需采 10 个样点,那么这样的 A/D 转换器最高只能处理频率为 1 kHz 的模拟信号。对一般的单片机而言,在如此高的采样频率下,要在采样时间内完成 A/D 转换以外的工作,如读取数据、再启动、保存数据、循环计数等已经比较困难了。

5. 采样/保持器

采样/保持也称为跟踪/保持(track/hold 缩写 T/H)。原则上采集直流和变化非常缓慢的模拟信号时可不用采样/保持器。对于其他模拟信号一般都要加采样/保持器。如果信号频率不高,A/D 转换器的转换时间短,即使用高速 A/D 转换器时,也可不用采样/保持器。

6. 量程

量程即所能转换的电压范围,如 $0 \sim 2.5$ V、$0 \sim 5$ V 和 $0 \sim 10$ V。

7. 满刻度误差

满刻度输出时对应的输入信号与理想输入信号值之差称为满刻度误差。

8. 线性度

实际转换器的转移函数与理想直线的最大偏移称为线性度。

9. 数字接口方式

根据转换的数据输出接口方式,A/D 转换器可以分为并行接口和串行接口两种方式。并行方式一般在转换后可直接读取数据,具有明显的转换速度优势,但芯片的数据引脚比较多,适用于转换速度要求较高的情况;串行方式所用芯片引脚少,封装小,但需要软件处理才能得到所需要的数据。在单片机 I/O 引脚不多的情况下,使用串行接口方式可以节省 I/O 资源。

10. 模拟信号类型

通常 ADC 器件的模拟输入信号都是电压信号。同时根据信号是否过 0,还分成单极性(unipolar)信号和双极性(bipolar)信号。

11. 电源电压

电源电压有单电源、双电源和不同电压范围之分,早期的 A/D 转换器供电电源有 $+15$ V/$-15$ V,如果选用单 $+5$ V 电源的芯片则可以使用单片机系统电源。

12. 功耗

一般 CMOS 工艺的芯片功耗较低,对于电池供电的手持系统等对功耗要求比较高的场合,一定要注意功耗指标。

　　13. 封装

　　常见的封装有双列直插封装(DIP)和表贴型(SO)封装。

# 9.2　STC8H8K64U 单片机集成的 ADC 模块

　　目前,很多单片机中集成了 ADC 模块,并且分辨率都在 10 位或以上,每秒钟转换可达 30 万次或以上,能够满足一般应用的需求。除非对 ADC 的速度、精度、同步转换等有特殊要求的情况,需要使用外部连接 ADC 器件实现模拟量的转换,一般的工程应用使用单片机内部集成的 ADC 模块即可。STC8H8K64U 单片机集成有 15 通道 12 位高速电压输入型模数转换器(ADC),速度可达到 800 kHz(80 万次/秒),可做温度检测、压力检测、电池电压检测、按键扫描、频谱检测等。

## 9.2.1　模数转换器的结构及相关寄存器

　　STC8H8K64U 单片机 ADC 输入通道与 P1.0~P1.7、P0.0~P0.6、P5.4 口线复用,用户可以通过软件设置将引脚设置为 ADC 功能,不作为 ADC 使用的口线可继续作为 I/O 接口使用。

　　(1) 模数转换器的结构

　　STC8H8K64U 单片机 ADC 的结构如图 9-4 所示。

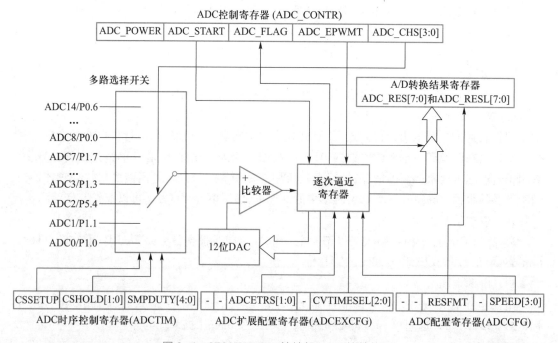

图 9-4　STC8H8K64U 单片机 ADC 的结构图

STC8H8K64U 单片机的 ADC 由多路选择开关、比较器、逐次逼近寄存器、12 位 DAC、A/D 转换结果寄存器(ADC_RES 和 ADC_RESL)以及 ADC 控制寄存器 ADC_CONTR、ADC 配置寄存器 ADCCFG、ADC 扩展配置寄存器 ADCEXCFG、ADC 时序控制寄存器 ADCTIM 构成。

STC8H8K64U 单片机的 ADC 是逐次逼近式模数转换器。逐次逼近式 ADC 由一个比较器和 D/A 转换器构成。通过模拟多路选择开关,将输入通道 ADC0~ADC14 的模拟量送给比较器。上次转换的数字量经过数模转换器(DAC)转换为模拟量,与本次输入的模拟量通过比较器进行比较,将比较结果保存到逐次逼近寄存器,并通过逐次逼近寄存器输出转换结果。A/D 转换结束后,将最终的转换结果保存在 ADC 转换结果寄存器 ADC_RES 和 ADC_RESL,同时,置位 ADC 控制寄存器 ADC_CONTR 中的 A/D 转换结束标志位 ADC_FLAG,供程序查询或发出中断申请。模拟多路选择开关的选择控制由 ADC 控制寄存器 ADC_CONTR 中的 ADC_CHS[3:0] 确定。ADC 的转换速度控制由 ADC 配置寄存器 ADCCFG 中的 SPEED[3:0] 确定。在使用 ADC 之前,应先给 ADC 上电,即将 ADC 控制寄存器中的 ADC_POWER 位置 **1**。

(2) 参考电压源

ADC 的第 15 通道是专门测量内部 1.19 V 参考信号源的通道。由于制造误差以及测量误差,实际的内部参考信号源电压相比 1.19 V 大约有 ±1% 的误差。如果用户需要知道每一颗芯片的准确内部参考信号源值,可外接精准参考信号源,然后利用 ADC 的第 15 通道进行测量标定。ADC_VREF+ 引脚外接参考电源时,可利用 ADC 的第 15 通道反推 ADC_VREF+ 引脚外接参考电源的电压;如将 ADC_VREF+ 短接到 MCU-$V_{CC}$,就可以反推 MCU-$V_{CC}$ 的电压。

(3) 与 ADC 模块有关的特殊功能寄存器

与 ADC 模块有关的特殊功能寄存器如表 9-1 所示。

表 9-1 与 ADC 模块有关的特殊功能寄存器

| 寄存器 | 地址 | b7 | b6 | b5 | b4 | b3 | b2 | b1 | b0 |
|---|---|---|---|---|---|---|---|---|---|
| ADC_CONTR | BCH | ADC_POWER | ADC_START | ADC_FLAG | ADC_EPWMT | ADC_CHS[3:0] | | | |
| ADC_RES | BDH | | | | | | | | |
| ADC_RESL | BEH | | | | | | | | |
| ADCCFG | DEH | — | — | RESFMT | — | SPEED[3:0] | | | |
| ADCTIM | FEA8H | CSSETUP | CSHOLD[1:0] | | SMPDUTY[4:0] | | | | |
| ADCEXCFG | FEADH | — | — | ADCETRS[1:0] | | — | CVTIMESEL[2:0] | | |

① ADC 控制寄存器 ADC_CONTR

(a) ADC_POWER:ADC 电源控制位。

**0**:关闭 ADC 电源;

**1**:打开 ADC 电源。

为了降低功耗,建议进入空闲模式前,将 ADC 电源关闭,即 ADC_POWER = **0**。启动 A/D 转换前一定要确认 ADC 电源已打开,A/D 转换结束后关闭 ADC 电源可降低功耗,也可不关闭。初次打开内部 ADC 转换模拟电源后,需延时约 1 ms,等 MCU 内部的 ADC 电源稳定后再让 ADC 工作。

(b) ADC_START:A/D 转换启动控制位。写入 **1** 后开始 ADC 转换,转换完成后硬件自

动将此位清 **0**。下次启动 A/D 转换需要重新置位 ADC_START。

**0**:无影响。如果 ADC 已经开始转换工作,写 **0** 也不会停止 A/D 转换。

**1**:开始 A/D 转换,转换完成后硬件自动将此位清零。

(c) ADC_FLAG:A/D 转换结束标志位。A/D 转换完成后,ADC_FLAG = 1。此时,若允许 A/D 转换中断(EADC = 1,EA = 1),则由该位申请产生中断。也可以由软件查询该标志位判断 A/D 转换是否结束。不管是 A/D 转换完成后由该位申请产生中断,还是由软件查询该标志位 A/D 转换是否结束,当 A/D 转换完成后,ADC_FLAG = 1,一定要软件清 **0**。

(d) ADC_EPWMT:使能 PWM 实时触发 ADC 功能。详情请参考单片机的数据手册。

(e) ADC_CHS[3:0]:模拟输入通道选择。被选择为 ADC 输入通道的 I/O 接口,必须设置 PxM0/PxM1 寄存器将 I/O 接口模式设置为高阻输入模式。

**0000**:ADC0(P1.0);**0001**:ADC1(P1.1);**0010**:ADC2(P5.4);**0011**:ADC3(P1.3);**0100**:ADC4(P1.4);**0101**:ADC5(P1.5);**0110**:ADC6(P1.6);**0111**:ADC7(P1.7);**1000**:ADC8(P0.0);**1001**:ADC9(P0.1);**1010**:ADC10(P0.2);**1011**:ADC11(P0.3);**1100**:ADC12(P0.4);**1101**:ADC13(P0.5);**1110**:ADC14(P0.6);**1111**:测试内部 1.19 V。

② ADC 配置寄存器 ADCCFG

RESFMT:ADC 转换结果格式控制位。

**0**:转换结果左对齐。ADC_RES 保存结果的高 8 位,ADC_RESL 保存结果的低 4 位。格式如下

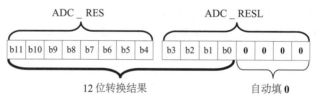

**1**:转换结果右对齐。ADC_RES 保存结果的高 4 位,ADC_RESL 保存结果的低 8 位。格式如下

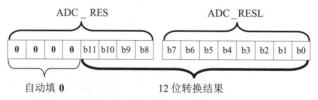

SPEED[3:0]:设置 ADC 工作时钟频率。ADC 工作时钟频率按照式(9-1)设置。

$$f_{ADC} = SYSclk/2/(SPEED+1) \tag{9-1}$$

例如,若设置 SPEED[3:0] = **1101**,则 $f_{ADC}$ = SYSclk/2/14。

③ A/D 转换结果存储格式控制及 A/D 转换结果寄存器 ADC_RES、ADC_RESL

特殊功能寄存器 ADC_RES 和 ADC_RESL 用于保存 A/D 转换结果。当 A/D 转换完成后,转换结果会自动保存到 ADC_RES 和 ADC_RESL 中,保存结果的数据格式请参考 ADCCFG 寄存器中的 RESFMT 设置。

④ ADC 时序控制寄存器 ADCTIM

CSSETUP:ADC 通道选择时间控制 $T_{setup}$。

**0**:占用 1 个 ADC 工作时钟(默认值);　　　　**1**:占用 2 个 ADC 工作时钟。

CSHOLD[1:0]:ADC 通道选择保持时间控制 $T_{hold}$。

**00**:占用 1 个 ADC 工作时钟;        **01**:占用 2 个 ADC 工作时钟(默认值);

**10**:占用 3 个 ADC 工作时钟;        **11**:占用 4 个 ADC 工作时钟。

SMPDUTY[4:0]:ADC 模拟信号采样时间控制 $T_{duty}$(注意:SMPDUTY 一定不能设置小于 **01010B**)。

**00000**:占用 1 个 ADC 工作时钟;        **00001**:占用 2 个 ADC 工作时钟;

······

**01010**:占用 11 个 ADC 工作时钟(默认值);

······

**11110**:占用 31 个 ADC 工作时钟;        **11111**:占用 32 个 ADC 工作时钟。

ADC 数模转换时间:$T_{convert}$ 固定为 12 个 ADC 工作时钟,一个完整的 ADC 转换时间为 $T_{setup} + T_{duty} + T_{hold} + T_{convert}$,如图 9-5 所示。

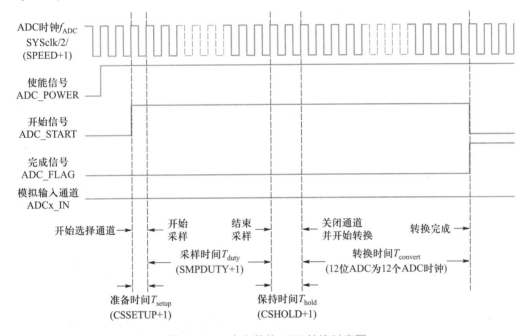

图 9-5 一个完整的 ADC 转换时序图

⑤ ADC 扩展配置寄存器(ADCEXCFG)

ADCETRS[1:0]:ADC 外部触发脚 ADC_ETR 控制位。

**0**x:禁止 ETR 功能;

**10**:使能 ADC_ETR 的上升沿触发 ADC;

**11**:使能 ADC_ETR 的下降沿触发 ADC。

注:使用此功能前,必须打开 ADC_CONTR 中的 ADC 电源开关,并设置好相应的 ADC 通道 CVTIMESEL[2:0]:ADC 自动转换次数选择。

**0**xx:转换 1 次;        **100**:转换 2 次并取平均值;

**101**:转换 4 次并取平均值;        **110**:转换 8 次并取平均值;

**111**:转换 16 次并取平均值。

注:当使能 ADC 自动转换多次功能后,ADC 中断标志只会在 ADC 自动转换到设置的次数后,才会被置 **1**(例如:设置 CVTIMESEL 为 **101**,即 ADC 自动转换 4 次并取平均值,则 ADC 中断标志位每完成 4 次 ADC 转换才会被置 **1**)

⑥ 与 A/D 转换中断有关的寄存器

中断允许控制寄存器 IE 中的 EADC 位(IE.5)用于开放 ADC 中断,EA 位(IE.7)用于开放 CPU 中断;中断优先级寄存器 IP 中的 PADC 位(IP.5)用于设置 A/D 中断的优先级。在中断服务程序中,要使用软件将 A/D 中断标志位 ADC_FLAG(也是 A/D 转换结束标志位)清 **0**。

## 9.2.2　ADC 相关的计算公式

**1. ADC 速度计算公式**

ADC 的转换速度由 ADCCFG 寄存器中的 SPEED 和 ADCTIM 寄存器共同控制。转换速度的计算公式如式(9-2)所示。

$$12 \text{ 位 ADC 转换速度} = \frac{\text{MCU 工作频率 SYSclk}}{2 \times (\text{SPEED}[3:0] + 1) \times [(\text{CSSETUP} + 1) + (\text{CSHOLD} + 1) + (\text{SMPDUTY} + 1) + 12]}$$

(9-2)

注意:

① 12 位 ADC 的速度不能高于 800 kHz;

② SMPDUTY 的值不能小于 10,建议设置为 15;

③ CSSETUP 可使用上电默认值 0;

④ CHOLD 可使用上电默认值 1(ADCTIM 建议设置为 3FH)。

**2. ADC 转换结果计算公式**

无独立 ADC_VREF+引脚时,ADC 转换结果计算公式如式(9-3)所示。

$$12 \text{ 位 ADC 转换结果} = 4096 \times \frac{\text{ADC 被转换通道的输入电压 } V_{\text{in}}}{\text{MCU 工作电压 } V_{\text{CC}}}$$

(9-3)

有独立 ADC_VREF+引脚时,ADC 转换结果计算公式如式(9-4)所示。

$$12 \text{ 位 ADC 转换结果} = 4096 \times \frac{\text{ADC 被转换通道的输入电压 } V_{\text{in}}}{\text{ADC 外部参考源的电压}}$$

(9-4)

**3. 反推 ADC 输入电压计算公式**

无独立 ADC_VREF+引脚时,反推 ADC 输入电压计算公式如式(9-5)所示。

$$\text{ADC 被转换通道的输入电压 } V_{\text{in}} = \text{MCU 工作电压 } V_{\text{CC}} \times \frac{12 \text{ 位 ADC 转换结果}}{4096}$$

(9-5)

有独立 ADC_VREF+引脚时,反推 ADC 输入电压计算公式如式(9-6)所示。

$$\text{ADC 被转换通道的输入电压 } V_{\text{in}} = \text{ADC 外部参考源的电压} \times \frac{12 \text{ 位 ADC 转换结果}}{4096}$$

(9-6)

**4. 反推工作电压计算公式**

当需要使用 ADC 输入电压和 ADC 转换结果反推工作电压时,若目标芯片无独立的 ADC_VREF+引脚,则可直接测量并使用式(9-7);若目标芯片有独立 ADC_VREF+引脚,则必须将 ADC_VREF+引脚连接到 $V_{CC}$ 引脚。

$$\text{MCU 工作电压 } V_{CC} = 4096 \times \frac{\text{ADC 被转换通道的输入电压 } V_{in}}{\text{12 位 ADC 转换结果}} \tag{9-7}$$

### 9.2.3　ADC 模块的使用

STC8H8K64U 单片机 ADC 模块的使用编程要点如下：

① 打开 ADC 电源,第一次使用时要打开内部模拟电源(设置 ADC_CONTR)。

② 适当延时,等内部模拟电源稳定。一般延时 1 ms 以内即可。

③ 设置与 ADC 有关的 I/O 口线的工作模式为高阻输入。

④ 选择 ADC 通道。

⑤ 启动 ADC 转换。

⑥ 若采用中断方式,还需进行中断设置(EADC 置 **1**,EA 置 **1**)。

⑦ 若采用查询方式,则查询 A/D 转换结束标志 ADC_FLAG,判断 A/D 转换是否完成,若完成,则读出结果(结果保存在 ADC_RES 和 ADC_RESL 寄存器中),并进行数据处理。若采用中断方式,则在中断服务程序中读取 ADC 转换结果,并将 ADC 中断请求标志 ADC_FLAG 清 **0**。

【例 9-1】　编程实现利用 STC8H8K64U 单片机 ADC 通道 4 进行 4 个按键的扫描系统,保存按键值(称为键码)以备后续功能设计时使用。假设时钟频率为 11.059 2 MHz。

源程序代码:
ex-9-1-adc-
key. rar

解:使用 ADC 进行按键扫描识别的电路图如图 9-6 所示。

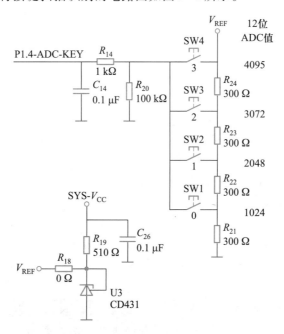

图 9-6　使用 ADC 进行按键扫描识别的电路图

为了保证 ADC 采样的精确性和稳定性,使用 CD431 提供 ADC 转换的参考电压,并使用参考电压为 ADC 的按键扫描电路供电。在图 9-3 的每个按键旁边,标注了进行 ADC 转换时的参考数值。理论上,4 个键各个键对应的 ADC 值为 $(4096 / 4) \times k = 1024 \times k$, $k = 1 \sim 4$。特别地,$k = 4$ 时,对应的 ADC 值是 4095。但是实际会有偏差 ADC_OFFSET,在判断按键时需要考虑这个偏差,ADC 值在 $(256 \times k - \text{ADC\_OFFSET})$ 与 $(256 \times k + \text{ADC\_OFFSET})$ 之间时,则判断按键有效。

在扫描时,可以间隔一定的时间采样一次 ADC,比如 10 ms。

为了避免偶然的 ADC 值误判,或者避免 ADC 在上升或下降时误判,连续 3 次使用的 ADC 值均在偏差范围内时,ADC 值才认为有效。

按键只支持单键按下,不支持多键同时按下,那样将会有不可预知的结果。

键按下超过 1 s 后,将以 10 键/s 的速度提供重复按键输出。

按键保存在变量 KeyCode 中。

完整的 C 语言代码如下

```c
#include "stc8h.h"              //包含此头文件后,不需要再包含"reg51.h"
                               //头文件
#include "intrins.h"
#define ADC_OFFSET  256
typedef    unsigned char  u8;
typedef    unsigned int    u16;
bit B_1ms;                     //1ms 标志
u16 msecond;
u8  ADC_KeyState,ADC_KeyState1,ADC_KeyState2,ADC_KeyState3;
                               //键状态
u8  ADC_KeyHoldCnt;            //键按下计时
u8  KeyCode;                   //给用户使用的键码,1~4 有效
u8  cnt10ms;
void Timer0_Init(void);        //1 ms@ 11.0592 MHz
void CalculateAdcKey(u16 adc);
u16 Get_ADC12bitResult(u8 channel);   //channel = 0~15
void main(void)
{
    u16 adc_val;

    P_SW2 |= 0x80;             //扩展寄存器(XFR)访问使能
    P1M1 = 0x10;  P1M0 = 0x00; //设置 P1.4 为 ADC 输入口,工作模式为高阻
                               //输入
    ADCTIM = 0x3f;             //设置 ADC 内部时序,ADC 采样时间建议设
                               //最大值
    ADCCFG = 0x2f;             //设置 ADC 时钟为系统时钟/2/16/16
    ADC_CONTR = 0x84;          //使能 ADC 模块
```

```
    Timer0_Init();
    EA = 1;                     //打开总中断
    ADC_KeyState  = 0;
    ADC_KeyState1 = 0;
    ADC_KeyState2 = 0;
    ADC_KeyState3 = 0;          //键状态
    ADC_KeyHoldCnt = 0;         //键按下计时
    KeyCode = 0;                //给用户使用的键码,1~4 有效
    cnt10ms = 0;
    while(1)
    {
        if(B_1ms)               //1 ms 到
        {
            B_1ms = 0;
            if(++cnt10ms >= 10)//10 ms 读一次 ADC
            {
                cnt10ms = 0;
                adc_val = Get_ADC12bitResult(4);
                            //参数 0~15,查询方式做一次 ADC
                if(adc_val < 4096)   CalculateAdcKey(adc_val);
                            //计算键码
            }
            if(KeyCode > 0)     //有键按下
            {
                // ....        //在此放入根据 KeyCode 的值进行相应处理
                             //的代码
                KeyCode = 0;   //本次按键处理完成后,需要将 KeyCode 清
                             //为 0。
            }
        }
    }
}
u16 Get_ADC12bitResult(u8 channel)
//查询法读取 ADC 结果,其中 channel 为 ADC 通道,取值 0~15。返回 12 位 ADC
//结果。
{
    ADC_RES = 0;
    ADC_RESL = 0;
    ADC_CONTR = (ADC_CONTR & 0xf0) |0x40 |channel;
```

```
                              //启动 A/D 转换
    _nop_();
    _nop_();
    _nop_();
    _nop_();
    while((ADC_CONTR & 0x20) == 0);   //等待 ADC 转换完成
    ADC_CONTR &= ~0x20;               //清除 ADC 结束标志
    return  (((u16)ADC_RES << 8) |ADC_RESL);
}
void CalculateAdcKey(u16 adc_v)      //计算按键值
{
    u8 i;
    u16 j;

    if(adc_v < (1024-ADC_OFFSET))
    {
        ADC_KeyState = 0;              //键状态归 0
        ADC_KeyHoldCnt = 0;
    }
    j = 1024;
    for(i=1;i<=4;i++)
    {
        if((adc_v >= (j - ADC_OFFSET)) && (adc_v <= (j + ADC_OFFSET)))
            break;                    //判断是否在偏差范围内
        j += 1024;
    }
    ADC_KeyState3 = ADC_KeyState2;
    ADC_KeyState2 = ADC_KeyState1;
    if(i > 4)  ADC_KeyState1 = 0;     //键无效
    else                              //键有效
    {
        ADC_KeyState1 =i;
        if((ADC_KeyState3 == ADC_KeyState2) && (ADC_KeyState2 ==
            ADC_KeyState1) && (ADC_KeyState3 > 0) && (ADC_Key-
            State2 > 0) && (ADC_KeyState1 > 0))
        {
            if(ADC_KeyState == 0)     //第一次检测到
            {
                KeyCode  = i;         //保存键码
```

```
            ADC_KeyState = i;          //保存键状态
            ADC_KeyHoldCnt = 0;
        }
        if(ADC_KeyState == i)          //连续检测到同一键按着
        {
            if(++ADC_KeyHoldCnt >= 100)  //以 10 次/s 的速度检测
                                         //重复
            {
                ADC_KeyHoldCnt = 90;
                KeyCode  = i;           //保存键码
            }
        }
        elseADC_KeyHoldCnt = 0;        //按下时间计数归 0
    }
}

void Timer0_Isr(void) interrupt TMR0_VECTOR   //Timer0 1 ms 中断函数
{
    B_1ms = 1;                          //1 ms 标志
}

void Timer0_Init(void)                  //1 ms@ 11.0592 MHz
{
    AUXR |= 0x80;                       //定时器时钟 1T 模式
    TMOD &= 0xF0;                       //设置定时器模式
    TL0 = 0xCD;                         //设置定时初始值
    TH0 = 0xD4;                         //设置定时初始值
    TF0 = 0;                            //清除 TF0 标志
    TR0 = 1;                            //定时器 T0 开始计时
    ET0 = 1;                            //使能定时器 T0 中断
}
```

【例 9-2】　编程实现利用 STC8H8K64U 单片机 ADC 通道 3,每 300 ms 采集负温度系数的热敏电阻的输出。电路连接如图 9-7 所示。NTC 使用 1% 精度的 MF52。其中的 $V_{REF}$ 与例 9-1 中的 $V_{REF}$ 是连接到一起的。使用时,将 J14 的 2 脚和 3 脚短接。

源程序代码:
ex-9-2-adc-
ntc. rar

解:使用 STC8H8K64U 单片机的定时器 2 实现 300 ms 的定时,完整的 C 语言程序代码如下

```
#include "stc8h.h"
#include "intrins.h"
typedef   unsigned int    u16;
```

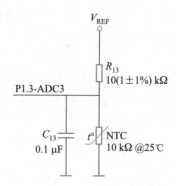

图 9-7　热敏电阻的连接

```c
void Timer2_Init(void);   //300 ms@ 11.0592 MHz
void main(void)
{
    P_SW2 |= 0x80;          //扩展寄存器(XFR)访问使能
    P1M1 = 0x38;
    P1M0 = 0x30;            //设置 P1.3 为 ADC 输入口,设置为高阻输入模式
    ADCTIM = 0x3f;          //设置 ADC 内部时序,ADC 采样时间建议设最大值
    ADCCFG = 0x2f;          //设置 ADC 时钟为系统时钟/2/16/16
    ADC_CONTR = 0x80;       //使能 ADC 模块

    Timer2_Init();
    EA = 1;
    while(1);
}
void TMR2_Isr(void) interrupt TMR2_VECTOR
{
    u16 adc_val;
    ADC_RES = 0;
    ADC_RESL = 0;

    ADC_CONTR = (ADC_CONTR & 0xf0) |0x43;      //启动 A/D 转换
    _nop_();
    _nop_();
    _nop_();
    _nop_();
    while((ADC_CONTR & 0x20) == 0)  ;          //等待 ADC 完成
    ADC_CONTR &= ~0x20;                        //清除 ADC 结束标志
    adc_val=((u16)ADC_RES << 8) |ADC_RESL;     //得到 ADC 的值
}
```

```
void Timer2_Init(void)                //300 ms@ 11.0592 MHz
{
    TM2PS = 0x04;                      //设置定时器时钟预分频
    AUXR &= 0xFB;                      //定时器时钟 12T 模式
    T2L = 0x00;                        //设置定时初始值,也可以使用 TL2
    T2H = 0x28;                        //设置定时初始值,也可以使用 TH2
    AUXR |= 0x10;                      //定时器 T2 开始计时
    IE2 |= 0x04;                       //使能定时器 T2 中断
}
```

## 9.3 STC8H8K64U 单片机集成的比较器模块及其使用

1. STC8H8K64U 单片机集成的比较器简介

STC8H8K64U 单片机内部集成了一个比较器。比较器的正极可以是 P3.7 端口、P5.0 端口、P5.1 端口或者 ADC 的模拟输入通道,而负极可以是 P3.6 端口或者是内部带隙基准电路(BandGap)经过运放后的 REFV 电压(内部固定比较电压)。通过多路选择器和分时复用可实现多个比较器的应用。比较器可用于系统的掉电检测等功能。

比较器内部有可程序控制的两级滤波:模拟滤波和数字滤波。模拟滤波可以过滤掉比较输入信号中的毛刺信号,数字滤波可以等待输入信号更加稳定后再进行比较。比较结果可直接通过读取内部寄存器位获得,也可将比较器结果正向或反向输出到外部端口。将比较结果输出到外部端口可用作外部事件的触发信号和反馈信号,可扩大比较的应用范围。

其内部结构图如图 9-8 所示。

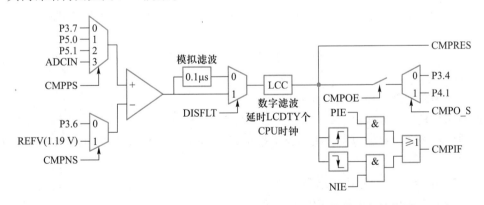

图 9-8 STC8H8K64U 单片机内部集成的比较器模块内部结构图

注意,当比较器正极选择 ADC 输入通道时,请务必要打开 ADC_CONTR 寄存器中的 ADC 电源控制位 ADC_POWER,并设置 ADC 通道选择位 ADC_CHS。

通过设置 P_SW2 寄存器中的 CMPO_S 位,比较器的输出脚可以进行选择为 P3.4(CM-PO_S=**0**)或者 P4.1(CMPO_S=**1**)。

2. 与比较器相关的特殊功能寄存器

与比较器模块相关的特殊功能寄存器如表 9-2 所示。

表 9-2　与比较器模块相关的特殊功能寄存器

| 寄存器 | 地址 | b7 | b6 | b5 | b4 | b3 | b2 | b1 | b0 |
|---|---|---|---|---|---|---|---|---|---|
| CMPCR1 | E6H | CMPEN | CMPIF | PIE | NIE | PIS | NIS | CMPOE | CMPRES |
| CMPCR2 | E7H | INVCMPO | DISFLT | LCDTY[5:0] | | | | | |
| CMPEXCFG | FEAEH | CHYS[1:0] | | — | — | — | CMPNS | CMPPS[1:0] | |

（1）比较器控制寄存器 1：CMPCR1

① CMPEN：比较器模块使能位。

**0**：禁用比较器模块，比较器的电源关闭；

**1**：使能比较器模块。

② CMPIF：比较器中断标志位。

当 PIE 或 NIE 被使能后，若产生相应的中断信号，硬件自动将 CMPIF 置 **1**，并向 CPU 提出中断请求。CPU 不会自动清除 CMPIF，此标志位必须用户软件清 **0**。

没有使能比较器中断时，硬件不会设置此中断标志，即使用查询方式访问比较器时，也不能查询此中断标志。

③ PIE：比较器上升沿中断使能位。

**0**：禁止比较器上升沿中断；

**1**：使能比较器上升沿中断。使能比较器的比较结果由 **0** 变成 **1** 时产生中断请求。

④ NIE：比较器下降沿中断使能位。

**0**：禁止比较器下降沿中断；

**1**：使能比较器下降沿中断。使能比较器的比较结果由 **1** 变成 **0** 时产生中断请求。

⑤ PIS：比较器的正极选择位（适用于旧版比较器，新版比较器使用 CMPEXCFG 中的 CMPPS 进行选择）。

⑥ NIS：比较器负极选择位（适用于旧版比较器，新版比较器使用 CMPEXCFG 中的 CMPNS 进行选择）。

⑦ CMPOE：比较器结果输出控制位。

**0**：禁止比较器结果输出；

**1**：使能比较器结果输出。比较器结果输出到 P3.4 或者 P4.1（由 P_SW2 中的 CMPO_S 进行设定）。

⑧ CMPRES：比较器的比较结果。此位为只读。

**0**：表示 CMP+的电平低于 CMP-的电平；

**1**：表示 CMP+的电平高于 CMP-的电平。

CMPRES 是经过数字滤波后的输出信号，而不是比较器的直接输出结果。

（2）比较器控制寄存器 2：CMPCR2

① INVCMPO：比较器输出取反控制位。

**0**：比较器结果正向输出。若 CMPRES 为 **0**，则 P3.4/P4.1 输出低电平，反之输出高电平。

**1**:比较器结果反向输出。若 CMPRES 为 **0**,则 P3.4/P4.1 输出高电平,反之输出低电平。

② DISFLT:模拟滤波功能控制。

0:使能 0.1μs 模拟滤波功能;

1:关闭 0.1μs 模拟滤波功能,可略微提高比较器的比较速度。

③ LCDTY[5:0]:数字滤波功能控制。

当比较器由 LOW 变 HIGH,必须侦测到该后来的 HIGH 持续至少 bbbbbb(六位二进制数)个时钟,才认定比较器的输出是由 LOW 转成 HIGH;如果在 bbbbbb 个时钟内,模拟比较器的输出又恢复到 LOW,则认为什么都没发生,视同比较器的输出一直维持在 LOW。

数字滤波功能即为数字信号去抖动功能。当比较结果发生上升沿或者下降沿变化时,比较器侦测变化后的信号必须维持 LCDTY 所设置的 CPU 时钟数不发生变化,才认为数据变化是有效的;否则将视同信号无变化。

当使能数字滤波功能后,芯片内部实际的等待时钟需额外增加两个状态机切换时间,即若 LCDTY 设置为 0 时,为关闭数字滤波功能;若 LCDTY 设置为非 0 值 $n(n=1\sim63)$ 时,则实际的数字滤波时间为 $(n+2)$ 个系统时钟。

比较器输出去抖动滤波器的作用如图 9-9 所示。

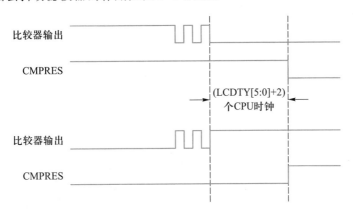

图 9-9  比较器输出去抖动滤波器的作用

(3) 比较器扩展配置寄存器:CMPEXCFG

① CHYS[1:0]:比较器 DC 迟滞输入选择。

**00**:0 mV;　　**01**:10 mV;　　**10**:20 mV;　　**11**:30 mV。

② CMPNS:比较器负端输入选择位。

**0**:P3.6;

**1**:选择内部 BandGap 经过运放后的 REFV 电压作为比较器负极输入源。

③ CMPPS[1:0]:比较器正端输入选择位。

**00**:P3.7;　　**01**:P5.0;　　**10**:P5.1;　　**11**:ADCIN。

3. 比较器的使用

比较器的使用包含两部分的内容,一是比较器模块的初始化;二是对比较结果的应用。可以使用查询方式,也可以使用中断方式。初始化的步骤如下:

（1）设置与比较器模块相关的 I/O 口线的工作模式为准双向口。

（2）设置比较器 DC 迟滞输入选择（设置 CMPEXCFG 寄存器）。

（3）设置比较器的 CMP−输入和 CMP+输入（设置 CMPEXCFG 寄存器）。

（4）设置比较器的输出模式（正向或反向）（设置 CMPCR2 寄存器）。

（5）设置比较器的滤波参数（设置 CMPCR2 寄存器）。

（6）设置比较器的中断边沿属性（设置 CMPCR1 寄存器）。

（7）选择比较器的输出引脚（设置 P_SW2 寄存器）。

（8）使能比较器输出（设置 CMPCR1 寄存器）。

（9）使能比较器模块（设置 CMPCR1 寄存器）。

（10）开放中断。

下面举例说明比较器的使用步骤。

源程序代码：

ex-9-3-
cmp. rar

【例 9-3】　使用比较器实现如下功能：比较器的 CMP+选择 P3.7，比较器的 CMP−选择内部 1.19 V 参考电压。通过中断或者查询方式读取比较器比较结果，当 CMP+的电平低于 CMP−的电平时，P4.7 口输出低电平（$LED_{11}$ 亮），反之输出高电平（$LED_{11}$ 灭）。电路图如图 9-10 所示。

图 9-10 中，$LED_{10}$ 和 $LED_{11}$ 可用作串口 2 的通信指示灯。J7 和 J8 使用跳线帽短接后，可以做串口 2 和串口 3 的通信功能实验，不做双串口实验时要断开 J7、J8。

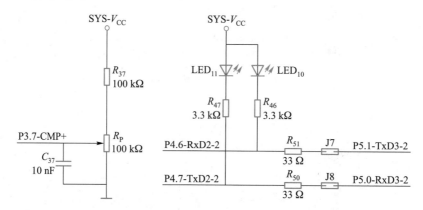

图 9-10　比较器功能测试电路图

解：实现题目所需功能的 C 语言代码如下

```
#include "stc8h.h"
void main()
{
    P_SW2 |= 0x80;          //扩展寄存器(XFR)访问使能
    P3M1 = 0x50;
    P3M0 = 0x50;            //设置 P3.7 的工作模式为准双向口模式
    P4M1 = 0x3c;
    P4M0 = 0x3c;            //设置 P4.7 和 P4.6 的工作模式为准双向口模式
    CMPEXCFG = 0x04;        //比较器 DC 迟滞输入选择,0:0 mV
```

```
                              // 内部 1.19 V 参考电压为 CMP-输入;P3.7 为 CMP+
                              // 输入脚
    CMPCR2 = 0x10;            // 比较器正向输出,使能 0.1 μs 滤波
                              // 比较器结果经过 16 个去抖时钟后输出
    CMPCR1 = 0x30;           // 使能比较器边沿中断
    CMPCR1 |= 0x02;          // 使能比较器输出
    P_SW2 &= 0xf7;           // 选择 P3.4 作为比较器输出脚
    CMPCR1 |= 0x80;          // 使能比较器模块
    EA = 1;
    while(1);
}
void CMP_ISR(void) interrupt CMP_VECTOR
{
    CMPCR1 &= ~0x40;        // 清中断标志
    P47 = CMPCR1 & 0x01;    // 中断方式读取比较器比较结果
}
```

## 📝 习题

9-1 简述模数转换器的工作原理。 选择模数转换器时,应着重考虑哪些因素?

9-2 将例 9-1 修改为中断方式读取 A/D 转换器的转换结果,编写相应的程序。

9-3 读取 STC8H8K64U 单片机 ADC 内部基准,将转换结果上传到计算机中进行显示。 假设时钟频率为 11.0592 MHz。 通信参数为: 9 600, $n$, 8, 1。

9-4 请查阅相关资料,将例 9-2 中测量的负温度系数的热敏电阻的电压变换为温度值,并利用数码 LED 进行显示。

9-5 利用例 9-1 的 ADC 按键扫描,基于 STC8H8K64U 单片机的 RTC,设计一个时钟设置系统,使用 LED 进行时分秒的显示。

9-6 查阅相关资料,使用 STC8H8K64U 单片机控制 TLV5616 输出正弦波。 画出电路图并编写相应的程序代码。

第 10 章

# 脉冲宽度调制模块

脉冲宽度调制(PWM)是利用微处理器的数字输出对模拟电路进行控制的一种非常有效的技术,广泛应用于测量、通信、功率控制与变换等许多领域中。简而言之,PWM 是一种对模拟信号电平进行数字编码的方法。通过使用高分辨率计数器,输出方波的占空比被调制,用来对一个具体模拟信号的电平进行编码。PWM 信号仍然是数字的,因为在给定的任何时刻,满幅值的直流供电要么完全有,要么完全无。电压或电流源是以一种通或断的重复脉冲序列被加到模拟负载上去的。通的时候即直流供电被加到负载上的时候,断的时候即供电被断开的时候。只要带宽足够,任何模拟值都可以使用 PWM 进行编码。许多单片机包含 PWM 控制器。

典型的 PWM 波形如图 10-1 所示。图中的 $\tau$ 为周期,占空比为 $t/\tau$。

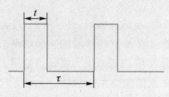

图 10-1　典型的 PWM 波形

STC8H8K64U 单片机内部集成了 8 通道 16 位高级 PWM 定时器,可对外输出任意频率以及任意占空比的 PWM 波形,分成两组,分别命名为第一组 PWM(称为 PWMA)和第二组 PWM(称为 PWMB),它们的周期可分别单独设置(可以不同)。PWMA 可配置成 4 组带死区控制的互补对称 PWM 或捕捉外部信号,PWMB 可配置成 4 路 PWM 输出或捕捉外部信号。

## 10.1　PWM 模块的功能

### 10.1.1　PWM 模块简介

STC8H8K64U 单片机的 PWM 模块能输出 PWM 波形,也能捕获外部输入信号,可捕获上升沿、下降沿或者同时捕获上升沿和下降沿,测量外部波形时,可同时测量波形的周期值和占空比值,有正交编码功能、外部异常检测功能以及实时触发 A/D 转换功能。

PWMA 有 4 个通道(分别为 PWM1P/PWM1N、PWM2P/PWM2N、PWM3P/PWM3N、PWM4P/PWM4N),每个通道都可独立实现 PWM 输出(可设置为带死区的互补对称 PWM 输出)、捕获和比较功能。

PWMB 有 4 个通道(分别为 PWM5、PWM6、PWM7、PWM8),每个通道也可独立实现 PWM 输出、捕获和比较功能。

两组 PWM 定时器唯一的区别是第一组可输出带死区的互补对称 PWM,而第二组只能输出单端的 PWM,其他功能完全相同。下面关于高级 PWM 定时器的介绍只以第一组为例进行说明。

1. PWM 波形的输出

当使用第一组 PWM 定时器输出 PWM 波形时,可单独使能 PWM1P/PWM2P/PWM3P/PWM4P 输出(称为 P 端输出),也可单独使能 PWM1N/PWM2N/PWM3N/PWM4N 输出(称为 N 端输出)。可选择的输出规则如下:

① P 端输出和对应的 N 端输出不能同时独立设置。例如,若单独使能了 PWM1P 输出,则 PWM1N 就不能再独立输出,除非 PWM1P 和 PWM1N 组成一组互补对称输出。

② PWMA 的 4 路输出是可分别独立设置的,例如:可单独使能 PWM1P 和 PWM2N 输出,也可单独使能 PWM2N 和 PWM3N 输出。

2. 捕获功能或者脉宽测量

若需要使用第一组 PWM 定时器进行捕获功能或者测量脉宽时,输入信号只能从每路的正端输入,即只有 PWM1P/PWM2P/PWM3P/PWM4P 才有捕获功能和测量脉宽功能。

两组高级 PWM 定时器对外部信号进行捕获时,可选择上升沿捕获或者下降沿捕获。如果需要同时捕获上升沿和下降沿,则可将输入信号同时接入到两路 PWM,使能其中一路捕获上升沿,另外一路捕获下降沿。将外部输入信号同时接入到两路 PWM 时,可同时捕获信号的周期值和占空比值。

### 10.1.2  PWMA 模块的用途和特性

1. PWMA 的用途

PWMA 适用于许多不同的用途。

① 基本的定时。

② 测量输入信号的脉冲宽度(输入捕获)。

③ 产生输出波形(输出比较,PWM 和单脉冲模式)。

④ 对应于不同事件(捕获、比较、溢出、刹车、触发)的中断。

⑤ 与 PWMB 或者外部信号(外部时钟、复位信号、触发和使能信号)同步。

PWMA 适用于各种控制应用,包括那些需要中间对齐模式 PWM 的应用(该模式支持互补输出和死区时间控制)。PWMA 的时钟源可以是内部时钟,也可以是外部的信号,可以通过配置寄存器来进行选择。

PWMA 由一个 16 位的自动装载计数器组成,该计数器由一个可编程的预分频器驱动。

2. PWMA 的特性

PWMA 的特性包括如下。

① 16 位向上、向下、向上/下自动装载计数器。

② 允许在指定数目的计数器周期之后更新定时器寄存器的重复计数器。

③ 16 位可编程(可以实时修改)预分频器,计数器时钟频率的分频系数为 1～65535 之间的任意数值。

④ 同步电路,用于使用外部信号控制定时器以及定时器互联。

⑤ 多达 4 个独立通道可以配置成:

　—输入捕获

　—输出比较

　—PWM 输出(边缘或中间对齐模式)

　—六步 PWM 输出

　—单脉冲模式输出

　—支持 4 个死区时间可编程的通道上互补输出

⑥ 刹车输入信号(PWMFLT)可以将定时器输出信号置于复位状态或者一个确定状态。

⑦ 外部触发输入引脚(PWMETI)。

3. PWM 的中断特性

PWMA/PWMB 各有 8 个中断请求源。

① 刹车中断(刹车信号输入)。

② 触发事件(计数器启动、停止、初始化或者由内部/外部触发计数)。

③ COM 事件中断。

④ 输入捕捉/输出比较 4 中断。

⑤ 输入捕捉/输出比较 3 中断。

⑥ 输入捕捉/输出比较 2 中断。

⑦ 输入捕捉/输出比较 1 中断。

⑧ 更新事件中断:计数器向上溢出/向下溢出或计数器初始化(通过软件或者内部/外部触发)。

为了使用中断特性,对每个被使用的中断通道设置 PWMA_IER/PWMB_IER 寄存器中相应的中断使能位,即 BIE、TIE、COMIE、CCiIE、UIE 位。通过设置 PWMA_EGR/PWMB_EGR 寄存器中的相应位,也可以用软件产生上述各个中断源。

## 10.2　PWMA 模块的结构

### 10.2.1　PWM 模块的结构框图及内部信号

1. PWMA 模块的结构

PWMA 模块的结构框图如图 10-2 所示。

在图 10-2 中,PWMA 的相关信号如下。

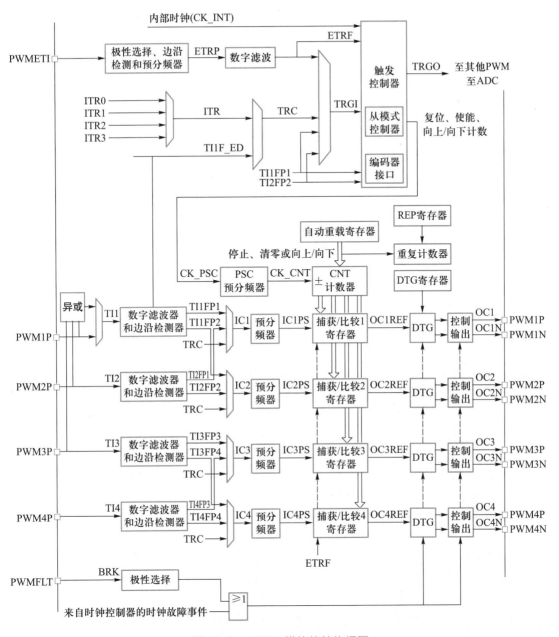

图 10-2　PWMA 模块的结构框图

TI1:外部时钟输入信号 1(PWM1P 引脚信号或者 PWM1P/PWM2P/PWM3P 相**异或**后的信号)。

TI1F:TI1 经过 IC1F 数字滤波后生成的信号。

TI1FP:TI1F 经过 CC1P/CC2P 边沿检测器后生成的信号。

TI1F_ED:TI1F 的边沿信号。

TI1FP1:TI1F 经过 CC1P 边沿检测器后生成的信号。

TI1FP2:TI1F 经过 CC2P 边沿检测器后生成的信号。

IC1:通过 CC1S 选择的通道 1 的捕获输入信号。

OC1REF：输出通道 1 输出的参考波形（中间波形）。

OC1：通道 1 的主输出信号（经过 CC1P 极性处理后的 OC1REF 信号）。

OC1N：通道 1 的互补输出信号（经过 CC1NP 极性处理后的 OC1REF 信号）。

TI2：外部时钟输入信号 2（PWM2P 引脚信号）。

TI2F：TI2 经过 IC2F 数字滤波后生成的信号。

TI2F_ED：TI2F 的边沿信号。

TI2FP：TI2F 经过 CC1P/CC2P 边沿检测器后生成的信号。

TI2FP1：TI2F 经过 CC1P 边沿检测器后生成的信号。

TI2FP2：TI2F 经过 CC2P 边沿检测器后生成的信号。

IC2：通过 CC2S 选择的通道 2 的捕获输入信号。

OC2REF：输出通道 2 输出的参考波形（中间波形）。

OC2：通道 2 的主输出信号（经过 CC2P 极性处理后的 OC2REF 信号）。

OC2N：通道 2 的互补输出信号（经过 CC2NP 极性处理后的 OC2REF 信号）。

TI3：外部时钟输入信号 3（PWM3P 引脚信号）。

TI3F：TI3 经过 IC3F 数字滤波后生成的信号。

TI3F_ED：TI3F 的边沿信号。

TI3FP：TI3F 经过 CC3P/CC4P 边沿检测器后生成的信号。

TI3FP3：TI3F 经过 CC3P 边沿检测器后生成的信号。

TI3FP4：TI3F 经过 CC4P 边沿检测器后生成的信号。

IC3：通过 CC3S 选择的通道 3 的捕获输入信号。

OC3REF：输出通道 3 输出的参考波形（中间波形）。

OC3：通道 3 的主输出信号（经过 CC3P 极性处理后的 OC3REF 信号）。

OC3N：通道 3 的互补输出信号（经过 CC3NP 极性处理后的 OC3REF 信号）。

TI4：外部时钟输入信号 4（PWM4P 引脚信号）。

TI4F：TI4 经过 IC4F 数字滤波后生成的信号。

TI4F_ED：TI4F 的边沿信号。

TI4FP：TI4F 经过 CC3P/CC4P 边沿检测器后生成的信号。

TI4FP3：TI4F 经过 CC3P 边沿检测器后生成的信号。

TI4FP4：TI4F 经过 CC4P 边沿检测器后生成的信号。

IC4：通过 CC4S 选择的通道 4 的捕获输入信号。

OC4REF：输出通道 4 输出的参考波形（中间波形）。

OC4：通道 4 的主输出信号（经过 CC4P 极性处理后的 OC4REF 信号）。

OC4N：通道 4 的互补输出信号（经过 CC4NP 极性处理后的 OC4REF 信号）。

ITR1：内部触发输入信号 1。

ITR2：内部触发输入信号 2。

TRC：固定为 TI1_ED。

TRGI：经过 TS 多路选择器后的触发输入信号。

TRGO：经过 MMS 多路选择器后的触发输出信号。

ETR：外部触发输入信号（PWMETI1 引脚信号）。

ETRP:ETR 经过 ETP 边沿检测器以及 ETPS 分频器后生成的信号。

ETRF:ETRP 经过 ETF 数字滤波后生成的信号。

BRK:刹车输入信号(PWMFLT)。

CK_PSC:预分频时钟,PWMA_PSCR 预分频器的输入时钟。

CK_CNT:PWMA_PSCR 预分频器的输出时钟,PWM 定时器的时钟。

2. PWMB 模块的结构

PWMB 模块的结构与 PWMA 模块类似。PWMB 的内部信号如下。

TI5:外部时钟输入信号 5(PWM5 引脚信号或者 PWM5/PWM6/PWM7 相**异或**后的信号)。

TI5F:TI5 经过 IC5F 数字滤波后生成的信号。

TI5FP:TI5F 经过 CC5P/CC6P 边沿检测器后生成的信号。

TI5F_ED:TI5F 的边沿信号。

TI5FP5:TI5F 经过 CC5P 边沿检测器后生成的信号。

TI5FP6:TI5F 经过 CC6P 边沿检测器后生成的信号。

IC5:通过 CC5S 选择的通道 5 的捕获输入信号。

OC5REF:输出通道 5 输出的参考波形(中间波形)。

OC5:通道 5 的主输出信号(经过 CC5P 极性处理后的 OC5REF 信号)。

TI6:外部时钟输入信号 6(PWM6 引脚信号)。

TI6F:TI6 经过 IC6F 数字滤波后生成的信号。

TI6F_ED:TI6F 的边沿信号。

TI6FP:TI6F 经过 CC5P/CC6P 边沿检测器后生成的信号。

TI6FP5:TI6F 经过 CC5P 边沿检测器后生成的信号。

TI6FP6:TI6F 经过 CC6P 边沿检测器后生成的信号。

IC6:通过 CC6S 选择的通道 6 的捕获输入信号。

OC6REF:输出通道 6 输出的参考波形(中间波形)。

OC6:通道 6 的主输出信号(经过 CC6P 极性处理后的 OC6REF 信号)。

TI7:外部时钟输入信号 7(PWM7 引脚信号)。

TI7F:TI7 经过 IC7F 数字滤波后生成的信号。

TI7F_ED:TI7F 的边沿信号。

TI7FP:TI7F 经过 CC7P/CC8P 边沿检测器后生成的信号。

TI7FP7:TI7F 经过 CC7P 边沿检测器后生成的信号。

TI7FP8:TI7F 经过 CC8P 边沿检测器后生成的信号。

IC7:通过 CC7S 选择的通道 7 的捕获输入信号。

OC7REF:输出通道 7 输出的参考波形(中间波形)。

OC7:通道 7 的主输出信号(经过 CC7P 极性处理后的 OC7REF 信号)。

TI8:外部时钟输入信号 8(PWM8 引脚信号)。

TI8F:TI8 经过 IC8F 数字滤波后生成的信号。

TI8F_ED:TI8F 的边沿信号。

TI8FP:TI8F 经过 CC7P/CC8P 边沿检测器后生成的信号。

TI8FP7:TI8F 经过 CC7P 边沿检测器后生成的信号。

TI8FP8:TI8F 经过 CC8P 边沿检测器后生成的信号。

IC8:通过 CC8S 选择的通道 8 的捕获输入信号。

OC8REF:输出通道 8 输出的参考波形(中间波形)。

OC8:通道 8 的主输出信号(经过 CC8P 极性处理后的 OC8REF 信号)。

### 10.2.2　PWMA 模块的时基单元

**1. 时基单元的结构图**

PWMA 时基单元的结构图如图 10-3 所示。

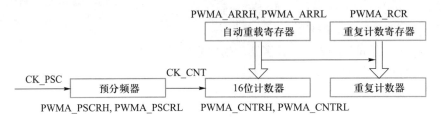

图 10-3　PWMA 时基单元的结构图

PWMA 的时基单元包含:

① 16 位计数器。

② 16 位自动重载寄存器。

③ 重复计数寄存器。

④ 预分频器。

16 位计数器、预分频器、自动重载寄存器和重复计数寄存器都可以通过软件进行读写操作。自动重载寄存器由预装载寄存器和影子寄存器组成。

可在下面两种模式下写自动重载寄存器:

① 自动预装载已使能(PWMA_CR1 寄存器的 ARPE 位为 **1**)。在此模式下,写入自动重载寄存器的数据将被保存在预装载寄存器中,并在下一个更新事件(UEV)时传送到影子寄存器。

② 自动预装载已禁止(PWMA_CR1 寄存器的 ARPE 位为 **0**)。在此模式下,写入自动重载寄存器的数据将立即写入影子寄存器。

产生更新事件的条件有:

① 计数器向上或向下溢出。

② 软件置位了 PWMA_EGR 寄存器的 UG 位。

③ 时钟/触发控制器产生了触发事件。

在预装载使能时(ARPE = **1**),如果发生了更新事件,预装载寄存器中的数值(PWMA_ARR)将写入影子寄存器中,并且 PWMA_PSCR 寄存器中的值将写入预分频器中。置位 PWMA_CR1 寄存器的 UDIS 位将禁止更新事件(UEV)。预分频器的输出 CK_CNT 驱动计数器,而 CK_CNT 仅在 PWMA_CR1 寄存器的计数器使能位(CEN)被置位时才有效。

注意:实际的计数器在 CEN 位使能的一个时钟周期后才开始计数。

2. 16 位计数器的读写操作

写计数器的操作没有缓存,在任何时候都可以写 PWMA_CNTRH 和 PWMA_CNTRL 寄存器,为避免写入了错误的数值,建议不要在计数器运行时写入新的数值。

读计数器的操作带有 8 位的缓存。用户必须先读定时器的高字节,在用户读了高字节后,低字节将被自动缓存,缓存的数据将会一直保持直到 16 位数据的读操作完成。读计数器的操作流程如图 10-4 所示。

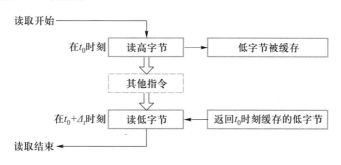

图 10-4　读计数器的操作流程

3. 16 位自动重载寄存器 PWMA_ARR 寄存器的写操作

预装载寄存器中的值将写入 16 位的 PWMA_ARR 寄存器中,此操作由两条指令完成,每条指令写入 1 个字节。必须先写高字节,后写低字节。

影子寄存器在写入高字节时被锁定,并保持到低字节写完。

4. 预分频器

PWMA 的预分频器是一个由 16 位寄存器(PWMA_PSCR)控制的 16 位计数器。这个控制寄存器带有缓冲器,因此,它可以在运行时被改变。预分频器可以将计数器的时钟频率按 1 到 65536 之间的任意值分频。预分频器的值由预装载寄存器写入,保存了当前使用值的影子寄存器在低字节写入时被载入。写入时,需两次单独的写操作来写 16 位寄存器,先写入高字节。新的预分频器的值在下一次更新事件到来时被采用。对 PWMA_PSCR 寄存器的读操作通过预装载寄存器完成。

计数器的频率计算公式如式(10-1)所示。

$$f_{CK\_CNT} = f_{CK\_PSC} / (PWMA\_PSCR[15:0] + 1) \tag{10-1}$$

## 10.3　PWMA 模块的计数模式

### 10.3.1　向上计数模式

在向上计数模式中,计数器从 0 计数到用户定义的比较值(PWMA_ARR 寄存器的值),然后重新从 0 开始计数并产生一个计数器溢出事件(上溢),此时如果 PWMA_CR1 寄存器的 UDIS 位是 **0**,将会产生一个更新事件(UEV)。

向上计数模式的示意波形如图 10-5 所示。

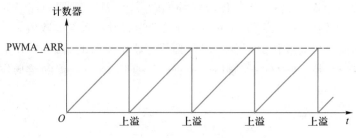

图 10-5　向上计数模式的示意波形

通过软件方式或者通过使用触发控制器置位 PWMA_EGR 寄存器的 UG 位同样也可以产生一个更新事件。使用软件置位 PWMA_CR1 寄存器的 UDIS 位,可以禁止更新事件,这样可以避免在更新预装载寄存器时更新影子寄存器。在 UDIS 位被清除之前,将不产生更新事件。但是在应该产生更新事件时,计数器仍会被清 0,同时预分频器的计数也被清 0(但预分频器的数值不变)。此外,如果设置了 PWMA_CR1 寄存器中的 URS 位(选择更新请求),设置 UG 位将产生一个更新事件 UEV,但硬件不设置 UIF 标志(即不产生中断请求)。这是为了避免在捕获模式下清除计数器时,同时产生更新和捕获中断。

当发生一个更新事件时,所有的寄存器都被更新:

① 影子寄存器被重新置入预装载寄存器的值(PWMA_ARR)。

② 预分频器的缓存器被置入预装载寄存器的值(PWMA_PSC)。

同时,依据 URS 位的设置由硬件更新标志位(PWMA_SR 寄存器的 UIF 位)。

下面举例说明计数器在不同时钟频率下的动作。

1. 假设 PWMA_ARR = 0x36,当 ARPE = 0(ARR 不预装载),预分频为 2 时的计数器更新示意图如图 10-6 所示。

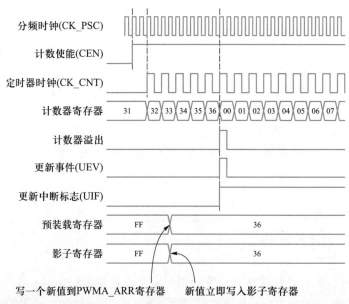

图 10-6　PWMA_ARR = 0x36,ARPE = 0,预分频为 2 时的计数器更新示意图

图 10-6 中,预分频为 2,因此计数器的时钟(CK_CNT)频率是预分频时钟(CK_PSC)频率的一半。ARPE＝**0**,禁止了自动重载功能,所以在计数器达到 0x36 时,计数器溢出,影子寄存器立刻被更新,同时产生一个更新事件。

2. 当 ARPE＝**1**(ARR 预装载),预分频为 1 时的计数器更新示意图如图 10-7 所示。

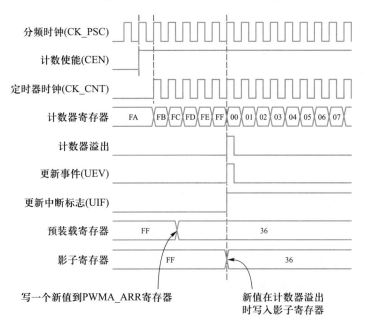

图 10-7 当 ARPE＝**1**(ARR 预装载),预分频为 1 时的计数器更新示意图

图 10-7 中的预分频为 1,因此 CK_CNT 的频率与 CK_PSC 一致。图中使能了自动重载(ARPE＝1),所以在计数器达到 0xFF 产生溢出。写入的新值 0x36 将在溢出时被写入,同时产生一个更新事件。

### 10.3.2 向下计数模式

在向下计数模式中,计数器从自动装载的值(PWMA_ARR 寄存器的值)开始向下计数到 0,然后再从自动重载的值重新开始计数,并产生一个计数器向下溢出事件(下溢)。如果 PWMA_CR1 寄存器的 UDIS 位被清除,还会产生一个更新事件(UEV)。

向下计数模式的示意波形如图 10-8 所示。

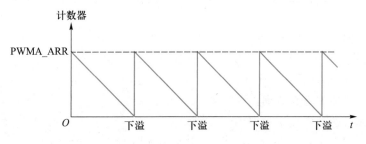

图 10-8 向下计数模式的示意波形

通过软件方式或者通过使用触发控制器置位 PWMA_EGR 寄存器的 UG 位同样也可以产生一个更新事件。置位 PWMA_CR1 寄存器的 UDIS 位可以禁止 UEV 事件,这样可以避免在更新预装载寄存器时更新影子寄存器。因此 UDIS 位清除之前不会产生更新事件。然而,计数器仍会从当前自动重载的值重新开始计数,并且预分频器的计数器重新从 0 开始(但预分频器不能被修改)。此外,如果设置了 PWMA_CR1 寄存器中的 URS 位(选择更新请求),设置 UG 位将产生一个更新事件(UEV),但不设置 UIF 标志(因此不产生中断),这是为了避免在发生捕获事件并清除计数器时,同时产生更新和捕获中断。

当发生更新事件时,所有的寄存器都被更新:

① 影子寄存器被重新置入预装载寄存器的值(PWMA_ARR)。

② 预分频器的缓存器被置入预装载寄存器的值(PWMA_PSC)。

同时,依据 URS 位的设置由硬件更新标志位(PWMA_SR 寄存器的 UIF 位)。

下面举例说明计数器在不同时钟频率下的动作。

1. 在向下计数模式下,假设 PWMA_ARR = 0x36,当 ARPE = 0(ARR 不预装载),预分频为 2 时的计数器更新示意图如图 10-9 所示。由于预装载不使能(ARPE = 0),因此新的数值在下个周期被写入。

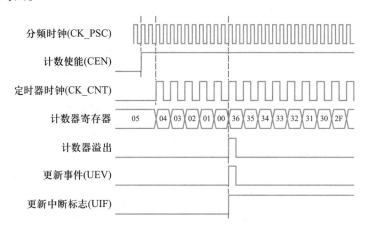

图 10-9　假设 PWMA_ARR = 0x36,当 ARPE = 0,预分频为 2 时的计数器更新示意图

2. 在向下计数模式下,假设 PWMA_ARR = 0x36,当 ARPE = 1(ARR 预装载),预分频为 1 时的计数器更新示意图如图 10-10 所示。

### 10.3.3 中央对齐模式(向上/向下计数模式)

在中央对齐模式中,计数器从 0 开始计数到 PWMA_ARR 寄存器的值减 1,产生一个计数器上溢事件,然后从 PWMA_ARR 寄存器的值向下计数到 1 并且产生一个计数器下溢事件,然后再从 0 开始重新计数。在此模式下,不能写入 PWMA_CR1 中的 DIR 方向位。它由硬件更新并指示当前的计数方向。

中央对齐模式的示意波形如图 10-11 所示。

如果定时器带有重复计数器,在重复了指定次数(PWMA_RCR 的值)的向上和向下溢出之后会产生更新事件(UEV)。否则每一次的向上和向下溢出都会产生更新事件。通过软

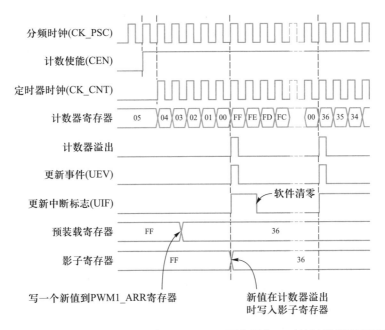

图 10-10   PWMA_ARR = 0x36，当 ARPE = 1，预分频为 1 时的计数器更新示意图

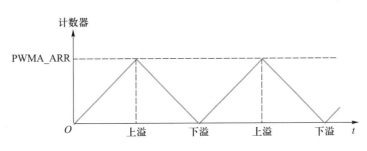

图 10-11   中央对齐模式的示意波形

件方式或者通过使用触发控制器置位 PWMA_EGR 寄存器的 UG 位同样也可以产生一个更新事件。此时，计数器重新从 0 开始计数，预分频器也重新从 0 开始计数。设置 PWMA_CR1 寄存器中的 UDIS 位可以禁止更新事件。这样可以避免在更新预装载寄存器时更新影子寄存器。因此 UDIS 位被清 **0** 之前不会产生更新事件。然而，计数器仍会根据当前自动重载的值，继续向上或向下计数。如果定时器带有重复计数器，由于重复寄存器没有缓冲，新的重复数值将立刻生效，因此在修改时需要小心。此外，如果设置了 PWMA_CR1 寄存器中的 URS 位（选择更新请求），设置 UG 位将产生一个更新事件 UEV，但不设置 UIF 标志（因此不产生中断），这是为了避免在发生捕获事件并清除计数器时，同时产生更新和捕获中断。

当发生更新事件时，所有的寄存器都被更新：

① 预分频器的缓存器被加载为预装载的值（PWMA_PSCR）。

② 当前的自动加载寄存器被更新为预装载的值（PWMA_ARR）。

同时，依据 URS 位的设置由硬件更新标志位（PWMA_SR 寄存器中的 UIF 位）。

注意，如果因为计数器溢出而产生更新，自动重装载寄存器将在计数器重载入之前被更新，因此下一个周期才是预期的值（计数器被装载为新的值）。

下面举例说明计数器在不同时钟频率下的操作。

中央对齐模式下,内部时钟分频因子为 1,PWMA_ARR = 0x6,ARPE = 1 时的计数器更新示意图如图 10-12 所示。

使用中央对齐模式应该注意:

① 启动中央对齐模式时,计数器将按照原有的向上/向下的配置计数。也就是说 PWMA_CR1 寄存器中的 DIR 位将决定计数器是向上还是向下计数。此外,软件不能同时修改 DIR 位和 CMS 位的值。

② 不推荐在中央对齐模式下,计数器正在计数时写计数器的值,这将导致不能预料的后果。

（a）向计数器写入了比自动装载值更大的数值(PWMA_CNT>PWMA_ARR),但计数器的计数方向不发生改变。例如计数器已经向上溢出,但计数器仍然向上计数。

（b）向计数器写入了 0 或者 PWMA_ARR 的值,但更新事件不发生。

③ 安全使用中央对齐模式的计数器的方法是在启动计数器之前先用软件(置位 PWMA_EGR 寄存器的 UG 位)产生一个更新事件,并且不在计数器计数时修改计数器的值。

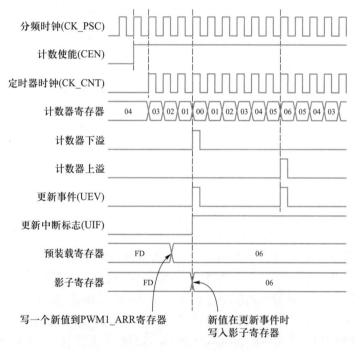

图 10-12　中央对齐模式的计数器更新示意图

### 10.3.4　重复计数器

时基单元解释了计数器向上/向下溢出时更新事件(UEV)是如何产生的,然而事实上它只能在重复计数器的值达到 0 的时候产生。这个特性对产生 PWM 信号非常有用。

这意味着在每 N 次计数上溢或下溢时,数据从预装载寄存器传输到影子寄存器(PWMA_ARR 自动重载寄存器,PWMA_PSCR 预装载寄存器,还有在比较模式下的捕获/比较寄存器 PWMA_CCR$x$),$N$ 是 PWMA_RCR 重复计数寄存器中的值。

重复计数器在下述任一条件成立时递减：

① 向上计数模式下每次计数器向上溢出时；

② 向下计数模式下每次计数器向下溢出时；

③ 中央对齐模式下每次上溢和每次下溢时。虽然这样限制了 PWM 的最大循环周期为 128,但它能够在每个 PWM 周期两次更新占空比。在中央对齐模式下,因为波形是对称的,如果每个 PWM 周期中仅刷新一次比较寄存器,则最大的分辨率为 $2 \times t_{CK\_PSC}$。

重复计数器是自动加载的,重复速率由 PWMA_RCR 寄存器的值定义。如果更新事件由软件产生或者通过硬件的时钟/触发控制器产生,则无论重复计数器的值是多少,立即发生更新事件,并且 PWMA_RCR 寄存器中的内容被重载入到重复计数器。

不同模式下,不同的 PWMA_RCR 寄存器设置时,计数器更新速率的例子如图 10-13 所示。

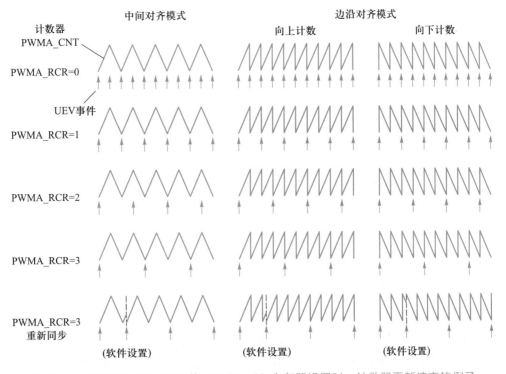

图 10-13　不同模式下,不同的 PWMA_RCR 寄存器设置时,计数器更新速率的例子

## 10.4　时钟/触发控制器

时钟/触发控制器允许用户选择计数器的时钟源、输入触发信号和输出信号。

### 10.4.1　预分频时钟(CK_PSC)的时钟源

时基单元的预分频时钟(CK_PSC)可以由以下资源提供:

① 内部时钟源($f_{\text{MASTER}}$);

② 外部时钟源模式 1:外部时钟输入(TI$x$);

③ 外部时钟源模式 2:外部触发输入(ETR);

④ 内部触发输入(ITR2):使用一个 PWM 的 TRGO 作为另一个 PWM 的预分频时钟。

1. 内部时钟源($f_{\text{MASTER}}$)

如果同时禁止了时钟/触发模式控制器和外部触发输入(PWMA_SMCR 寄存器的 SMS=**000**,PWMA_ETR 寄存器的 ECE=**0**),则 CEN、DIR 和 UG 位是实际上的控制位,并且只能被软件修改(UG 位仍被自动清除)。一旦 CEN 位被写成 **1**,预分频器的时钟就由内部时钟提供。

普通模式下,不带预分频器时的向上计数器的操作如图 10-14 所示。其中,$f_{\text{MASTER}}$ 分频因子为 1。

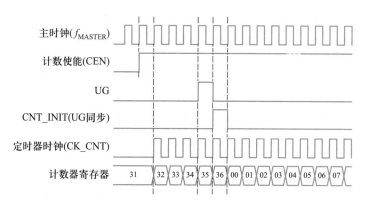

图 10-14　普通模式下,不带预分频器时的向上计数器的操作

2. 外部时钟源模式 1

当 PWMA_SMCR 寄存器的 SMS=**111** 时,选择外部时钟源模式。通过 PWMA_SMCR 寄存器的 TS 位选择 TRGI 的信号源。计数器可以在选定输入端的每个上升沿或下降沿计数。

下面以 TI2 作为外部时钟源为例,说明外部时钟源模式的结构和设置方法。

以 TI2 作为外部时钟源的外部时钟源模式的框图如图 10-15 所示。

要配置向上计数器在 TI2 输入端的上升沿计数,使用下列步骤:

① 配置 PWMA_CCMR2 寄存器的 CC2S=**01**,通道 2 输入选择 TI2;

② 配置 PWMA_CCMR2 寄存器的 IC2F[3:0]位,选择输入滤波器带宽;

③ 配置 PWMA_CCER1 寄存器的 CC2P=**0**,选定上升沿极性;

④ 配置 PWMA_SMCR 寄存器的 SMS=**111**,配置计数器使用外部时钟源模式 1;

⑤ 配置 PWMA_SMCR 寄存器的 TS=**110**,选定 TI2 作为输入源;

⑥ 设置 PWMA_CR1 寄存器的 CEN=**1**,启动计数器。

当上升沿出现在 TI2,计数器计数一次,且触发标识位(PWMA_SR1 寄存器的 TIF 位)被

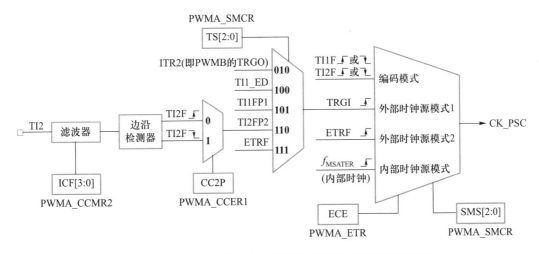

图 10-15  以 TI2 作为外部时钟源的外部时钟源模式的框图

置 1,如果使能了中断(在 PWMA_IER 寄存器中配置)则会产生中断请求。

TI2 上升沿和计数器实际时钟之间的延时取决于在 TI2 输入端的重新同步电路。

外部时钟源模式 1 下的波形示意图如图 10-16 所示。

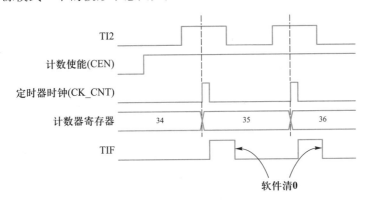

图 10-16  外部时钟模式 1 下的波形示意图

### 3. 外部时钟源模式 2

计数器能够在外部触发输入 ETR 信号的每一个上升沿或下降沿计数。将 PWMA_ETR 寄存器的 ECE 位写 1,即可选定此模式。(PWMA_SMCR 寄存器的 SMS = 111 且 PWMA_SMCR 寄存器的 TS = 111 时,也可选择此模式)

外部触发输入的框图如图 10-17 所示。

例如,要配置计数器在 ETR 信号的每 2 个上升沿时向上计数一次,需使用下列步骤:

① 本例中不需要滤波器,配置 PWMA_ETR 寄存器的 ETF[3:0] = 0000;

② 设置预分频器,配置 PWMA_ETR 寄存器的 ETPS[1:0] = 01(2 分频);

③ 选择 ETR 的上升沿检测,配置 PWMA_ETR 寄存器的 ETP = 0;

④ 开启外部时钟模式 2,配置 PWMA_ETR 寄存器中的 ECE = 1;

⑤ 启动计数器,写 PWMA_CR1 寄存器的 CEN = 1;

计数器在每 2 个 ETR 上升沿计数一次。

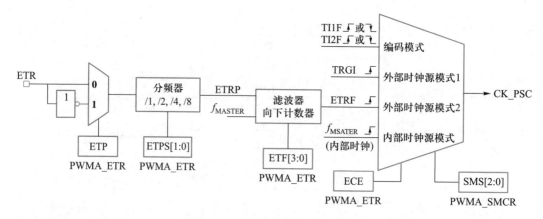

图 10-17　外部触发输入的框图

外部时钟源模式 2 下的波形示意图如图 10-18 所示。其中，由于计数器是在主时钟驱动下采样的，因此，CK_CNT 的脉冲与主时钟对齐，而不是与 ETR 的上升沿对齐。

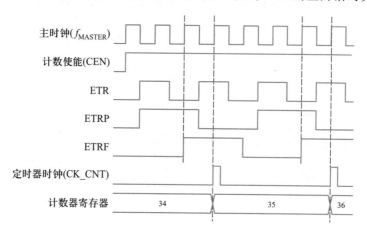

图 10-18　外部时钟源模式 2 下的波形示意图

## 10.4.2　触发同步

PWMA 的计数器使用三种模式与外部的触发信号同步：

① 标准触发模式；

② 复位触发模式；

③ 门控触发模式。

下面分别进行介绍。

1. 标准触发模式

计数器的使能信号（CEN）依赖于选中的输入端上的事件。

在下面的例子中，计数器在 TI2 输入的上升沿开始向上计数：

（1）配置 PWMA_CCER1 寄存器的 CC2P=0，选择 TI2 的上升沿作为触发条件。

（2）配置 PWMA_SMCR 寄存器的 SMS=110，选择计数器为触发模式。配置 PWMA_

SMCR 寄存器的 TS=**110**,选择 TI2 作为输入源。

当 TI2 出现一个上升沿时,计数器开始在内部时钟驱动下计数,同时置位 TIF 标志。TI2 上升沿和计数器启动计数之间的延时取决于 TI2 输入端的重新同步电路。

标准触发模式的示意波形如图 10-19 所示。

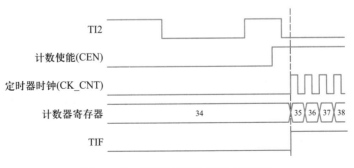

图 10-19   标准触发模式的示意波形

**2. 复位触发模式**

在发生触发输入事件时,计数器和它的预分频器能够重新被初始化。同时,如果 PWMA_CR1 寄存器的 URS 位为低,还产生一个更新事件 UEV,然后所有的预装载寄存器 (PWMA_ARR,PWMA_CCRx)都会被更新。

在以下的例子中,TI1 输入端的上升沿可导致向上计数器被清零:

(1) 配置 PWMA_CCER1 寄存器的 CC1P=**0**,选择 TI1 的极性(只检测 TI1 的上升沿)。

(2) 配置 PWMA_SMCR 寄存器的 SMS=**100**,选择定时器为复位触发模式。配置 PWMA_SMCR 寄存器的 TS=**101**,选择 TI1 作为输入源。

(3) 配置 PWMA_CR1 寄存器的 CEN=**1**,启动 PWM 计数器。

计数器开始依据内部时钟计数,正常计数直到 TI1 出现一个上升沿。此时,计数器被清零然后从 0 重新开始计数。同时,触发标志(PWMA_SR1 寄存器的 TIF 位)被置位,如果使能了中断(PWMA_IER 寄存器的 TIE 位),则产生一个中断请求。

当自动重载寄存器 PWMA_ARR=0x36 时,复位触发模式下的波形示意图如图 10-20 所示。

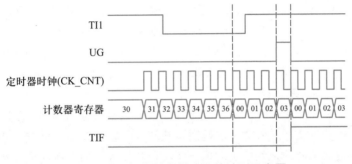

图 10-20   复位触发模式下的波形示意图

### 3. 门控触发模式

在该模式下,计数器由选中的输入端信号的电平使能。

在如下的例子中,计数器只在 TI1 为低时向上计数:

(1)配置 PWMA_CCER1 寄存器的 CC1P = **1**,确定 TI1 的极性(只检测 TI1 上的低电平)。

(2)配置 PWMA_SMCR 寄存器的 SMS = **101**,选择定时器为门控触发模式,配置 PWMA_SMCR 寄存器中 TS = **101**,选择 TI1 作为输入源。

(3)配置 PWMA_CR1 寄存器的 CEN = **1**,启动计数器(在门控触发模式下,如果 CEN = **0**,则计数器不能启动,不论触发输入电平如何)。

只要 TI1 为低,计数器开始依据内部时钟计数,一旦 TI1 变高则停止计数。当计数器开始或停止时 TIF 标志位都会被置位。TI1 上升沿和计数器实际停止之间的延时取决于 TI1 输入端的重新同步电路。

门控触发模式下的波形示意图如图 10-21 所示。

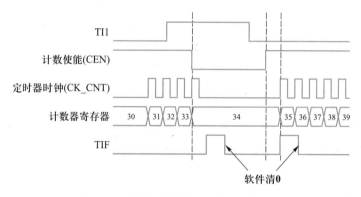

图 10-21　门控触发模式下的波形示意图

### 4. 外部时钟源模式 2 联合触发模式

外部时钟源模式 2 可以与另一个输入信号的触发模式一起使用。例如,ETR 信号被用作外部时钟源,另一个输入信号可用作触发输入(支持标准触发模式、复位触发模式和门控触发模式)。注意不能通过 PWMA_SMCR 寄存器的 TS 位把 ETR 配置成 TRGI。

在下面的例子中,一旦在 TI1 上出现一个上升沿,计数器即在 ETR 的每一个上升沿向上计数一次:

(1)通过 PWMA_ETR 寄存器配置外部触发输入电路。配置 ETPS = **00** 禁止预分频,配置 ETP = **0** 监测 ETR 信号的上升沿,配置 ECE = **1** 使能外部时钟源模式 2。

(2)配置 PWMA_CCER1 寄存器的 CC1P = **0** 来选择 TI1 的上升沿触发。

(3)配置 PWMA_SMCR 寄存器的 SMS = **110**,选择定时器为触发模式。配置 PWMA_SMCR 寄存器的 TS = **101** 来选择 TI1 作为输入源。

当 TI1 上出现一个上升沿时,TIF 标志被置位,计数器开始在 ETR 的上升沿计数。TI1 信号的上升沿和计数器实际时钟之间的延时取决于 TI1 输入端的重新同步电路。ETR 信号的上升沿和计数器实际时钟之间的延时取决于 ETRP 输入端的重新同步电路。

外部时钟模式 2 联合触发模式下的波形示意图如图 10-22 所示。

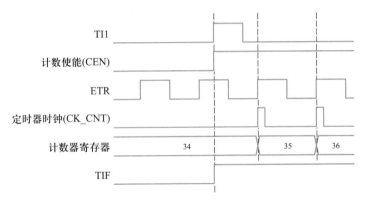

图 10-22  外部时钟模式 2 联合触发模式下的波形示意图

除了上述的触发方式外，还可以使用定时器联结，用于定时器的同步或链接。当某个定时器配置成主模式时，可以输出触发信号（TRGO）到那些配置为从模式的定时器来完成复位操作、启动操作、停止操作或者作为那些定时器的驱动时钟。例如，可以使用 PWMB 的 TR-GO 作为 PWMA 的预分频时钟，也可以使用 PWMB 启动 PWMA，或者用外部信号同步地触发两个 PWM。连接示意图如图 10-23 所示。

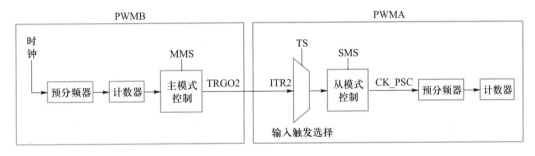

图 10-23  PWM 级联示意图

## 10.5  捕获/比较通道

PWM1P、PWM2P、PWM3P、PWM4P 可以用作输入捕获，PWM1P/PWM1N、PWM2P/PWM2N、PWM3P/PWM3N、PWM4P/PWM4N 可以用作输出比较，这个功能可以通过配置捕获/比较通道模式寄存器（PWMA_CCMR$i$）的 CC$i$S 通道选择位来实现（其中 $i=1,2,3,4$）。

### 10.5.1  捕获/比较通道的结构

每一个捕获/比较通道都是围绕着一个捕获/比较寄存器（包含影子寄存器）来构建的，包括捕获的输入部分（数字滤波、多路复用和预分频器）和输出部分（比较器和输出控制）。

捕获/比较通道 1 的主要结构如图 10-24 所示，其他通道与此类似。

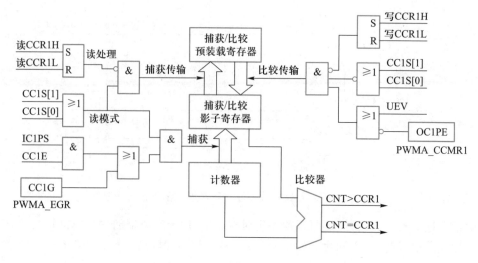

图 10-24　捕获/比较通道 1 的主要结构

　　捕获/比较模块由一个预装载寄存器和一个影子寄存器组成。读写过程仅操作预装载寄存器。在捕获模式下,捕获发生在影子寄存器上,然后再缓存到预装载寄存器中。在比较模式下,预装载寄存器的内容被复制到影子寄存器中,然后影子寄存器的内容和计数器进行比较。

## 10.5.2　对 PWMA_CCR*i* 寄存器的访问方法

　　当通道被配置成输出模式时,可以随时访问 16 位 PWMA_CCR*i* 寄存器。

1. 对 PWMA_CCR*i* 寄存器的读操作

　　当通道被配置成输入模式时,对 PWMA_CCR*i* 寄存器的读操作类似于计数器的读操作。当捕获发生时,计数器的内容被捕获到 PWMA_CCR*i* 影子寄存器,随后再缓存到预装载寄存器中。在进行读操作的过程中,预装载寄存器是被冻结的。PWMA_CCR*i* 寄存器的读操作流程如图 10-25 所示。

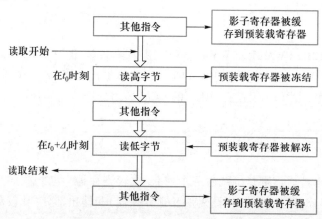

图 10-25　PWMA_CCR*i* 寄存器的读操作流程

图 10-25 中,被缓存的数据将保持不变直到读流程结束。在整个读流程结束后,如果仅仅读了 PWMA_CCR*i*L 寄存器,则返回计数器数值的低位。如果在读了低位数据以后再读高位数据,将不再返回同样的低位数据。

2. 对 PWMA_CCR*i* 寄存器的写操作

对 PWMA_CCR*i* 寄存器的写操作通过预装载寄存器完成。必须使用两条指令来完成整个流程,一条指令对应一个字节,先写高位字节。在写高位字节时,影子寄存器的更新被禁止直到低位字节的写操作完成。

### 10.5.3  输入捕获模式

1. 输入模块的结构

输入模块的结构框图如图 10-26 所示。

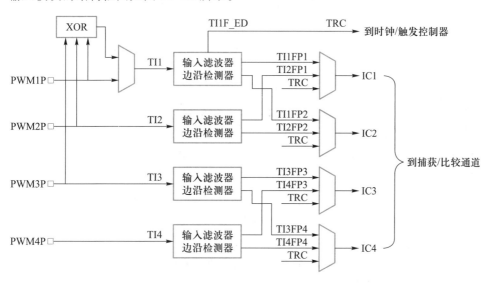

图 10-26　输入模块的结构框图

图 10-26 中,输入部分对相应的 TI*x*(*x* = 1,2,3,4,下同)输入信号采样,并产生一个滤波后的信号 TI*x*F。然后,经过一个带极性选择的边缘检测器产生信号 TI*x*FP*y*(*y* = 1,2 或 3,4),该信号作为触发模式控制器的输入触发或者作为捕获控制,通过预分频后进入捕获寄存器(IC*x*PS)。以 TI1 为例,具体的处理过程框图如图 10-27 所示。

2. 输入捕获模式的工作过程

在输入捕获模式下,当检测到 IC*i* 信号上相应的边沿后,计数器的当前值被锁存到捕获/比较寄存器(PWMA_CCR*x*)中。当发生捕获事件时,PWMA_SR 寄存器中的相应 CC*i*IF 标志被置 **1**。如果 PWMA_IER 寄存器的 CC*i*IE 位被置位,也就是使能了中断,则将产生中断请求。如果发生捕获事件时 CC*i*IF 标志已经为高,那么 PWMA_SR2 寄存器中的重复捕获标志 CC*i*OF 被置 **1**。写 CC*i*IF = **0** 或读取存储在 PWMA_CCR*i*L 寄存器中的捕获数据都可清除 CC*i*IF。写 CC*i*OF = **0** 可清除 CC*i*OF。

(1)实现 PWM 输入信号上升沿时捕获的设置

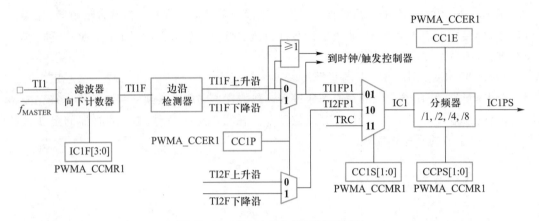

图 10-27 TI1 的具体处理过程框图

以下说明如何在 TI1 输入的上升沿时捕获计数器的值到 PWMA_CCR1 寄存器中,步骤如下:

① 选择有效输入端,设置 PWMA_CCMR1 寄存器中的 CC1S = 01,此时通道 1 被配置为输入,并且 PWMA_CCR1 寄存器变为只读。

② 根据输入信号 TI1 的特点,可通过配置 PWMA_CCMR1 寄存器中的 IC1F 位来设置相应的输入滤波器的滤波时间。假设输入信号在最多 5 个时钟周期的时间内抖动,须配置滤波器的带宽长于 5 个时钟周期,因此,可以连续采样 8 次,以确认在 TI1 上一次真实的边沿变换,即在 PWMA_CCMR1 寄存器中写入 IC1F = 0011,此时,只有连续采样到 8 个相同的 TI1 信号,信号才为有效(采样频率为 $f_{MASTER}$)。

③ 选择 TI1 通道的有效转换边沿,在 PWMA_CCER1 寄存器中写入 CC1P = 0(上升沿)。

④ 配置输入预分频器。在本例中,希望捕获发生在每一个有效的电平转换时刻,因此,预分频器被禁止(写 PWMA_CCMR1 寄存器的 IC1PS = 00)。

⑤ 设置 PWMA_CCER1 寄存器的 CC1E = 1,允许捕获计数器的值到捕获寄存器中。

⑥ 如果需要,通过设置 PWMA_IER 寄存器中的 CC1IE 位允许相关中断请求。

当发生一个输入捕获时:

① 产生有效的电平转换时,计数器的值被传送到 PWMA_CCR1 寄存器。

② CC1IF 标志被设置。当发生至少 2 个连续的捕获时,如果 CC1IF 未曾被清除,CC1OF 也被置 1。

③ 如设置了 CC1IE 位,则会产生一个中断。

为了处理捕获溢出事件(CC1OF 位),建议在读出重复捕获标志之前读取数据,这是为了避免丢失在读出捕获溢出标志之后和读取数据之前可能产生的重复捕获信息。

注意:设置 PWMA_EGR 寄存器中相应的 CC$i$G 位,可以通过软件产生输入捕获中断。

(2) PWM 输入信号测量

该模式是输入捕获模式的一个特例,除下列区别外,操作与输入捕获模式相同:

① 两个 IC$i$ 信号被映射至同一个 TI$i$ 输入。

② 这两个 IC$i$ 信号的有效边沿的极性相反。

③ 其中一个 TI$i$FP 信号被作为触发输入信号,而触发模式控制器被配置成复位触发

模式。

PWM 输入信号测量示意图如图 10-28 所示。

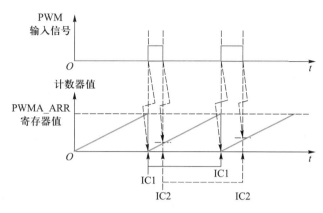

图 10-28　PWM 输入信号测量示意图

例如,可以用以下方式测量 TI1 上输入的 PWM 信号的周期(PWMA_CCR1 寄存器)和占空比(PWMA_CCR2 寄存器)。

① 选择 PWMA_CCR1 的有效输入:置 PWMA_CCMR1 寄存器的 CC1S = **01**(选中 TI1FP1)。

② 选择 TI1FP1 的有效极性:置 CC1P = **0**(上升沿有效)。

③ 选择 PWMA_CCR2 的有效输入:置 PWMA_CCMR2 寄存器的 CC2S = **10**(选中 TI1FP2)。

④ 选择 TI1FP2 的有效极性(捕获数据到 PWMA_CCR2):置 CC2P = **1**(下降沿有效)。

⑤ 选择有效的触发输入信号:置 PWMA_SMCR 寄存器中的 TS = **101**(选择 TI1FP1)。

⑥ 配置触发模式控制器为复位触发模式:置 PWMA_SMCR 中的 SMS = **100**。

⑦ 使能捕获:置 PWMA_CCER1 寄存器中 CC1E = **1**,CC2E = **1**。

PWM 输入信号测量实例如图 10-29 所示。

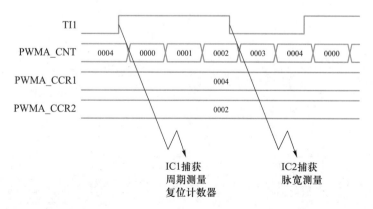

图 10-29　PWM 输入信号测量实例

### 10.5.4 输出模式

**1. 输出模块**

输出模块用来产生一个用来做参考的中间波形,称为 OC*i*REF(高有效)。刹车功能和极性的处理都在模块的最后处理。

输出模块的框图如图 10-30 所示。

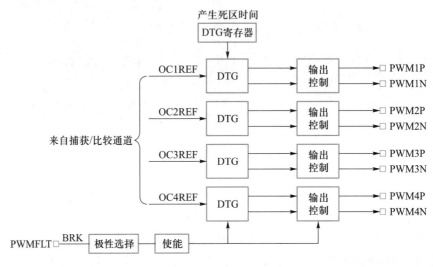

图 10-30 输出模块的框图

高级 PWM 定时器 PWM1P/PWM1N, PWM2P/PWM2N, PWM3P/PWM3N, PWM4P/PWM4N 每个通道都可独立实现 PWM 输出,或者两两互补对称输出。通道 1 带互补输出的输出模块框图如图 10-31 所示,其他通道类似。

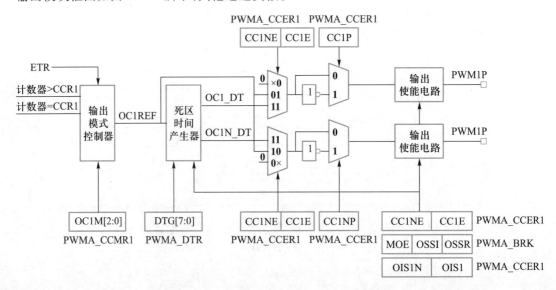

图 10-31 通道 1 带互补输出的输出模块框图

2. 强制输出模式

在输出模式下,输出比较信号能够直接由软件强制为高或低状态,而不依赖于输出比较寄存器和计数器间的比较结果。

置 PWMA_CCMR$i$ 寄存器的 OC$i$M = **101**,可强制 OC$i$REF 信号为高。

置 PWMA_CCMR$i$ 寄存器的 OC$i$M = **100**,可强制 OC$i$REF 信号为低。

OC$i$/OC$i$N 的输出是高还是低则取决于 CC$i$P/CC$i$NP 极性标志位。

该模式下,在 PWMA_CCR$i$ 影子寄存器和计数器之间的比较仍然在进行,相应的标志也会被修改,也仍然会产生相应的中断。

3. 输出比较模式

此模式用来控制一个输出波形或者指示一段给定的时间已经达到。

当计数器与捕获/比较寄存器的内容相匹配时,有如下操作。

① 根据不同的输出比较模式,相应的 OC$i$ 输出信号:

　—OC$i$M = **000** 时,保持不变;

　—OC$i$M = **001** 时,设置为有效电平;

　—OC$i$M = **010** 时,设置为无效电平;

　—OC$i$M = **011** 时,翻转。

② 设置中断状态寄存器中的标志位(PWMA_SR1 寄存器中的 CC$i$IF 位)。

③ 若设置了相应的中断使能位(PWMA_IER 寄存器中的 CC$i$IE 位),则产生一个中断。

PWMA_CCMR$i$ 寄存器的 OC$i$M 位用于选择输出比较模式,PWMA_CCMR$i$ 寄存器的 CC$i$P 位用于选择有效和无效的电平极性,PWMA_CCMR$i$ 寄存器的 OC$i$PE 位用于选择 PWMA_CCR$i$ 寄存器是否需要使用预装载寄存器。在输出比较模式下,更新事件 UEV 对 OC$i$REF 和 OC$i$ 输出没有影响。时间精度为计数器的一个计数周期。输出比较模式也能用来输出一个单脉冲。

输出比较模式的配置步骤如下。

(1) 选择计数器时钟(内部、外部或者预分频器)。

(2) 将相应的数据写入 PWMA_ARR 和 PWMA_CCR$i$ 寄存器中。

(3) 如果要产生一个中断请求,设置 CC$i$IE 位。

(4) 选择输出模式,步骤如下:

① 设置 OC$i$M = **011**,在计数器与 CCR$i$ 匹配时翻转 OC$i$M 引脚的输出。

② 设置 OC$i$PE = **0**,禁用预装载寄存器。

③ 设置 CC$i$P = **0**,选择高电平为有效电平。

④ 设置 CC$i$E = **1**,使能输出。

⑤ 设置 PWMA_CR1 寄存器的 CEN 位启动计数器。

PWMA_CCR$i$ 寄存器能够在任何时候通过软件进行更新以控制输出波形,条件是未使用预装载寄存器(OC$i$PE = **0**),否则 PWMA_CCR$i$ 的影子寄存器只能在发生下一次更新事件时被更新。

输出比较模式下,翻转 OC1 的波形示意图如图 10-32 所示。

4. PWM 模式

脉冲宽度调制(PWM)模式可以产生一个由 PWMA_ARR 寄存器确定频率,由 PWMA_

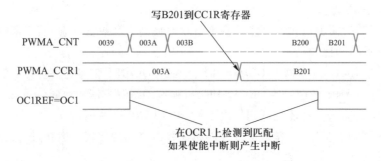

图 10-32　输出比较模式下，翻转 OC1 的波形示意图

CCR$i$ 寄存器确定占空比的信号。

在 PWMA_CCMR$i$ 寄存器中的 OC$i$M 位写入 **110**(PWM 模式 1)或 **111**(PWM 模式 2)，能够独立地设置每个 OC$i$ 输出通道产生一路 PWM。必须设置 PWMA_CCMR$i$ 寄存器的 OC$i$PE 位使能相应的预装载寄存器，也可以设置 PWMA_CR1 寄存器的 ARPE 位使能自动重载的预装载寄存器(在向上计数模式或中央对齐模式中)。

由于仅当发生一个更新事件的时候，预装载寄存器才能被传送到影子寄存器，因此，在计数器开始计数之前，必须通过设置 PWMA_EGR 寄存器的 UG 位来初始化所有的寄存器。

OC$i$ 的极性可以通过软件在 PWMA_CCER$i$ 寄存器中的 CC$i$P 位设置，它可以设置为高电平有效或低电平有效。OC$i$ 的输出使能通过 PWMA_CCER$i$ 和 PWMA_BKR 寄存器中的 CC$i$E、MOE、OIS$i$、OSSR 和 OSSI 位的组合来控制。

在 PWM 模式(模式 1 或模式 2)下，PWMA_CNT 和 PWMA_CCR$i$ 始终在进行比较，(依据计数器的计数方向)以确定是否符合 PWMA_CCR$i$≤PWMA_CNT 或者 PWMA_CNT≤PWMA_CCR$i$。

根据 PWMA_CR1 寄存器中 CMS 位域的状态，定时器能够产生边沿对齐的 PWM 信号(称为 PWM 边沿对齐模式，包括向上计数和向下计数两种模式)或中央对齐的 PWM 信号。

(1) 向上计数配置

当 PWMA_CR1 寄存器中的 DIR 位为 **0** 时，执行向上计数。

下面是一个 PWM 模式 1 的例子。当 PWMA_CNT<PWMA_CCR$i$ 时，PWM 参考信号 OC$i$REF 为高，否则为低。如果 PWMA_CCR$i$ 中的比较值大于自动重载值(PWMA_ARR)，则 OC$i$REF 保持为高。如果比较值为 0，则 OC$i$REF 保持为低。

假设 PWMA_ARR=8，边沿对齐的 PWM 模式 1 的波形示意图如图 10-33 所示。

(2) 向下计数的配置

当 PWMA_CR1 寄存器的 DIR 位为 **1** 时，执行向下计数。

在 PWM 模式 1 时，当 PWMA_CNT>PWMA_CCR$i$ 时参考信号 OC$i$REF 为低，否则为高。如果 PWMA_CCR$i$ 中的比较值大于 PWMA_ARR 中的自动重载值，则 OC$i$REF 保持为高。该模式下不能产生占空比为 0% 的 PWM 波形。

(3) PWM 中央对齐模式

当 PWMA_CR1 寄存器中的 CMS 位不为 **00** 时为中央对齐模式(所有其他的配置对 OC$i$REF/OC$i$ 信号都有相同的作用)。

根据不同的 CMS 位的设置，比较标志可以在计数器向上计数、向下计数或向上和向下

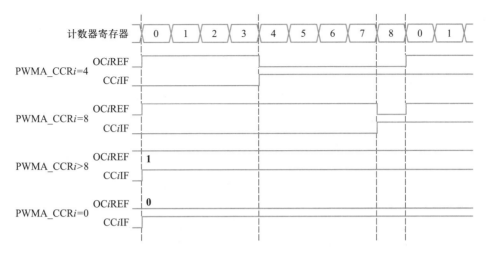

图 10-33  假设 PWMA_ARR = 8，边沿对齐的 PWM 模式 1 的波形示意图

计数时被置 1。PWMA_CR1 寄存器中的计数方向位（DIR）由硬件更新，不要用软件修改它。

假设 PWMA_ARR = 8，中央对齐的 PWM 模式 1 的波形示意图如图 10-34 所示。

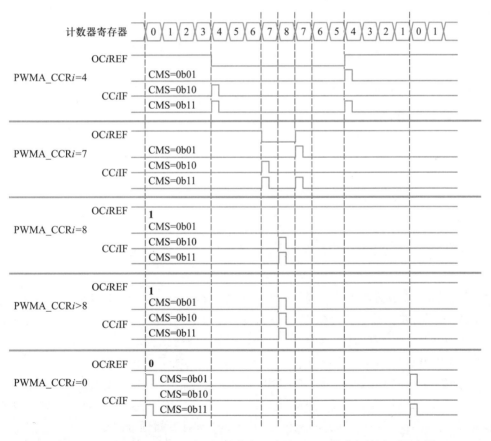

图 10-34  假设 PWMA_ARR = 8，中央对齐的 PWM 模式 1 的波形示意图

其中，标志位在以下三种情况下被置位：

—只有在计数器向下计数时(CMS = **01**);

—只有在计数器向上计数时(CMS = **10**);

—在计数器向上和向下计数时(CMS = **11**)。

（4）单脉冲模式

单脉冲模式(OPM)是前述众多模式的一个特例。这种模式允许计数器响应一个激励,并在一个程序可控的延时之后产生一个脉宽可控的脉冲。

可以通过时钟/触发控制器启动计数器,在输出比较模式或者 PWM 模式下产生波形。设置 PWMA_CR1 寄存器的 OPM 位,选择单脉冲模式,此时计数器自动地在下一个更新事件 UEV 时停止。仅当比较值与计数器的初始值不同时,才能产生一个脉冲。启动之前(当定时器正在等待触发),必须进行如下配置:

① 向上计数方式:计数器 $PWMA\_CNT < PWMA\_CCRi \leqslant PWMA\_ARR$;

② 向下计数方式:计数器 $PWMA\_CNT > PWMA\_CCRi$。

单脉冲模式的波形示意图如图 10-35 所示。

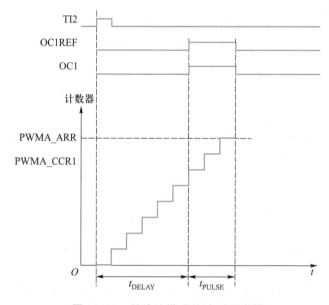

图 10-35　单脉冲模式的波形示意图

例如,在从 TI2 输入脚上检测到一个上升沿之后延迟 $t_{DELAY}$,在 OC1 上产生一个 $t_{PULSE}$ 宽度的正脉冲,设置步骤如下(假定 IC2 作为触发 1 通道的触发源):

① 置 PWMA_CCMR2 寄存器的 CC2S = **01**,把 IC2 映射到 TI2。

② 置 PWMA_CCER1 寄存器的 CC2P = **0**,使 IC2 能够检测上升沿。

③ 置 PWMA_SMCR 寄存器的 TS = **110**,使 IC2 作为时钟/触发控制器的触发源(TRGI)。

④ 置 PWMA_SMCR 寄存器的 SMS = **110**(触发模式),IC2 被用来启动计数器。OPM 的波形由写入比较寄存器的数值决定(要考虑时钟频率和计数器预分频器)。

⑤ $t_{DELAY}$ 由 PWMA_CCR1 寄存器中的值定义。

⑥ $t_{PULSE}$ 由自动重载值和比较值之间的差值定义(PWMA_ARR − PWMA_CCR1)。

⑦ 假定当发生比较匹配时要产生从 **0** 到 **1** 的波形,当计数器达到预装载值时要产生一

个从 **1** 到 **0** 的波形,首先要置 PWMA_CCMR1 寄存器的 OC$i$M = **111**,进入 PWM 模式 2,根据需要有选择地设置 PWMA_CCMR1 寄存器的 OC1PE = **1**,置位 PWMA_CR1 寄存器中的 ARPE,使能预装载寄存器,然后在 PWMA_CCR1 寄存器中填写比较值,在 PWMA_ARR 寄存器中填写自动重载值,设置 UG 位来产生一个更新事件,然后等待在 TI2 上的一个外部触发事件。

在这个例子中,PWMA_CR1 寄存器中的 DIR 和 CMS 位应该置低。

因为只需要一个脉冲,所以设置 PWMA_CR1 寄存器中的 OPM = **1**,在下一个更新事件(当计数器从自动装载值翻转到 0)时停止计数。

(5) 互补输出和死区插入

SPWM 是使用 PWM 来获得正弦波输出效果的一种技术,在交流驱动或变频领域应用广泛。

设计 SPWM 需要 PWM 具有互补输出功能,并且可方便设置死区时间,对于驱动桥式电路,死区时间至关重要。PWMA 能够输出两路互补信号,并且能够管理输出的瞬时关断和接通,这段时间通常被称为死区,用户应该根据连接的输出器件和它们的特性(电平转换的延时、电源开关的延时等)来调整死区时间。

死区时间是 PWM 输出时,为了使 H 桥或半 H 桥的上下管不会因为开关速度问题发生同时导通而设置的一个保护时段。通常也指 PWM 响应时间。由于 IGBT(绝缘栅极型功率管)等功率器件都存在一定的结电容,所以会造成器件导通关断的延迟现象。一般在设计电路时已尽量降低该影响,比如尽量提高控制极驱动电压电流,设置结电容释放回路等。为了使 IGBT 工作可靠,避免由于关断延迟效应造成上下桥臂直通,有必要设置死区时间,也就是上下桥臂同时关断时间。死区时间可有效地避免延迟效应所造成的一个桥臂未完全关断,而另一桥臂又处于导通状态,避免直通炸模块。死区时间大,模块工作更加可靠,但会带来输出波形的失真及降低输出效率等问题。死区时间小,输出波形要好一些,只是会降低可靠性,一般为 μs 级。

配置 PWMA_CCER$i$ 寄存器中的 CC$i$P 和 CC$i$NP 位,可以为每一个输出独立地选择极性(主输出 OC$i$ 或互补输出 OC$i$N)。互补信号 OC$i$ 和 OC$i$N 通过下列控制位的组合进行控制:PWMA_CCER$i$ 寄存器的 CC$i$E 和 CC$i$NE 位,PWMA_BKR 寄存器中的 MOE、OIS$i$、OIS$i$N、OSSI 和 OSSR 位。特别的是,在转换到 IDLE 状态时(MOE 下降到 **0**)死区控制被激活。

同时设置 CC$i$E 和 CC$i$NE 位将插入死区,如果存在刹车电路,则还要设置 MOE 位。每一个通道都有一个 8 位的死区发生器。

如果 OC$i$ 和 OC$i$N 为高有效:

① OC$i$ 输出信号与 OC$i$REF 相同,只是它的上升沿相对于 OC$i$REF 的上升沿有一个延迟。

② OC$i$N 输出信号与 OC$i$REF 相反,只是它的上升沿相对于 OC$i$REF 的下降沿有一个延迟。

如果延迟大于当前有效的输出宽度(OC$i$ 或者 OC$i$N),则不会产生相应的脉冲。

下列几张图显示了死区发生器的输出信号和当前参考信号 OC$i$REF 之间的关系(假设 CC$i$P = **0**、CC$i$NP = **0**、MOE = **1**、CC$i$E = **1** 并且 CC$i$NE = **1**)。

带死区插入的互补输出的波形示意图如图 10-36 所示。

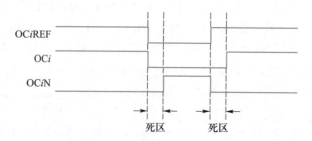

图 10-36　带死区插入的互补输出的波形示意图

死区波形延迟大于负脉冲时的波形示意图如图 10-37 所示。

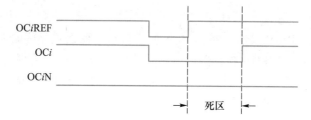

图 10-37　死区波形延迟大于负脉冲时的波形示意图

死区波形延迟大于正脉冲时的波形示意图如图 10-38 所示。

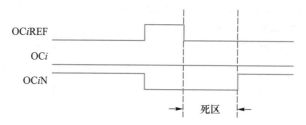

图 10-38　死区波形延迟大于正脉冲时的波形示意图

每一个通道的死区延时都是相同的,是由 PWMA_DTR 寄存器中的 DTG 位编程配置。

## 10.5.5　编码器接口模式

编码器接口模式一般用于电动机的速度测量和控制。

选择编码器接口模式的方法是:

① 如果计数器只在 TI2 的边沿计数,则置 PWMA_SMCR 寄存器中的 SMS=**001**;

② 如果只在 TI1 边沿计数,则置 SMS=**010**;

③ 如果计数器同时在 TI1 和 TI2 边沿计数,则置 SMS=**011**。

通过设置 PWMA_CCER1 寄存器中的 CC1P 和 CC2P 位,可以选择 TI1 和 TI2 极性;如果需要,还可以对输入滤波器编程。

两个输入 TI1 和 TI2 被用来作为增量编码器的接口。假定计数器已经启动(PWMA_CR1 寄存器中的 CEN=**1**),则计数器在每次 TI1FP1 或 TI2FP2 上产生有效跳变时计数。

TI1FP1 和 TI2FP2 是 TI1 和 TI2 在通过输入滤波器和极性控制后的信号。如果没有滤波和极性变换,则 TI1FP1 = TI1,TI2FP2 = TI2。根据两个输入信号的跳变顺序,产生了计数脉冲和方向信号。依据两个输入信号的跳变顺序,计数器向上或向下计数,同时硬件对 PWMA_CR1 寄存器的 DIR 位进行相应的设置。不管计数器是依靠 TI1 计数、依靠 TI2 计数或者同时依靠 TI1 和 TI2 计数,在任一输入端(TI1 或者 TI2)跳变都会重新计算 DIR 位。

编码器接口模式基本上相当于使用了一个带有方向选择的外部时钟。这意味着计数器只在 0 到 PWMA_ARR 寄存器的自动装载值之间连续计数(根据方向,或是 0 到 ARR 计数,或是 ARR 到 0 计数)。所以在开始计数之前必须配置 PWMA_ARR。在这种模式下捕获器、比较器、预分频器、重复计数器、触发输出特性等仍工作如常。编码器模式和外部时钟模式 2 不兼容,因此不能同时操作。

编码器接口模式下,计数器依照增量编码器的速度和方向被自动修改,因此计数器的内容始终指示着编码器的位置,计数方向与相连的传感器旋转方向对应。

表 10-1 列出了计数方向与编码器信号关系的所有可能组合(假设 TI1 和 TI2 不同时变换)。

表 10-1 计数方向与编码器信号的关系

| 有效边沿 | 相对信号的电平 (TI1FP1 对应 TI2,TI2FP2 对应 TI1) | TI1FP1 信号 | | TI2FP2 信号 | |
|---|---|---|---|---|---|
| | | 上升 | 下降 | 上升 | 下降 |
| 仅在 TI1 计数 | 高 | 向下计数 | 向上计数 | 不计数 | 不计数 |
| | 低 | 向上计数 | 向下计数 | 不计数 | 不计数 |
| 仅在 TI2 计数 | 高 | 不计数 | 不计数 | 向上计数 | 向下计数 |
| | 低 | 不计数 | 不计数 | 向下计数 | 向上计数 |
| 在 TI1 和 TI2 上计数 | 高 | 向下计数 | 向上计数 | 向上计数 | 向下计数 |
| | 低 | 向上计数 | 向下计数 | 向下计数 | 向上计数 |

一个外部的增量编码器可以直接与 MCU 连接而不需要外部接口逻辑。但是,一般使用比较器将编码器的差分输出转换成数字信号,这大大增加了抗噪声干扰能力。编码器输出的第三个信号表示机械零点,可以把它连接到一个外部中断输入并触发一个计数器复位。

下面是一个计数器操作的实例,显示了计数信号的产生和方向控制。它还显示了当选择了双边沿时,输入抖动是如何被抑制的;抖动可能会在传感器的位置靠近一个转换点时产生。在这个例子中,假定配置如下:

① CC1S = **01**(PWMA_CCMR1 寄存器,IC1FP1 映射到 TI1);

② CC2S = **01**(PWMA_CCMR2 寄存器,IC2FP2 映射到 TI2);

③ CC1P = **0**(PWMA_CCER1 寄存器,IC1 不反相,IC1 = TI1);

④ CC2P = **0**(PWMA_CCER1 寄存器,IC2 不反相,IC2 = TI2);

⑤ SMS = **011**(PWMA_SMCR 寄存器,所有的输入均在上升沿和下降沿有效);

⑥ CEN = **1**(PWMA_CR1 寄存器,计数器使能)。

编码器模式下的计数器操作实例如图 10-39 所示。

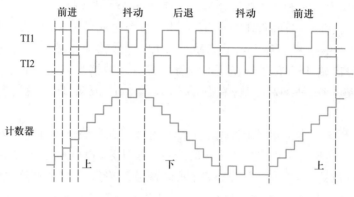

图 10-39　编码器模式下的计数器操作实例

当 IC1 极性反相时计数器的操作实例如图 10-40 所示。其中,CC1P = 1,其他配置与上例相同。

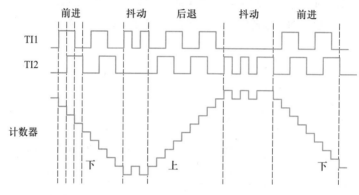

图 10-40　当 IC1 极性反相时计数器的操作实例

当定时器配置成编码器接口模式时,提供传感器当前位置的信息。使用另外一个配置在捕获模式下的定时器测量两个编码器事件的间隔,可以获得动态的信息(速度、加速度、减速度)。指示机械零点的编码器输出可被用作此目的。根据两个事件的间隔,可以按照一定的时间间隔读出计数器。如果可能的话,可以把计数器的值锁存到第三个输入捕获寄存器(捕获信号必须是周期的,并且可以由另一个定时器产生)。

## 10.6　PWM 模块的寄存器

高级 PWM 功能脚切换的相关寄存器介绍已在第 3 章中给出,在此不再赘述。

1. 输出使能寄存器(PWM$n$_ENO)

| 符号 | 地址 | b7 | b6 | b5 | b4 | b3 | b2 | b1 | b0 |
|---|---|---|---|---|---|---|---|---|---|
| PWMA_ENO | FEB1H | ENO4N | ENO4P | ENO3N | ENO3P | ENO2N | ENO2P | ENO1N | ENO1P |
| PWMB_ENO | FEB5H | — | ENO8P | — | ENO7P | — | ENO6P | — | ENO5P |

ENO8P:PWM8 输出控制位。**0**:禁止 PWM8 输出;**1**:使能 PWM8 输出。

ENO7P:PWM7 输出控制位。**0**:禁止 PWM7 输出;**1**:使能 PWM7 输出。

ENO6P:PWM6 输出控制位。**0**:禁止 PWM6 输出;**1**:使能 PWM6 输出。

ENO5P:PWM5 输出控制位。**0**:禁止 PWM5 输出;**1**:使能 PWM5 输出。

ENO4N:PWM4N 输出控制位。**0**:禁止 PWM4N 输出;**1**:使能 PWM4N 输出。

ENO4P:PWM4P 输出控制位。**0**:禁止 PWM4P 输出;**1**:使能 PWM4P 输出。

ENO3N:PWM3N 输出控制位。**0**:禁止 PWM3N 输出;**1**:使能 PWM3N 输出。

ENO3P:PWM3P 输出控制位。**0**:禁止 PWM3P 输出;**1**:使能 PWM3P 输出。

ENO2N:PWM2N 输出控制位。**0**:禁止 PWM2N 输出;**1**:使能 PWM2N 输出。

ENO2P:PWM2P 输出控制位。**0**:禁止 PWM2P 输出;**1**:使能 PWM2P 输出。

ENO1N:PWM1N 输出控制位。**0**:禁止 PWM1N 输出;**1**:使能 PWM1N 输出。

ENO1P:PWM1P 输出控制位。**0**:禁止 PWM1P 输出;**1**:使能 PWM1P 输出。

2. 控制寄存器 1(PWM$n$_CR1)

| 符号 | 地址 | b7 | b6 | b5 | b4 | b3 | b2 | b1 | b0 |
|------|------|------|------|------|------|------|------|------|------|
| PWMA_CR1 | FEC0H | ARPEA | CMSA[1:0] | | DIRA | OPMA | URSA | UDISA | CENA |
| PWMB_CR1 | FEE0H | ARPEB | CMSB[1:0] | | DIRB | OPMB | URSB | UDISB | CENB |

ARPE$n$:自动预装载允许位($n$=A,B,下同)。

**0**:PWM$n$_ARR 寄存器没有缓冲,它可以被直接写入。

**1**:PWM$n$_ARR 寄存器由预装载缓冲器缓冲。

CMS$n$[1:0]:选择对齐模式。

**00**:边沿对齐模式,计数器依据方向位(DIR)向上或向下计数。

**01**:中央对齐模式 1,计数器交替地向上和向下计数。配置为输出的通道,其输出的比较中断标志位只在计数器向下计数时被置 **1**。

**10**:中央对齐模式 2,计数器交替地向上和向下计数。配置为输出的通道,其输出的比较中断标志位只在计数器向上计数时被置 **1**。

**11**:中央对齐模式 3,计数器交替地向上和向下计数。配置为输出的通道,其输出的比较中断标志位在计数器向上和向下计数时均被置 **1**。

注意:

① 在计数器开启时(CEN=**1**),不允许从边沿对齐模式转换到中央对齐模式。

② 在中央对齐模式下,编码器模式(SMS=**001**,**010**,**011**)必须被禁止。

DIR$n$:计数器的计数方向位。

**0**:计数器向上计数;           **1**:计数器向下计数。

注:当计数器配置为中央对齐模式或编码器模式时,该位为只读。

OPM$n$:单脉冲模式控制位。

**0**:在发生更新事件时,计数器不停止;

**1**:在发生下一次更新事件时,清除 CEN 位,计数器停止。

URS$n$:更新请求源。

**0**：如果 UDIS 允许产生更新事件，则下述任一事件产生一个更新中断。

—— 寄存器被更新（计数器上溢/下溢）；

—— 软件设置 UG 位；

—— 时钟/触发控制器产生的更新。

**1**：如果 UDIS 允许产生更新事件，则只有寄存器被更新（计数器上溢/下溢）时才产生更新中断，并 UIF 置 1。

UDIS$n$：禁止更新控制位。

**0**：一旦下列事件发生，产生更新（UEV）事件。

—— 计数器溢出/下溢；

—— 产生软件更新事件；

—— 时钟/触发模式控制器产生的硬件复位 被缓存的寄存器被装入它们的预装载值。

**1**：不产生更新事件，影子寄存器（ARR、PSC、CCR$i$）保持它们的值。如果设置了 UG 位或时钟/触发控制器发出了一个硬件复位，则计数器和预分频器被重新初始化。

CEN$n$：允许计数器控制位。

**0**：禁止计数器；　　　　　　　　　**1**：使能计数器。

注：在软件设置了 CEN 位后，外部时钟、门控模式和编码器模式才能工作。然而，触发模式可以自动地通过硬件设置 CEN 位。

3. 控制寄存器 2（PWMx_CR2）

| 符号 | 地址 | b7 | b6 | b5 | b4 | b3 | b2 | b1 | b0 |
|---|---|---|---|---|---|---|---|---|---|
| PWMA_CR2 | FEC1H | TI1S | | MMSA[2:0] | | — | COMSA | — | CCPCA |
| PWMB_CR2 | FEE1H | TI5S | | MMSB[2:0] | | — | COMSB | — | CCPCB |

TI1S：PWMA 的 TI1 选择位。

**0**：PWM1P 输入引脚连到 TI1（数字滤波器的输入）；

**1**：PWM1P、PWM2P 和 PWM3P 引脚经**异或**后连到 PWMA 的 TI1。

TI5S：PWMB 的 TI5 选择位。

**0**：PWM5 输入引脚连到 TI5（数字滤波器的输入）；

**1**：PWM5、PWM6 和 PWM7 引脚经**异或**后连到 PWMB 的 TI5。

MMSA[2:0]：PWMA 的主模式选择位。

**000**：复位。PWMA_EGR 寄存器的 UG 位被用于作为触发输出（TRGO）。如果触发输入（时钟/触发控制器配置为复位模式）产生复位，则 TRGO 上的信号相对实际的复位会有一个延迟。

**001**：使能。计数器使能信号被用于作为触发输出（TRGO）。其用于启动 ADC，以便控制在一段时间内使能 ADC。计数器使能信号是通过 CEN 控制位和门控模式下的触发输入信号的逻辑**或**产生的。除非选择了主/从模式，当计数器使能信号受控于触发输入时，TRGO 上会有一个延迟。

注：当需要使用 PWM 触发 ADC 转换时，需要先设置 ADC_CONTR 寄存器中的 ADC_POWER、ADC_CHS 以及 ADC_EPWMT，当 PWM 产生 TRGO 内部信号时，系统会自动设置

ADC_START 来启动 A/D 转换。

**010**:更新。更新事件被选为触发输出(TRGO)。

**011**:比较脉冲。一旦发生一次捕获或一次比较成功,当 CC1IF 标志被置 **1** 时,触发输出送出一个正脉冲(TRGO)。

**100**:比较。OC1REF 信号被用于作为触发输出(TRGO)。

**101**:比较。OC2REF 信号被用于作为触发输出(TRGO)。

**110**:比较。OC3REF 信号被用于作为触发输出(TRGO)。

**111**:比较。OC4REF 信号被用于作为触发输出(TRGO)。

MMSB[2:0]:PWMB 主模式选择位。

**000**:复位。PWMB_EGR 寄存器的 UG 位被用于作为触发输出(TRGO)。如果触发输入(时钟/触发控制器配置为复位模式)产生复位,则 TRGO 上的信号相对实际的复位会有一个延迟。

**001**:使能。计数器使能信号被用于作为触发输出(TRGO)。其用于启动多个 PWM,以便控制在一段时间内使能从 PWM。计数器使能信号是通过 CEN 控制位和门控模式下的触发输入信号的逻辑**或**产生的。除非选择了主/从模式,当计数器使能信号受控于触发输入时,TRGO 上会有一个延迟。

**010**:更新。更新事件被选为触发输出(TRGO)。

**011**:比较脉冲。一旦发生一次捕获或一次比较成功,当 CC5IF 标志被置 **1** 时,触发输出送出一个正脉冲(TRGO)。

**100**:比较。OC5REF 信号被用于作为触发输出(TRGO)。

**101**:比较。OC6REF 信号被用于作为触发输出(TRGO)。

**110**:比较。OC7REF 信号被用于作为触发输出(TRGO)。

**111**:比较。OC8REF 信号被用于作为触发输出(TRGO)。

注:① 只有 PWMA 的 TRGO 可用于触发启动 ADC。

② 只有 PWMB 的 TRGO 可用于触发启动 PWMA 的 ITR2。

COMS$n$:捕获/比较控制位的更新控制选择。

**0**:当 CCPC$n$=1 时,只有在 COMG 位置 1 的时候这些控制位才被更新;

**1**:当 CCPC$n$=1 时,只有在 COMG 位置 1 或 TRGI 发生上升沿的时候这些控制位才被更新。

CCPC$n$:捕获/比较预装载控制位。

**0**:CCIE,CCINE,CC$i$P,CC$i$NP 和 OCIM 位不是预装载的;

**1**:CCIE,CCINE,CC$i$P,CC$i$NP 和 OCIM 位是预装载的,设置该位后,它们只在设置了 COMG 位后被更新。

注:该位只对具有互补输出的通道起作用。

4. 从模式控制寄存器(PWM$n$_SMCR)

| 符号 | 地址 | b7 | b6 | b5 | b4 | b3 | b2 | b1 | b0 |
|---|---|---|---|---|---|---|---|---|---|
| PWMA_SMCR | FEC2H | MSMA | TSA[2:0] | | | — | SMSA[2:0] | | |
| PWMB_SMCR | FEE2H | MSMB | TSB[2:0] | | | — | SMSB[2:0] | | |

MSM$n$：主/从模式触发输入延迟控制位。

**0**：无作用；

**1**：触发输入(TRGI)上的事件被延迟，以允许 PWM$n$ 与它的从 PWM 间的完美同步(通过 TRGO)。

TSA[2：0]：PWMA 触发源选择位。

**000**：无效；　　　　　　　　　　　**001**：无效；

**010**：内部触发 ITR2；　　　　　　　**011**：无效；

**100**：TI1 的边沿检测器(TI1F_ED)；　**101**：滤波后的定时器输入 1(TI1FP1)；

**110**：滤波后的定时器输入 2(TI2FP2)；**111**：外部触发输入(ETRF)。

TSB[2：0]：PWMB 触发源选择位。

**000**：无效；　**001**：无效；　**010**：无效；　**011**：无效；

**100**：TI5 的边沿检测器(TI5F_ED)；　**101**：滤波后的定时器输入 1(TI5FP5)；

**110**：滤波后的定时器输入 2(TI5FP6)；**111**：外部触发输入(ETRF)。

SMSA[2：0]：PWMA 时钟/触发/从模式选择位。

**000**：内部时钟模式。如果 CEN=1，则预分频器直接由内部时钟驱动。

**001**：编码器模式 1。根据 TI1FP1 的电平，计数器在 TI2FP2 的边沿向上和向下计数。

**010**：编码器模式 2。根据 TI2FP2 的电平，计数器在 TI1FP1 的边沿向上和向下计数。

**011**：编码器模式 3。根据另一个输入的电平，计数器在 TI1FP1 和 TI2FP2 的边沿向上和向下计数。

**100**：复位模式。在选中的触发输入(TRGI)的上升沿时重新初始化计数器，并且产生一个更新寄存器的信号。

**101**：门控模式。当触发输入(TRGI)为高时，计数器的时钟开启。一旦触发输入变为低，则计数器停止(但不复位)。计数器的启动和停止都是受控的。

**110**：触发模式。计数器在触发输入 TRGI 的上升沿启动(但不复位)，只有计数器的启动是受控的。

**111**：外部时钟模式 1。选中的触发输入(TRGI)的上升沿驱动计数器。

注：如果 TI1F_ED 被选为触发输入(TS=**100**)时，不要使用门控模式。这是因为 TI1F_ED 在每次 TI1F 变化时只是输出一个脉冲，然而门控模式是要检查触发输入的电平。

SMSB[2：0]：PWMB 时钟/触发/从模式选择位。

**000**：内部时钟模式。如果 CEN=1，则预分频器直接由内部时钟驱动。

**001**：编码器模式 1。根据 TI5FP5 的电平，计数器在 TI6FP6 的边沿向上和向下计数。

**010**：编码器模式 2。根据 TI6FP6 的电平，计数器在 TI5FP5 的边沿向上和向下计数。

**011**：编码器模式 3。根据另一个输入的电平，计数器在 TI5FP5 和 TI6FP6 的边沿向上和向下计数。

**100**：复位模式。在选中的触发输入(TRGI)的上升沿时重新初始化计数器，并且产生一个更新寄存器的信号。

**101**：门控模式。当触发输入(TRGI)为高时，计数器的时钟开启。一旦触发输入变为低，则计数器停止(但不复位)。计数器的启动和停止都是受控的。

**110**：触发模式。计数器在触发输入 TRGI 的上升沿启动(但不复位)，只有计数器的启动是受控的。

**111**:外部时钟模式 1。选中的触发输入(TRGI)的上升沿驱动计数器。

注:如果 TI5F_ED 被选为触发输入(TS=**100**)时,不要使用门控模式。这是因为 TI5F_ED 在每次 TI5F 变化时只是输出一个脉冲,然而门控模式是要检查触发输入的电平。

5. 外部触发寄存器(PWM$n$_ETR)

| 符号 | 地址 | b7 | b6 | b5 | b4 | b3 | b2 | b1 | b0 |
|------|------|------|------|------|------|------|------|------|------|
| PWMA_ETR | FEC3H | ETPA | ECEA | ETPSA[1:0] | | ETFA[3:0] | | | |
| PWMB_ETR | FEE3H | ETPB | ECEB | ETPSB[1:0] | | ETFB[3:0] | | | |

ETP$n$:外部触发 ETR 的极性控制位。

**0**:高电平或上升沿有效;　　　　　　　**1**:低电平或下降沿有效。

ECE$n$:外部时钟使能位。

**0**:禁止外部时钟模式 2;

**1**:使能外部时钟模式 2,计数器的时钟为 ETRF 的有效沿。

注:① ECE 置 **1** 的效果与选择把 TRGI 连接到 ETRF 的外部时钟模式 1 相同(PWM$n$_SMCR 寄存器中,SMS=**111**,TS=**111**)。

② 外部时钟模式 2 可与下列模式同时使用:触发标准模式、触发复位模式、触发门控模式。但是,此时 TRGI 决不能与 ETRF 相连(PWM$n$_SMCR 寄存器中,TS 不能为 **111**)。

③ 外部时钟模式 1 与外部时钟模式 2 同时使能,外部时钟输入为 ETRF。

ETPS$n$:外部触发预分频器设置。外部触发信号 EPRP 的频率最大不能超过 $f_{MASTER}/4$,可用预分频器来降低 ETRP 的频率,当 EPRP 的频率很高时,它非常有用。

**00**:预分频器关闭; 　**01**:EPRP 的频率/2; 　**10**:EPRP 的频率/4; 　**11**:EPRP 的频率/8。

ETF$n$[3:0]:外部触发滤波器选择,该位域定义了 ETRP 的采样频率及数字滤波器长度。

**0000**:1 个时钟;**0001**:2 个时钟;**0010**:4 个时钟;**0011**:8 个时钟;

**0100**:12 个时钟;**0101**:16 个时钟;**0110**:24 个时钟;**0111**:32 个时钟;

**1000**:48 个时钟;**1001**:64 个时钟;**1010**:80 个时钟;**1011**:96 个时钟;

**1100**:128 个时钟;**1101**:160 个时钟;**1110**:192 个时钟;**1111**:256 个时钟。

6. 中断使能寄存器(PWM$n$_IER)

| 符号 | 地址 | b7 | b6 | b5 | b4 | b3 | b2 | b1 | b0 |
|------|------|------|------|------|------|------|------|------|------|
| PWMA_IER | FEC4H | BIEA | TIEA | COMIEA | CC4IE | CC3IE | CC2IE | CC1IE | UIEA |
| PWMB_IER | FEE4H | BIEB | TIEB | COMIEB | CC8IE | CC7IE | CC6IE | CC5IE | UIEB |

BIE$n$:刹车中断允许位。

**0**:禁止刹车中断;　　　　　　　　**1**:允许刹车中断。

TIE$n$:触发中断使能位。

**0**:禁止触发中断;　　　　　　　　**1**:使能触发中断。

COMIE$n$:COM 中断允许位。

**0**:禁止 COM 中断;　　　　　　　　**1**:允许 COM 中断。

CC*i*IE:捕获/比较 *i* 中断允许位(*i*=1,2,3,4,5,6,7,8)。

**0**:禁止捕获/比较 *i* 中断;　　　　**1**:允许捕获/比较 *i* 中断。

UIE*n*:更新中断允许位。

**0**:禁止更新中断;　　　　**1**:允许更新中断。

7. 状态寄存器 1(PWM*n*_SR1)

| 符号 | 地址 | b7 | b6 | b5 | b4 | b3 | b2 | b1 | b0 |
|------|------|-----|-----|--------|-------|-------|-------|-------|------|
| PWMA_SR1 | FEC5H | BIFA | TIFA | COMIFA | CC4IF | CC3IF | CC2IF | CC1IF | UIFA |
| PWMB_SR1 | FEE5H | BIFB | TIFB | COMIFB | CC8IF | CC7IF | CC6IF | CC5IF | UIFB |

BIF*n*:刹车中断标记。一旦刹车输入有效,由硬件对该位置 **1**;如果刹车输入无效,则该位可由软件清 **0**。

**0**:无刹车事件产生;　　　　**1**:刹车输入上检测到有效电平。

TIF*n*:触发器中断标记。当发生触发事件时由硬件对该位置 **1**,由软件清 **0**。

**0**:无触发器事件产生;　　**1**:触发中断等待响应。

COMIF*n*:COM 中断标记。一旦产生 COM 事件该位由硬件置 **1**,由软件清 **0**。

**0**:无 COM 事件产生;　　　　**1**:COM 中断等待响应。

CC8IF:捕获/比较 8 中断标记,参考 CC1IF 描述。

CC7IF:捕获/比较 7 中断标记,参考 CC1IF 描述。

CC6IF:捕获/比较 6 中断标记,参考 CC1IF 描述。

CC5IF:捕获/比较 5 中断标记,参考 CC1IF 描述。

CC4IF:捕获/比较 4 中断标记,参考 CC1IF 描述。

CC3IF:捕获/比较 3 中断标记,参考 CC1IF 描述。

CC2IF:捕获/比较 2 中断标记,参考 CC1IF 描述。

CC1IF:捕获/比较 1 中断标记。

① 如果通道 CC1 配置为输出模式:当计数器值与比较值匹配时该位由硬件置 **1**,但在中央对齐模式下除外;它由软件清 **0**。

**0**:无匹配发生;

**1**:PWMA_CNT 的值与 PWMA_CCR1 的值匹配。

注:在中央对齐模式下,当计数器值为 0 时,向上计数,当计数器值为 ARR 时,向下计数(从 0 向上计数到 ARR−1,再由 ARR 向下计数到 1)。因此,对所有的 SMS 位值,这两个值都不置标记。但是,如果 CCR1>ARR,则当 CNT 达到 ARR 值时,CC1IF 置 **1**。

② 如果通道 CC1 配置为输入模式:当捕获事件发生时该位由硬件置 **1**,它由软件清 **0** 或通过读 PWMA_CCR1L 清 **0**。

**0**:无输入捕获产生;

**1**:计数器值已被捕获至 PWMA_CCR1。

UIF*n*:更新中断标记。当产生更新事件时该位由硬件置 **1**,它由软件清 **0**。

**0**:无更新事件产生。

**1**:更新事件等待响应。当寄存器被更新时该位由硬件置 **1**。

—若 PWM$n$_CR1 寄存器的 UDIS = **0**,当计数器上溢或下溢时。

—若 PWM$n$_CR1 寄存器的 UDIS = **0**,URS = **0**,当设置 PWM$n$_EGR 寄存器的 UG 位软件对计数器 CNT 重新初始化时。

—若 PWM$n$_CR1 寄存器的 UDIS = **0**,URS = **0**,当计数器 CNT 被触发事件重新初始化时。

8. 状态寄存器 2(PWM$n$_SR2)

| 符号 | 地址 | b7 | b6 | b5 | b4 | b3 | b2 | b1 | b0 |
|------|------|----|----|----|----|----|----|----|----|
| PWMA_SR2 | FEC6H | — | — | — | CC4OF | CC3OF | CC2OF | CC1OF | – |
| PWMB_SR2 | FEE6H | — | — | — | CC8OF | CC7OF | CC6OF | CC5OF | |

CC8OF:捕获/比较 8 重复捕获标记。参见 CC1OF 描述。

CC7OF:捕获/比较 7 重复捕获标记。参见 CC1OF 描述。

CC6OF:捕获/比较 6 重复捕获标记。参见 CC1OF 描述。

CC5OF:捕获/比较 5 重复捕获标记。参见 CC1OF 描述。

CC4OF:捕获/比较 4 重复捕获标记。参见 CC1OF 描述。

CC3OF:捕获/比较 3 重复捕获标记。参见 CC1OF 描述。

CC2OF:捕获/比较 2 重复捕获标记。参见 CC1OF 描述。

CC1OF:捕获/比较 1 重复捕获标记。仅当相应的通道被配置为输入捕获时,该标记可由硬件置 **1**;写 **0** 可清除该位。

**0**:无重复捕获产生;

**1**:计数器的值被捕获到 PWMA_CCR1 寄存器时,CC1IF 的状态已经为 **1**。

9. 事件产生寄存器(PWM$n$_EGR)

| 符号 | 地址 | b7 | b6 | b5 | b4 | b3 | b2 | b1 | b0 |
|------|------|----|----|----|----|----|----|----|----|
| PWMA_EGR | FEC7H | BGA | TGA | COMGA | CC4G | CC3G | CC2G | CC1G | UGA |
| PWMB_EGR | FEE7H | BGB | TGB | COMGB | CC8G | CC7G | CC6G | CC5G | UGB |

BG$n$:产生刹车事件。该位由软件置 **1**,用于产生一个刹车事件;由硬件自动清 **0**。

**0**:无动作;

**1**:产生一个刹车事件。此时 MOE = **0**,BIF = **1**,若开启对应的中断(BIE = **1**),则产生相应的中断。

TG$n$:产生触发事件。该位由软件置 **1**,用于产生一个触发事件;由硬件自动清 **0**。

**0**:无动作;

**1**:TIF = **1**,若开启对应的中断(TIE = **1**),则产生相应的中断。

COMG$n$:捕获/比较事件,产生控制更新。该位由软件置 **1**,由硬件自动清 **0**。

**0**:无动作;

**1**:CCPC = **1**,允许更新 CCIE、CCINE、CC$i$P,CC$i$NP,OCIM 位。

注:该位只对拥有互补输出的通道有效

CC8G:产生捕获/比较 8 事件。参考 CC1G 描述。

CC7G:产生捕获/比较 7 事件。参考 CC1G 描述。

CC6G:产生捕获/比较 6 事件。参考 CC1G 描述。

CC5G:产生捕获/比较 5 事件。参考 CC1G 描述。

CC4G:产生捕获/比较 4 事件。参考 CC1G 描述。

CC3G:产生捕获/比较 3 事件。参考 CC1G 描述。

CC2G:产生捕获/比较 2 事件。参考 CC1G 描述。

CC1G:产生捕获/比较 1 事件。产生捕获/比较 1 事件。该位由软件置 **1**,用于产生一个捕获/比较事件;由硬件自动清 **0**。

**0**:无动作;

**1**:在通道 CC1 上产生一个捕获/比较事件。

若通道 CC1 配置为输出:设置 CC1IF=1,若开启对应的中断,则产生相应的中断。

若通道 CC1 配置为输入:当前的计数器值被捕获至 PWMA_CCR1 寄存器,设置 CC1IF=1,若开启对应的中断,则产生相应的中断。若 CC1IF 已经为 **1**,则设置 CC1OF=**1**。

UG$n$:产生更新事件。该位由软件置 **1**,由硬件自动清 **0**。

**0**:无动作;

**1**:重新初始化计数器,并产生一个更新事件。

注:预分频器的计数器也被清 **0**(但是预分频系数不变)。若在中央对齐模式下或 DIR=**0**(向上计数),则计数器被清 **0**;若 DIR=**1**(向下计数)则计数器取 PWM$n$_ARR 的值。

10. 捕获/比较模式寄存器 1(PWM$n$_CCMR1)

通道可用于捕获输入模式或比较输出模式,通道的方向由相应的 CC$i$S 位定义。该寄存器其他位的作用在输入模式和输出模式下不同。OCxx 描述了通道在输出模式下的功能,ICxx 描述了通道在输入模式下的功能。

(1) 通道配置为比较输出模式

| 符号 | 地址 | b7 | b6 | b5 | b4 | b3 | b2 | b1 | b0 |
|---|---|---|---|---|---|---|---|---|---|
| PWMA_CCMR1 | FEC8H | OC1CE | OC1M[2:0] | | | OC1PE | OC1FE | CC1S[1:0] | |
| PWMB_CCMR1 | FEE8H | OC5CE | OC5M[2:0] | | | OC5PE | OC5FE | CC5S[1:0] | |

OC$i$CE:输出比较 $i$ 清零使能。该位用于使能使用 PWMETI 引脚上的外部事件来清通道 $i$ 的输出信号(OC$i$REF)($i$=1,5)。

**0**:OC$i$REF 不受 ETRF 输入的影响;

**1**:一旦检测到 ETRF 输入高电平,OC$i$REF=**0**。

OC$i$M[2:0]:输出比较 $i$ 模式。该 3 位定义了输出参考信号 OC$i$REF 的动作,而 OC$i$REF 决定了 OC$i$ 的值。OC$i$REF 是高电平有效,而 OC$i$ 的有效电平取决于 CC$i$P 位($i$=1,5)。

**000**:冻结。PWM$n$_CCR1 与 PWM$n$_CNT 间的比较对 OC$i$REF 不起作用。

**001**:匹配时设置通道 $n$ 的输出为有效电平。当 PWM$n$_CCR1=PWM$n$_CNT 时,OC$i$REF 输出高。

**010**:匹配时设置通道 $n$ 的输出为无效电平。当 PWM$n$_CCR1=PWM$n$_CNT 时,OC$i$REF 输出低。

**011**:翻转。当 PWM$n$_CCR1=PWM$n$_CNT 时,翻转 OC$i$REF。

**100**:强制为无效电平。强制 OC$i$REF 为低。

**101**:强制为有效电平。强制 OC$i$REF 为高。

**110**:PWM 模式 1。在向上计数时,当 PWM$n$\_CNT<PWM$n$\_CCR1 时,OC$i$REF 输出高,否则 OC$i$REF 输出低;在向下计数时,当 PWM$n$\_CNT>PWM$n$\_CCR1 时,OC$i$REF 输出低,否则 OC$i$REF 输出高。

**111**:PWM 模式 2。在向上计数时,当 PWM$n$\_CNT<PWM$n$\_CCR1 时,OC$i$REF 输出低,否则 OC$i$REF 输出高;在向下计数时,当 PWM$n$\_CNT>PWM$n$\_CCR1 时,OC$i$REF 输出高,否则 OC$i$REF 输出低。

注:① 一旦 LOCK 级别设为 3(PWM$n$\_BKR 寄存器中的 LOCK 位)并且 CC$i$S = **00**(该通道配置成输出)则这些位不能被修改。

② 在 PWM 模式 1 或 PWM 模式 2 中,只有当比较结果改变了或在输出比较模式中从冻结模式切换到 PWM 模式时,OC$i$REF 电平才改变。

③ 在有互补输出的通道上,这些位是预装载的。如果 PWM$n$\_CR2 寄存器的 CCPC = **1**,OCM 位只有在 COM 事件发生时,才从预装载位取新值。

OC$i$PE:输出比较 $i$ 预装载使能($i=1,5$)。

**0**:禁止 PWM$n$\_CCR1 寄存器的预装载功能,可随时写入 PWM$n$\_CCR1 寄存器,并且新写入的数值立即起作用。

**1**:开启 PWM$n$\_CCR1 寄存器的预装载功能,读写操作仅对预装载寄存器操作,PWM$n$\_CCR1 的预装载值在更新事件到来时被加载至当前寄存器中。

注:① 一旦 LOCK 级别设为 3(PWM$n$\_BKR 寄存器中的 LOCK 位)并且 CC$i$S = **00**(该通道配置成输出),则该位不能被修改。

② 为了操作正确,在 PWM 模式下必须使能预装载功能。但在单脉冲模式下(PWM$n$\_CR1 寄存器的 OPM = **1**),它不是必须的。

OC$i$FE:输出比较 $i$ 快速使能。该位用于加快 CC$i$ 输出对触发输入事件的响应($i=1,5$)。

**0**:根据计数器与 CCR$i$ 的值,CC$i$ 正常操作,即使触发器是打开的。当触发器的输入有一个有效沿时,激活 CC$i$ 输出的最小延时为 5 个时钟周期。

**1**:输入到触发器的有效沿的作用就像发生了一次比较匹配。因此,OC 被设置为比较电平而与比较结果无关。采样触发器的有效沿和 CC$i$ 输出间的延时被缩短为 3 个时钟周期。OC$i$FE 只在通道被配置成 PWMA 或 PWMB 模式时起作用。

CC1S[1:0]:捕获/比较 1 选择。这两位定义通道的方向(输入/输出)及输入脚的选择。

**00**:输出。

**01**:输入。IC1 映射在 TI1FP1 上。

**10**:输入。IC1 映射在 TI2FP1 上。

**11**:输入。IC1 映射在 TRC 上。此模式仅工作在内部触发器输入被选中时(由 PWMA\_SMCR 寄存器的 TS 位选择)

CC5S[1:0]:捕获/比较 5 选择。这两位定义通道的方向(输入/输出)及输入脚的选择。

**00**:输出。

**01**:输入。IC5 映射在 TI5FP5 上。

**10**：输入。IC5 映射在 TI6FP5 上。

**11**：输入。IC5 映射在 TRC 上。此模式仅工作在内部触发器输入被选中时（由 PWM5_SMCR 寄存器的 TS 位选择）。

注：CC1S 仅在通道关闭时（PWMA_CCER1 寄存器的 CC1E = 0）才是可写的；CC5S 仅在通道关闭时（PWM5_CCER1 寄存器的 CC5E = 0）才是可写的。

（2）通道配置为捕获输入模式

| 符号 | 地址 | b7 | b6 | b5 | b4 | b3 | b2 | b1 | b0 |
|---|---|---|---|---|---|---|---|---|---|
| PWMA_CCMR1 | FEC8H | | IC1F[3:0] | | | IC1PSC[1:0] | | CC1S[1:0] | |
| PWMB_CCMR1 | FEE8H | | IC5F[3:0] | | | IC5PSC[1:0] | | CC5S[1:0] | |

IC$i$F[3:0]：输入捕获 $i$ 滤波器选择，该位域定义了 TI$i$ 的采样频率及数字滤波器长度。（$i$ = 1,5）

**0000**：1 个时钟；**0001**：2 个时钟；**0010**：4 个时钟；**0011**：8 个时钟；

**0100**：12 个时钟；**0101**：16 个时钟；**0110**：24 个时钟；**0111**：32 个时钟；

**1000**：48 个时钟；**1001**：64 个时钟；**1010**：80 个时钟；**1011**：96 个时钟；

**1100**：128 个时钟；**1101**：160 个时钟；**1110**：192 个时钟；**1111**：256 个时钟。

IC$i$PSC[1:0]：输入/捕获 $i$ 预分频器。这两位定义 CC$i$ 输入（IC$i$）的预分频系数（$i$ = 1,5）。

**00**：无预分频器，捕获输入口上检测到的每一个边沿都触发一次捕获；

**01**：每 2 个事件触发一次捕获；

**10**：每 4 个事件触发一次捕获；

**11**：每 8 个事件触发一次捕获。

CC1S[1:0]：捕获/比较 1 选择。这两位定义通道的方向（输入/输出），及输入脚的选择，前面已有描述。

CC5S[1:0]：捕获/比较 5 选择。这两位定义通道的方向（输入/输出），及输入脚的选择，前面已有描述。

**11. 捕获/比较模式寄存器 2（PWM$n$_CCMR2）**

捕获/比较模式寄存器 2（PWM$n$_CCMR2）用于设置通道 2 和通道 6 的功能。PWMA_CCMR2 的地址为 FEC9H；PWMB_CCMR2 的地址为 FEE9H。

**12. 捕获/比较模式寄存器 3（PWM$n$_CCMR3）**

捕获/比较模式寄存器 3（PWM$n$_CCMR3）用于设置通道 3 和通道 7 的功能。PWMA_CCMR3 的地址为 FECAH；PWMB_CCMR3 的地址为 FEEAH。

**13. 捕获/比较模式寄存器 4（PWM$n$_CCMR4）**

捕获/比较模式寄存器 4（PWM$n$_CCMR4）用于设置通道 4 和通道 8 的功能。PWMA_CCMR4 的地址为 FECBH；PWMB_CCMR4 的地址为 FEEBH。

捕获/比较模式寄存器 2（PWM$n$_CCMR2）～捕获/比较模式寄存器 4（PWM$n$_CCMR4）的位的定义与捕获/比较模式寄存器 1（PWM$n$_CCMR1）类似，请读者参照学习。

**14. 捕获/比较使能寄存器 1（PWM$n$_CCER1）**

| 符号 | 地址 | b7 | b6 | b5 | b4 | b3 | b2 | b1 | b0 |
|---|---|---|---|---|---|---|---|---|---|
| PWMA_CCER1 | FECCH | CC2NP | CC2NE | CC2P | CC2E | CC1NP | CC1NE | CC1P | CC1E |
| PWMB_CCER1 | FEECH | — | — | CC6P | CC6E | — | — | CC5P | CC5E |

CC6P:OC6 输入捕获/比较输出极性。参考 CC1P 的介绍。

CC6E:OC6 输入捕获/比较输出使能。参考 CC1E 的介绍。

CC5P:OC5 输入捕获/比较输出极性。参考 CC1P 的介绍。

CC5E:OC5 输入捕获/比较输出使能。参考 CC1E 的介绍。

CC2NP:OC2N 比较输出极性。参考 CC1NP 的介绍。

CC2NE:OC2N 比较输出使能。参考 CC1NE 的介绍。

CC2P:OC2 输入捕获/比较输出极性。参考 CC1P 的介绍。

CC2E:OC2 输入捕获/比较输出使能。参考 CC1E 的介绍。

CC1NP:OC1N 比较输出极性。

0:高电平有效;          1:低电平有效。

CC1NE:OC1N 比较输出使能。

0:关闭比较输出。

1:开启比较输出,其输出电平依赖于 MOE、OSSI、OSSR、OIS1、OIS1N 和 CC1E 位的值。

CC1P:OC1 输入捕获/比较输出极性。

① CC1 通道配置为输出时:

0:高电平有效;          1:低电平有效。

② CC1 通道配置为输入或者捕获时:

0:捕获发生在 TI1F 或 TI2F 的上升沿;        1:捕获发生在 TI1F 或 TI2F 的下降沿。

CC1E:OC1 输入捕获/比较输出使能。

0:关闭输入捕获/比较输出;          1:开启输入捕获/比较输出。

15. 捕获/比较使能寄存器 2(PWM$n$_CCER2)

| 符号 | 地址 | b7 | b6 | b5 | b4 | b3 | b2 | b1 | b0 |
|---|---|---|---|---|---|---|---|---|---|
| PWMA_CCER2 | FECDH | CC4NP | CC4NE | CC4P | CC4E | CC3NP | CC3NE | CC3P | CC3E |
| PWMB_CCER2 | FEEDH | — | — | CC8P | CC8E | — | — | CC7P | CC7E |

CC8P:OC8 输入捕获/比较输出极性。参考 CC1P 的介绍。

CC8E:OC8 输入捕获/比较输出使能。参考 CC1E 的介绍。

CC7P:OC7 输入捕获/比较输出极性。参考 CC1P 的介绍。

CC7E:OC7 输入捕获/比较输出使能。参考 CC1E 的介绍。

CC4NP:OC4N 比较输出极性。参考 CC1NP 的介绍。

CC4NE:OC4N 比较输出使能。参考 CC1NE 的介绍。

CC4P:OC4 输入捕获/比较输出极性。参考 CC1P 的介绍。

CC4E:OC4 输入捕获/比较输出使能。参考 CC1E 的介绍。

CC3NP:OC3N 比较输出极性。参考 CC1NP 的介绍。

CC3NE:OC3N 比较输出使能。参考 CC1NE 的介绍。

CC3P:OC3 输入捕获/比较输出极性。参考 CC1P 的介绍。

CC3E:OC3 输入捕获/比较输出使能。参考 CC1E 的介绍。

16. PWMA 计数器(PWMA_CNTR)

| 符号 | 地址 | b7 | b6 | b5 | b4 | b3 | b2 | b1 | b0 |
|---|---|---|---|---|---|---|---|---|---|
| PWMA_CNTRH | FECEH | | | | CNTA[15：8] | | | | |
| PWMA_CNTRL | FECFH | | | | CNTA[7：0] | | | | |

17. PWMB 计数器(PWMB_CNTR)

| 符号 | 地址 | b7 | b6 | b5 | b4 | b3 | b2 | b1 | b0 |
|---|---|---|---|---|---|---|---|---|---|
| PWMB_CNTRH | FEEEH | | | | CNTB[15：8] | | | | |
| PWMB_CNTRL | FEEFH | | | | CNTB[7：0] | | | | |

18. PWMA 预分频器(PWMA_PSCR)

| 符号 | 地址 | b7 | b6 | b5 | b4 | b3 | b2 | b1 | b0 |
|---|---|---|---|---|---|---|---|---|---|
| PWMA_PSCRH | FED0H | | | | PSCA[15：8] | | | | |
| PWMA_PSCRL | FED1H | | | | PSCA[7：0] | | | | |

19. PWMB 预分频器(PWMB_PSCR)

| 符号 | 地址 | b7 | b6 | b5 | b4 | b3 | b2 | b1 | b0 |
|---|---|---|---|---|---|---|---|---|---|
| PWMB_PSCRH | FEF0H | | | | PSCB[15：8] | | | | |
| PWMB_PSCRL | FEF1H | | | | PSCB[7：0] | | | | |

PWM 输出频率计算公式如下：

(1) 边沿对齐模式

$$PWM \text{ 输出频率} = \frac{\text{系统工作频率 SYSclk}}{(PWMn\_PSCR+1) \times (PWMn\_ARR+1)}$$

(2) 中央对齐模式

$$PWM \text{ 输出频率} = \frac{\text{系统工作频率 SYSclk}}{(PWMn\_PSCR+1) \times PWMn\_ARR \times 2}$$

20. PWMA 自动重装载寄存器(PWMA_ARR)

| 符号 | 地址 | b7 | b6 | b5 | b4 | b3 | b2 | b1 | b0 |
|---|---|---|---|---|---|---|---|---|---|
| PWMA_ARRH | FED2H | | | | ARRA[15：8] | | | | |
| PWMA_ARRL | FED3H | | | | ARRA[7：0] | | | | |

21. PWMB 自动重装载寄存器(PWMB_ARR)

| 符号 | 地址 | b7 | b6 | b5 | b4 | b3 | b2 | b1 | b0 |
|---|---|---|---|---|---|---|---|---|---|
| PWMB_ARRH | FEF2H | | | | ARRB[15:8] | | | | |
| PWMB_ARRL | FEF3H | | | | ARRB[7:0] | | | | |

### 22. 重复计数器寄存器（PWMx_RCR）

| 符号 | 地址 | b7 | b6 | b5 | b4 | b3 | b2 | b1 | b0 |
|---|---|---|---|---|---|---|---|---|---|
| PWMA_RCR | FED4H | | | | REPA[7:0] | | | | |
| PWMB_RCR | FEF4H | | | | REPB[7:0] | | | | |

REP$n$[7:0]:重复计数器值（$n=$ A,B）。

开启了预装载功能后,这些位允许用户设置比较寄存器的更新速率（即周期性地从预装载寄存器传输到当前寄存器）;如果允许产生更新中断,则会同时影响产生更新中断的速率。每次向下计数器 REP_CNT 达到 0,会产生一个更新事件并且计数器 REP_CNT 重新从 REP$n$ 值开始计数。由于 REP_CNT 只有在周期更新事件 U_RC 发生时才重载 REP 值,因此对 PWM$n$_RCR 寄存器写入的新值,只在下次周期更新事件发生时才起作用。这意味着在 PWM 模式中,（REP+1）对应着:PWM 周期的数目（边沿对齐模式）或 PWM 半周期的数目（中央对齐模式）。

### 23. 捕获/比较寄存器 1（PWMA_CCR1）

| 符号 | 地址 | b7 | b6 | b5 | b4 | b3 | b2 | b1 | b0 |
|---|---|---|---|---|---|---|---|---|---|
| PWMA_CCR1H | FED5H | | | | CCR1[15:8] | | | | |
| PWMA_CCR1L | FED6H | | | | CCR1[7:0] | | | | |

若 CC1 通道配置为输出,则 CCR1 包含了装入当前比较值（预装载值）。如果在 PWMA_CCMR1 寄存器（OC1PE 位）中未选择预装载功能,写入的数值会立即传输至当前寄存器中。否则只有当更新事件发生时,此预装载值才传输至当前捕获/比较寄存器 1 中。当前比较值同计数器 PWMA_CNT 的值相比较,并在 OC1 端口上产生输出信号。

若 CC1 通道配置为输入,则 CCR1 包含了上一次输入捕获事件发生时的计数器值（此时该寄存器为只读）。

其他通道的工作原理与通道 1 类似。

### 24. 捕获/比较寄存器 2（PWMA_CCR2）

| 符号 | 地址 | b7 | b6 | b5 | b4 | b3 | b2 | b1 | b0 |
|---|---|---|---|---|---|---|---|---|---|
| PWMA_CCR2H | FED7H | | | | CCR2[15:8] | | | | |
| PWMA_CCR2L | FED8H | | | | CCR2[7:0] | | | | |

### 25. 捕获/比较寄存器 3（PWMA_CCR3）

| 符号 | 地址 | b7 | b6 | b5 | b4 | b3 | b2 | b1 | b0 |
|---|---|---|---|---|---|---|---|---|---|
| PWMA_CCR3H | FED9H | CCR3[15：8] | | | | | | | |
| PWMA_CCR3L | FEDAH | CCR3[7：0] | | | | | | | |

26. 捕获/比较寄存器 4(PWMA_CCR4)

| 符号 | 地址 | b7 | b6 | b5 | b4 | b3 | b2 | b1 | b0 |
|---|---|---|---|---|---|---|---|---|---|
| PWMA_CCR4H | FEDBH | CCR4[15：8] | | | | | | | |
| PWMA_CCR4L | FEDCH | CCR4[7：0] | | | | | | | |

27. 捕获/比较寄存器 5(PWMB_CCR5)

| 符号 | 地址 | b7 | b6 | b5 | b4 | b3 | b2 | b1 | b0 |
|---|---|---|---|---|---|---|---|---|---|
| PWMB_CCR5H | FEF5H | CCR5[15：8] | | | | | | | |
| PWMB_CCR5L | FEF6H | CCR5[7：0] | | | | | | | |

28. 捕获/比较寄存器 6(PWMB_CCR6)

| 符号 | 地址 | b7 | b6 | b5 | b4 | b3 | b2 | b1 | b0 |
|---|---|---|---|---|---|---|---|---|---|
| PWMB_CCR6H | FEF7H | CCR6[15：8] | | | | | | | |
| PWMB_CCR6L | FEF8H | CCR6[7：0] | | | | | | | |

29. 捕获/比较寄存器 7(PWMB_CCR7)

| 符号 | 地址 | b7 | b6 | b5 | b4 | b3 | b2 | b1 | b0 |
|---|---|---|---|---|---|---|---|---|---|
| PWMB_CCR7H | FEF9H | CCR7[15：8] | | | | | | | |
| PWMB_CCR7L | FEFAH | CCR7[7：0] | | | | | | | |

30. 捕获/比较寄存器 8(PWMB_CCR8)

| 符号 | 地址 | b7 | b6 | b5 | b4 | b3 | b2 | b1 | b0 |
|---|---|---|---|---|---|---|---|---|---|
| PWMB_CCR8H | FEFBH | CCR8[15：8] | | | | | | | |
| PWMB_CCR8L | FEFCH | CCR8[7：0] | | | | | | | |

31. 刹车寄存器(PWMx_BKR)

| 符号 | 地址 | b7 | b6 | b5 | b4 | b3 | b2 | b1 | b0 |
|---|---|---|---|---|---|---|---|---|---|
| PWMA_BKR | FEDDH | MOEA | AOEA | BKPA | BKEA | OSSRA | OSSIA | LOCKA[1：0] | |
| PWMB_BKR | FEFDH | MOEB | AOEB | BKPB | BKEB | OSSRB | OSSIB | LOCKB[1：0] | |

**MOE$n$**：主输出使能。一旦刹车输入有效,该位被硬件异步清 **0**。根据 AOE 位的设置值,

该位可以由软件置 **1** 或被自动置 **1**。它仅对配置为输出的通道有效($n=$ A,B,下同)。

    **0**:禁止 OC 和 OCN 输出或强制为空闲状态

    **1**:如果设置了相应的使能位(PWM$i$_CCER$i$ 寄存器的 CCIE 位),则使能 OC$n$ 和 OC$n$N 输出。

    AOE$n$:自动输出使能。

    **0**:MOE 只能被软件置 **1**;

    **1**:MOE 能被软件置 **1** 或在下一个更新事件被自动置 **1**(如果刹车输入无效)。

    BKP$n$:刹车输入极性。

    **0**:刹车输入低电平有效;           **1**:刹车输入高电平有效。

    BKE$n$:刹车功能使能。

    **0**:禁止刹车输入(BRK);           **1**:开启刹车输入(BRK)。

    OSSR$n$:运行模式下"关闭状态"选择。该位在 MOE=1 且通道设为输出时有效。

    **0**:当 PWM 不工作时,禁止 OC/OCN 输出(OC/OCN 使能输出信号=**0**);

    **1**:当 PWM 不工作时,一旦 CC$i$E=**1** 或 CC$i$NE=**1**,首先开启 OC/OCN 并输出无效电平,然后置 OC/OCN 使能输出信号=**1**。

    OSSI$n$:空闲模式下"关闭状态"选择。该位在 MOE=0 且通道设为输出时有效。

    **0**:当 PWM 不工作时,禁止 OC/OCN 输出(OC/OCN 使能输出信号=**0**);

    **1**:当 PWM 不工作时,一旦 CC$i$E=**1** 或 CC$i$NE=**1**,OC/OCN 首先输出其空闲电平,然后 OC/OCN 使能输出信号=**1**。

    LOCK$n$[1:0]:锁定设置。该位为防止软件错误而提供的写保护措施。

    **00**:无保护,寄存器无写保护。

    **01**:锁定级别 1,不能写入 PWM$n$_BKR 寄存器的 BKE、BKP、AOE 位和 PWM$n$_OISR 寄存器的 OISI 位。

    **10**:锁定级别 2,不能写入锁定级别 1 中的各位,也不能写入 CC 极性位以及 OSSR/OSSI 位。

    **11**:锁定级别 3,不能写入锁定级别 2 中的各位,也不能写入 CC 控制位。

32. 死区寄存器(PWM$n$_DTR)

| 符号 | 地址 | b7 | b6 | b5 | b4 | b3 | b2 | b1 | b0 |
|------|------|----|----|----|----|----|----|----|----|
| PWMA_DTR | FEDEH | DTGA[7:0] | | | | | | | |
| PWMB_DTR | FEFEH | DTGB[7:0] | | | | | | | |

    DTG$n$[7:0]:死区发生器设置。这些位定义了插入互补输出之间的死区持续时间($t_{\text{CK\_PSC}}$ 为 PWM$n$ 的时钟脉冲)。死区发生器设置与死区时间之间的关系如表 10-2 所示。

表 **10-2**   死区发生器设置与死区时间之间的关系

| DTG$n$[7:5] | 死区时间 |
|:-----------:|:--------:|
| **000** | DTG$n$[7:0] $\times$ $t_{\text{CK\_PSC}}$ |
| **001** | |

续表

| DTG$n$[7:5] | 死区时间 |
|---|---|
| **010** | $\text{DTG}n[7:0] \times t_{\text{CK\_PSC}}$ |
| **011** | |
| **100** | $(64 + \text{DTG}n[6:0]) \times 2 \times t_{\text{CK\_PSC}}$ |
| **101** | |
| **110** | $(32 + \text{DTG}n[5:0]) \times 8 \times t_{\text{CK\_PSC}}$ |
| **111** | $(32 + \text{DTG}n[4:0]) \times 16 \times t_{\text{CK\_PSC}}$ |

33. 输出空闲状态寄存器(PWM$n$_OISR)

| 符号 | 地址 | b7 | b6 | b5 | b4 | b3 | b2 | b1 | b0 |
|---|---|---|---|---|---|---|---|---|---|
| PWMA_OISR | FEDFH | OIS4N | OIS4 | OIS3N | OIS3 | OIS2N | OIS2 | OIS1N | OIS1 |
| PWMB_OISR | FEFFH | — | OIS8 | — | OIS7 | — | OIS6 | — | OIS5 |

OIS8:空闲状态时 OC8 输出电平。

OIS7:空闲状态时 OC7 输出电平。

OIS6:空闲状态时 OC6 输出电平。

OIS5:空闲状态时 OC5 输出电平。

OIS4N:空闲状态时 OC4N 输出电平。

OIS4:空闲状态时 OC4 输出电平。

OIS3N:空闲状态时 OC3N 输出电平。

OIS3:空闲状态时 OC3 输出电平。

OIS2N:空闲状态时 OC2N 输出电平。

OIS2:空闲状态时 OC2 输出电平。

OIS1N:空闲状态时 OC1N 输出电平。

**0**:当 MOE=**0** 时,则在一个死区时间后,OC1N=**0**;

**1**:当 MOE=**0** 时,则在一个死区时间后,OC1N=**1**。

注:一旦 LOCK 级别(PWM$n$_BKR 寄存器中的 LOCK 位)设为 1、2 或 3 时,则该位不能被修改。

OIS1:空闲状态时 OC1 输出电平。

**0**:当 MOE=**0** 时,如果 OC1N 使能,则在一个死区后,OC1=**0**;

**1**:当 MOE=**0** 时,如果 OC1N 使能,则在一个死区后,OC1=**1**。

注:一旦 LOCK 级别(PWM$n$_BKR 寄存器中的 LOCK 位)设为 1、2 或 3 时,则该位不能被修改。

34. 输出附加使能寄存器(PWM$n$_IOAUX)

| 符号 | 地址 | B7 | B6 | B5 | B4 | B3 | B2 | B1 | B0 |
|------|------|------|------|------|------|------|------|------|------|
| PWMA_IOAUX | FEB3H | AUX4N | AUX4P | AUX3N | AUX3P | AUX2N | AUX2P | AUX1N | AUX1P |
| PWMB_IOAUX | FEB7H | — | AUX8P | — | AUX7P | — | AUX6P | — | AUX5P |

AUX8P:PWM8 输出附加控制位。

**0**:PWM8 的输出直接由 ENO8P 控制;

**1**:PWM8 的输出由 ENO8P 和 PWMB_BKR 共同控制。

AUX7P:PWM7 输出附加控制位。

**0**:PWM7 的输出直接由 ENO7P 控制;

**1**:PWM7 的输出由 ENO7P 和 PWMB_BKR 共同控制。

AUX6P:PWM6 输出附加控制位。

**0**:PWM6 的输出直接由 ENO6P 控制;

**1**:PWM6 的输出由 ENO6P 和 PWMB_BKR 共同控制。

AUX5P:PWM5 输出附加控制位。

**0**:PWM5 的输出直接由 ENO5P 控制;

**1**:PWM5 的输出由 ENO5P 和 PWMB_BKR 共同控制。

AUX4N:PWM4N 输出附加控制位。

**0**:PWM4N 的输出直接由 ENO4N 控制;

**1**:PWM4N 的输出由 ENO4N 和 PWMA_BKR 共同控制。

AUX4P:PWM4P 输出附加控制位。

**0**:PWM4P 的输出直接由 ENO4P 控制;

**1**:PWM4P 的输出由 ENO4P 和 PWMA_BKR 共同控制。

AUX3N:PWM3N 输出附加控制位。

**0**:PWM3N 的输出直接由 ENO3N 控制;

**1**:PWM3N 的输出由 ENO3N 和 PWMA_BKR 共同控制。

AUX3P:PWM3P 输出附加控制位。

**0**:PWM3P 的输出直接由 ENO3P 控制;

**1**:PWM3P 的输出由 ENO3P 和 PWMA_BKR 共同控制。

AUX2N:PWM2N 输出附加控制位。

**0**:PWM2N 的输出直接由 ENO2N 控制;

**1**:PWM2N 的输出由 ENO2N 和 PWMA_BKR 共同控制。

AUX2P:PWM2P 输出附加控制位。

**0**:PWM2P 的输出直接由 ENO2P 控制;

**1**:PWM2P 的输出由 ENO2P 和 PWMA_BKR 共同控制。

AUX1N:PWM1N 输出附加控制位。

**0**:PWM1N 的输出直接由 ENO1N 控制;

**1**:PWM1N 的输出由 ENO1N 和 PWMA_BKR 共同控制。

AUX1P:PWM1P 输出附加控制位。

**0**：PWM1P 的输出直接由 ENO1P 控制；

**1**：PWM1P 的输出由 ENO1P 和 PWMA_BKR 共同控制。

## 10.7　PWM 模块的应用举例

### 10.7.1　PWM 输出模式的应用举例

PWM 模块输出模式的使用，主要包括 PWM 模块的初始化和 PWM 模块的周期和占空比设置，包括以下几个方面（描述中，$n$＝A 或 B）：

（1）设置 P_SW2 寄存器，以允许访问扩展特殊功能寄存器；

（2）设置 PWM 输出端口引脚的工作模式；

（3）PWM 通道输出脚选择（设置 PWM$n$_PS 寄存器）；

（4）关闭 PWM 通道（设置 PWM$n$_CCER1 或者 PWM$n$_ CCER2 寄存器）；

（5）设置 PWM 通道的模式和预装载模式（设置 PWM$n$_CCMR1、PWM$n$_CCMR2、PWM$n$_CCMR3 或 PWM$n$_CCMR4 寄存器）；

（6）配置通道输出极性并使能输出（CC1E＝**1**，设置 PWM$n$_CCER1 或者 PWM$n$_ CCER2 寄存器）；

（7）设置 PWM 周期（设置 PWM$n$_ARRH 和 PWM$n$_ARRL 寄存器）；

（8）使能 PWM 输出（设置 PWM$n$_ENO 寄存器）；

（9）使能 PWM 主输出（设置 PWM$n$_BKR 寄存器）；

（10）启动 PWM 计时（设置 PWM$n$_CR1 寄存器）；

（11）根据需要设置修改 PWM 占空比（设置 PWM$n$_CCR1H 和 PWM$n$_CCR1L 寄存器）。

【例 10-1】　假设晶振频率 SYSclk＝11.059 2 MHz，使用 STC8H8K64U 单片机 PWM 模块输出 P6.0 控制指示灯，实现呼吸灯功能（由亮变暗，再由暗变亮）。电路图请参考图 5-2。

源程序代码：
ex-10-1-
PWM1P. rar

解：根据 PWM 模块的功能特点，只要定时更改 PWM 波形的高电平时间即可实现呼吸灯功能。利用定时器 T0 定时 1 ms，实现每毫秒更新 PWM 波形的高电平时间。结合 PWM 模块的使用步骤，实现题目所要求功能的 C 语言程序如下

```
#include "stc8h.h"
void Timer0_Init(void);          //1 ms@ 11.0592 MHz
typedef  unsigned char  u8;
typedef  unsigned int    u16;
#define PWM_PERIOD  1023         //PWM 周期值
u16 PWM1_Duty;                   //PWM 高电平值
```

```
bit PWM1_Dir;                          //PWM 高电平值的变化方向
void main(void)
{
    P_SW2 |= 0x80;                     //扩展寄存器(XFR)访问使能
    P6M1 = 0xff;
    P6M0 = 0xff;                       //设置 P6 口的工作模式为漏极开路模式
    PWM1_Dir = 0;
    PWM1_Duty = 0;
    Timer0_Init();                     //Timer0 初始化
    ET0 = 1;
    PWMA_PS = 0x02;                    //PWM 通道输出脚选择位,PWM1P 在 P6.0
    PWMA_CCER1 = 0x00;                 //写 CCMRi 前必须先清零 CCiE 关闭通道
    PWMA_CCMR1 = 0x68;                 //通道模式配置:PWM 模式 1,开启 PWMA_
                                       //CCR1 寄存器的预装载功能
    PWMA_CCER1 = 0x01;                 //配置通道输出使能(CC1E=1)和极性
                                       //(CC1P=0,高电平有效)
    PWMA_ARRH = (u8)(PWM_PERIOD >> 8);   //设置周期时间
    PWMA_ARRL = (u8)PWM_PERIOD;
    PWMA_ENO = 0x01;                   //使能输出(ENO1P=1,使能 PWM1P 输出)
    PWMA_BKR = 0x80;                   //使能主输出(MOEA=1)
    PWMA_CR1 = 0x01;                   //开始计时(CENA=1)
    EA = 1;                            //打开总中断
    while(1);
}
void Timer0_Init(void)                 //1 ms@ 11.0592 MHz
{
    AUXR |= 0x80;                      //定时器时钟 1T 模式
    TMOD &= 0xF0;                      //设置定时器模式
    TL0 = 0xCD;                        //设置定时初始值
    TH0 = 0xD4;                        //设置定时初始值
    TF0 = 0;                           //清除 TF0 标志
    TR0 = 1;                           //定时器 T0 开始计时
}
voidTMR0_ISR(void) interrupt TMR0_VECTOR   //T0 1 ms 中断函数
{
    if(! PWM1_Dir)
    {
        PWM1_Duty++;
        if(PWM1_Duty > PWM_PERIOD) PWM1_Dir = 1;
```

```
    }
    else
    {
        PWM1_Duty--;
        if(PWM1_Duty <= 0) PWM1_Dir = 0;
    }
    PWMA_CCR1H = (u8)(PWM1_Duty >> 8);   //设置占空比时间
    PWMA_CCR1L = (u8)(PWM1_Duty);
}
```

【例 10-2】　假设晶振频率 SYSclk = 11.059 2 MHz,使用 STC8H8K64U
单片机 PWM 模块输出 P6.0 和 P6.1 控制指示灯,实现呼吸灯功能(由亮变
暗,再由暗变亮)。电路图请参考图 5-2。

源程序代码:
ex-10-2-
PWM1P1N.rar

解:只要将例 10-1 中的下面语句进行修改即可实现 PWM1P(P6.0) 和
PWM1N(P6.1)的互补输出。

```
PWMA_CCER1 = 0x01;      // 配置通道输出使能(CC1E = 1)和极
                        // 性(CC1P = 0,高电平有效)
```

修改为

```
PWMA_CCER1 = 0x05;      // 配置通道输出使能(CC1E = 1、CC1NE = 1)和极性
                        // (CC1P = 0,高电平有效)
PWMA_ENO = 0x01;        // 使能输出(ENO1P = 1,使能 PWM1P 输出)
```

修改为

```
PWMA_ENO = 0x03;        // 使能输出(ENO1P = 1、ENO1N = 1,使能 PWM1P 输出)
```

完整的程序,请读者参考例 10-1 自行编写。

四对 PWM 的互补输出程序代码,请读者参考例 10-2 的代码自行编写并实验。

### 10.7.2　PWM 输入捕获模式的应用举例

只有 PWM1P、PWM2P、PWM3P、PWM4P、PWM5、PWM6、PWM7、PWM8 才有捕获功能。
输入捕获模式的应用编程要点如下(描述中,n = A 或 B):

(1) 设置 P_SW2 寄存器,以允许访问扩展特殊功能寄存器;

(2) 设置 PWM 输出端口引脚的工作模式为高阻输入模式;

(3) PWM 通道引脚选择(设置 PWMn_PS 寄存器);

(4) 设置预分频寄存器(PWMn_PSCRH 和 PWMn_PSCRL 寄存器);

(5) PWM 计数器清零(设置 PWMn_CNTRH 和 PWMn_CNTRL 寄存器);

(6) 关闭 PWM 通道(设置 PWMn_CCER1 或者 PWMn_ CCER2 寄存器);

(7) 设置捕获输入的通道和映射(设置 PWMn_CCMR1、PWMn_CCMR2、PWMn_CCMR3
或 PWMn_CCMR4 寄存器);

(8) 使能捕获功能(设置 PWMn_CCER1 或 PWMn_CCER2 寄存器);

(9) 设置 PWM 计数复位模式(设置 PWMn_SMCR 寄存器);

（10）启动 PWM 计时（设置 PWM$n$\_CR1 寄存器）；

（11）使能捕获输入中断（设置 PWM$n$\_IER 寄存器）；

（12）根据需要，在中断服务函数中编写相应的实现代码。

**1. 波形周期的测量**

使用 PWM 模块的输入捕获功能，可以测量输入波形的周期，基本原理是，使用高级 PWM 内部的某一通道的捕获模块 CC$i$，捕获外部端口输入波形的上升沿或者下降沿，两个上升沿之间或者两个下降沿之间的时间即为脉冲的周期，也就是说，两次捕获计数值的差值即为周期值。如果选择计数复位模式，则在中断服务函数中读取 PWM$n$\_CCR1、PWM$n$\_CCR2、PWM$n$\_CCR3 或 PWM$n$\_CCR4 寄存器的值即为波形的周期。

【例 10-3】　假设晶振频率 SYSclk = 11.0592 MHz，使用 STC8H8K64U 单片机 PWMA 的第一组捕获模块 CC1 捕获功能，测量 PWM1P(P1.0)引脚上输入波形的周期。

源程序代码：
ex-10-3-
PWM1P-
Cap.rar

解：可捕获输入波形的上升沿，在中断服务函数中对前后两次的捕获值相减得到周期。如果使用计数复位模式，则可直接读出波形的周期。为了便于观察，使用 P4.2 输出周期为 50 ms，占空比 2:5 的波形，将 P4.2 连接到 P1.0 进行测试。完整的 C 语言程序代码如下

```c
#include "stc8h.h"
void Timer0_Init(void);          //10 ms@ 11.0592 MHz
unsigned int period;
void main(void)
{
    P_SW2 |= 0x80;               //使能 XFR 访问
    P4M0 = 0x04;
    P4M1 = 0x00;                 //P4.2 推挽输出
    P1M0 = 0x00;
    P1M1 = 0x01;                 //P1.0 高阻输入
    PWMA_PS = 0x0;               //PWM 通道引脚选择位，PWM1P:P1.0
    P42 = 1;
    Timer0_Init();               //10 ms@ 11.0592 MHz
    PWMA_PSCRH = 0x00;           //预分频寄存器
    PWMA_PSCRL = 0x09;
    PWMA_CNTRH = 0x00;           //计数器清 0
    PWMA_CNTRL = 0x00;
    PWMA_CCER1 = 0x00;           //关闭 PWM 通道 1
    PWMA_CCMR1 = 0x01;           //CC1 为输入模式，且映射到 TI1FP1 上
    PWMA_CCER1 = 0x01;           //使能 CC1 上的捕获功能，且捕获发生在上升沿
    PWMA_SMCR = 0x54;            //TS=TI1FP1，SMS=TI1，上升沿复位模式
    PWMA_CR1 = 0x01;             //使能计数器
    PWMA_IER = 0x02;             //使能 CC1 中断
```

```
    EA = 1;
    while(1);
}

void PWMA_ISR(void) interrupt PWMA_VECTOR
{
    if(PWMA_SR1 & 0x02)
    {
        PWMA_SR1 & = ~0x02;
        period = PWMA_CCR1;    //CC1 捕获周期宽度
    }
}
```

// 在 T0 中断服务函数中产生周期为 50 ms,占空比为 2∶5 的波形

```
void TMR0_Isr(void) interrupt TMR0_VECTOR
{
    static unsigned char t0cnt = 0;
    t0cnt++;
    if (t0cnt<2)          P42 = 1;
    else if (t0cnt>=2 && t0cnt<5) P42 = 0;
    else if (t0cnt>=5)
    {
        t0cnt = 0;
        P42 = 1;
    }
}

void Timer0_Init(void)          //10 ms@ 11.0592 MHz
{
    AUXR & = 0x7F;              // 定时器时钟 12T 模式
    TMOD & = 0xF0;             // 设置定时器模式
    TL0 = 0x00;                // 设置定时初始值
    TH0 = 0xDC;                // 设置定时初始值
    TF0 = 0;                   // 清除 TF0 标志
    TR0 = 1;                   // 定时器 T0 开始计时
    ET0 = 1;                   // 使能定时器 T0 中断
}
```

测试时,可以进入调试模式,将 period 变量加到"Watch1"视图中进行观察,连续执行程序,再停止运行程序,则可以看到 period 变量的值为 55 295 或 55 296,变换为时间则为

$$周期 = \cfrac{1}{\cfrac{11.059\,2 \times 10^{6}}{PWMA\_PSCR+1}} \times 55\,295 \text{ s} = \frac{10^{3} \times 10}{11\,059\,200} \times 55\,295 \text{ ms} \approx 49.999 \text{ ms}$$

由此可以发现,测量精度很高。

2. 波形高电平宽度的测量

波形高电平宽度测量的基本原理是,使用高级 PWM 内部的两通道的捕获模块 CC$i$ 和 CC$i$+1 同时捕获外部的同一个引脚,CC$i$ 捕获此引脚的上升沿,CC$i$+1 捕获此引脚的下降沿,利用 CC$i$+1 的捕获值减去 CC$i$ 的捕获值,其差值即为脉冲高电平的宽度。

注:只有 CC1+CC2、CC3+CC4、CC5+CC6、CC7+CC8 这 4 种组合才能完成上面的功能。CC1+CC2 组合可以同时捕获 PWM1P 引脚,也可以同时捕获 PWM2P 引脚;CC3+CC4 组合可以同时捕获 PWM3P 引脚,也可以同时捕获 PWM4P 引脚;CC5+CC6 组合可以同时捕获 PWM5 引脚,也可以同时捕获 PWM6 引脚;CC7+CC8 组合可以同时捕获 PWM7 引脚,也可以同时捕获 PWM8 引脚。

【例 10-4】 假设晶振频率 SYSclk = 11.059 2 MHz,使用 STC8H8K64U 单片机 PWMA 模块的捕获功能,测量输入波形高电平的时间。

源程序代码:
ex-10-4-PWM-
Duty.rar

解:使用 PWMA 的第一组捕获模块 CC1 和第二组捕获模块 CC2 捕获功能,CC1 捕获 PWM1P(P1.0)引脚上的上升沿,CC2 捕获 PWM1P 的下降沿,在中断中使用 CC2 的捕获值减去 CC1 的捕获值,其差值即为脉冲高电平的宽度。为了便于观察,使用 P4.2 输出周期为 50 ms,占空比 2:5 的波形,将 P4.2 连接到 P1.0 进行测试。完整的 C 语言程序代码如下

```
#include "stc8h.h"
unsigned int duty;
void Timer0_Init(void);            //10 ms@ 11.0592 MHz
void main(void)
{
    P_SW2 |= 0x80;                 //使能 XFR 访问
    P4M0 = 0x04;P4M1 = 0x00;       //P4.2 推挽输出
    P1M0 = 0x00;P1M1 = 0x01;       //P1.0 高阻输入
    PWMA_PS = 0x0;                 //PWM 通道输出脚选择位,PWM1P:P1.0
    P42 = 1;
    Timer0_Init();                 //10 ms@ 11.0592 MHz
    PWMA_PSCRH = 0x00;             //预分频寄存器
    PWMA_PSCRL = 0x09;

    PWMA_CNTRH = 0x00;             //计数器清 0
    PWMA_CNTRL = 0x00;

    PWMA_CCER1 = 0x00;             //关闭 PWM 通道 1
    PWMA_CCMR1 = 0x01;             //CC1 为输入模式,且映射到 TI1FP1 上
    PWMA_CCMR2 = 0x02;             //CC2 为输入模式,且映射到 TI1FP2 上
    PWMA_CCER1 = 0x31;             //使能 CC1 和 CC2 上的捕获功能,CC1 捕
                                   //获发生在 TI1F 的上升沿,CC2 捕获发生
                                   //在 TI1F 的下降沿
    PWMA_CR1 = 0x01;               //使能计数器
```

```
    PWMA_IER = 0x04;                    //使能 CC2 中断
    EA = 1;
    while(1);
}
void PWMA_ISR(void) interrupt PWMA_VECTOR
{
    if(PWMA_SR1 & 0x04)
    {
        PWMA_SR1 &= ~0x04;
        duty = PWMA_CCR2 - PWMA_CCR1;   //差值即为高电平宽度
    }


}
//T0 中断服务函数产生周期为 50 ms,占空比为 2:5 的波形
void TMR0_ISR(void) interrupt TMR0_VECTOR
{
    static unsigned char t0cnt = 0;

    t0cnt++;
    if (t0cnt<2)          P42 = 1;
    else if (t0cnt>=2 && t0cnt<5)P42 = 0;
    else if (t0cnt>=5)
    {
        t0cnt = 0;
        P42 = 1;
    }
}
void Timer0_Init(void)              //10 ms@ 11.0592 MHz
{
    AUXR &= 0x7F;                   //定时器时钟 12T 模式
    TMOD &= 0xF0;                   //设置定时器模式
    TL0 = 0x00;                     //设置定时初始值
    TH0 = 0xDC;                     //设置定时初始值
    TF0 = 0;                        //清除 TF0 标志
    TR0 = 1;                        //定时器 T0 开始计时
    ET0 = 1;                        //使能定时器 T0 中断
}
```

　　测试时,可以进入调试模式,将 duty 变量加到"Watch1"视图中进行观察,连续执行程序,再停止运行程序,则可以看到 duty 变量的值为 22 117 或 22 118,变换为时间则为

$$周期 = \cfrac{1}{\cfrac{11.059\,2\times10^6}{PWMA\_PSCR+1}}\times22\,117\ s = \frac{10^3\times10}{11\,059\,200}\times22\,117\ ms \approx 19.998\ ms$$

由此可以发现,测量结果非常接近理论值,精度很高。

3. 同时测量波形的周期和高电平宽度

使用高级 PWM 内部的两通道的捕获模块 CC$i$ 和 CC$i$+1 同时捕获外部的同一个引脚,CC$i$ 捕获此引脚的上升沿,CC$i$+1 捕获此引脚的下降沿,同时使能此引脚的上升沿信号为复位触发信号,CC$i$ 的捕获值即为周期,CC$i$+1 的捕获值即为高电平宽度。

【例 10-5】 假设晶振频率 SYSclk = 11.059 2 MHz,使用 STC8H8K64U 单片机 PWMA 模块的捕获功能,测量输入波形高电平的时间。

源程序代码:
ex-10-5-PWM-
PD.rar

解:使用 PWMA 的第一组捕获模块 CC1 和第二组捕获模块 CC2 捕获功能,CC1 捕获 PWM1P(P1.0)引脚上的上升沿,CC2 捕获 PWM1P 的下降沿,在中断中使用 CC2 的捕获值减去 CC1 的捕获值,其差值即为脉冲高电平的宽度。为了便于观察,使用 P4.2 输出周期为 50 ms,占空比 2:5 的波形,将 P4.2 连接到 P1.0 进行测试。完整的 C 语言程序代码如下

```
#include "stc8h.h"
unsigned int period,duty;
void Timer0_Init(void);          //10 ms@ 11.0592 MHz
void main(void)
{
    P_SW2 |= 0x80;               //使能 XFR 访问
    P4M0 = 0x04;P4M1 = 0x00;     //P4.2 推挽输出
    P1M0 = 0x00;P1M1 = 0x01;     //P1.0 高阻输入
    PWMA_PS = 0x0;               //PWM 通道输出脚选择位,PWM1P:P1.0
    P42 = 1;
    Timer0_Init();               //10 ms@ 11.0592 MHz
    PWMA_PSCRH = 0x00;           //预分频寄存器
    PWMA_PSCRL = 0x09;

    PWMA_CNTRH = 0x00;           //计数器清 0
    PWMA_CNTRL = 0x00;

    PWMA_CCER1 = 0x00;           //关闭 PWM 通道 1
    PWMA_CCMR1 = 0x01;           //CC1 为输入模式,且映射到 TI1FP1 上
    PWMA_CCMR2 = 0x02;           //CC2 为输入模式,且映射到 TI1FP2 上
    PWMA_CCER1 = 0x31;           //使能 CC1 和 CC2 上的捕获功能,CC1 捕获发
                                 //生在 TI1F 的上升沿,CC2 捕获发生在 TI1F
                                 //的下降沿
    PWMA_SMCR = 0x54;            //TS=TI1FP1,SMS=TI1 上升沿复位模式
    PWMA_CR1 = 0x01;             //使能计数器
    PWMA_IER = 0x06;             //使能 CC1 和 CC2 中断
```

343

```
    EA = 1;
    while (1);
}

void PWMA_ISR(void) interrupt PWMA_VECTOR
{
    if ( PWMA_SR1 & 0x02)
    {
        PWMA_SR1 & = ~0x02;
        period = PWMA_CCR1;     //CC1 捕获周期
    }
    if ( PWMA_SR1 & 0x04)
    {
        PWMA_SR1 & = ~0x04;
        duty = PWMA_CCR2;       //CC2 捕获高电平宽度
    }
}

//T0 中断服务函数产生周期为 50 ms,占空比为 2:5 的波形
void TMR0_ISR(void) interrupt TMR0_VECTOR
{
    static unsigned char t0cnt = 0;

    t0cnt++;
    if ( t0cnt < 2)          P42 = 1;
    else if ( t0cnt >= 2 && t0cnt < 5) P42 = 0;
    else if ( t0cnt >= 5)
    {
        t0cnt = 0;
        P42 = 1;
    }
}

void Timer0_Init(void)      //10 ms@ 11.0592 MHz
{
    AUXR & = 0x7F;                  // 定时器时钟 12T 模式
    TMOD & = 0xF0;                  // 设置定时器模式
    TL0 = 0x00;                     // 设置定时初始值
    TH0 = 0xDC;                     // 设置定时初始值
    TF0 = 0;                        // 清除 TF0 标志
    TR0 = 1;                        // 定时器 T0 开始计时
    ET0 = 1;                        // 使能定时器 T0 中断
```

　　}

　　实验和观察方法与例 10-4 类似,可以看到,例 10-5 能同时测量波形的周期和高电平宽度。

## 📝 习题

10-1　简述 STC8H8K64U 的 PWM 模块的功能特点和使用过程。

10-2　设计程序,利用 STC8H8K64U 单片机的 PWMA 模块从 P6.2 输出周期为 1 s 的方波。

10-3　用 STC8H8K64U 的 PWM 模块实现 8 路渐变灯的示例程序。

# 第 11 章

# DMA 控制器

> DMA（direct memory access，直接存储器存取）用来提供在外设和存储器之间或者存储器和存储器之间的高速数据传输，无须 CPU 干预，是所有现代计算机的重要特色。在 DMA 模式下，CPU 只需向 DMA 控制器下达指令，让 DMA 控制器来处理数据的传送，数据传送完毕再把信息反馈给 CPU，这样在很大程度上减轻了 CPU 资源占有率，可以大大节省系统资源。DMA 主要用于快速设备和主存储器成批交换数据的场合。在这种应用中，处理问题的出发点集中到两点：一是不能丢失快速设备提供出来的数据，二是进一步减少快速设备输入、输出操作过程中对 CPU 的打扰。可以把数据的传输过程交由 DMA 来控制，让 DMA 代替 CPU 控制在快速设备与主存储器之间直接传输数据。当完成一批数据传输之后，快速设备还是要向 CPU 发一次中断请求，报告本次传输结束的同时，"请示"下一步的操作要求。

## 11.1　DMA 模块的结构和主要特征

STC8H8K64U 的 DMA 控制器用来管理来自一个或多个外设对存储器访问的请求，支持如下几种 DMA 操作：

① M2M_DMA：XRAM 存储器到 XRAM 存储器的数据读写。

② ADC_DMA：自动扫描使能的 ADC 通道并将转换的 ADC 数据自动存储到 XRAM 中。

③ SPI_DMA：自动将 XRAM 中的数据和 SPI 外设之间进行数据交换。

④ UR1T_DMA：自动将 XRAM 中的数据通过串口 1 发送出去。

⑤ UR1R_DMA：自动将串口 1 接收到的数据存储到 XRAM 中。

⑥ UR2T_DMA：自动将 XRAM 中的数据通过串口 2 发送出去。

⑦ UR2R_DMA：自动将串口 2 接收到的数据存储到 XRAM 中。

⑧ UR3T_DMA：自动将 XRAM 中的数据通过串口 3 发送出去。

⑨ UR3R_DMA：自动将串口 3 接收到的数据存储到 XRAM 中。

⑩ UR4T_DMA：自动将 XRAM 中的数据通过串口 4 发送出去。

⑪ UR4R_DMA：自动将串口 4 接收到的数据存储到 XRAM 中。

⑫ LCM_DMA：自动将 XRAM 中的数据和 LCM 设备之间进行数据交换。

STC8H8K64U 单片机外设到外设的 DMA 关系矩阵图如图 11-1 所示。

DMA 的功能框图如图 11-2 所示。

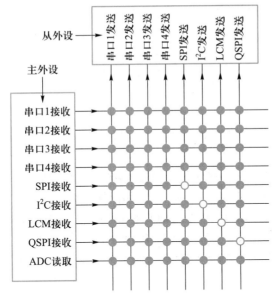

图 11-1 STC8H8K64U 单片机外设到外设的 DMA 关系矩阵图

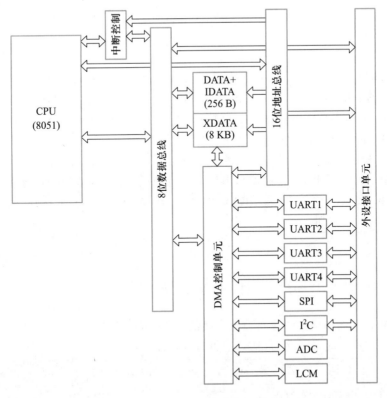

图 11-2 DMA 的功能框图

DMA 控制器和 CPU 共享系统数据总线,执行直接存储器数据传输。当 CPU 和 DMA 同时访问相同的目标(RAM 或外设)时,DMA 请求会暂停 CPU 访问系统总线若干个周期,总线仲裁器执行循环调度,以保证 CPU 至少可以得到一半的系统总线(存储器或外设)使用时间。

每个外设每次 DMA 数据传输的最大数据量为 256 字节,即最大缓冲区为 256 字节。

串口 1 接收每次可支持 256 字节,同时发送每次也可支持 256 字节,串口的发送和接收不冲突。

串口 2、串口 3、串口 4、SPI、LCM 以及 DMA 控制均与串口 1 类似。

特别的,ADC 的 DMA 数据传输计数方式不是最大数据传输量,而与 ADC 的使能通道和 ADC 转换次数设置相关。

每种 DMA 对 XRAM 的读写操作都可设置 4 级访问优先级,硬件自动进行 XRAM 总线的访问仲裁,不会影响 CPU 的 XRAM 的访问。相同优先级下,不同 DMA 对 XRAM 的访问先后顺序依次是:SPI_DMA,UR1R_DMA,UR1T_DMA,UR2R_DMA,UR2T_DMA,UR3R_DMA,UR3T_DMA,UR4R_DMA,UR4T_DMA,LCM_DMA,M2M_DMA,ADC_DMA。

发生一个事件后,外设向 DMA 控制器发送一个请求信号。DMA 控制器根据访问优先级处理请求。当 DMA 控制器开始访问发出请求的外设时,DMA 控制器立即发送给外设一个应答信号。当外设从 DMA 控制器得到应答信号时,立即释放请求。一旦外设释放了请求,DMA 控制器同时撤销应答信号。如果有更多的请求,外设可以在下一个周期启动请求。

## 11.2　DMA 模块的应用

由图 11-2 可以看出,DMA 可以控制 8 种外设之间传输数据,分别为:XRAM 存储器到 XRAM 存储器的数据读写、自动扫描使能的 ADC 通道并将转换的 ADC 数据自动存储到 XRAM 中、XRAM 存储器和 SPI 接口之间进行数据交换、XRAM 存储器和串口 1 进行数据交换、XRAM 存储器和串口 2 进行数据交换、XRAM 存储器和串口 3 进行数据交换、XRAM 存储器和串口 4 进行数据交换、XRAM 存储器和 LCM 设备之间进行数据交换。

在本节中,仅介绍 XRAM 存储器和串口 2 进行数据交换、自动扫描使能的 ADC 通道并将转换的 ADC 数据自动存储到 XRAM 中两种 DMA 应用。其他 DMA 的应用请参阅 STC8H8K64U 单片机手册。

### 11.2.1　XRAM 存储器和串口 2 进行数据交换

1. XRAM 存储器和串口 2 进行数据交换的 DMA 寄存器
（1）UR2T_DMA 配置寄存器（DMA_UR2T_CFG）

| 符号 | 地址 | b7 | b6 | b5 | b4 | b3 | b2 | b1 | b0 |
| --- | --- | --- | --- | --- | --- | --- | --- | --- | --- |
| DMA_UR2T_CFG | FA40H | UR2TIE | – | – | – | UR2TIP[1:0] | | UR2TPTY[1:0] | |

UR2TIE:UR2T_DMA 中断使能控制位。

**0**:禁止 UR2T_DMA 中断;　　　　　**1**:允许 UR2T_DMA 中断。

UR2TIP[1:0]:UR2T_DMA 中断优先级控制位。

**00**:最低级(0);　　**01**:较低级(1);　　**10**:较高级(2);**11**:最高级(3)。

UR2TPTY[1:0]:UR2T_DMA 数据总线访问优先级控制位。

**00**:最低级(0);　　**01**:较低级(1);　　**10**:较高级(2);**11**:最高级(3)。

(2) UR2T_DMA 控制寄存器(DMA_UR2T_CR)

| 符号 | 地址 | b7 | b6 | b5 | b4 | b3 | b2 | b1 | b0 |
|---|---|---|---|---|---|---|---|---|---|
| DMA_UR2T_CR | FA41H | ENUR2T | TRIG | – | – | – | – | – | – |

ENUR2T:UR2T_DMA 功能使能控制位。

**0**:禁止 UR2T_DMA 功能;　　　　　**1**:允许 UR2T_DMA 功能。

TRIG:UR2T_DMA 发送触发控制位。

**0**:写 **0** 无效;　　　　　**1**:写 **1** 开始 UR2T_DMA 自动发送数据。

(3) UR2T_DMA 状态寄存器(DMA_UR2T_STA)

| 符号 | 地址 | b7 | b6 | b5 | b4 | b3 | b2 | b1 | b0 |
|---|---|---|---|---|---|---|---|---|---|
| DMA_UR2T_STA | FA42H | – | – | – | – | – | TXOVW | – | UR2TIF |

UR2TIF:UR2T_DMA 中断请求标志位,当 UR2T_DMA 数据发送完成后,硬件自动将 UR2TIF 置 **1**,若使能 UR2T_DMA 中断,则进入中断服务程序。标志位需软件清 **0**。

TXOVW:UR2T_DMA 数据覆盖标志位。UR2T_DMA 正在数据传输过程中,串口写 S2BUF 寄存器再次触发串口发送数据时,会导致数据传输失败,此时硬件自动将 TXOVW 置 **1**。标志位需软件清 **0**。

(4) UR2T_DMA 传输总字节寄存器(DMA_UR2T_AMT)

| 符号 | 地址 | b7 | b6 | b5 | b4 | b3 | b2 | b1 | b0 |
|---|---|---|---|---|---|---|---|---|---|
| DMA_UR2T_AMT | FA43H | | | | | | | | |

DMA_UR2T_AMT:设置需要自动发送数据的字节数。

注意:实际的字节数为(DMA_UR2T_AMT+1),即当 DMA_UR2T_AMT 设置为 0 时,传输 1 字节,当 DMA_UR2T_AMT 设置为 255 时,传输 256 字节。

(5) UR2T_DMA 传输完成字节寄存器(DMA_UR2T_DONE)

| 符号 | 地址 | b7 | b6 | b5 | b4 | b3 | b2 | b1 | b0 |
|---|---|---|---|---|---|---|---|---|---|
| DMA_UR2T_DONE | FA44H | | | | | | | | |

DMA_UR2T_DONE:当前已经发送完成的字节数。

(6) UR2T_DMA 发送地址寄存器(DMA_UR2T_TXA)

| 符号 | 地址 | b7 | B6 | B5 | B4 | B3 | B2 | B1 | B0 |
|---|---|---|---|---|---|---|---|---|---|
| DMA_UR2T_TXAH | FA45H | | | | ADDR[15:8] | | | | |
| DMA_UR2T_TXAL | FA46H | | | | ADDR[7:0] | | | | |

DMA_UR2T_TXA:设置自动发送数据的源地址。执行 UR2T_DMA 操作时会从这个地址开始读数据。

（7）UR2R_DMA 配置寄存器（DMA_UR2R_CFG）

| 符号 | 地址 | b7 | b6 | b5 | b4 | b3 | b2 | b1 | b0 |
|------|------|-----|-----|-----|-----|-----|-----|-----|-----|
| DMA_UR2R_CFG | FA48H | UR2RIE | – | – | – | UR2RIP[1:0] | | UR2RPTY[1:0] | |

UR2RIE:UR2R_DMA 中断使能控制位。

**0**:禁止 UR2R_DMA 中断；　　　　　　**1**:允许 UR2R_DMA 中断。

UR2RIP[1:0]:UR2R_DMA 中断优先级控制位。

**00**:最低级（0）；　　**01**:较低级（1）；　　**10**:较高级（2）；**11**:最高级（3）。

UR2RPTY[1:0]:UR2R_DMA 数据总线访问优先级控制位。

**00**:最低级（0）；　　**01**:较低级（1）；　　**10**:较高级（2）；**11**:最高级（3）。

（8）UR2R_DMA 控制寄存器（DMA_UR2R_CR）

| 符号 | 地址 | b7 | b6 | b5 | b4 | b3 | b2 | b1 | b0 |
|------|------|-----|-----|-----|-----|-----|-----|-----|-----|
| DMA_UR2R_CR | FA49H | ENUR2R | – | TRIG | – | – | – | – | CLRFIFO |

ENUR2R:UR2R_DMA 功能使能控制位。

**0**:禁止 UR2R_DMA 功能；　　　　　　**1**:允许 UR2R_DMA 功能。

TRIG:UR2R_DMA 接收触发控制位。

**0**:写 0 无效；　　　　　　　　　**1**:写 1 开始 UR2R_DMA 自动接收数据。

CLRFIFO:清除 UR2R_DMA 接收 FIFO 控制位。

**0**:写 0 无效；　　**1**:开始 UR2R_DMA 操作前,先清空 UR2R_DMA 内置的 FIFO。

（9）UR2R_DMA 状态寄存器（DMA_UR2R_STA）

| 符号 | 地址 | b7 | b6 | b5 | b4 | b3 | b2 | b1 | b0 |
|------|------|-----|-----|-----|-----|-----|-----|-----|-----|
| DMA_UR2R_STA | FA4AH | – | – | – | – | – | – | RXLOSS | UR2RIF |

UR2RIF:UR2R_DMA 中断请求标志位。当 UR2R_DMA 接收数据完成后,硬件自动将 UR2RIF 置 **1**,若使能 UR2R_DMA 中断,则进入中断服务程序。标志位需软件清 **0**。

RXLOSS:UR2R_DMA 接收数据丢弃标志位。UR2R_DMA 操作过程中,当 XRAM 总线过于繁忙,来不及清空 UR2R_DMA 的接收 FIFO,导致 UR2R_DMA 接收的数据自动丢弃时,硬件自动将 RXLOSS 置 **1**。标志位需软件清 **0**。

（10）UR2R_DMA 传输总字节寄存器（DMA_UR2R_AMT）

| 符号 | 地址 | b7 | b6 | b5 | b4 | b3 | b2 | b1 | b0 |
|------|------|-----|-----|-----|-----|-----|-----|-----|-----|
| DMA_UR2R_AMT | FA4BH | | | | | | | | |

DMA_UR2R_AMT:设置需要自动接收数据的字节数。

注意:实际的字节数为（DMA_UR2R_AMT+1）,即当 DMA_UR2R_AMT 设置为 0 时,传输 1 字节,当 DMA_UR2R_AMT 设置为 255 时,传输 256 字节。

（11）UR2R_DMA 传输完成字节寄存器（DMA_UR2R_DONE）

| 符号 | 地址 | b7 | b6 | b5 | b4 | b3 | b2 | b1 | b0 |
|---|---|---|---|---|---|---|---|---|---|
| DMA_UR2R_DONE | FA4CH | | | | | | | | |

DMA_UR2R_DONE：当前已经接收完成的字节数。

（12）UR2R_DMA 接收地址寄存器（DMA_UR2R_RXA）

| 符号 | 地址 | b7 | b6 | b5 | b4 | b3 | b2 | b1 | b0 |
|---|---|---|---|---|---|---|---|---|---|
| DMA_UR2R_RXAH | FA4DH | | | | ADDR[15:8] | | | | |
| DMA_UR2R_RXAL | FA4EH | | | | ADDR[7:0] | | | | |

DMA_UR2R_RXA：设置自动接收数据的目标地址。执行 UR2R_DMA 操作时会从这个地址开始写数据。

2. XRAM 存储器和串口 2 进行数据交换的 DMA 应用举例

利用 DMA 控制器，在 XRAM 存储器和串口 2 进行数据交换时，应进行如下的配置过程。

① 选择串口 2 使用的引脚，并设置 I/O 工作模式为漏极开路模式。

② 设置串口 2 的工作模式和波特率。

③ 进行 DMA 的设置，包括：设置传输总字节数、设置地址、中断允许控制、启动 DMA 自动传送。

④ 开放 CPU 中断。

⑤ 在中断服务程序中，对相应的标志位进行处理。

【例 11-1】 在 XRAM 中开辟 256 字节的发送缓冲区，利用 DMA 控制器实现通过串口 2 自动发送缓冲区的数据。通信参数为 9600,$n$,8,1。

解：使用实验箱上的串口 2 进行测试。将串口 2 切换到 P4.6 和 P4.7。完整的程序代码如下

源程序代码：
ex-11-1-
dma-uart2.rar

```
#include "STC8H.h"
typedef  unsigned char  u8;
typedef  unsigned int   u16;
bit  DmaTxFlag;
u8 xdata DmaBufferTX[256]
void Uart2Init(void);          //9600 bit/s@ 11.0592 MHz
void DMA_Config(void);
void main(void)
{
    u16i;

    P_SW2 |= 0x80;             //扩展寄存器(XFR)访问使能
    P_SW2 |= 1;                //UART2 切换到 P4.6 P4.7
    P4M1 = 0x3c;
```

```
        P4M0 = 0x3c;                    //设置 P4.2~P4.5 为漏极开路
        for (i=0; i<256; i++)
        {
            DmaBufferTX[i] = i;
        }
        Uart2Init();
        DMA_Config();
        EA = 1; //允许总中断
        DmaTxFlag = 0;
        while (1)
        {
            if(DmaTxFlag)
            {
                DmaTxFlag = 0;
                DMA_UR2T_CR = 0xc0;
                    //bit7 1:使能 UART2_DMA, bit6 1:开始 UART2_DMA 自动发送
            }
        }
    }
    void DMA_Config(void)           //UART DMA 功能配置函数
    {
        DMA_UR2T_CFG = 0x80;          //允许 DMA_UR2T 中断
        DMA_UR2T_STA = 0x00;
        DMA_UR2T_AMT = 0xff;          //设置传输总字节数:n+1
        DMA_UR2T_TXAH = (u8)((u16)&DmaBufferTX >> 8);
        DMA_UR2T_TXAL = (u8)((u16)&DmaBufferTX);
        DMA_UR2T_CR = 0xc0;
        //bit7 1:使能 UART2_DMA, bit6 1:开始 UART2_DMA 自动发送
    }
    void Uart2Init(void)            //9600 bit/s@ 11.0592 MHz
    {
        S2CON = 0x10;                 //8 位数据,可变波特率
        AUXR |= 0x04;                 //定时器时钟 1T 模式
        T2L = 0xE0;                   //设置定时初始值,也可以使用 TL2
        T2H = 0xFE;                   //设置定时初始值,也可以使用 TH2
        AUXR |= 0x10;                 //定时器 T2 开始计时
    }
    void DMA_UR2T_ISR(void) interrupt DMA_UR2T_VECTOR //UART2 DMA 发送
                                                      //中断
```

```
{
    if(DMA_UR2T_STA & 0x01)     //发送完成
    {
        DMA_UR2T_STA & = ~0x01;
        DmaTxFlag = 1;
    }
    if(DMA_UR2T_STA & 0x04)     //数据覆盖
    {
        DMA_UR2T_STA & = ~0x04;
    }
}
```

### 11.2.2  利用 DMA 控制器实现 ADC 数据自动存储到 XRAM 中

1. 实现 ADC 数据自动存储到 XRAM 中的 DMA 寄存器

(1) ADC_DMA 配置寄存器(DMA_ADC_CFG)

| 符号 | 地址 | b7 | b6 | b5 | b4 | b3 | b2 | b1 | b0 |
|------|------|----|----|----|----|----|----|----|----|
| DMA_ADC_CFG | FA10H | ADCIE | – | | | ADCIP[1:0] | | ADCPTY[1:0] | |

ADCIE:ADC_DMA 中断使能控制位。

**0**:禁止 ADC_DMA 中断; **1**:允许 ADC_DMA 中断。

ADCIP[1:0]:ADC_DMA 中断优先级控制位。

**00**:最低级(0); **01**:较低级(1); **10**:较高级(2); **11**:最高级(3)。

ADCPTY[1:0]:ADC_DMA 数据总线访问优先级控制位。

**00**:最低级(0); **01**:较低级(1); **10**:较高级(2); **11**:最高级(3)。

(2) ADC_DMA 控制寄存器(DMA_ADC_CR)

| 符号 | 地址 | b7 | b6 | b5 | b4 | b3 | b2 | b1 | b0 |
|------|------|----|----|----|----|----|----|----|----|
| DMA_ADC_CR | FA11H | ENADC | TRIG | – | – | – | – | – | – |

ENADC:ADC_DMA 功能使能控制位。

**0**:禁止 ADC_DMA 功能; **1**:允许 ADC_DMA 功能。

TRIG:ADC_DMA 操作触发控制位。

**0**:写 0 无效; **1**:写 1 开始 ADC_DMA 操作。

(3) ADC_DMA 状态寄存器(DMA_ADC_STA)

| 符号 | 地址 | b7 | b6 | b5 | b4 | b3 | b2 | b1 | b0 |
|------|------|----|----|----|----|----|----|----|----|
| DMA_ADC_STA | FA12H | – | – | – | – | – | – | – | ADCIF |

ADCIF:ADC_DMA 中断请求标志位,当 ADC_DMA 完成扫描所有使能的 ADC 通道后,

硬件自动将 ADCIF 置 **1**,若使能 ADC_DMA 中断,则进入中断服务程序。标志位需软件清 **0**。

（4）ADC_DMA 接收地址寄存器（DMA_ADC_RXA）

| 符号 | 地址 | b7 | b6 | b5 | b4 | b3 | b2 | b1 | b0 |
|------|------|----|----|----|----|----|----|----|----|
| DMA_ADC_RXAH | FA17H | | | | ADDR[15:8] | | | | |
| DMA_ADC_RXAL | FA18H | | | | ADDR[7:0] | | | | |

DMA_ADC_RXA:设置进行 ADC_DMA 操作时 ADC 转换数据的存储地址。

（5）ADC_DMA 配置寄存器 2（DMA_ADC_CFG2）

| 符号 | 地址 | b7 | b6 | b5 | b4 | b3 | b2 | b1 | b0 |
|------|------|----|----|----|----|----|----|----|----|
| DMA_ADC_CFG2 | FA19H | – | – | – | – | | CVTIMESEL[3:0] | | |

CVTIMESEL[3:0]:设置进行 ADC_DMA 操作时,对每个 ADC 通道进行 ADC 转换的次数。

**0**xxx:1 次; **1000**:2 次; **1001**:4 次; **1010**:8 次 **1011**:16 次;

**1100**:32 次; **1101**:64 次; **1110**:128 次; **1111**:256 次。

（6）ADC_DMA 通道使能寄存器（DMA_ADC_CHSW$i$）

| 符号 | 地址 | b7 | b6 | b5 | b4 | b3 | b2 | b1 | b0 |
|------|------|----|----|----|----|----|----|----|----|
| DMA_ADC_CHSW0 | FA1AH | CH7 | CH6 | CH5 | CH4 | CH3 | CH2 | CH1 | CH0 |
| DMA_ADC_CHSW1 | FA1BH | CH15 | CH14 | CH13 | CH12 | CH11 | CH10 | CH9 | CH8 |

CH$n$:设置 ADC_DMA 操作时,自动扫描的 ADC 通道。通道扫描总是从编号小的通道开始。

ADC 转换结果保存在 XRAM 中以 DMA_ADC_RXA 为开始地址（称为基地址）的数据缓冲区时,ADC_DMA 的数据存储格式如表 11-1 所示。

表 11-1 ADC_DMA 的数据存储格式

| ADC 通道 | 偏移地址 | 数据 |
|----------|----------|------|
| 第 1 通道 | 0 | 使能的第 1 通道的第 1 次 ADC 转换结果的高字节 |
| | 1 | 使能的第 1 通道的第 1 次 ADC 转换结果的低字节 |
| | 2 | 使能的第 1 通道的第 2 次 ADC 转换结果的高字节 |
| | 3 | 使能的第 1 通道的第 2 次 ADC 转换结果的低字节 |
| | … | … |
| | $2n-2$ | 使能的第 1 通道的第 $n$ 次 ADC 转换结果的高字节 |
| | $2n-1$ | 使能的第 1 通道的第 $n$ 次 ADC 转换结果的低字节 |
| | $2n$ | 第 1 通道的 ADC 通道号 |
| | $2n+1$ | 第 1 通道 $n$ 次 ADC 转换结果取完平均值之后的余数 |
| | $2n+2$ | 第 1 通道 $n$ 次 ADC 转换结果平均值的高字节 |
| | $2n+3$ | 第 1 通道 $n$ 次 ADC 转换结果平均值的低字节 |

续表

| ADC 通道 | 偏移地址 | 数据 |
| --- | --- | --- |
| 第 2 通道 | $(2n+4) + 0$ | 使能的第 2 通道的第 1 次 ADC 转换结果的高字节 |
| | $(2n+4) + 1$ | 使能的第 2 通道的第 1 次 ADC 转换结果的低字节 |
| | $(2n+4) + 2$ | 使能的第 2 通道的第 2 次 ADC 转换结果的高字节 |
| | $(2n+4) + 3$ | 使能的第 2 通道的第 2 次 ADC 转换结果的低字节 |
| | … | … |
| | $(2n+4) + 2n-2$ | 使能的第 2 通道的第 $n$ 次 ADC 转换结果的高字节 |
| | $(2n+4) + 2n-1$ | 使能的第 2 通道的第 $n$ 次 ADC 转换结果的低字节 |
| | $(2n+4) + 2n$ | 第 2 通道的 ADC 通道号 |
| | $(2n+4) + 2n+1$ | 第 2 通道 $n$ 次 ADC 转换结果取完平均值之后的余数 |
| | $(2n+4) + 2n+2$ | 第 2 通道 $n$ 次 ADC 转换结果平均值的高字节 |
| | $(2n+4) + 2n+3$ | 第 2 通道 $n$ 次 ADC 转换结果平均值的低字节 |
| … | … | … |
| 第 $m$ 通道 | $(m-1)(2n+4) + 0$ | 使能的第 $m$ 通道的第 1 次 ADC 转换结果的高字节 |
| | $(m-1)(2n+4) + 1$ | 使能的第 $m$ 通道的第 1 次 ADC 转换结果的低字节 |
| | $(m-1)(2n+4) + 2$ | 使能的第 $m$ 通道的第 2 次 ADC 转换结果的高字节 |
| | $(m-1)(2n+4) + 3$ | 使能的第 $m$ 通道的第 2 次 ADC 转换结果的低字节 |
| | … | … |
| | $(m-1)(2n+4) + 2n-2$ | 使能的第 $m$ 通道的第 $n$ 次 ADC 转换结果的高字节 |
| | $(m-1)(2n+4) + 2n-1$ | 使能的第 $m$ 通道的第 $n$ 次 ADC 转换结果的低字节 |
| | $(m-1)(2n+4) + 2n$ | 第 $m$ 通道的 ADC 通道号 |
| | $(m-1)(2n+4) + 2n+1$ | 第 $m$ 通道 $n$ 次 ADC 转换结果取完平均值之后的余数 |
| | $(m-1)(2n+4) + 2n+2$ | 第 $m$ 通道 $n$ 次 ADC 转换结果平均值的高字节 |
| | $(m-1)(2n+4) + 2n+3$ | 第 $m$ 通道 $n$ 次 ADC 转换结果平均值的低字节 |

2. 利用 DMA 控制器实现 ADC 数据自动存储到 XRAM 中的应用实例

利用 DMA 控制器实现 ADC 数据自动存储到 XRAM 中时,应进行如下的配置过程:

① 选择 ADC 通道使用的引脚,并设置 I/O 工作模式为高阻输入模式。

② ADC 模块的初始化,包括数据格式、时间设置、速度设置等,并为 ADC 模块上电。

③ 进行 DMA 的设置,包括:中断允许控制、ADC 转换数据存储地址、每个通道 ADC 转换次数、ADC 通道使能、使能 DMA、启动 DMA。

④ 开放 CPU 中断。

⑤ 在中断服务程序中,对相应的标志位进行处理。

【例 11-2】 利用 DMA 控制器实现,对 16 通道模拟量进行 A/D 转换,每个通道转换四次,将转换结果保存在 XRAM 中地址从 0x800 开始的数据缓冲

源程序代码:
ex-11-2-dma-adc-uart2.rar

区,利用 DMA 控制器实现通过串口 2 自动发送缓冲区的数据。通信参数为 $9600,n,8,1$。

解:参照 DMA_ADC 的设置过程,参考代码如下

```
#include "STC8H.h"
#include "intrins.h"
#define   ADC_SPEED15          //0~15,ADC 转换时间(CPU 时钟数)
#define   RES_FMT  (1<<5)       //ADC 结果格式:右对齐
#define   ADC_CH16             //ADC 转换通道数,需同步修改 DMA_ADC_CHSW
#define   ADC_DATA12           //每个通道 ADC 转换数据总数,2×转换次数+4
                               //需同步修改 DMA_ADC_CFG2 转换次数
#define   DMA_ADDR 0x800       //DMA 数据存放地址
typedef   unsigned char u8;
bit   DmaFlag;
u8 xdata DmaBuffer[ADC_CH][ADC_DATA] _at_ DMA_ADDR;

void Delay200ms(void);        //@ 11.0592 MHz
void DMA_Config(void);
void main(void)
{
    P_SW2 |= 0x80;            //扩展寄存器(XFR)访问使能

    P0M1 = 0x7f;  P0M0 = 0x00;  //设置要做 ADC 的 I/O 做高阻输入
    P1M1 = 0xfb;  P1M0 = 0x00;  //设置要做 ADC 的 I/O 做高阻输入

    ADCTIM = 0x3f;            //设置通道选择时间、保持时间、采样时间
    ADCCFG = RES_FMT + ADC_SPEED;
    //ADC 模块电源打开后,需等待 1 ms,MCU 内部 ADC 电源稳定后再进行 A/D 转换
    ADC_CONTR = 0x80;        //开启 ADC 电源
    DMA_Config();
    EA = 1;
    while(1)
    {
        Delay200ms();
        if(DmaFlag)
        {
            DmaFlag = 0;
            DMA_ADC_CR = 0xc0;    //使能 ADC_DMA,启动 ADC_DMA
        }
    }
}
```

```
void DMA_Config(void)        //ADC DMA 功能配置函数
{
    DMA_ADC_STA = 0x00;
    DMA_ADC_CFG = 0x80;        //使能 DMA_ADC 中断
    DMA_ADC_RXAH = (u8)(DMA_ADDR >> 8);      //ADC 转换数据存储地址
    DMA_ADC_RXAL = (u8)DMA_ADDR;
    DMA_ADC_CFG2 = 0x09;       //每个通道 ADC 转换次数为 4
    DMA_ADC_CHSW0 = 0xff;      //ADC 通道使能寄存器 ADC7~ADC0
    DMA_ADC_CHSW1 = 0xff;      //ADC 通道使能寄存器 ADC15~ADC8
    DMA_ADC_CR = 0xc0;         //使能 ADC_DMA, 启动 ADC_DMA
}
void Delay200ms(void)        //@ 11.0592 MHz
{
    unsigned char data i, j, k;

    _nop_();
    _nop_();
    i = 9;
    j = 104;
    k = 139;
    do
    {
        do
        {
            while (--k);
        } while (--j);
    } while (--i);
}
void ADC_DMA_ISR(void) interrupt DMA_ADC_VECTOR    //ADC DMA 中断函数
{
    DMA_ADC_STA = 0;
    DmaFlag = 1;
}
```

## ✍ 习题

11-1　简述 DMA 技术的特点。

11-2　请参考例 11-1，设计利用 DMA 控制器自动接收串口 2 的数据，并存储到 XRAM 的 256
　　　字节的缓冲区中。

11-3　利用 DMA 控制器实现，对通道 5 模拟量进行 A/D 转换，将转换结果保存在 XRAM 中地址从 0x800 开始的数据缓冲区，同时，通过串口 2 将转换结果发送到计算机。通信参数为 $9600, n, 8, 1$。

# 第12章

# 单片机应用系统设计举例

无人驾驶系统在工业和生活中获得了广泛的应用,如工厂无人货物搬运车、家庭中的扫地机器人、智能交通中的无人驾驶汽车、无人驾驶地铁等。

为了提高大学生的创新能力和解决问题的综合能力,受教育部高等教育司委托,教育部高等学校自动化类专业教学指导委员会自 2006 年起,主办了全国大学生智能汽车竞赛。 竞赛以"立足培养、重在参与、鼓励探索、追求卓越"为指导思想,以迅猛发展的汽车电子为背景,以智能汽车为平台,涵盖了控制、模式识别、传感、电气、电子、计算机和机械等多个学科。 竞赛对深化高等工程教育改革,培养大学生获取知识的能力及创新意识,以及提高大学生从事科学技术研究能力和技术创新能力具有重要意义。 基于智能汽车竞赛中的相关技术,可以实现上述无人驾驶相关的工程或产品的设计。 本章以汽车模型为载体,以电磁信号引导寻迹组别为例,介绍 STC8H8K64S4U 单片机在无人驾驶控制系统中的应用。

## 12.1　设　计　要　求

设计自主寻迹智能车控制器,具体要求为:在赛道的中央铺设电磁引导线,引导线为一条铺设在赛道中心线上、直径为 0.1~1.0 mm 的漆包线,其中通有 20 kHz、100 mA 的交变电流,其频率范围(20±1)kHz,电流范围（100±20）mA。

在汽车模型上设计安装可以检测电磁引导线的传感器,沿着电磁引导线跑完全程。汽车模型的整体结构如图 12-1 所示。

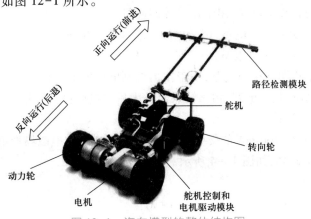

图 12-1　汽车模型的整体结构图

智能汽车模型包括路径检测、速度测量、舵机控制、电机驱动等模块。可以测量汽车模型的实时速度用于反馈,实现速度闭环控制。舵机用于根据路径情况控制前轮转向幅度。电机用于驱动后轮转动,为汽车模型提供前进动力。

汽车模型的检测和控制系统结构图如图 12-2 所示。

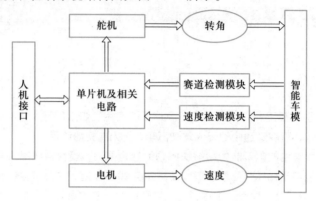

图 12-2　汽车模型的检测和控制系统结构图

## 12.2　硬件电路设计

1. 单片机核心板电路设计

单片机核心板电路主要包括单片机、USB 下载电路、复位电路及对外接口电路,如图 12-3 所示。

USB 下载接口电路如图 12-3(b)所示,单片机采用 LQFP48 封装的 STC8H8K64U,采用目前常用的 Type-C 接口连接电脑,对单片机系统进行供电和下载程序。

电源控制和指示电路如图 12-3(c)所示,其中,$D_4$ 为供电指示灯。SW19 为单片机电源上电控制按钮,当其按下时,系统断电,松开后系统上电。下载单片机程序时,需要 P3.2/INT0 的配合,因此,给出外部中断 INT0 的电路。

单片机复位电路如图 12-3(d)所示,当按下 RST 按钮时,单片机系统复位。

图 12-3(f)为舵机接口电路,用于连接控制舵机。

图 12-3(g)为干簧管接口电路,用于检测发车和停车位置。

图 12-3(h)为光电管接口电路,用于障碍检测。

图 12-3(i)为电机驱动接口电路,用于输出控制电机的 PWM 信号。

图 12-3(j)为 ADC 接口电路,用于输入经放大后的电磁检测信号。

2. 电磁检测电路设计

当导线通有 20 kHz、100 mA 的交变电流时,根据麦克斯韦电磁场理论,交变电流会在导线周围产生交变的电磁场,如图 12-4 所示。

电磁波的波长为

$$c = \lambda f \tag{12-1}$$

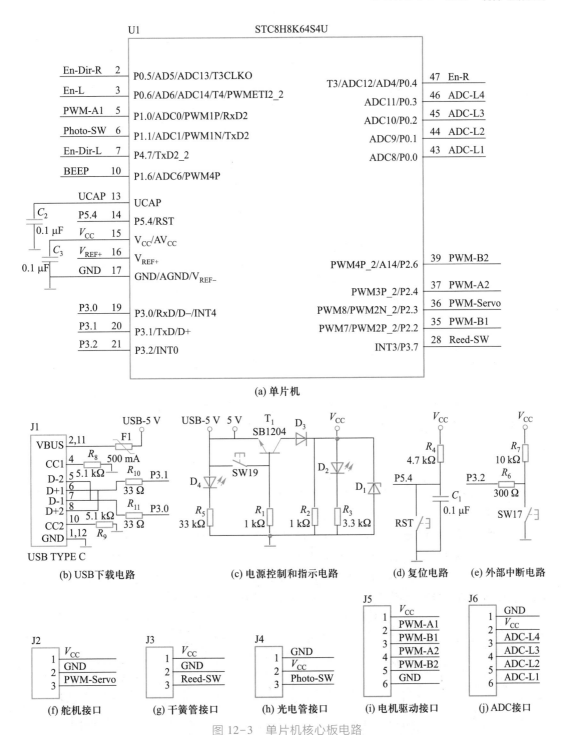

图 12-3  单片机核心板电路

其中,$c$ 为光速,约等于 $3×10^8$ m/s;$f$ 为频率,单位为 Hz;$\lambda$ 为波长,单位为 m。

可以使用 RLC 并联谐振电路检测磁场变化。RLC 并联谐振电路如图 12-5 所示。当电流经过磁场周围时,将在 $V_o$ 端输出随磁场变化的电压信号。对 $V_o$ 端的信号进行放大,然后送入单片机的 A/D 转换器对该信号进行采样,即可得到赛道的信息。

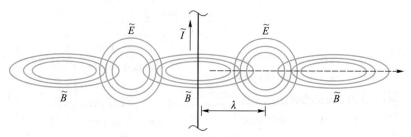

图 12-4　交变电流周围的电磁场

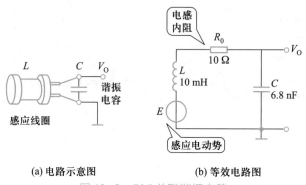

(a) 电路示意图　　　　　(b) 等效电路图

图 12-5　*RLC* 并联谐振电路

其中,$E$ 是感应线圈中的感应电动势,$L$ 是感应线圈的电感值,$R_0$ 主要是电感的内阻,$C$ 是谐振电容。电路谐振频率为

$$f = \frac{1}{2\pi\sqrt{LC}} \tag{12-2}$$

感应电动势的频率 $f = 20$ kHz,感应线圈电感为 $L = 9.3$ mH,可以计算出谐振电容的容量为 $C = 6.8 \times 10^{-9}$ F。电磁感应部分最佳感应范围为 2~30 cm。

电磁检测模块由电磁感应和信号放大两部分组成。一般情况下,使用 4 路电磁感应电路,以准确判断路径信息。通过 $LC$ 电路处理后的电压波形是较为规整的 20 kHz 正弦波,其幅值较小,随着距离的增大衰减很快,不利于电压采样,因此需要对其进行放大。其中一路电磁检测信号的信号放大原理图如图 12-6 所示,其他三路的电路设计与此类似。

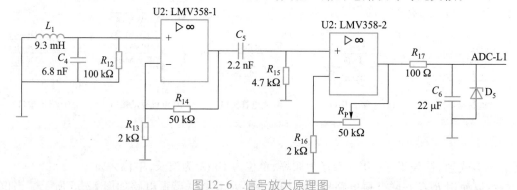

图 12-6　信号放大原理图

图 12-6 中,使用 LMV358 运算放大器将 $LC$ 谐振采集到的信号放大,放大倍数可通过电

位器 $R_P$ 调节,将放大后的信号输出给单片机 ADC 口采集。"工"字电感 $L_1$ 感应到的信号经过由 $L_1$、电容 $C_4$ 和电阻 $R_{12}$ 构成的 $RLC$ 串联谐振电路后,送入 LMV358 进行放大,放大后的信号送入单片机的 A/D 转换通道 8(与 P0.0 复用)。由单片机的 A/D 转换器进行 A/D 转换后进行信号处理。

### 3. 电机驱动电路设计

电机驱动电路采用 H 桥式驱动电路,H 桥式驱动电路也称为全桥式驱动电路,其电路示意图如图 12-7 所示。

之所以称图 12-7 所示的电路为 H 桥式驱动电路,是因为它的形状酷似字母 H。4 个功率晶体管组成 H 的 4 条垂直腿,而电机就是 H 中的横杠。4 个功率晶体管相当于 4 个电子开关。

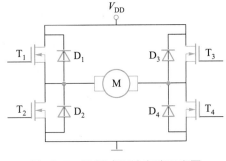

图 12-7　H 桥式驱动电路示意图

通常使用双极性功率晶体管或者场效应(FET)晶体管作为功率电子开关($T_1$、$T_2$、$T_3$、$T_4$)。在特殊高压场合中,可以使用绝缘栅双极性晶体管(IG-BT)。4 个并联二极管($D_1$、$D_2$、$D_3$、$D_4$)被称为钳位二极管(catch diode),通常使用肖特基二极管。很多功率 MOS 管内部也都集成有内部反向导通二极管。H 桥式驱动电路的上下分别连接电源的正负极。

若要使电机运转,则必须导通 H 桥式驱动电路对角线上的一对功率晶体管。根据不同功率晶体管对的导通情况,电流可能会从左至右或从右至左流过电机,从而控制电机的旋转方向。

当 4 个功率晶体管都断开时,电机负载相当于两端悬空。若电机此时在转动,则其转子的动能就会在摩擦力的作用下逐步减小,电机慢慢停止。

当 H 桥式驱动电路的上半部(或者下半部)的两个功率晶体管闭合时,对应的另外两个功率晶体管断开。此时电机两端实际上是被桥电路短接在一起的,且电机两端的电压为 0。如果此时电机在转动,那么其转子的动能会通过所产生的反向电动势(EMF)在外部短路 H 桥式驱动电路回路中形成制动电流,电机会快速制动。

电机负载可以使用电阻 $R_m$、电感 $L_m$ 及感应电动势 $V_g$ 的串联来描述,如图 12-8 所示。电机转动所需要的转动力矩由流过串联电路的电枢电流产生,而电枢电流则由施加在串联电路上的电压产生。

图 12-8　电机负载的等效电路

由于电机本身带有储能惯性环节(包括电储能器件 $L_m$ 及机械储能部件转子的惯性),因此当高频的脉冲电压(PWM)作用在电机两端时,产生转矩的效果实际上由脉冲电压的平均值决定。

电机驱动方案采用由英飞凌公司推出的 BTN7971 电机驱动芯片。BTN7971 内部集成了一个上管(P 沟道 MOSFET)和下管(N 沟道 MOSFET),构成半桥驱动器,是常用的电机驱动方案,其工作电压范围为 4.5~28 V,驱动电流峰值可达 70 A。BTN7971 内部集成了过电压、过电流、过温等保护措施,并配置有电流采集、故障指示引脚。基于 BTN7971 的电机驱动电路图如图 12-9 所示。

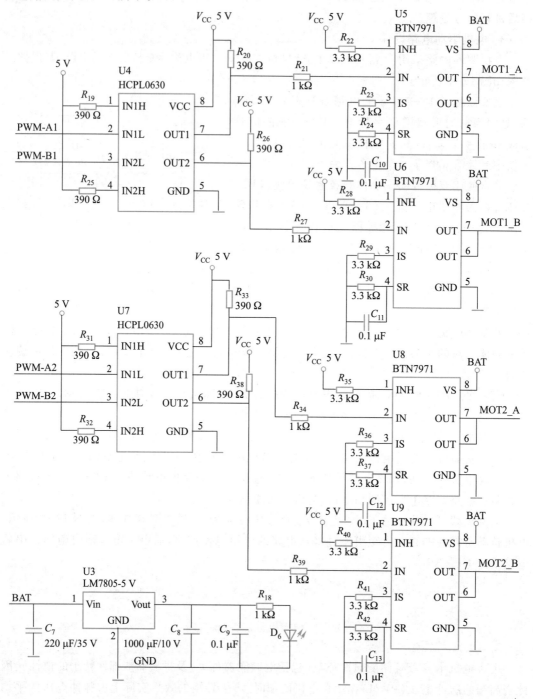

图 12-9 基于 BTN7971 的电机驱动电路图

为了隔离功率侧可能产生的过电压、过电流等有害信号以及高频电磁干扰,保护单片机的安全,在单片机 PWM 输出端口与 BTN7971 的驱动输入引脚 IN 之间添加驱动或光电耦合隔离器件。在图 12-9 的驱动电路图中,采用 HCPL0630 光电耦合器作为单片机与驱动输入间的隔离电路,实现器件间的电气隔离,并实现电平转换。单片机产生的 PWM 信号送至 HCPL0630,对应的隔离输出引脚连接至 BTN7971 的 IN 引脚。MOT1_A 和 MOT1_B、MOT2_A 和 MOT2_B 分别接电机的两端,实现对电机的控制。

INH 为 BTN7971 驱动芯片的使能端,可与单片机 I/O 接口相连,并可配合 IS 电流检测与故障诊断引脚实现故障保护。在检测到故障信号时,使能端置低,系统停止工作,从而起到保护作用。由于比赛用的智能汽车电池电压通常低于 8.4 V,远低于 BTN7971 的最高承受电压,一般不会出现过压故障。因此,为了简化设计,在硬件电路设计时直接给 INH 置高电平(+5 V),并且 IS 不连接至单片机,从而可以减少单片机 I/O 接口占用。

#### 4. 舵机控制电路

舵机,又名伺服电机,由外壳、电路板、电动机、减速齿轮和电位器构成,适用于那些需要角度不断变化并可以保持的控制系统。在智能车的电路设计中,采用舵机实现车模前轮转向。

舵机的转角范围通常是 0 到 180°,舵机的转角通常由脉宽来控制,一般舵机有三根输入线(电源正、地、信号线),PWM 信号由信号线输入,使用周期为 20 ms 左右的方波作为输入信号,方波的占空比决定舵机转的角度。为了使得舵机的供电保持稳定,为舵机专门设计供电电路,电路示意图如图 12-10 所示。

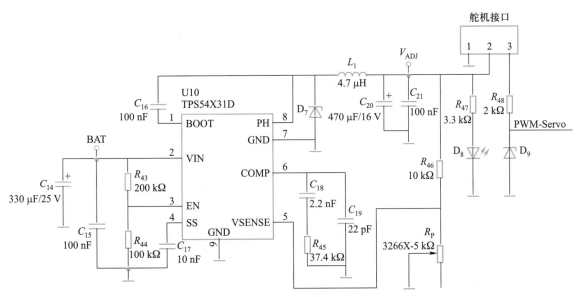

图 12-10　舵机控制电路示意图

#### 5. 电机转速测量电路

电机转速测量的常用方案是编码器测速。编码器通过支架固定在车模上,编码器上的齿轮与车模传动齿轮直接咬合,安装时要注意齿轮咬合的程度,过紧时阻力增大,过松时滞回和振动增加,输出稳定性可能会受到影响。本书采用微型 Mini 编码器,1024 线分辨率,3~5 V 输入,可精确测量正反转及角度信息。编码器接口电路如图 12-11 所示。En-Dir-L(P4.7)和 En-Dir-R(P0.5)引脚配置为输入模式,用于检测编码器的输出方向;En-L(P0.6)和 En-R(P0.4)引脚配置为计数器输入,用于对编码器的输出脉冲计数。

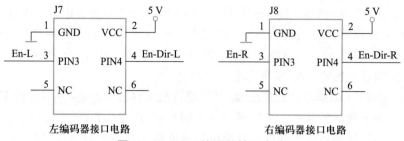

图 12-11　Mini 编码器接口电路

### 6. 电源电路设计

智能汽车模型使用 7.2 V 的锂电池进行供电,而单片机及相应外设需要 5 V 的电压,因此需要对 7.2 V 的电池电压进行转换。在电路设计中,采用 LM1084RS-5V 进行电压转换,其电路原理图如图 12-12 所示。其中,LM1084 是一款低压差电压稳压器,高电流值下具有低电压降,只需要极少的外围元件就能构成高效稳压的电路。此外,有过载恢复电路,电路可提供安全工作范围内的输出电流,消耗的功率非常低。$C_{22}$、$C_{23}$ 构成滤波稳压电路。BAT 为电池供电电压,5 V 是转换后生成的为单片机和其他器件供电的电压。

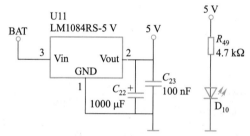

图 12-12　电压转换电路原理图

### 7. 其他电路设计

为了方便调试,通常还需设计蜂鸣器、干簧管模块等电路。电路原理图如 12-13 所示。

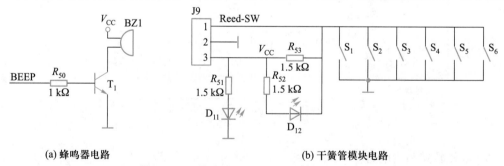

(a) 蜂鸣器电路　　　　　　　　　(b) 干簧管模块电路

图 12-13　蜂鸣器、干簧管模块电路原理图

采用有源蜂鸣器,通过 BEEP(P1.6)引脚控制蜂鸣器,当 P1.6 引脚置高时,晶体管导通,蜂鸣器发声。

干簧管模块电路,用于检测发车和停车位置,$S_1 \sim S_6$ 为干簧管,只要有一个检测到信号就会闭合。

## 12.3 软 件 设 计

进行单片机应用系统设计时,在硬件电路设计阶段,就要充分考虑单片机资源的合理分配。在软件设计阶段,更要注意资源分配及有效利用。在智能汽车控制系统的设计中,主要用到以下资源。

ADC8(P0.0)~ADC11(P0.3):用于四路电感检测信号采样。

PWM-A1(P1.0):用于电机 A 正极 PWM 控制。

PWM-B1(P2.2):用于电机 A 负极 PWM 控制。

PWM-A2(P2.4):用于电机 B 正极 PWM 控制。

PWM-A3(P2.6):用于电机 B 负极 PWM 控制。

PWM-Servo(P2.3):用于舵机 PWM 控制。

En-R(P0.4):用于右编码器脉冲计数(T3)。

En-L(P0.6):用于左编码器脉冲计数(T4)。

En-Dir-R(P0.5):用于右编码器方向检测。

En-Dir-L(P4.7):用于左编码器方向检测。

BEEP(P1.6):用于蜂鸣器控制。

Photo-SW(P1.1):用于光电管控制。

Reed-SW(P3.7):用于干簧管的状态检测。

定时器 $T_1$ 设置为定时器模式,每 5 ms 判断一次车模所处状态。

定时器 $T_3$、定时器 $T_4$ 设置为计数模式,对编码器产生的脉冲进行计数。

按照模块化的方法进行软件设计。主文件包括初始化模块、定时器中断模块、ADC 采样模块、PWM 模块、控制模块等。主函数的流程图如图 12-14 所示。完整的程序代码请向作者索取(邮箱:chenguiyou@126.com)。

源程序代码:
ex-12-car.rar

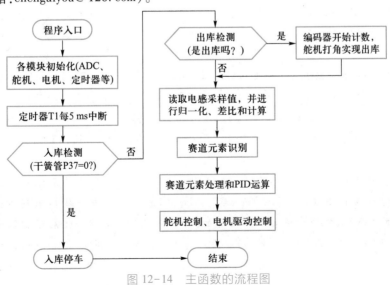

图 12-14 主函数的流程图

在初始化模块中,对用于电磁信号检测的 ADC 模块、用于舵机控制和电机驱动控制的 PWM 模块、用于编码器计数的定时器模块,以及用于编码器、光电管和干簧管的 I/O 接口进行初始化。主要的相关代码如下

```
ADC8_Init();                          //电感初始化(ADC8 与 P0.0 复用)
ADC9_Init();                          //电感初始化(ADC9 与 P0.1 复用)
ADC10_Init();                         //电感初始化(ADC10 与 P0.2 复用)
ADC11_Init();                         //电感初始化(ADC11 与 P0.3 复用)
PWM_Init(0, 0, 12500, 0);             //电机 1 正极 PWM 控制初始化 P1.0
PWM_Init(1, 1, 12500, 0);             //电机 1 负极 PWM 控制初始化 P2.2
PWM_Init(1, 2, 12500, 0);             //电机 2 正极 PWM 控制初始化 P2.4
PWM_Init(1, 3, 12500, 0);             //电机 2 负极 PWM 控制初始化 P2.6
PWM_Init(0, 7, 50, Servo_Center_Mid);    //舵机初始化 P2.3
TIMER3_EncInit();        //初始化定时器 3,对 P0.4 引脚脉冲计数,编码器初始化
TIMER4_EncInit();        //初始化定时器 4,对 P0.6 引脚脉冲计数,编码器初始化
PIN_InitStandard(0, 5);               //编码器方向引脚 P0.5 初始化
PIN_InitStandard(4, 7);               //编码器方向引脚 P4.7 初始化
PIN_InitStandard(1, 1);               //光电管输入引脚 P1.1 初始化
PIN_InitStandard(3, 7);               //干簧管输入引脚 P3.7 初始化
```

采用 T1 实现定时功能,每隔 5 ms 中断一次。初始化代码如下

```
TIMER1_Init(5000);
```

在定时器的中断服务函数中实现对赛道的检测与处理、对舵机和电机的控制。
对赛道检测的相关代码如下

```
void InductorNormal (void)
{
    ADC_GetValue(8,induct_val[0]);        //读取 ADC8 通道值  P00
    ADC_GetValue(9, induct_val[1]);       //读取 ADC9 通道值  P01
    ADC_GetValue(10,induct_val[2]);       //读取 ADC10 通道值 P02
    ADC_GetValue(11,induct_val[3]);       //读取 ADC11 通道值 P03

    leftV =(float)(induct_val[0]-60.0)/(2000.0-60.0)*100.0;//归一化
    leftP =(float)(induct_val[1]-60.0)/(2000.0-60.0)*100.0;//归一化
    rightP=(float)(induct_val[2]-60.0)/(2000.0-60.0)*100.0;//归一化
    rightV=(float)(induct_val[3]-60.0)/(2000.0-60.0)*100.0;//归一化

    leftP = (leftP < 0) ? 0 : leftP;      //归一化后限制输出幅度
    leftP = (leftP > 100) ? 100 : leftP;  //归一化后限制输出幅度
    rightV = (rightV < 0) ? 0 : rightV;   //归一化后限制输出幅度
    rightV = (rightV > 100) ? 100 : rightV; //归一化后限制输出幅度
    leftV = (leftV < 0) ? 0 : leftV;      //归一化后限制输出幅度
```

```
    leftV = (leftV > 100) ? 100 : leftV;      //归一化后限制输出幅度
    rightP = (rightP < 0) ? 0 : rightP;       //归一化后限制输出幅度
    rightP = (rightP > 100) ? 100 : rightP;   //归一化后限制输出幅度

    TempAngle_V = (leftV-rightV) * 90 / (leftV+rightV); //差比和计算水平偏差
    Error_V = TempAngle_V-Last_TempAngle_V;            //水平偏差微分
    Last_TempAngle_V = TempAngle_V;                    //记忆水平偏差
    TempAngle_P = (leftP-rightP) * 100 / (leftP+rightP); //垂直偏差
    Error_P = TempAngle_P-Last_TempAngle_P;            //垂直偏差微分
    Last_TempAngle_P = TempAngle_P;                    //记忆垂直偏差
}
```

通过 ADC 模块对电磁检测信号采样后,将读取到的值进行归一化处理,限制其输出幅值为 0~100,以提高适应能力。在无限循环程序代码中,反复读取传感器的值,通过差比求和计算求出水平电感偏差和垂直电感偏差,并对数值进行判断,若超出所设定的阈值,则启动控制过程。

对赛道元素识别的代码如下

```
void Discern(void)
{
    //障碍识别
    if(obs_flag==1)   //障碍一段,检测障碍
    {
        obs_In=1;
        {
            if(RAllPulse1>4000)
            {
                obs_flag=2;
            }
        }
    }
    else if(obs_flag==2) //障碍二段,躲避障碍
    {
        obs_In=0;
        obs_ing=1;
        {
            if(RAllPulse1>10700)
            {
                obs_flag=3;
            }
        }
```

```
        }
    else if(obs_flag==3)  //障碍三段,回到赛道
    {
        obs_ing=0;
        obs_Out=1;
        {
            if(RAllPulse1>13500)
            {
                obs_flag=0;
                obs_Out=0;
            }
        }
    }
    else
    {
        if((leftV+rightV+leftP+rightP)>250&&Round==0&&Round_Oflag
        ==0&&Round_judge==0)
        {
          Round=1;
          Round_Oflag=1;
          RAllPulse1=0;
          Entry_ring=leftV+rightV+leftP+rightP;
          Round_judge=1;
        }
        else if(Round==0)  //直道弯道
        {
          if(((leftV>7.2)&&(rightV>7.2)&&(((leftV-rightV)<17)||
((rightV-leftV)<17))&&(leftV<30)&&(rightV<30)&&(((leftP-rightP)<22)||
((rightP-leftP)<22))))    //直道循迹
            {
                Round = 0;
                Straight=1;
                S_curve=0;
                Stop = 0;
                MotorDuty1 = -3500;
                MotorDuty2 = -3400;
            }
          else  //弯道循迹
            {
```

```
            Round = 0;
            Straight = 0;
            S_curve = 1;
            Stop = 0;
            MotorDuty1 = -3300;
            MotorDuty2 = -3200;
        }
    }
}


if(Round = =1&&Round_In = =0&&Round_Oflag = =1)
{
    P(1,6) = 1;      //蜂鸣器响
    Straight = 1;
    S_curve = 0;
    Stop = 0;
    if(RAllPulse1>3000)
    {
        deraction = 1;
        Round_Oflag = 2;
        Round_In = 1;
        Straight = 0;
        S_curve = 0;
        Stop = 0;
    }
}
else if(Round = =1&&Round_In = =1&&rightV<9.8&&rightP<9.8
        &&Round_Oflag = =2)  //判断圆环中右电感值很小
{
        P(1,6) = 0;      //圆环中不响
        Round = 0;
        Round_In = 0;
        Rounding = 0;
        Round_Out = 0;
        Round_Oflag = 0;
    }
if(Straight = = 1)
    devi_fig = 0;    //直道
else if(S_curve = = 1)
```

```
            devi_fig=1;
        else if(Stop == 1)
            devi_fig = 3;
        else if(Round_In ==1)
            devi_fig = 4;
        else if(Rounding == 1)
            devi_fig = 5;
        else if(Round_Out ==1)
            devi_fig = 6;
        else if(Round_Oflag == 1)
            devi_fig = 7;
        else if(obs_In ==1)
            devi_fig = 9;
        else if(obs_ing ==1)
            devi_fig = 10;
        else if(obs_Out ==1)
            devi_fig = 11;
}
```

对舵机及电机控制的相关代码如下

```
void steering_control(void)
{
    //舵机控制
    switch(devi_fig)
    {
        case 0:   //直道 PID 差速
            ServoDuty =(int)(TempAngle_V * DJ_KP1+DJ_KD1 * Error_V);
            break;
        case 1:   //小弯 PID 差速
            ServoDuty =(int)(TempAngle_V * DJ_KP2+DJ_KD2 * Error_V);
            Err_speed =(short)(TempAngle_V * DJ_V2);
            if(rightV>leftV)
            {
                MotorDuty1 =MotorDuty1+Err_speed;
                MotorDuty2 =MotorDuty2-Err_speed;
            }
            else
            {
                MotorDuty2 =MotorDuty2-Err_speed;
                MotorDuty1 =MotorDuty1+Err_speed;
```

```
        }
        break;
    case 3:      //冲出记忆
        ServoDuty = 0;break;
    case 4:      //进圆环 PID
        if(deraction == 1)
            ServoDuty = 90;
        if(deraction == 0)
            ServoDuty = -90;
        deraction = 9;
        break;
    case 5:
        ServoDuty = (int)(TempAngle_V * DJ_KP5+DJ_KD5 * Error_V);
        break;
    case 6:   //出圆环 PID
        ServoDuty = (int)(TempAngle_V * DJ_KP6+DJ_KD6 * Error_V);
        break;
    case 7:
        ServoDuty = -30;
        break;
    case 8:      //障碍
        ServoDuty = 30;
        break;
    case 9:
        ServoDuty = 120;
        break;
    case 10:
        ServoDuty = -40;
        break;
    case 11:
        ServoDuty = -70;
        break;
}
if(ServoDuty > Servo_Delta) ServoDuty =  Servo_Delta;
if(ServoDuty<-Servo_Delta) ServoDuty = -Servo_Delta;
//电机控制
if(Stop == 1)  //冲出赛道,停车
    MotorDuty1 = MotorDuty2 = 0;
else if(obs_flag == 1)  //障碍一段速度
```

```
    {
        MotorDuty1 = -1300;
        MotorDuty2 = -1300;
    }
    else if(obs_flag == 2 || obs_flag == 3) //障碍二段、三段速度
    {
        MotorDuty1 = -1600;
        MotorDuty2 = -1600;
    }
    if(motor_flag == 0)
    {
        MotorDuty1 = MotorDuty2 = 0;
    }
}
```

电机控制函数代码如下

```
void MotorCtrl (int16_t duty1, int16_t duty2)
{
    //电机输出限幅
    if(duty1 > 10000)
        duty1 = 10000;
    else if(duty1 < -10000)
        duty1 = -10000;
    if(duty2 > 10000)
        duty2 = 10000;
    else if(duty2 < -10000)
        duty2 = -10000;
    if(duty1 >= 0)
    {
        PWM_SetDuty(0, 0, duty1);        // P1.0
        PWM_SetDuty(1, 1, 0);           // P2.2
    }
    else
    {
        PWM_SetDuty(0, 0, 0);           // P1.0
        PWM_SetDuty(1, 1, 0-duty1);     // P2.2
    }
    if(duty2 >= 0)
    {
        PWM_SetDuty(1, 2, duty2);       // P2.4
```

```
        PWM_SetDuty(1, 3, 0);              //P2.6
    }
    else
    {
        PWM_SetDuty(1, 2, 0);              //P2.4
        PWM_SetDuty(1, 3, 0-duty2);        //P2.6
    }
}
```

通过调用 MotorCtrl 函数实现对智能车运行控制。

在系统调试中,需要注意电池的电量。当电池电量不足时,汽车模型将无法运行。在系统设计中,可以设计适当的人机接口,例如按键、LCD 显示等,以方便汽车模型的参数调整。另外,在本设计中,暂时没有速度反馈控制,请读者自行设计。

## 习题

12-1　试在智能汽车控制系统设计中,加入速度检测环节。

12-2　在智能汽车控制系统设计中加入速度 PID 调节功能。

# ASCII 码表

| ASCII 值 | 十六进制 | 控制字符 | ASCII 值 | 十六进制 | 控制字符 | ASCII 值 | 十六进制 | 控制字符 | ASCII 值 | 十六进制 | 控制字符 |
|---|---|---|---|---|---|---|---|---|---|---|---|
| 0 | 0 | NUL | 23 | 17 | ETB | 46 | 2E | . | 69 | 45 | E |
| 1 | 1 | SOH | 24 | 18 | CAN | 47 | 2F | / | 70 | 46 | F |
| 2 | 2 | STX | 25 | 19 | EM | 48 | 30 | 0 | 71 | 47 | G |
| 3 | 3 | ETX | 26 | 1A | SUB | 49 | 31 | 1 | 72 | 48 | H |
| 4 | 4 | EOT | 27 | 1B | ESC | 50 | 32 | 2 | 73 | 49 | I |
| 5 | 5 | END | 28 | 1C | FS | 51 | 33 | 3 | 74 | 4A | J |
| 6 | 6 | ACK | 29 | 1D | GS | 52 | 34 | 4 | 75 | 4B | K |
| 7 | 7 | BEL | 30 | 1E | RS | 53 | 35 | 5 | 76 | 4C | L |
| 8 | 8 | BS | 31 | 1F | US | 54 | 36 | 6 | 77 | 4D | M |
| 9 | 9 | HT | 32 | 20 | ( space ) | 55 | 37 | 7 | 78 | 4E | N |
| 10 | 0A | LF | 33 | 21 | ! | 56 | 38 | 8 | 79 | 4F | O |
| 11 | 0B | VT | 34 | 22 | ” | 57 | 39 | 9 | 80 | 50 | P |
| 12 | 0C | FF | 35 | 23 | # | 58 | 3A | : | 81 | 51 | Q |
| 13 | 0D | CR | 36 | 24 | $ | 59 | 3B | ; | 82 | 52 | R |
| 14 | 0E | SO | 37 | 25 | % | 60 | 3C | < | 83 | 53 | S |
| 15 | 0F | SI | 38 | 26 | & | 61 | 3D | = | 84 | 54 | T |
| 16 | 10 | DLE | 39 | 27 | , | 62 | 3E | > | 85 | 55 | U |
| 17 | 11 | DC1 | 40 | 28 | ( | 63 | 3F | ? | 86 | 56 | V |
| 18 | 12 | DC2 | 41 | 29 | ) | 64 | 40 | @ | 87 | 57 | W |
| 19 | 13 | DC3 | 42 | 2A | * | 65 | 41 | A | 88 | 58 | X |
| 20 | 14 | DC4 | 43 | 2B | + | 66 | 42 | B | 89 | 59 | Y |
| 21 | 15 | NAK | 44 | 2C | , | 67 | 43 | C | 90 | 5A | Z |
| 22 | 16 | SYN | 45 | 2D | – | 68 | 44 | D | 91 | 5B | [ |

续表

| ASCII 值 | 十六进制 | 控制字符 | ASCII 值 | 十六进制 | 控制字符 | ASCII 值 | 十六进制 | 控制字符 | ASCII 值 | 十六进制 | 控制字符 |
|---|---|---|---|---|---|---|---|---|---|---|---|
| 92 | 5C | \ | 101 | 65 | e | 110 | 6E | n | 119 | 77 | w |
| 93 | 5D | ] | 102 | 66 | f | 111 | 6F | o | 120 | 78 | x |
| 94 | 5E | ^ | 103 | 67 | g | 112 | 70 | p | 121 | 79 | y |
| 95 | 5F | _ | 104 | 68 | h | 113 | 71 | q | 122 | 7A | z |
| 96 | 60 | ` | 105 | 69 | i | 114 | 72 | r | 123 | 7B | { |
| 97 | 61 | a | 106 | 6A | j | 115 | 73 | s | 124 | 7C | \| |
| 98 | 62 | b | 107 | 6B | k | 116 | 74 | t | 125 | 7D | } |
| 99 | 63 | c | 108 | 6C | l | 117 | 75 | u | 126 | 7E | ~ |
| 100 | 64 | d | 109 | 6D | m | 118 | 76 | v | 127 | 7F | DEL |

# 逻辑符号对照表

| 名称 | 国标符号 | 曾用符号 | 国外流行符号 | 名称 | 国标符号 | 曾用符号 | 国外流行符号 |
|---|---|---|---|---|---|---|---|
| 与门 | | | | 传输门 | | | |
| 或门 | | | | 双向模拟开关 | | | |
| 非门 | | | | 半加器 | | | |
| 与非门 | | | | 全加器 | | | |
| 或非门 | | | | 基本 $RS$ 触发器 | | | |
| 与或非门 | | | | 同步 $RS$ 触发器 | | | |
| 异或门 | | | | 边沿(上升沿)$D$ 触发器 | | | |
| 同或门 | | | | 边沿(下降沿)$JK$ 触发器 | | | |
| 集电极开路的与门 | | | | 脉冲触发(主从)$JK$ 触发器 | | | |
| 三态输出的非门 | | | | 带施密特触发特性的与门 | | | |

# 附录 C

## 特殊功能寄存器及其复位值

　　STC8H8K64U 单片机的传统特殊功能寄存器及其在单片机复位时的值（简称复位值）如表 C-1 所示；扩展特殊功能寄存器及其复位值内容可扫码阅读或向作者索取。

扩展特殊功
能寄存器及
其复位值

表 C-1 STC8H8K64U 单片机的特殊功能寄存器及其复位值

| 寄存器名 | 描述 | 地址 | 位地址与符号 | | | | | | | | 复位值 |
|---|---|---|---|---|---|---|---|---|---|---|---|
| | | | b7 | b6 | b5 | b4 | b3 | b2 | b1 | b0 | |
| P0 | P0 端口 | 80H | P07 | P06 | P05 | P04 | P03 | P02 | P01 | P00 | 1111,1111 |
| SP | 堆栈指针 | 81H | | | | | | | | | 0000,0111 |
| DPL | 数据指针(低字节) | 82H | | | | | | | | | 0000,0000 |
| DPH | 数据指针(高字节) | 83H | | | | | | | | | 0000,0000 |
| S4CON | 串口 4 控制寄存器 | 84H | S4SM0 | S4ST4 | S4SM2 | S4REN | S4TB8 | S4RB8 | S4TI | S4RI | 0000,0000 |
| S4BUF | 串口 4 数据寄存器 | 85H | | | | | | | | | 0000,0000 |
| PCON | 电源控制寄存器 | 87H | SMOD | SMOD0 | LVDF | POF | GF1 | GF0 | PD | IDL | 0011,0000 |
| TCON | 定时器控制寄存器 | 88H | TF1 | TR1 | TF0 | TR0 | IE1 | IT1 | IE0 | IT0 | 0000,0000 |
| TMOD | 定时器模式寄存器 | 89H | GATE | C/T | M1 | M0 | GATE | C/T | M1 | M0 | 0000,0000 |
| TL0 | 定时器 0 低 8 位寄存器 | 8AH | | | | | | | | | 0000,0000 |
| TL1 | 定时器 1 低 8 位寄存器 | 8BH | | | | | | | | | 0000,0000 |
| TH0 | 定时器 0 高 8 位寄存器 | 8CH | | | | | | | | | 0000,0000 |
| TH1 | 定时器 1 高 8 位寄存器 | 8DH | | | | | | | | | 0000,0000 |
| AUXR | 辅助寄存器 1 | 8EH | T0x12 | T1x12 | UART_M0x6 | T2R | T2_C/T | T2x12 | EXTRAM | S1ST2 | 0000,0001 |
| INTCLKO | 中断与时钟输出控制寄存器 | 8FH | - | EX4 | EX3 | EX2 | - | T2CLKO | T1CLKO | T0CLKO | x000,x000 |
| P1 | P1 端口 | 90H | P17 | P16 | P15 | P14 | P13 | P12 | P11 | P10 | 1111,1111 |
| P1M1 | P1 口配置寄存器 1 | 91H | P17M1 | P16M1 | P15M1 | P14M1 | P13M1 | P12M1 | P11M1 | P10M1 | 1111,1111 |
| P1M0 | P1 口配置寄存器 0 | 92H | P17M0 | P16M0 | P15M0 | P14M0 | P13M0 | P12M0 | P11M0 | P10M0 | 0000,0000 |
| P0M1 | P0 口配置寄存器 1 | 93H | P07M1 | P06M1 | P05M1 | P04M1 | P03M1 | P02M1 | P01M1 | P00M1 | 1111,1111 |
| P0M0 | P0 口配置寄存器 0 | 94H | P07M0 | P06M0 | P05M0 | P04M0 | P03M0 | P02M0 | P01M0 | P00M0 | 0000,0000 |

续表

| 寄存器名 | 描述 | 地址 | b7 | b6 | b5 | b4 | b3 | b2 | b1 | b0 | 复位值 |
|---|---|---|---|---|---|---|---|---|---|---|---|
| P2M1 | P2 口配置寄存器 1 | 95H | P27M1 | P26M1 | P25M1 | P24M1 | P23M1 | P22M1 | P21M1 | P20M1 | 1111,1111 |
| P2M0 | P2 口配置寄存器 0 | 96H | P27M0 | P26M0 | P25M0 | P24M0 | P23M0 | P22M0 | P21M0 | P20M0 | 0000,0000 |
| SCON | 串口 1 控制寄存器 | 98H | SM0/FE | SM1 | SM2 | REN | TB8 | RB8 | TI | RI | 0000,0000 |
| SBUF | 串口 1 数据寄存器 | 99H | | | | | | | | | 0000,0000 |
| S2CON | 串口 2 控制寄存器 | 9AH | S2SM0 | - | S2SM2 | S2REN | S2TB8 | S2RB8 | S2TI | S2RI | 0100,0000 |
| S2BUF | 串口 2 数据寄存器 | 9BH | | | | | | | | | 0000,0000 |
| IRCBAND | IRC 频段选择检测 | 9DH | - | - | - | - | - | - | SEL[1:0] | | xxxx,xxnn |
| LIRTRIM | IRC 频率微调寄存器 | 9EH | - | - | - | - | - | - | LIRTRIM[1:0] | | xxxx,xxnn |
| IRTRIM | IRC 频率调整寄存器 | 9FH | IRTRIM[7:0] | | | | | | | | nnnn,nnnn |
| P2 | P2 端口 | A0H | P27 | P26 | P25 | P24 | P23 | P22 | P21 | P20 | 1111,1111 |
| BUS_SPEED | 总线速度控制寄存器 | A1H | RW_S[1:0] | | | | | SPEED[2:0] | | | 00xx,x000 |
| P_SW1 | 外设端口切换寄存器 1 | A2H | S1_S[1:0] | | | | SPI_S[1:0] | | 0 | - | nn00,000x |
| IE | 中断允许寄存器 | A8H | EA | ELVD | EADC | ES | ET1 | EX1 | ET0 | EX0 | 0000,0000 |
| SADDR | 串口 1 从机地址寄存器 | A9H | | | | | | | | | 0000,0000 |
| WKTCL | 掉电唤醒定时器低字节 | AAH | | | | | | | | | 1111,1111 |
| WKTCH | 掉电唤醒定时器高字节 | ABH | WKTEN | | | | | | | | 0111,1111 |
| S3CON | 串口 3 控制寄存器 | ACH | S3SM0 | S3ST4 | S3SM2 | S3REN | S3TB8 | S3RB8 | S3TI | S3RI | 0000,0000 |
| S3BUF | 串口 3 数据寄存器 | ADH | | | | | | | | | 0000,0000 |
| TA | DPTR 时序控制寄存器 | AEH | | | | | | | | | 0000,0000 |
| IE2 | 中断允许寄存器 2 | AFH | EUSB ETKSU | ET4 | ET3 | ES4 | ES3 | ET2 | ESPI | ES2 | 0000,0000 |

位地址与符号

续表

| 寄存器名 | 描述 | 地址 | b7 | b6 | b5 | b4 | b3 | b2 | b1 | b0 | 复位值 |
|---|---|---|---|---|---|---|---|---|---|---|---|
| P3 | P3 端口 | B0H | P37 | P36 | P35 | P34 | P33 | P32 | P31 | P30 | 1111,1111 |
| P3M1 | P3 口配置寄存器 1 | B1H | P37M1 | P36M1 | P35M1 | P34M1 | P33M1 | P32M1 | P31M1 | P30M1 | 1111,1100 |
| P3M0 | P3 口配置寄存器 0 | B2H | P37M0 | P36M0 | P35M0 | P34M0 | P33M0 | P32M0 | P31M0 | P30M0 | 0000,0000 |
| P4M1 | P4 口配置寄存器 1 | B3H | P47M1 | P46M1 | P45M1 | P44M1 | P43M1 | P42M1 | P41M1 | P40M1 | 1111,1111 |
| P4M0 | P4 口配置寄存器 0 | B4H | P47M0 | P46M0 | P45M0 | P44M0 | P43M0 | P42M0 | P41M0 | P40M0 | 0000,0000 |
| IP2 | 中断优先级控制寄存器 2 | B5H | PUSB PTKSU | PI2C | PCMP | PX4 | PPWMB | PPWMA | PSPI | PS2 | 0000,0000 |
| IP2H | 高中断优先级控制寄存器 2 | B6H | PUSBH PTKSUH | PI2CH | PCMPH | PX4H | PPWMBH | PPWMAH | PSPIH | PS2H | 0000,0000 |
| IPH | 高中断优先级控制寄存器 | B7H | – | PLVDH | PADCH | PSH | PT1H | PX1H | PT0H | PX0H | x000,0000 |
| IP | 中断优先级控制寄存器 | B8H | – | PLVD | PADC | PS | PT1 | PX1 | PT0 | PX0 | x000,0000 |
| SADEN | 串口 1 从机地址屏蔽寄存器 | B9H | | | | | | | | | 0000,0000 |
| P_SW2 | 外设端口切换寄存器 2 | BAH | EAXFR | – | I2C_S[1:0] | | CMPO_S | S4_S | S3_S | S2_S | 0x00,0000 |
| ADC_CONTR | ADC 控制寄存器 | BCH | ADC_POWER | ADC_START | ADC_FLAG | ADC_EPWMT | ADC_CHS[3:0] | | | | 0000,0000 |
| ADC_RES | ADC 转换结果高位寄存器 | BDH | | | | | | | | | 0000,0000 |
| ADC_RESL | ADC 转换结果低位寄存器 | BEH | | | | | | | | | 0000,0000 |
| P4 | P4 端口 | C0H | P47 | P46 | P45 | P44 | P43 | P42 | P41 | P40 | 1111,1111 |
| WDT_CONTR | 看门狗控制寄存器 | C1H | WDT_FLAG | – | EN_WDT | CLR_WDT | IDL_WDT | WDT_PS[2:0] | | | 0x00,0000 |
| IAP_DATA | IAP 数据寄存器 | C2H | | | | | | | | | 1111,1111 |
| IAP_ADDRH | IAP 高地址寄存器 | C3H | | | | | | | | | 0000,0000 |

位地址与符号

续表

| 寄存器名 | 描述 | 地址 | b7 | b6 | b5 | b4 | b3 | b2 | b1 | b0 | 复位值 |
|---|---|---|---|---|---|---|---|---|---|---|---|
| IAP_ADDRL | IAP 低地址寄存器 | C4H | | | | | | | | | 0000,0000 |
| IAP_CMD | IAP 命令寄存器 | C5H | - | - | - | - | - | - | CMD[1:0] | | xxxx,xx00 |
| IAP_TRIG | IAP 触发寄存器 | C6H | | | | | | | | | 0000,0000 |
| IAP_CONTR | IAP 控制寄存器 | C7H | IAPEN | SWBS | SWRST | CMD_FAIL | - | - | - | - | 0000,xxxx |
| P5 | P5 端口 | C8H | - | - | P55 | P54 | P53 | P52 | P51 | P50 | xx11,1111 |
| P5M1 | P5 口配置寄存器 1 | C9H | - | - | P55M1 | P54M1 | P53M1 | P52M1 | P51M1 | P50M1 | xx11,1111 |
| P5M0 | P5 口配置寄存器 0 | CAH | - | - | P55M0 | P54M0 | P53M0 | P52M0 | P51M0 | P50M0 | xx00,0000 |
| P6M1 | P6 口配置寄存器 1 | CBH | P67M1 | P66M1 | P65M1 | P64M1 | P63M1 | P62M1 | P61M1 | P60M1 | 1111,1111 |
| P6M0 | P6 口配置寄存器 0 | CCH | P67M0 | P66M0 | P65M0 | P64M0 | P63M0 | P62M0 | P61M0 | P60M0 | 0000,0000 |
| SPSTAT | SPI 状态寄存器 | CDH | SPIF | WCOL | - | - | - | - | - | - | 00xx,xxxx |
| SPCTL | SPI 控制寄存器 | CEH | SSIG | SPEN | DORD | MSTR | CPOL | CPHA | SPR[1:0] | | 0000,0100 |
| SPDAT | SPI 数据寄存器 | CFH | | | | | | | | | 0000,0000 |
| PSW | 程序状态字寄存器 | D0H | CY | AC | F0 | RS1 | RS0 | OV | F1 | P | 0000,0000 |
| T4T3M | 定时器 T4/T3 控制寄存器 | D1H | T4R | T4_C/T | T4x12 | T4CLKO | T3R | T3_C/T | T3x12 | T3CLKO | 0000,0000 |
| T4H | 定时器 T4 高字节 | D2H | | | | | | | | | 0000,0000 |
| T4L | 定时器 T4 低字节 | D3H | | | | | | | | | 0000,0000 |
| T3H | 定时器 T3 高字节 | D4H | | | | | | | | | 0000,0000 |
| T3L | 定时器 T3 低字节 | D5H | | | | | | | | | 0000,0000 |
| T2H | 定时器 T2 高字节 | D6H | | | | | | | | | 0000,0000 |
| T2L | 定时器 T2 低字节 | D7H | | | | | | | | | 0000,0000 |

位地址与符号

续表

| 寄存器名 | 描述 | 地址 | b7 | b6 | b5 | b4 | b3 | b2 | b1 | b0 | 复位值 |
|---|---|---|---|---|---|---|---|---|---|---|---|
| USBCLK | USB 时钟控制寄存器 | DCH | ENCKM | PCKI[1:0] | | CRE | TST_USB | TST_PHY | PHYTST[1:0] | | 0010,0000 |
| ADCCFG | ADC 配置寄存器 | DEH | - | - | RESFMT | - | SPEED[3:0] | | | | xx0x,0000 |
| IP3 | 中断优先级控制寄存器 3 | DFH | - | - | - | - | - | PRTC | PS4 | PS3 | xxxx,x000 |
| ACC | 累加器 | E0H | | | | | | | | | 0000,0000 |
| P7M1 | P7 口配置寄存器 1 | E1H | P77M1 | P76M1 | P75M1 | P74M1 | P73M1 | P72M1 | P71M1 | P70M1 | 1111,1111 |
| P7M0 | P7 口配置寄存器 0 | E2H | P77M0 | P76M0 | P75M0 | P74M0 | P73M0 | P72M0 | P71M0 | P70M0 | 0000,0000 |
| DPS | DPTR 指针选择器 | E3H | ID1 | ID0 | TSL | AU1 | AU0 | - | - | SEL | 0000,0xx0 |
| DPL1 | 第二组数据指针（低字节） | E4H | | | | | | | | | 0000,0000 |
| DPH1 | 第二组数据指针（高字节） | E5H | | | | | | | | | 0000,0000 |
| CMPCR1 | 比较器控制寄存器 1 | E6H | CMPEN | CMPIF | PIE | NIE | PIS | NIS | CMPOE | CMPRES | 0000,0000 |
| CMPCR2 | 比较器控制寄存器 2 | E7H | INVCMPO | DISFLT | LCDTY[5:0] | | | | | | 0000,0000 |
| P6 | P6 端口 | E8H | P67 | P66 | P65 | P64 | P63 | P62 | P61 | P60 | 1111,1111 |
| USBDAT | USB 数据寄存器 | ECH | | | | | | | | | 0000,0000 |
| IP3H | 高中断优先级控制寄存器 3 | EEH | - | - | - | - | - | PRTCH | PS4H | PS3H | xxxx,x000 |
| AUXINTIF | 扩展外部中断标志寄存器 | EFH | - | INT4IF | INT3IF | INT2IF | - | T4IF | T3IF | T2IF | x000,x000 |
| B | B 寄存器 | F0H | | | | | | | | | 0000,0000 |
| USBCON | USB 控制寄存器 | F4H | ENUSB | USBRST | PS2M | PUEN | PDEN | DFREC | DP | DM | 0000,0000 |
| IAP_TPS | IAP 等待时间控制寄存器 | F5H | - | - | IAPTPS[5:0] | | | | | | xx00,0000 |
| P7 | P7 端口 | F8H | P77 | P76 | P75 | P74 | P73 | P72 | P71 | P70 | 1111,1111 |
| USBADR | USB 地址寄存器 | FCH | BUSY | AUTORD | UADR[5:0] | | | | | | 0000,0000 |
| RSTCFG | 复位配置寄存器 | FFH | - | ENLVR | - | P54RST | - | - | LVDS[1:0] | | x0x0,xx00 |

# 附录 D

## 单片机程序的调试和下载

本节介绍利用常见的 Keil μVision 集成开发环境调试汇编语言程序的方法。单片机的 C 语言调试过程与此类似。

视频:单片机
程序的调
试和下载

### D.1 Keil μVision 集成开发环境简介

Keil μVision 集成开发环境(integrated developing environment,IDE,以下简称 Keil)是一个基于 Windows 的开发平台,包含高效的编辑器、项目管理器和 MAKE 工具。Keil 支持所有的 Keil 8051 工具,包括 C 编译器、宏汇编器连接/定位器、目标代码到 HEX 的转换器。Keil 通过以下特性加速单片机应用系统的开发过程:

① 全功能的源代码编辑器;
② 器件库用来配置开发工具设置;
③ 项目管理器用来创建和维护项目;
④ 集成的 MAKE 工具可以汇编、编译和连接用户的嵌入式应用;
⑤ 所有开发工具的设置都是对话框形式的;
⑥ 真正的源代码级的对 CPU 和外围器件的调试器;
⑦ 高级 GDI 接口用来在目标硬件上进行软件调试以及和 Monitor-51 进行通信;
⑧ 与开发工具手册、器件数据手册和用户指南有直接的链接。

### D.2 Keil μVision 集成开发环境中调试汇编语言程序的方法

Keil 集成开发环境中包括一个项目管理器,它可以使 8051 内核的单片机应用系统设计变得简单。Keil 是一个标准 Windows 应用程序。安装过程与一般 Windows 应用程序的安装过程类似,需要注意的是,安装路径中不可出现中文。安装完成后,会在桌面上出现 Keil μVision 程序的图标,并在"程序"组增加"Keil μVision"程序项。

为了能够在 Keil 中选择 STC 单片机的型号,需要使用 STC 的 ISP 下载工具进行设置。下载宏晶科技公司提供的 ISP 下载工具 STC-ISP 最新版,保存到任一文件夹中,解压缩后,双击其中的可执行程序即可启动。启动后的界面如图 D-1 所示。

单击该按钮添加型号和仿真器驱动　　　　　选择"Keil仿真设置"标签页

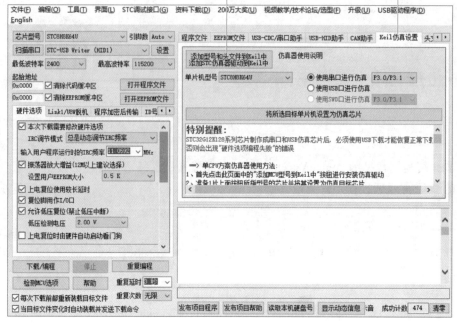

图 D-1　STC-ISP 工具界面

单击选中"Keil 仿真设置"标签页,再单击"添加型号和头文件到 Keil 中"按钮,弹出浏览文件夹对话框,如图 D-2 所示。选择 Keil 的安装路径后,单击"确定"按钮即可将 STC 单片机的型号加到 Keil 开发环境中。

图 D-2　浏览文件夹对话框

要创建一个单片机应用项目,可按下列步骤进行操作:
① 启动 Keil,新建一个项目文件并从器件库中选择一个器件;
② 新建一个源文件并把它加到项目中;
③ 针对目标硬件设置工具选项;

④ 编译项目并生成可以编程到程序存储器的 HEX 文件；

⑤ 进行仿真调试。

单片机程序的调试有两种方式：一是使用软件模拟方法进行调试（即在不连接单片机等硬件的情况下进行仿真调试）；二是下载到单片机中进行在线仿真调试。下面分别介绍利用软件模拟仿真器和硬件在线调试进行单片机汇编语言程序的调试方法。

1. 利用软件模拟仿真器调试汇编语言程序

下面通过一个实例，详细介绍如何在 Keil 集成环境中调试 8051 单片机的汇编语言程序。

【例 D-1】 假设晶振频率为 11.0592 MHz。将 STC8H8K64U 单片机内部 RAM 40H 单元的内容设置为 58H，然后从 P2 口输出 57H。

解：

（1）启动 Keil 并创建一个项目

从"程序"组中选择"Keil μVision"程序项或者直接双击桌面上的 Keil μVision 程序图标，就可以启动 Keil。

新建工程项目文件时，从 Keil 的"Project"菜单中选择"New Project"菜单项，打开"Create New Project"对话框，如图 D-3 所示。

在此输入工程文件名

图 D-3 "Create New Project"对话框

在图 D-3 的对话框中首先选择工程的保存位置。最好将工程保存在除 C 盘以外的其他盘符中，因为 C 盘是系统盘，容易因系统的重新安装而丢失工程文件。建议为每个工程项目建一个单独的文件夹。在弹出的对话框中单击"新建文件夹"，得到一个空的文件夹，给文件夹命名(如"51study"),然后双击选择该子文件夹,再以同样的方式,在"51stydy"文件夹中新建 ex-d-1 文件夹并进入 ex-d-1 文件夹。在"文件名"编辑框中键入工程项目的名称,如"d-1",将创建一个文件名为"d-1. uvproj"的项目文件。此时,将弹出"Select Device for Tar-get'Target 1'"对话框,提示为项目选择一个单片机,如图 D-4 所示。

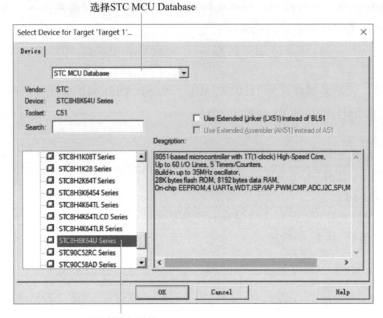

图 D-4 "Select Device for Target 'Target 1'"对话框

在该对话框中顶部的下拉列表框中,选择"STC MCU Database",则在单片机厂商列表中会出现"STC",单击前面的"+"号,则显示出 STC 单片机的型号列表,单击选择本例用的单片机型号"STC8H8K64U Series"。STC8H8K64U 单片机完全兼容传统的 8051 单片机,如果要使用 STC8H8K64U 特有的特殊功能寄存器,可在程序中包含本书提供的特殊功能寄存器定义头文件。

单击"OK"按钮,弹出如图 D-5 所示的对话框,提示是否将文件"STARTUP. A51"拷贝到工程文件夹并将该文件添加到工程中。文件"STARTUP. A51"中包含了为大多数不同的8051 内核 CPU 准备的启动代码。启动代码清除数据存储器并初始化硬件和重入函数堆栈指针。另外,一些 8051 派生产品要求初始化 CPU 来迎合设计中的相应的硬件。这里选择"否"。

图 D-5 拷贝启动代码提示对话框

（2）新建一个源文件并把它加到项目中

从"File"菜单中选择"New"菜单项新建一个源文件，或者单击工具栏中的"New file"按钮，打开一个空的编辑窗口，可在其中输入程序源代码。为了能够高亮显示汇编语言语法字符，可以先保存文件。从"File"菜单中选择"Save As..."菜单项，将文件保存为想要的名字。如果使用汇编语言编写程序，则文件的后缀名应该是".asm"（注意：后缀名不能省略！），如"main.asm"。如图 D-6 所示。

输入文件名

图 D-6  将编辑的源程序保存成文件

在编辑窗口中输入下面的程序代码

```
         ORG  0000H
         LJMP MAIN
         ORG  0300H
MAIN:MOV  R0,#40H
         MOV  @ R0,#58H   ;演示间接寻址方式
         MOV  P2,#57H
LOOP:NOP
         LJMP LOOP        ;无限循环(一般主程序都使用无限循环)
         END
```

输入上述内容并保存成"main.asm"的源程序代码文件以后，可以把它加入到项目中。Keil 提供了几种手段让用户把源文件加入到项目中。例如，在窗口左部的"Project"视图（也称为工程管理器）中，单击"Target 1"前面的"+"展开下一层的"Source Group1"文件夹，在"Source Group1"文件夹上单击右键，弹出右键快捷菜单，如图 D-7 所示。从弹出的快捷菜单中单击"Add Existing Files to Group 'Source Group 1'"菜单项，弹出"Add Files to Group 'Source Group 1'"对话框，如图 D-8 所示。直接双击"Source Group1"文件夹上也可以弹出图 D-8 所示的对话框。

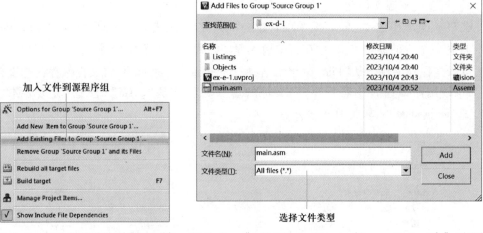

加入文件到源程序组

选择文件类型

图 D-7 加入源程序文件到项目中　图 D-8 "Add Files to Group 'Source Group 1'" 对话框

若使用汇编语言进行设计,则可以从"文件类型"下拉框中选择"Asm Source file(＊.s＊;＊.src;＊.a＊)"文件类型,这样以".asm"为扩展名的汇编语言程序文件会出现在文件列表框中。从文件列表框中选择要加入的文件并双击即可添加到工程中;也可以直接在"文件名"编辑框中直接输入或单击选中文件,然后单击"Add"按钮将该文件加入工程中。

添加文件后,工程管理器的"Source Group1"文件夹的下面会出现"main.asm"文件,对话框不会自动关闭,而是继续等待添加其他文件。初学者往往以为没有添加成功,再次双击该文件,不会有其他反应,说明"main.asm"已经添加到工程中。添加完毕,单击图 D-8 对话框中的"Close"按钮关闭对话框。双击 Project 视图中的文件可打开并进行修改。

(3) 针对目标硬件设置工具选项

Keil 允许用户为目标硬件设置选项。可以通过工具条图标、菜单或在"Project Workspace"窗口的"Target 1"上单击右键打开"Options for Target"对话框。在各个选项页面中,可以定义和目标硬件及所选器件的片上元件相关的所有参数。如图 D-9 所示。

在此设置使用晶振的频率

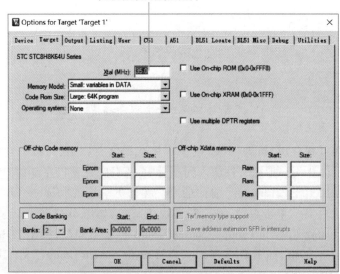

图 D-9 "Options for Target" 对话框

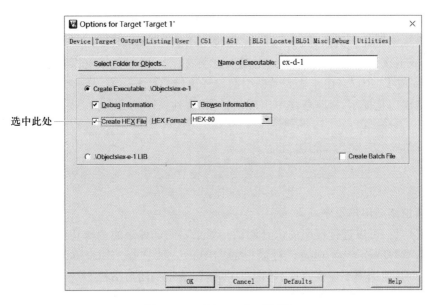

图 D-10 "Output"对话框

在"Target"标签页中可以设置 CPU 时钟频率、编译器的存储模式等。如果仅进行软件模拟调试,则可以采用默认设置。单击"Output"标签页,选中其中的"Create HEX File"选项,如图 D-10 所示。这样每次编译用户程序没有错误时,都会生成(或重新生成)可以下载到单片机中的十六进制代码文件(即后缀名为 HEX 的文件,读者可以使用记事本打开该文件查看其中的内容)。设置完成后单击"OK"按钮确定所做的设置有效。

(4)编译项目并生成可以下载到程序存储器的 HEX 文件

单击工具条上的"Build"目标的图标 对用户源程序进行编译,如果没有语法错误,则可以生成 HEX 文件。如果程序中有语法错误,Keil 将在窗口下方的"Build Output"视图中显示错误或者告警信息。如图 D-11 所示。

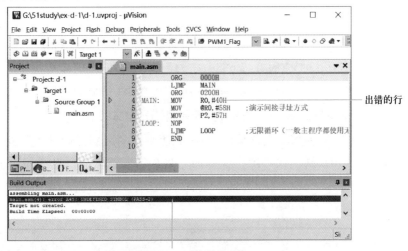

双击错误信息行,可进行错误定位

图 D-11 编译出现错误信息时的提示

双击窗口下方的"Build Output"视图中的错误信息行,将打开此信息对应的文件,并定位到出现语法错误处。例如,图 D-11 中,出现"UNDEFINED SYMBOL"(没有定义的符号)错误信息,双击该信息,光标会定位到出现该错误的行上,通过仔细观察可以发现,误将寄存器"R0"输入成了"RO"。由于输入错误引起编译出错的情况还有:错将数字 1 输入成字母 l 等。根据错误信息提示,修改程序中出现的错误,直到编译成功为止。如图 D-12 所示。

```
Build Output                                                      ⌧ ✕
Program Size: data=8.0 xdata=0 code=523
creating hex file from ".\Objects\d-1"...
".\Objects\d-1" - 0 Error(s), 0 Warning(s).
Build Time Elapsed:  00:00:01
◄                                                                ►
```

图 D-12  编译成功提示信息

(5)模拟调试用户程序

编译成功后,可以进行程序的仿真调试。如果要调试程序的逻辑功能,可以选择软件模拟调试。选中"Options for Target"对话框的"Debug"页,选择"Use Simulator"单选框,如图 D-13 所示。其他选项不需要修改,单击"OK"按钮确定关闭对话框。

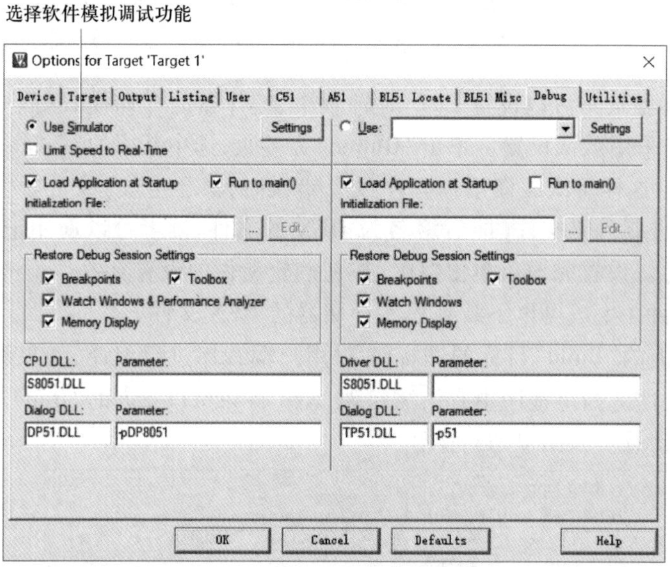

图 D-13  "Options for Target"对话框的"Debug"页面

从"Debug"菜单中选择"Start/Stop debug session"菜单项(快捷键是 Ctrl+F5),或者从工具条中单击"Start/Stop debug session"按钮,开始或停止调试过程。

如果没有安装授权,则使用的是评估版,与正式版唯一的区别是调试代码有 2 KB 字节的限制,而编辑和编译用户程序代码则不受限制。每次进入调试前会出现如图 D-14 所示的提示对话框。

图 D-14  2 KB 代码限制提示对话框

安装授权的方法是,在"File"菜单中选择"License Management..."菜单项,弹出"License Management"对话框,如图 D-15 所示。

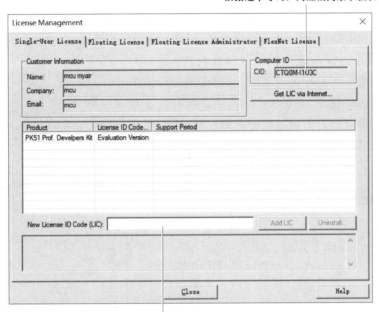

根据这个号码,向经销商索取授权号

在这里输入授权号

图 D-15 "License Management"对话框

根据右上方的"Computer ID"号,向软件经销商索取"New License ID Code"并填入该单行编辑框中。然后,单击单行编辑框右边的"Add LIC"按钮,即可完成授权的安装。单击"Close"按钮关闭"License Management"对话框。

在调试过程中,可以进行如下操作。

① 连续运行、单步运行、单步跳过运行程序

"Debug"菜单中的"Run(F5)""Step(F11)""Setp Over(F10)"分别可以连续运行、单步运行和单步跳过运行用户程序。括号中的内容是该功能的快捷键,它们在调试工具栏上的图标分别是▤、⤵和⤴。也就是说,除了使用菜单和快捷键以外,也可以单击工具栏上对应的图标执行相应的调试功能。其中,单步跳过运行程序的含义是,当单步运行到某个子程序的调用时,跳过该子程序,继续运行下面的程序。在这种情况下,所跳过的子程序仍然执行(但不是单步执行)。单步运行和单步跳过运行程序对于程序调试非常有用。通过使用单步运行程序,用户可以检查程序的运行状态是否随着程序的执行而发生正确的变化,从而可以判断程序设计是否正确。程序的运行状态包括程序中所用到的寄存器、存储器的值或者 I/O 接口的状态等。

② 运行到光标所在行

单击工具条上的"Run to Cursor line"图标⤴{},或者从"Debug"菜单中选择"Run to Cursor line(Ctrl+F10)"菜单项,可以使得程序运行到当前光标所在的行。

③ 设置断点

调试程序时,有时希望程序运行到某个地方(称为断点)时能够暂时停下来,给用户查看

当前程序运行状态的机会,从而可以判断程序是否按照预期的目标运行。

　　设置断点的方法是,进入调试环境后,在要设置断点的行上单击鼠标右键,弹出如图 D-16 所示的菜单。在菜单中,选择"Insert/Remove Breakpoint"菜单项,则可以在当前行插入或删除断点。从菜单项中可以看到,F9 是其对应的快捷键。只要在当前行设置了断点,则当前行的前面会出现一个红色的圆点,如图 D-17 所示。也可以在相应代码行的最前面有阴影的地方单击鼠标左键,进行断点的设置和删除。连续运行程序后,执行到断点位置时,程序会暂停运行。此时,用户可以查看程序运行的状态。

插入/删除断点菜单项

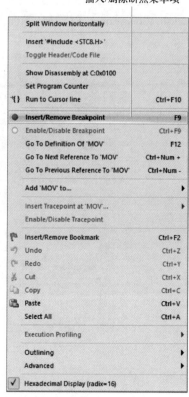

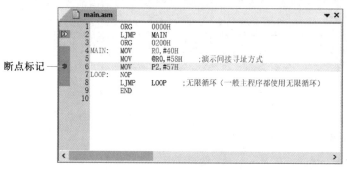

图 D-17　设置断点后的代码视图

图 D-16　设置断点的菜单项

④ 存储器查看

　　要查看存储器的内容,从"View"菜单中找到"Memory Window"菜单项,从第二级菜单中会看到"Memory 1"~"Memory 4"四个子菜单项。单击选择"Memory 1",则在调试窗口的底部出现如图 D-18 所示的视图。

　　默认情况下,视图中不显示任何内容。如果要查看程序存储器的内容,可以在"Address"编辑框中输入"C:0"并按回车。如图 D-19 所示。

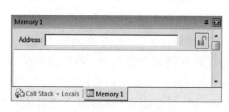

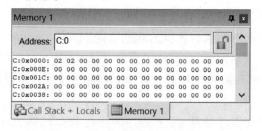

图 D-18　存储器查看视图

图 D-19　程序存储器查看视图

　　如果要查看内部 RAM 的内容,可以在"Address"编辑框中输入"D:0"并按回车键。拖动视图的左边框调整视图大小,可以出现如图 D-20 所示的内容(这样显示的好处是地址出现的顺序比较有规律,便于观察)。

　　同样,输入"X:0"并按回车键可以查看外部 RAM 数据。当然,可以从"Memory Window"菜单项中使用"Memory 1""Memory 2""Memory 3"和"Memory 4"子菜单分页显示不同存储器的内容。要改变某个单元的内容,可在该单元上单击右键,然后选择"Modify Memory"菜单项,并在弹出的对话框中输入数值即可(输入十进制时,可不带后缀;输入十六进制时,需带"H"后缀或"0x"前缀,如 26H)。可连续输入多个单元的内容,各个数值之间使用逗号分隔。

⑤ 查看寄存器的值

进入调试过程后,在窗口左部的"Registers"试图中,可以查看程序运行过程中各个寄存器的内容变化以及程序状态字寄存器的变化,如图 D-21 所示。

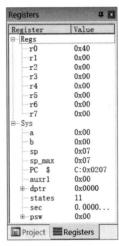

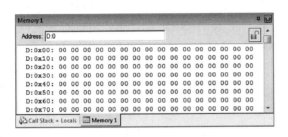

图 D-20　片内 RAM 存储器查看窗口　　　　图 D-21　寄存器视图

⑥ 查看变量

从"View"菜单中选择"Watch"菜单项,则会出现"Watch 1"和"Watch 2"两个子菜单项。可以选择其中的任何一个进行变量或寄存器的显示,出现如图 D-22 所示的视图。

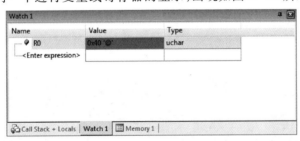

图 D-22　"Watch"视图

双击其中的"Enter expression",可以在其中输入要观察变量或寄存器的名字,按回车键确认,变量或寄存器的值就会出现在 Value 一栏中。

⑦ 查看外围

从"Peripherals"菜单中选择不同的菜单项,可以查看单片机某些外设资源的状态。

"Interrupt":打开中断向量表窗口,窗口里显示了所有的中断向量。对选定的中断向量可以用窗口下面的复选框进行设置。

"I/O-Ports":打开输入、输出端口(P0~P3)的观察窗口,窗口里显示了程序运行时的端口的状态,可以随时修改端口的状态。从而可以模拟外部的输入。

例如,打开 P2 口的观察窗口,可以观察程序执行时 P2 口的状态变化。如图 D-23 所示。其中,具有"√"标记的位为 **1**,没有的为 **0**。图 D-23 中上一行对应的状态是锁存器的值,下一行对应的状态是引脚的值。

"Serial":打开串行通信内容相关的窗口。

"Timer":打开与定时器内容相关的窗口。

除此以外,对于不同的单片机,在"Peripherals"菜单中会出现很多与具体单片机相关的外设资源菜单项。

其他资源的查看,读者可自行实验。

掌握了上述的操作过程,就可以进行基本的程序调试工作了。Keil 集成环境的更详细描述,请读者阅读有关的参考书。

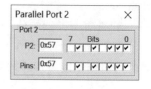

图 D-23　P2 口的观察窗口

**2. 利用仿真器模式在线调试汇编语言程序**

使用 STC8H8K64U 进行单片机应用系统设计时,可以将 STC8H8K64U 单片机制作成仿真器模式。使用仿真器模式可以进行在线仿真(即计算机连接单片机硬件系统进行仿真)。仿真完全没有问题以后,可以将程序直接下载到 STC8H8K64U 单片机进行系统测试。测试成功后便可以进行量产。使用 STC8H8K64U 进行在线仿真调试的方法如下。

(1)仿真器制作

按照图 3-29 和图 3-30 所示的电路进行制作,并使用 USB 线连接实验平台。

打开 STC-ISP 工具软件,利用 USB 线连接学习平台和计算机。按住连接 P3.2/INT0 的 SW15 按钮不放,按一下 ON/OFF 电源按钮 SW13,然后松开 SW15 按钮,正常情况下,在 STC-ISP 工具左侧的"扫描串口"下拉框中就能识别出"STC USB Writer (HID1)"设备。

在 STC-ISP 下载工具中,单击"Keil 仿真设置"标签页,显示仿真设置界面,如图 D-24 所示。

选择单片机型号

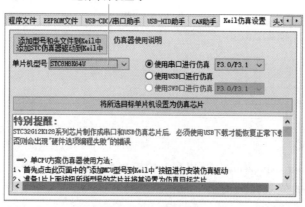

图 D-24　"Keil 仿真设置"标签页

选择单片机型号为"STC8H8K64U",然后选择"使用串口进行仿真"或者"使用 USB 口进行仿真"。推荐使用 USB 口进行仿真。选择后,单击图 D-24 中的"将所选目标单片机设置为仿真芯片"按钮,就可以将 STC8H8K64U 单片机制作为仿真器。制作完成后,根据提示,按一下学习平台的 SW13 按钮,重新给单片机上电,后面就可以进行在线仿真调试了。

STC8H8K64U 监控程序使用如下资源。

XDATA:芯片最后的 768 B（1D00H～1FFFH）。

端口:P3.0 和 P3.1。需要使用串口 1 时,可以将串口 1 切换到 P3.6/P3.7、P1.6/P1.7 或者 P4.3/P4.4。

（2）Keil 环境设置

经过第(1)步,将 STC8H8K64U 单片机制作为仿真器并重新上电后,可以进行在线仿真调试。方法是,在"Debug"选项卡中,选中右半部分中的"Use",从下拉列表框中选择"STC Monitor-51 Driver",如图 D-25 所示。

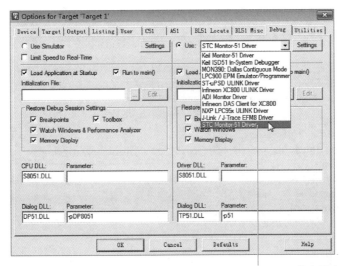

选择STC Monitor-51 Driver仿真驱动

图 D-25　选择硬件仿真方式

图 D-26　仿真端口设置对话框

　　选中使用"STC Monitor-51 Driver"进行仿真后,还需要进行仿真端口的设置。方法是,单击图 D-25 中仿真驱动器下拉框右边的"Settings"按钮,弹出仿真端口设置对话框,如图 D-26 所示。如果使用串口进行仿真,则选择"COM",并从"COM Port"下拉框中选择对应的连接计算机的串口号,从"Baudrate"下拉框中选择适当的波特率(可以使用默认值)。在此选择 USB,然后单击"OK"按钮返回"Options for Target"对话框。选中"Settings"按钮下方的"Run to main( )",则进入仿真环境后会自动运行到 main 函数的开始处。单击其中的"OK"按钮完成设置。

　　设置完成后,不要下载用户程序,直接在 Keil 中采用与前面介绍的软件模拟调试方法类似的过程进行程序的调试。

## D.3　使用 STC-ISP 工具下载程序到单片机中

单片机程序经过仿真确定没有问题后,可以将程序下载到单片机中进行测试。下载程序时,首先启动 STC-ISP 工具软件,出现如图 D-27 所示的界面。

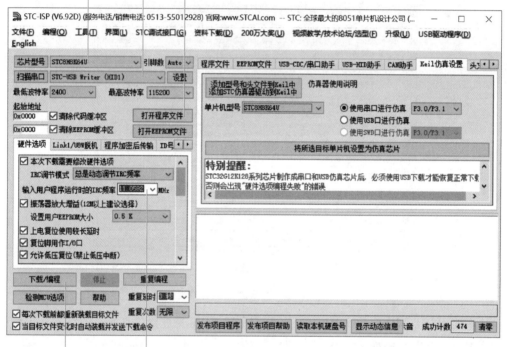

图 D-27　STC-ISP 软件界面

将编译形成的后缀名为 HEX 的文件下载到单片机时,可以按照下面的步骤进行。

① 选择单片机型号。从"芯片型号"下拉列表框中选择所使用的单片机的型号,如选择 STC8H8K64U。

② 选择串口号和波特率。从"扫描串口"下拉列表框中选择所用的串行口,如 COM1、COM2 等。选择串口后,根据实际使用效果,从"最低波特率"下拉框和"最高波特率"下拉框中选择限制最低和最高通信波特率,如 57 600、38 400 或者 19 200 等。

若使用 USB 接口下载程序,则需要 USB 线连接学习平台和计算机。按住学习平台上连接 P3.2/INT0 的 SW15 按钮不放,按一下 ON/OFF 电源按钮 SW13,然后松开 SW15 按钮,最后松开 SW13 按钮,正常情况下,在 STC-ISP 工具左侧的"扫描串口"下拉框中就能识别出"STC USB Writer(HID1)"设备。此时,不需要设置波特率。

③ 打开程序文件。单击"打开程序文件"按钮,打开要下载的用户程序文件。用户程序

文件的后缀名为".bin"或者".hex"。

④ 进行时钟的选择、启动下载的条件等设置。

时钟选择:可以选择用户程序的内部 *RC* 振荡器频率,默认为 11.059 MHz。不选时,使用外部时钟。

"上电复位使用较长延时"复选框用于设置单片机上电复位时,是否使用延时复位。

"复位脚用作 I/O 口"选项用于设置是否将 P5.4/NRST 用于 I/O 引脚。

此外,还有其他的选项设置,如:低电压检测设置、看门狗的设置等。软件本身给出了较详细的说明。

⑤ 单击"下载/编程"按钮,将用户程序下载到单片机内部。重复下载时,可重复执行该操作,也可单击"重复编程"按钮。

除了提供下载用户程序的功能以外,STC 提供的 STC-ISP 下载工具还提供了程序文件(用于查看读入的文件内容)、串口助手、I/O 接口配置工具、定时器计算器和波特率计算器等功能。读者可以自行进行选择使用。

# 参考文献

[1] 陈桂友.单片微型计算机原理及接口技术[M].北京：高等教育出版社，2012.

[2] 陈桂友.单片微型计算机原理及接口技术[M].2版.北京：高等教育出版社，2017.

[3] 戴梅萼.微型计算机技术及应用[M].3版.北京：清华大学出版社，2004.

[4] 王宜怀，刘晓升.嵌入式应用技术基础教程[M].北京：清华大学出版社，2005.

[5] 薛钧义，张彦斌.MCS-51/96系列单片微型计算机及其应用[M].西安：西安交通大学出版社，2000.

[6] 张友德.单片微型机原理、应用与实验[M].上海：复旦大学出版社，2000.

[7] 徐安，陈耀，李玲玲.单片机原理与应用[M].北京：北京希望电子出版社，2003.

[8] 杨振江，孙占彪，王曙梅，等.智能仪器与数据采集系统中的新器件及应用[M].西安：西安电子科技大学出版社，2001.

[9] 张占辉，张村峰，房玉东，等.基于C语言编程MSC51单片机原理与应用[M].北京：清华大学出版社，2003.

[10] 赵亮，侯国锐.单片机C语言编程与实例[M].北京：人民邮电出版社，2003.

[11] 马忠梅.单片机C语言Windows环境编程宝典[M].北京：北京航空航天大学出版社，2003.

[12] 谢瑞和.微型计算机原理与接口技术基础教程[M].北京：科学出版社，2005.

[13] 胡大可，李培弘，方路平.基于单片机8051的嵌入式开发指南[M].北京：电子工业出版社，2003.

[14] 夏继强，沈德金，邢春香.单片机实验与实践教程（二）[M].2版.北京：北京航空航天大学出版社，2006.

## 郑重声明

读者意见反馈

为收集对教材的意见建议,进一步完善教材编写并做好服务工作,读者可将对本教材的意见建议通过如下渠道反馈至我社。

咨询电话　400-810-0598

反馈邮箱　gjdzfwb@ pub. hep. cn

通信地址　北京市朝阳区惠新东街4号富盛大厦1座
　　　　　高等教育出版社总编辑办公室

邮政编码　100029

防伪查询说明

用户购书后刮开封底防伪涂层,使用手机微信等软件扫描二维码,会跳转至防伪查询网页,获得所购图书详细信息。

防伪客服电话　(010)58582300